A BEAUTIFUL

QUESTION

Finding Nature's Deep Design

[美] 弗兰克·维尔切克

兰梅译 吴飙校

————

著

美丽之问

宇宙万物的大设计

湖南科学技术出版社

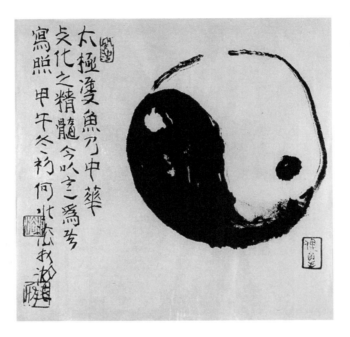

　　这是中国当代水墨画及书法名家何水法先生特意为本书绘制的作品。何先生以其精炼细腻的笔触著称，他的花鸟画和山水画可谓传神。何先生为这幅画的题字是"太极双鱼乃中华文化之精髓，今以（已）定为其写照，甲午冬初何水法于湖上"。画中的"太极双鱼"被何先生的画笔描绘得活灵活现，代表阴阳的两条鲤鱼纠缠在一起嬉戏玩耍，这里的鱼眼和鱼鳍都具有象征意义。黄河在河南境内有一段峡谷，名为龙门，那里的水流落差很大，玉龙鲤会逆流攀游，奋力跃过龙门水溅口；跃过龙门的鲤鱼就会成龙而飞黄腾达。我们可以略带幽默地将"鲤鱼跳龙门"想象成虚粒子到实粒子的转换，现在据说这个基本的量子过程暗示了宇宙的起源。（参见彩图 XX 和彩图 AAA）我们也可以将自身比作鲤鱼，我们要把世界搞个明白的努力一如跃龙门的鱼儿逆流前进，奋发向上。

谨以此书献给我的家人和朋友，
你们为这大美的世界提供了另外一种解释。

书评

维尔切克先生巧妙地运用文字带领读者踏上了一段旅程，沿途让我们领略了两千五百年来的哲学和物理……此书最精彩的看点在于作者将对称之美和人类日常的体验广泛地结合在一起……他的书是一部少有的杰作：直接向上帝发问来深刻地书写人性。

——《华尔街日报》

启发性强却深入浅出……维尔切克的文字抒情而玄妙，不管大自然最终向我们揭晓什么样的答案，我们都应该心有所悟，谦卑为怀。

——《高等教育纪事报》

维氏在书中将方程（自然）之美与文学之美相结合，他的著作堪称艺术。

——《科学通讯》

引人入胜……不仅对现代物理中的一些名称进行了修改，甚至把一些基本概念也重新定义了……维尔切克敢于重新定义概念，实在勇气可嘉。

——《洛杉矶书评》

这是一部挑战性强又非比寻常的深刻之作。

——《图书馆期刊》

巧妙地将反思付诸文字……在科普书这个体裁里无疑是独一无二的作品……内容雅俗共赏，搞物理的专业人士可以从中了解到诺贝尔奖得主如何看待人类思想和太初之道之间的联系，普通读者可以更多地了解基本规律的构造。这本书让我们想到，科学和艺术之间有着千丝万缕的联系，它让我们惊叹于人类这个物种在揭开自然之谜的努力上所取得的成就。

——《今日物理》

《美丽之问：宇宙万物的大设计》是对未知领域的探索，让我们领略到那片广阔的天地风景独好，该书还为粒子物理的发展趋势提供了一个独特的视角，令人耳目一新。

——《自然》杂志

这项深究道之本质的工作值得我们赞赏。

——《科克斯书评》

这本轻松惬意的读物让我们有机会进入当今世界最富创造力和洞察力的物理学家的头脑去了解他的意念，真是机会难得。弗兰克·维尔切克对于世界的思考令人拍案惊奇，它揭示了大道、大美和宇宙深层规律之间细腻完美的融合。

—— 布莱恩·格林（Brian Greene），哥伦比亚大学物理及数学教授、《宇宙的琴弦》（*Elegant Universe*）的作者这本书详实地介绍了现代物理所取得的成就和所面临的挑战，令人信服同时也发人深省：在深入了解自然的过程中美学的意义何在？这个了解的过程对于人类的意义何在？阅读书中记载的大量史实，我们能品出其作者虚怀若谷的人性，这本书确实写得很美，我向所有立志了解科学发展动向的人推荐它。这位作者由于对科学做出了流芳百世的贡献而走进了我们的视野。

—— 利·斯莫林（Lee Smolin），
《时间再生和物理学的烦恼》
（*Time Reborn and The Trouble with Physics*）的作者

这是一本精致而易懂的读物，弗兰克·维尔切克把我们的宇宙当作一件艺术品来欣赏和把玩，他向我们展现了天工之美，它无所不在，隐藏在各个层面，大到广袤的银河系，小至亚原子的微观世界。他的研究具有开拓性，将问题说得很清楚，他能看到别人通常忽略的事物，这个能力会对很多人产生影响，不仅为科学家指出了研究方向，也让艺术家和所有好学的人受到鼓舞。

—— 迈克斯·泰格马克（Max Tegmark），
《我们的数学宇宙》（*Our Mathematical Universe*）的作者

物理学家常说一个理论很"美"，如果你想知道他们口中的"美"是什么意思，最好读一读本书，在书里你会找到答案。维尔切克虽然是这门学科里的一个杰出人物，他却不畏惧使用非学术的观点说明有一种神秘的大美存在。

—— 彼得·沃伊特（Peter Woit），
《何谈对错》（*Not Even Wrong*）的作者

序言

　　我很高兴应我的朋友维尔切克教授邀请，为他的中文版新书《美丽之问：宇宙万物的大设计》写序。

　　弗兰克·维尔切克（Frank Wilczek）教授是世界著名的理论物理学家和数学家，2004年诺贝尔物理学奖获得者，上海交通大学李政道研究所首任所长。维尔切克教授在文学艺术方面亦造诣很深，对科学与艺术之间的交融有独到的理解和热忱。

　　对称展示宇宙之美，不对称生成宇宙之实。在探索宇宙的征途中，对称与不对称交相辉映，构成自然界的基本规律，成为指引人类探索大自然的灯塔。从毕达哥拉斯的"万物皆数"，经由牛顿的经典物理学，直至当今的量子世界，物理学的发展在扎根于实验观测的同时，亦常常从艺术领域中获取灵感。悠扬的音乐旋律与美妙的几何图形，竟然蕴含了自然界最基本的奥妙。这些令人惊叹的现象无疑亦系人类探求未知世界动力之源泉。

　　维尔切克教授的著作系思考一个极基本的问题：世间万物为何能够演变成现在的模式，这个大设计的问题非常深刻重要，很值得我们每一位，尤其是从事科学研究的朋友们一起探索。

李政道

2018 年 9 月

《美丽之问：宇宙万物的大设计》序言

　我很高兴应我的朋友维尔切克教授邀请，为他的中文版新书《美丽之问：宇宙万物的大设计》写序。

　弗朗克·维尔切克（Frank Wilczek）教授是世界著名的理论物理学家和数学家，2004年诺贝尔物理学奖获得者，上海交通大学李政道研究所首任所长。维尔切克教授在文学艺术方面亦造诣很深，对科学与艺术之间的交融有独到的理解和热忱。

　对称展示宇宙之美，不对称生成宇宙之实。在探索宇宙的征途中，对称与不对称交相辉映，构成自然界的基本规律，成为指引人类探索大自然的灯塔。从毕达哥拉斯的"万物皆数"，经由牛顿的经典物理学，直至当今的量子世界，物理学的发展在扎根于实验观测的同时，亦常常从艺术领域中获取灵感。悠扬的音乐旋律与美妙的几何图形，竟然蕴含了自然界最基本的奥妙。这些令人惊叹的现象无疑亦像人类探求未知世界动力之源泉。

　维尔切克教授的著作深思政一个极基本的问题：世间万物为何能够演变成现在的模式。这个大设计的问题非常深刻重要，很值得我们每位，尤其是从事科学研究的朋友们，一起探索。

李政道
二〇一八年九月

致中国读者

I

每个人都应该对现代科学感兴趣。

充满好奇心的年轻人，即使立志于深度学习，也应该先试试水让自己和科学想法成为好友，然后再慢慢深入细节。阿尔伯特·爱因斯坦在孩提时代读过阿龙·伯恩斯坦（Aron Bernstein）的《大众自然科学》（*People´s Book on Natural Science*），他晚年时曾描述这对他的成长是如何重要。

现代科学中充满了应用广泛、出人意料和神奇美丽的想法。任何人，从孩子到退休老人，从艺术家到工人，都能通过了解和思考这些想法来丰富自己的生活和扩展自己的思路。你不一定要掌握复杂的数学计算，或学习操作复杂的仪器，你依然能受益匪浅。

即使不知道所有的细节，你仍然能理解更能享受很多科学知识。现代科学之父，伊萨克·牛顿深谙此道，留下了下面这段美丽的文字：

我不知道世界是怎样看我的。但对我自己来说，我只是海边玩耍的一个男孩，时不时会发现一枚更光滑或更漂亮的贝壳，对面前那浩瀚的真理的海洋我完全是无知的。

牛顿说的这种在探索和玩耍中获得的喜悦是我们每个人在孩提时代都经历

和体会过的。进一步培养和发掘这种喜悦，我们便能丰富对世界的了解、升华自己的人生、让欢乐和自己常伴。我们会因此在精神上永远年轻。

II

作为一个例子，让我们看一下，关于颜色现代科学告诉了我们什么。

对于大多数人，颜色会让他体验到的世界变得生动而绚丽。当人们化妆、挑选衣服、驻足于艺术品前时，他们是在欣赏颜色是如何让世界变得更加美丽的。不用绞尽脑汁地思考，你就可以欣赏颜色并获得快乐。

但是如果我们有好奇心，不想浮游一生，我们便会开始问问题。颜色究竟是什么？它仅仅是自然随意赐予世界的一种美妙的装饰，还是背后有更精彩的故事？

对于这样的基本问题，现代科学的答案常常出人意料。

我们发现我们其实生活在一种类似液体的媒介里，它弥漫在整个空间里，被叫作电磁场。我们通常认为空间是"虚无"的，但现代物理发现空间是一种充满了各种奇妙成分的内容丰富的液体。我们就像鱼儿一样，生活在一个永远逃避不了，同时早已习惯了的海洋里。

科学进一步发现：原来，光是这种液体里一种会传播的振动。

我们都知道，声音是空气中传播的振动。太妙了，光和声音居然如此相似，这不是那种诗歌中模糊的相似，而是深刻的物理实质上的相似。

关于光科学有更多的发现。我们发现彩虹就像一个特殊的钢琴键盘，每个键上都清晰地标注了对应的音符，只是对于彩虹，每个键对应一种颜色。这种诗一般的类比其实是建立在众多事实和实验上的。你理解的事实越多，你就越能欣赏这类诗歌的美妙。

科学更深入的发展告诉我们，原子其实也是一件件乐器。虽然它们发出的不是声音而是光，但它们工作的原理和我们制作的比它们大很多的乐器是一样的。

另外，还有很多我们眼睛看不到的颜色。无线电波、微波、红外光与紫外光、X射线与伽马射线和可见光一样是电磁场的波动。我们的眼睛虽然看不到它们，但是我们通过思维发现了它们的存在。我们现在可以用各种接收器、发射器来探测、控制，甚至产生它们。

尽管我多年前已经熟悉这些光、颜色和声音的科学事实，可是我每次静下来重温这些知识的时候，我还是赞叹不已，就像刚刚学到一样。我们生活的世界太美妙了！现实的深层结构常常是神奇和隐秘的。当你一步一步深入理解它，你才会发现日常经历的世界是一个迷人的宫殿。

III

结束前让我再引一段我喜爱的伊萨克·牛顿的话：

一个人甚至一代人要理解整个自然都太难了。最好先确切地解决一些问题，然后把其他的问题留给后人。最忌试图通过建立一堆假设来一下子理解所有的问题。

理查德·费曼，一个伟大的现代物理学家，说过类似的话：

我玩的游戏非常有趣。它就是想象，一种穿着紧身衣的想象。

前面我一直在强调科学是如何揭示有趣的相似，解放我们的思维。但是这些相似之所以令人信服，这些思维解放而不疯狂，是因为牛顿和费曼在上面引言中表达的谦虚和自律。这是一个只有一条规则的游戏，这条规则是严格的：大自然是最后的裁判。

弗兰克·维尔切克

读者指南

* 《探索大事记》集中概述了书中提到或涉及的科学事件，我无意让它们取代完整的历史，它们也确实不能代表完整的科学史。

* 《造物主的术语》是针对正文中出现的关键词汇和概念所做的探讨和解释性说明。从这个章节的长度你们不难猜到，它不是一个普通的词汇表，它为书中的很多概念提供了不同的视角，也让其中的某些观点朝着新的趋势演变。

* 《尾注》这一章的内容如果放在一本学术论著里可能就变成了对正文的注释了，但这一章和正文同等重要，它为某些特定的观点提供了更多专业性的参考。你们还能在这一章里读到两首诗呢。

* 在《推荐书单》一章里我列了一个简短的书单，但这一串书名既不是常见的普及读物也不是课本，它们是我经过认真考虑之后推荐的一整套丛书，这些书可以在本书的基础上让读者更深层地探究我们的问题。

我希望各位喜欢本书的封面和标题页的设计，如果你们真的喜欢这两幅画面就说明各位已经调整好状态进入我们的沉思了。

当然书中还有另外一个"指南"——你们懂的。

目录

向天发问

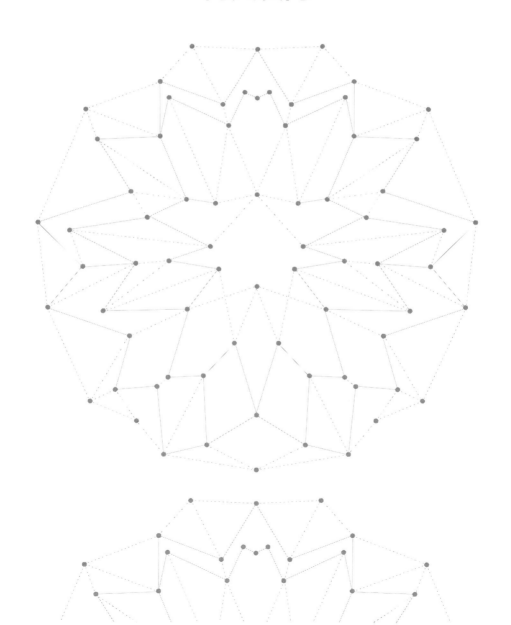

本书乃鄙人经年累月单就一个问题的思索：

世间万物是否是各种妙想的附体？

问这样的问题未免让人感觉多少有些奇怪。意念是意念，实物则完全是另外一码事。实物到底有没有"体现"了"意念"？这究竟是怎么一回事？

艺术家们的工作其实就是体现意念。艺术家往往出于幻想，从一个虚无的概念着手进而制作一件实物（或者类似实物的作品，譬如可以呈现为声音的乐谱）。我们的奇思妙问，换个方式差不多就是：

物质世界该不会就是一件天工神作的艺术品吧？

照这样问下去，我们的脑海里就不得不产生更多的问题。把世界都想成是件艺术品，倘若这个想法成立，那么这件艺术品算不算是一件成功的作品呢？如果实体世界被当作一件艺术品的话，它有何美感可言？为了了解实体世界我们只能仰仗科学家们的劳动，但如果让我们的问题获得恰当的答案，我们还需结合艺术家们感性的见解和主张。

2 神创宇宙论

我们的问题在神创宇宙论的范畴是一个再自然不过的问题。如果真的有一位大力无边又无所不能的造物主创造了世界，那么激发他或者她或者他们——哪怕这个造物主不是人而是其他的生物——创世的灵感又是什么？准确地说，那该是一种想要创造大美的冲动。大多数的宗教传统肯定不认可这种说法是正统的理念，但他们这样想也可以被理解。造物主创世的动机众说纷纭，但这些人却几乎没有关注造物主本想成为一名艺术家的这个高远志向。

在亚伯拉罕诸教[1]里，传统的教义认为造物主本来打算创造一件东西，以物质的形式体现善良和正义，为他的荣耀创造一座丰碑。信奉泛灵论[2]以及多神崇拜的宗教则想象：世界为人和诸神所瓜分，人和神出于不同的动机而各司其职地创造和统治世界；其结果也包罗万象，从善行美德到贪婪欲望再到无忧无虑地享受世间荣华。

更高层次的神学则有时把造物主的动机说得神乎其神，以至于哪怕为数不多的人类智者都不敢奢望能够领悟造物主的初衷。这使得我们常常是窥一斑而知全豹，将一知半解的启示拿来信奉而无意分析追究。我们索性一语概括吧：上帝即是爱。这些自相矛盾的正统观念没能给出一个令人信服的理由让我们畅想世界根本上就是奇思妙想的产物，它们甚至没有表明我们应该努力去探索这些奇思妙想。神学关于宇宙的传说漫无边际，"美"这个话题也确实可以包含其中，但这通常只被看作是一个枝节问题，并没有触及事物的核心。

然而，抛开造物主的其他成就，他很可能就是一位大艺术家，而他的美学动机也为我们所激赏与认同。很多具有创造性的人类头脑都从这个大理念中获取了灵感。抑或，我们甚至可以进行更大胆地猜测——造物主起初就是一位匠心独运的艺术家。他或者她的创造力对我们的这一奇思妙问进行了呼应，造物主的踪迹遍布世界不同的国家，所做的呼应形式各异而且不断地变化着。人类受到启发而产生了深刻的哲学思想、重要的科学发现、引人入胜的文学作品和形象的比喻。有些人的工作将上述全部或部分成就综合，这些成就像金色的脉络流淌于我们文明发展的全过程。

向天发问

3

伽利略深信物质世界均围绕着"美"这一核心并将这个理念授之于众：

"经上帝之手所缔造的每一件天工都闪烁着造物主的光辉，我们在天堂这部敞开的书本上对其崇高和荣耀一览无遗。"

开普勒、牛顿和麦克斯韦也都说过类似的话。对于所有这些探索者而言，找寻映衬着上帝光辉而呈现于物质世界的美好事物则是他们探索的终极目标。这个目标激励着他们前行，好奇心化成了神圣的使命，而他们的探索发现更坚定了他们的信念。

虽然我们所探究的问题在神创宇宙论里找到了根基，但这个问题仍然可以单独地自成一体。尽管针对这一问题得出的肯定答案可能引发精神层面的阐释，但问题本身其实并不需要阐释。

我们将回溯到这些思绪的源头，这样就更加胸有成竹地审视这些思绪。届时就让这个世界为自己代言吧。

英雄壮举

艺术有自己的历史，其标准也处在不断的发展中；世界乃天工神作这个概念亦然。在艺术史上，老派风格不能简单地被看作过时，人们仍然可以用这一风格特有的标准欣赏它的艺术。旧风格还可以为新风格的人才辈出起到承上启下的作用。碍于一些重大的局限，科学界不大常用这样的理念。尽管如此，从历史发展观的角度出发探讨我们的问题还是存在着很多优势的。这使得我们，或者不如说迫使我们，由简至繁地尝试各种思想。与此同时，我们窥见了那些伟大的思想者如何挣扎前行甚至常常误入歧途，我们从中反思到那些思想在形成之初的奇妙，尽管它们对于现在的我们可能已习以为常，以至我们认为它们过于"显而易见"了。最后要说的话绝非无关紧要，我们人类尤其喜欢在听人讲故事的时候思考，把思想和一些人名或几张人脸关联在一起。我们喜欢听斗争的是是非非，经过斗争得来的结果才令人信服，哪怕这些斗争都是思想层面的并没有血雨腥风的场面。（事实上，即便是思想斗争也难免有人流血……）

基于上述原因，我们开始颂扬那些英雄们：毕达哥拉斯、柏拉图、菲利波·布鲁内列斯基[3]、伊萨克·牛顿、詹姆斯·克拉克·麦克斯韦。（后来还有一位重要的女英雄——埃米·诺特也被列入了花名册。）每一个名字的背后都是一个活生生的人——每一个人都大名鼎鼎。这些名字对于我们不仅仅只是一些人名，它们意味着传奇和象征。我心中默念着他们的名字，用歌颂的语气来讲他们的故事，重点讲述他们单纯朴素的为人而不是他们在学术上的精微玄妙。在这里叙述他们的生平只是我的一种方法，但绝不是我的最终目的，因为这里的每一位英雄都将我们人类的思想成就向前推进了几步：

* 毕达哥拉斯在直角三角形中发现了数字与大小、形状之间最基本的关系，这便是他著名的"勾股定理"。关系的一头是数字而另一头则对应了几何的尺寸和形状。由于数字是纯精神的产物而尺寸又是物质最主要的特征，这一发现揭示了精神与物质之间存在着暗藏的统一。

从弦乐的演奏规律中毕达哥拉斯还发现数字和音乐的和谐之间存在着一种令人惊诧的简单关系。这个发现实现了精神—物质—美这三者的结合，数字则像一根线将它们串连在一起，起着牵线搭桥的作用。毕达哥拉斯一定有些飘飘然啦！于是他一语概括：万物皆数。基于这些发现和推测，我们的问题浮出了水面。

* 柏拉图敢于幻想，他根据五种多面体提出了一个有关原子和宇宙的几何理论，我们现在称这个理论为"柏拉图多面体"。柏拉图对物理实相大胆地构想了一个模型，在这个模型里，他更加珍视美感，认为美比精确更为重要。当然这个理论的具体细节其实无可救药，尽是错误，但它却为肯定地回答我们的问题展开了一幅令人炫目的幻象。我们设想，针对我们的问题如果答案是肯定的，世界也许就该是那样一幅景象。这个理论在后来的几个世纪都是灵感的源泉，它激励了欧几里得和开普勒等很多人做出了杰出成果。的确，现代关于基本粒子的一些成功理论颇为不凡，它们都可溯源到几何理念中提炼出的精华，而且这些理论都被整编进了法典般的"核心理论"（详见下文）。柏拉图在天有灵一定会得意地笑了。每当我推测未来时，我常常会遵循柏拉图的策略，将具有数学美的物体权且当作大自然本身的构造。

柏拉图还是一位伟大的文学家，他那个洞穴的比喻[4]贴切地从情感和哲学层面勾勒出我们人类作为一个问询者和世界实相之间的关系。这个比喻的核心就是他相信日常生活让我们看到的只是真相的影子，但如果敢于让身心历险，挣脱枷锁，我们最终能够直逼事物的实质，而实质会比影子更清晰也更美妙。他设想了一个能够居间斡旋的造物主，这个造物主也可以被说成是一名巧匠，他能把理想国度或者永恒思想进行复制，而被转化的复制品并不完美；这个复制品正是我们生活体验着的世界。由此看来，世界是件天工神作的概念一下子便明了了。

*　布鲁内列斯基则是从我们对于艺术和工程两方面的需求出发为几何学注入了新的思想。当他实际设计和建造一件物体的外观时，他的投影几何概念则为我们收获了更多的概念——相对性、不变性和对称性——这些概念不仅本身堪称奇思妙想，而且还孕育了无限的潜质。

*　牛顿将人类运用数学解释自然的雄心和精确度都提升到了一个全新的境界。

牛顿研究光学、微积分数学、运动和力学，他浩繁的工作始终贯穿着同一个主旨，这是一种被他称为"分析与综合"的方法。这个方法提出了一个了解事物的策略，采用这个被分为两个阶段的策略就可以实现对事物的理解。在分析阶段，我们把研究对象的最微小组成单元权且称为"原子"，这个词仅仅作为形象比喻之用，它们未必就是原子。如果分析的过程顺利，我们会发现一些细小成分都具有简单的属性，而这些简单的属性还可以被归纳为一些准确的规律。例如：

6

* 在光学研究中，原子即单色；
* 在微积分数学里，原子就是微分元以及它们的比值；
* 在运动学里，原子就是速度以及加速度；
* 在力学里，原子就是各种作用。

（我们将在后面就这些话题进行更为深入的讨论）

在综合阶段，我们通过逻辑和数学的推理积累认识，这种认识是从单个原子的行为乃至对于承载多个原子的各个系统的描述。

用这样的大白话解释"分析与综合"的方法可能不会让人觉得它有什么了不起，毕竟这种方法近乎于经验之谈，就像说"面对复杂的情况我们要分而治之"一样，不会有人觉得醍醐灌顶。但是牛顿力求准确、完整地了解事物，他说：

"在还没把事情弄明白的时候，与其东猜西猜乱下结论，不如省省力做有把握的事，然后把余下的问题留给后人解决。"

在上述这些让人肃然起敬的例子中，牛顿确实实现了他的志向，因为他令人信服地证明了自然本身在按照"分析与综合"的方法运行，"原子"真的就是这么简单，放任"原子"们各行其道才有了大自然的周而复始。

牛顿在研究运动和力学的过程中还丰富了我们认识中对于自然规律的概念。他提出的运动定律和引力定律是动力学定律。换句话说，它们是变化的法则。这样的规律意味着动态之下的美和毕达哥拉斯以及柏拉图所推崇的完美静态（尤其受毕氏的钟爱）是完全不同的概念。

动力学之美超越了特定的对象和特定的现象，它引领我们进入更广阔的想象空间去探求更多的可能性。譬如，行星的运行轨道，其大小和形状远非那么简单。它们既不是亚里士多德、托勒密和哥白尼所说的圆圈（大圈摞小圈），也非开普勒所说的椭圆，即便开普勒的椭圆更加接近精确。这些轨道竟然是数值运算出来的曲线，这些数值即时间函数，而曲线的计算则取决于太阳以及其他行星不同的位置和质量，形成曲线的方式相当复杂。但是这里面存在着简洁和美好，我们需完全清楚地掌握那些深层的机关才能领略其中的风景。不能在特定物体的外观上深究美的法则。

*   麦克斯韦是第一位真正意义上的现代物理学者，他致力于电磁学的研究，引导我们重新认识世界的实相并为物理学研究提供了新的方法。麦氏依据法拉第[5]凭直觉所生的一些设想，从中获取灵感，他提出了关于物理实相的全新理念，一反点状粒子为物质世界主要成分的概念，指出弥漫于空间的场才是其主要构成。而这个新的概念竟出于大胆的猜测。麦克斯韦在1864年将众所周知的电磁学理论编撰成一套方程组，结果却发现这套方程组往往不能自洽。柏拉图除了设想出四种元素和一个圆球的宇宙外还硬塞给我们一个正五边形[6]。和柏拉图一样，麦克斯韦也不轻言放弃，他发现如果引入一个新项，那些方程不仅更加对称，数学推导的结论也就一致了。结果我们大家都熟知的"麦克斯韦方程组"就诞生了。这套方程组不仅统一了电磁学的基本定律并被沿用至今，而且还推导出了光，它为上述这些学科奠定了稳固的基础。

那么物理学者们的"猜测"能给出什么样的启发呢？这些启示在逻辑上肯定合理，但又不够合理。麦克斯韦和他的追随者，即全体现代物理学者，他们宁愿视美感和对称为自己朝着真理前行的指南针，读者们就会看到，他们的足迹将在后面的章节呈现。

麦克斯韦在研究色觉的时候还注意到，柏拉图那暗含寓意的洞穴是对十分具体真实的事物引发的思考：即相对于我们置身其中的实相，人类的感官体验竟是那么不足为据。他的研究阐明了人类感官认识的局限性并让我们冲破了这些局限；一些提高人类认识能力的超极限设备就是一种上下求索的心灵展现。

8 量子成就

我们的问题到了 20 世纪由于量子理论的出现才有了明确的答案：答案是"肯定的"。

量子革命给我们的启示是：我们终于知道了什么是物质。这个理论有一部分重要的构成是方程式，它们常被称作"标准模型"，这个毫无新意、平淡到无聊的名字简直不配命名这么重要的成就。从撰写《存在之轻》（*The Lightness of Being*）开始我就呼吁把这个名字改了，换上恰如其分又响亮的字眼："核心理论"（Core Theory）。

从"标准模型"到"核心理论"的这一改变不单单是为了恰如其分，因为：

其一，"模型"含有一次性和临时性的意味，有待"实物"所取代。但"核心理论"已然是对于物理实相精确的陈述，未来任何假想的"实物"都要将其考虑在内。

其二，"标准"意味着"惯例"，它暗示了一种高级的智慧，但这种高级智慧并不存在。其实我认为，尽管"核心理论"将被有所增补，但它的核心却岿然不动——堆积如山的证据也佐证了我的这个观点。

"核心理论"将美的概念具体化了，描述原子和光的方程几乎可以同样成为控制乐器和声音的法则。自然赋予实体世界千变万化的勃勃生机竟然就靠那么几个雅致的设计简单地组合而成。

我们的"核心理论"描述了四种基本自然力——引力、电磁力、强相互作用力和弱相互作用力。这四种力的核心包含了一个普遍的原理：局域对称性。读者将会在后面的章节看到，毕达哥拉斯和柏拉图追求和谐以及观念上的纯粹，他们的理想因为这个原理得以实现。不仅如此，原理已超越了他们的理想。我们还将看到，这个原理构建在布鲁内列斯基的几何艺术之上；牛顿和麦克斯韦在自然色彩上的真知灼见也是它的基奠；但它对于上述成就均有所突破。

对实用性来讲，"核心理论"对物质进行了完整的分析。运用这个理论我们得以"推断"究竟存在何种物质，即都有哪些原子核、原子以及分子存在，我们甚至可以"推断"都有什么样的恒星存在。我们让这些元素进行更大规模的集成并对它们的行为进行编排和干预便制成了晶体管、激光以及大型强子对撞机。检验"核心理论"的方程所要求的精度和极端条件要比化学、生物学、工程以及天体物理等领域的应用技术所要求的条件高得多。想必有很多事物不为我们所知——我会随时涉及一些重要的未知事物！但我们终于明白了人是由什么物质"制成的"，也了解了我们日常生活里所碰见的东西都是什么物质（反正我们也不是化学家、工程师，更不是搞天体物理的）。

尽管"核心理论"有这么多好处，它却不是完美的理论。实际上，这恰恰因为它把实相描述得太真实了。为了给我们的问题寻找答案，我们不得不用审美的最高标准揆度。在我们审慎的目光下，"核心理论"暴露了瑕疵。它的方程是倾斜的而且存在着一些松散之处。此外，"核心理论"也没有将所谓的暗物质和暗能量考虑在内，尽管这些物质很稀薄，就在我们周遭却由于微不足道而被我们忽略了，但它们却在星际和星系的太空中弥漫不散从而成为宇宙总体质量的主要成分。基于上述诸多原因，我们并不满足。

我们已经在世界的核心之地品味了美的甘甜，于是我们渴望得到更多。在这个探索之旅中，我认为没有比"美"本身更光明的指路灯塔。我会向读者提出一些暗示，它们表明确实存在一些具体的可能性让我们改善对于自然的描述。我渴望在灵感的激发下进行大胆的猜想，因而"美"变成了我的灵感源泉。你们将看到这个灵感源泉让我屡试屡爽。

美有不同种

10

每位艺术家都有自己不同于他人的独特风格，我们不能指望从伦勃朗画作中那幽幽的"暗光"里还能找到雷诺阿特有的夺目色彩，也不能指望伦勃朗画出拉斐尔式的优雅。莫扎特的音乐来自莫扎特独有的世界，披头士的世界与莫扎特的完全不同，而路易斯·阿姆斯特朗的世界与上面提到的两位则又大相径庭。同样，实体世界呈现的美是一种特殊的美丽，大自然这位艺术家真可谓匠心独具。

我们必须充满感怀之心深入了解大自然的创作风格才能欣赏她的艺术。伽利略曾经说过这样一段话：

"书写着哲学（自然）的那部巨著一直就摊开在我们眼前——我指的就是宇宙——但如果我们不首先学习那部大书里的语言文字，掌握它的符号特征，我们就不能读懂这部书。这部书采用的语言是数学，而三角形、圆形以及其他的几何形状就是它的符号。不借助语言和符号我们连一个字也看不懂，人如果看不懂这部书就只能在黑暗的迷宫里徒劳地徘徊。"

目前我们对这部巨著的理解越来越深入了，发现这部书后面的几个章节并非采用了伽利略熟悉的欧几里得几何语言，而是一种我们不太熟悉但更具想象力的语言。要想流利地讲述这部书需要一个人付出毕生的精力（至少要在研究生院里耗上几年时间）。然而，就像一个人若想欣赏世界上最优秀的艺术品并从艺术中获得大有裨益的体验未必需要去美术学院修得一个艺术史专业的硕士学位，我希望我的书能够让大自然的创作风格变得明白易懂，使读者也能欣赏大自然的艺术。你们的工夫不会白费，因为爱因斯坦好像说过：

"上帝虽然不可捉摸，但他并无恶意。"

11

两个强迫症情结竟成了大自然艺术的创作风格：

对称性——钟爱和谐、平衡和比例。

节俭性——达到"四两拨千斤"的效果才感到痛快。

在我讲述的过程中请留意这些话题，它们还会再次出现并且发展、成熟，最终归一。我们人类已经将自己对大自然的直观感受和痴心妄想演化为更精确、更有说服力、更富有成果的办法。

　　在这里我必须做一个声明：美有很多种而且很多种美都在大自然的画风里被忽略了。当大自然做基本运行的时候并没有将它们完全展现出来。我们身体所获得的愉悦、我们欣赏富有表现力的画作、我们热爱动物和自然美景以及对其他美好事物的向往，这些情感就没有被体现出来。谢天谢地！科学到底不是万能的。

概念和实相：精神与物质

　　可以从两个方面解读我们的问题。显而易见，我们的问题是关于世界的。迄今为止我们的着重点也立足于这个方面；但另一方也同样风景独好。一旦我们发现我们的审美意识在实体世界均成为了现实，我们即在逐步地认知这个世界，我们亦在逐步地认知自我。

　　人类对大自然基本规律的认知归功于我们近年来在进化观的时间尺度或者历史观的时间尺度上有了进一步的认识。此外，只有在精心营造的条件下这些规律才会自动地显露头角——那些条件包括透过先进的显微镜或望远镜观看、将原子和原子核分裂、设计很长的数学推理链，等等——每一个条件都不是顺其自然就能轻易得来的。

　　我们的审美感受绝非以直接的方式顺应大自然的基本运行，然而我们从这些周而往复中所发现的事物肯定激发了我们的爱美之心。

　　我该怎么说明精神与物质之间的那种神奇般的和谐呢？如果不说说这个奇迹，恐怕我们的问题仍然是个未解之谜。这将是一个不断发人深思的话题。现在，我先简要地列出两点顾虑：

　　首先，人类是具有视觉能力的动物。在一大堆不那么明显却极深刻的思维模式里，我们的视觉当然取决于我们与光的互动。比方说，我们每个人都是投影几何的实践者，尽管并非有意为之，但我们都堪称技艺娴熟。这样的能力像电路一样焊接在我们的大脑里，借助这个能力我们可以解读视网膜中的图像，而视网膜则将三维空间里充满实物的世界呈现为二维图像。

我们人类的大脑内还装有一个专门的组件使我们快速地在刻意间以三维空间里三维物体作基础构建一个动态的世界观。这一过程的确始于我们眼睛里视网膜上的二维图像（反过来说，这些二维影像是外部事物的表面发射或反射的光束以直线的形式传输给我们的产物）。从这些图像反推到产生这些图像的实物对象是逆投影几何学（inverse projective geometry）里一个特别棘手的问题。事实上，如前所述，这是一个无解的问题，因为投射并未给出足够的信息让我们做出明确的重建。基本的问题在于这个过程起始之前我们就需要将对象从它的背景（或前景）中剥离出来。为了完成这项工作，我们使尽浑身解数利用物体具有代表性的典型特征，凡我们所遭遇的物体无不纳入其中，如颜色或肌理上的对比和与众不同的边线。即便完成了这个步骤，仍留有一个棘手的几

13 何难题有待解决。为了解决这个难题，大自然慷慨地向我们提供了帮助，她为我们安装了一个绝佳的专业处理器，这就是我们大脑中的视皮层。

视觉的另一个重要的特质是我们可以接收从非常遥远的地方发射而来的光，这为我们洞开了一扇通往天文学的明窗，恒星明显有规律的运动以及行星明显但不那么有规律的运动都提供了一些初兆表明宇宙有矩可循，同时也为采用数学的语言描述大自然提供了早期的灵感和实验场所。大自然真是一部不错的教科书，里面的问题视难易程度不同由浅入深。

我们所学习的知识属于更先进的现代物理，其中光本身就是一种物质。当我们进一步了解了这种物质以后发现，一般情况下它显然是一种类光性物质。出于人的本性，我们对于光的兴趣以及对于光的感受都是根深蒂固的同时也被证实是侥幸得来的。

其他生物，譬如哺乳类动物，主要通过嗅觉感知世界，它们要想获得我们所掌握的物理知识可就难上加难了，尽管它们在其他方面或许相当高智能。就拿狗来说，我们也能想象它们可以进化成极其聪明的群居动物，它们也有自己的语言，也对体验丰富的生活充满了兴趣和乐趣，但它们缺乏人所特有的一种

能力——我们人类可以根据自身的视觉体验产生好奇心并展望自己的观点，正是这种能力使得我们更深刻地了解实体世界。动物的世界充满了化学反应和腐烂，靠丰富的嗅觉感知——它们有很发达的腺体分泌化学物质，有复杂的食物链，可以分泌催情剂并且能够产生记忆（用普鲁斯特的话讲，就是"追忆"[7]）。但这些能力或许和投影几何以及天文学就太不沾边了。我们知道气味是人体产生的化学感觉，我们开始逐渐认识到它的分子活动基础。但是，从气味"反推"至分子及其活动规律，乃至我们已知的物理学，这个过程在我看来对于动物却难于登天。

从另一方面看，鸟类则和人类一样，属于视觉动物。除此之外，从物理的角度出发，它们的生活方式还使它们拥有人类不可企及的天然优势。由于能够自由飞翔，鸟类可以用一种亲密无间的方式尽情享受三维空间中的基本对称，[14]这个能力让人类望尘莫及。在日常生活里，由于它们在一种几乎没有摩擦力的环境里活动，它们还体验了运动的基本规律，特别是惯性的作用。有人也许会说，鸟类自打一生下来就本能地懂得经典力学和伽利略的相对原理；当然它们也懂几何。如果鸟类的一些分支进化而具有高级的抽象理性——也就是说它们不再做笨鸟了——估计它们会很快发展鸟类自己的物理学。而人类呢，每天在生活中都不可避免地运用被摩擦力拖累的亚里士多德力学却还要努力地学会"忘却"，因为只有抛开"阻力重重"的亚里士多德力学才能深入地了解物理。回顾历史，这个过程简直就是一种挣扎！

海豚能生活在水的环境里而蝙蝠则自带回声定位功能，它们都是这个话题衍生出来的变异，都是非常有意思的现象。此刻我却不能把这个话题扯得太远。

上述的因素说明了一个普遍的哲学观点，即地球的自我表述不是唯一而特定的。针对不同的感官世界，地球向我们提供了很多的可能；而不同的感官世界诠释了地球的不同意义。如此说来，我们所谓的宇宙在很多情况下已然成了一个多重宇宙。

其次，要有所发现则必须牵扯复杂的推理，因为我们通过取样获取的关于世界的信息不仅很片面而且非常嘈杂。我们必须学会如何正确地观看，尽管我们具备这样的能力而且这种能力完全是天生的。我们要和世界产生互动，形成自己的预期，然后将实相和预期进行比较。如果我们做出了正确的预期，我们就会感到快乐和满足。这样的奖励机制鼓舞我们学到知识，它还会激发我们对美好事物产生感受——的确，在本质上这样的奖励机制就是所谓的审美。

将这些观察数据整合在一起，我们发现了一些有趣的物理现象为何会在我们眼中变得很美（所谓现象是我们可以从中获得知识的现象）。我们从发现的原因里得出了一个重要的结果，即我们尤其看重出人意料却又不太令人惊奇的体验。平常而又肤浅的认识将不再对我们造成挑战，可能也不再激励我们积极地学习进取。另一方面，过于高深莫测的形态也不会带给我们鼓励，因为我们完全摸不着头脑，那样它们就无异于噪声了。

生活在大自然中的我们也很幸运，因为在她的基本运行中大自然使用了对称性和节俭性手段。我们对于光的了解是一种本能，出于这样的本能，利用这些原理使我们预测到了一些事物也学到了一些知识。如果一个物体是对称的，我们看到其部分的外观就能（成功地）猜到其余部分的样子。从一个自然现象的部分形态我们就可以预测到这个现象的整体形态。因此，对称性和节俭性正是我们愿意体验的美感。

新的构想和诠释

当对一些旧的观念和一些不那么旧的观念有了新的理解以后你们会在这本书中发现几个全新的观念。在此我想挑其中最重要的说一说。

我用几何来说明"核心理论"，我对于下一步未来的推测则超出了"核心理论"的范畴，它们都是由我在基础物理方面所做的技术性工作演变而来的。当然，这些工作也都是建立在许多别人工作成果的基础之上的。我会使用额外的维度，色域即是其中的一个例子。我还利用色域开放的可能性来说明局域对称。上述方法（据我所知）是笔者自己的创新。

我认为，激发求知欲在很多重要的案例中促使人们产生美感，也同时是美感的进化过程。我将本人的这个见解运用在音乐的和谐性上从而合理地引证了毕达哥拉斯在音乐中发现了数学。我的见解是一系列构想的荟萃，鄙人长期沉浸在这些思考中自得其乐，谨以此书首次将其公开呈现。科学须谨慎，读者自负责。 16

我在讨论扩张色觉（色彩视知觉）的同时还引发了一个实用性的研究项目，该项目仍在进行中；我希望最终我们能够进入商业化量产阶段。该项研究已经申请了专利。

我猜想玻尔该会赞同我对于互补性所做的泛泛之谈，他甚至可能承认他本人孕育了互补性——我可说不好他会不会这样做。

译者注释

1. 亚伯拉罕诸教：亚伯拉罕诸教又称天启宗教，它指的是世界三个大的一神教，即犹太教、基督教、伊斯兰教。事实上，基督教、伊斯兰教都起源自犹太教；而亚伯拉罕则是希伯来人的始祖。
2. 泛灵论（animism）：又名万物有灵论。它是发源并盛行于17世纪的哲学思想，后来又被广泛扩充为泛神论并逐渐演变为一种宗教信仰。泛灵论认为天下万物皆有灵魂，自然神灵控制影响着自然现象。
3. 菲利波·布鲁内列斯基（Filippo Brunelleschi，1337—1446）：意大利文艺复兴早期颇负盛名的建筑师与工程师。他最大的成就是于1420年至1436年间完成了佛罗伦萨花之圣母大教堂的穹顶。此外，他受美第奇家族委托设计的圣洛伦佐教堂也被视为文艺复兴初期建筑的代表作。
4. 在柏拉图的《理想国》中有一个著名的洞穴比喻：有一群囚犯在一个洞穴中，他们手脚都被捆绑，身体也无法转身，只能背对着洞口。他们面前有一堵白墙，他们身后燃烧着一堆火。在那面白墙上他们看到了自己以及身后到火堆之间事物的影子，由于他们看不到任何其他东西，这群囚犯会以为影子就是真实的东西。最后，一个人挣脱了枷锁并且摸索出了洞口。他第一次看到了真实的事物。他返回洞穴并试图向其他人解释那些影子其实只是虚幻的事物并向他们指明光明的道路。对于那些囚犯来说，那个人似乎比他逃出去之前更加愚蠢。他们向他宣称，除了墙上的影子之外，世界上没有其他东西。柏拉图利用这个故事来告诉我们，"形式"其实就是那阳光照耀下的实物，而我们的感官世界所能感受到的不过是那白墙上的影子而已。我们的大自然比起鲜明的理性世界来说是黑暗而单调的。不懂哲学的人能看到的只是那些影子，而哲学家则在真理的阳光下看到事物的实质。但是另一方面，柏拉图把太阳比作正义和真理，强调我们所看见的阳光只是太阳的形式而不是实质；正如真正的哲学道理和正义一样，只可见其外在表现，而其实质是不可言说的。
5. 迈克尔·法拉第（Michael Faraday，1791—1867）：英国物理学家及化学家。他奠定了电磁学的基础，是麦克斯韦的先导。

6. 柏拉图的宇宙观基本上是一种数学的宇宙观，他设想宇宙开头有两种直角三角形，一种是正方形的一半，另一种是等边三角形的一半。从这些三角形就合理地产生出四种正多面体，组成四种元素。火是正四面体，空气是正八面体，水是正二十面体，土是立方体。第五种正多面体是由正五边形组成的十二面体，这是组成天上物质的第五种元素，称为以太。而整个宇宙是一个圆球。

7. 马塞尔·普鲁斯特（Marcel Proust，1871—1922）：20世纪法国小说家，意识流文学的先驱。小说《追忆似水年华》是他的代表作。

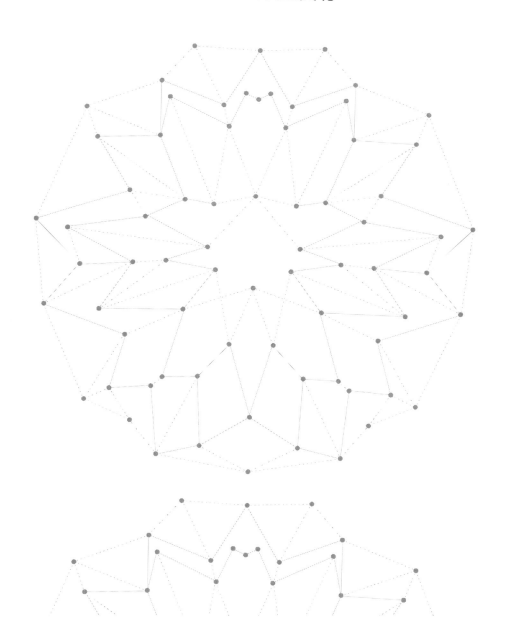

毕达哥拉斯之一

隐其形而遁其魂

毕达哥拉斯阴影

　　有个叫毕达哥拉斯的人，其生卒年份大约是在公元前570年到公元前495年间，我们对其人知之甚少。也可以说，我们对这个人的"了解"卷帙浩繁。但其中大部分的信息显然是误传的，因为有限的文史记载不乏矛盾之处。这些记载的事迹有些很崇高、有些很荒谬、有些不可信、有些甚至令人不可思议。

　　传说毕达哥拉斯乃阿波罗之子，他的大腿是金子的而且熠熠发光。他好像还主张素食，但也不见得确有其事。坊间流传着很多他荒唐的格言，最荒唐也是最出名的莫过于他下令禁食豆类，因为"豆子具有灵魂"。然而一些早期的资料明确地否认过毕氏本人曾说过这样的话，也不相信这类传言。相传毕达哥拉斯相信灵魂的轮回并以此教诲世人，这个传言听上去更可靠些。流传的几个故事可以佐证上述的传言——当然，每个故事肯定都存有疑念。据奥鲁斯·格里乌斯[1]说，毕达哥拉斯的记忆里有四次前世轮回，其中一世里他生为美丽的妓女艾尔可。色诺芬尼[2]回忆，一次毕达哥拉斯听见一条挨了打的狗哀嚎就赶忙上前阻止打狗的人，他声称从狗的叫声他认出那是他多年未见的朋友。像几个世纪以后出现的圣方济各[3]一样，毕达哥拉斯也向动物布道。

《斯坦福哲学百科全书》对毕达哥拉斯其人做过如下的总结：

毕达哥拉斯在现代人心目中的大众形象是一位数学大师和科学家。然而历史的行迹表明，毕达哥拉斯尽管在活着的彼时相当出名，甚至在150年后的柏拉图及亚里士多德生活的年代也声名显赫，但让他出名的却不是数学和科学。

下列事迹造就了毕达哥拉斯的鼎鼎大名：

1. 他是位精通神秘学的大仙，认为人死而灵魂不死并能道出人的前生和后世。他认为灵魂是永生的并将经历一系列轮回转世。

2. 他熟知很多神秘的宗教仪式。

3. 他是个奇人，常有惊人之举。他的大腿是金子的，他能够在同一时间出现在两个不同的地方。

4. 他是禁欲生活方式的创始人，强调严格的饮食禁忌、宗教仪式和自我约束。

顺便说一句，《斯坦福哲学百科全书》是一个免费浏览而且极有价值的网络信息资源。

有些情况似乎是明朗的。历史上真实的毕达哥拉斯出生在希腊的萨摩斯岛，他游历甚广，成为一个极不寻常的宗教运动的灵魂人物及开拓者。他的膜拜者主要活跃于意大利南部的克罗特内，在这个学派四处遭禁之前，他的门徒还扩散到了其他几个地区。毕达哥拉斯学派的成员秘密结社，这些社团的主旨围绕着一个中心就是使生命升华。社团成员有男有女，他们提倡一种可谓非凡的"高智能神秘主义"。他们世界观的核心就是虔诚地崇拜数字及音乐的和谐，他们视数字和悦耳的音乐为世界实相深层结构的写照。看来他们已经察觉到了些许迹象。

真实的毕达哥拉斯

19

还是根据《斯坦福哲学百科全书》所言：

毕达哥拉斯并非像数学家那样提出了严谨的论证，也不像科学家那样从事科学实验以发现自然世界的本质，他并不从那样的迹象中崭露头角。他认识到流行的知识中存在的数学关系，他看清了这些数学关系的意义所在并赋予了它们特殊的地位。

伯特兰·罗素[4]的话岂不更精辟：他是爱因斯坦与玛丽·贝克·埃迪[5]的合体。

研究毕氏真实生平的学者们着实犯了难，问题主要在于其追随者们都将自己的理念和发现归在毕达哥拉斯本人身上。之所以这样做是因为他们希望自己的理念更具权威性并提高毕达哥拉斯的声望，以此宣传他们这个学派——那是毕达哥拉斯创立的学派。如此一来，各个领域重大的发现都被描述成了这个大神级的圣人留下的遗产，真可谓包罗万象——不仅涉及数学、物理、音乐，还有给人洗脑的神秘主义、有影响力的哲学和纯粹的道德。对我们来说，那个令人肃然起敬的了不起的人物才是真实的毕达哥拉斯。

但是把那些（忠于史实的）影子毕达哥拉斯的功劳都归于毕达哥拉斯本尊却也没什么不合适的。因为真实的毕达哥拉斯在数学和科学上取得的杰出成就均是由前面谈到的那位大神的生活方式以及他所创立的学派孵化而生的。

（那些偏信传说的人可能会让一个人一辈子干过很多不同的事，以至于后来这个人简直就像宗教里的人物了……）

我们要感谢拉斐尔，他让我们见识了毕达哥拉斯本尊到底是什么样子。从彩图 B 我们可以看到他正在专注地撰写一部鸿篇论著，身边簇拥着膜拜他的人们。

20

万物皆数

虽然很难从画面上看清楚他书写的内容，但我情愿假装看清了，那大概就是他最基本的信条：

万物皆数

受制于时间和空间的阻隔，我们也无从知道毕达哥拉斯这句信条真正的含义，因此我们只能发挥想象了。

毕达哥拉斯定理

首先，毕达哥拉斯本人被毕达哥拉斯定理震惊和感动了，以致当他发现了这个定理之后这个素食者竟然开戒举办了一次闻名遐迩的百牛大祭——破例杀了一百头牛用以祭祀，仪式之后还举行了盛大的宴会——叩谢缪斯女神。

至于如此兴师动众吗？

毕达哥拉斯定理（勾股定理）陈述了直角三角形边线之间的关系。直角三角形即三个角中包含一个90°角的三角形。通过勾股定理我们可以得出以直角三角形的任意一边组成正方形，两个直角边组成的正方形面积之和等于斜边组成的正方形面积，下图所示即"勾三股四弦五"这个特例：

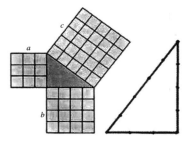

图 1　直角三角形"勾三股四弦五"，毕达哥拉斯定理的一个简单例证

如图1所示，两个较小的正方形面积分别为 $3^2 = 9$ 以及 $4^2 = 16$，依照毕达哥 21
拉斯当时的思路只需数一数那些小方块即可得出结论。最大的正方形面积为 $5^2 = 25$，由此我们得以验证 $9 + 16 = 25$。

现在我们大多数人都听说过毕达哥拉斯定理，哪怕对它的印象只是当时在学校里学习几何时所残留的一点模糊的记忆。如果让你们回过头来重新看待这个定理，如果你们是当时的毕达哥拉斯，乍听到这里面传递的信息你们也会觉得是惊天奇闻。这个定理向我们说明，物体的几何结构里包含着隐藏的数字关系。换句话说，数字即便尚不能解释一切，至少它们描述了实体和实相的一些至关重要的东西，即存在于实体和实相中实物的大小和形状。

在后面的探讨中我们还将接触到比这个定理复杂高深得多的概念，届时我不得不借助比喻和类比以达其义，这时人们在精准的数学思维中把清晰的概念拼接得严丝合缝所获得的那种妙趣和意境便顿然失色了。但是别担心，毕达哥拉斯定理的魔力在于人们可以毫不费力地验证它，所以在这本书中我们有机会体验这种妙趣。那些最精彩的论证都十分令人难忘，使人一辈子记忆犹新，它们深深地鼓舞了阿道司·赫胥黎[6]和阿尔伯特·爱因斯坦——更不用说毕达哥拉斯本人啦！我由衷地希望各位读者也能体会到这种妙趣。

| 圭多的论证 |

22

"太简单啦！"

这就是阿道司·赫胥黎的短篇小说《少年阿基米德》(*Young Archimedes*)里的小主人公圭多说的话，当时他正在推证毕达哥拉斯定理。彩图C所示的图形为圭多论证的基础。

| 小圭多的玩具? |

现在让我们详细解读一下到底什么东西让圭多一目了然。

彩图C为两个大大的正方形。两个大方块中都有四个不同颜色的三角形，而且两个方块中都能找到同种颜色的三角形一一对应；所有颜色的三角形都是直角三角形而且具有相同尺寸。比方说最短的直角边长度为 a，另一条直角边的长度为 b，最长的斜边为 c，这样我们很容易看出两个大正方形（大方块）边的长度是 $a+b$；尤其明显的是这两个大方块还具有相同的面积。

那么面积相同又意味着什么呢？在第一个大方块里，我们能在左上角看到一个蓝色的正方形，它的边长为 a，右下角还有一个红色的正方形，它的边长则是 b；这两个正方形的面积分别是 a^2 和 b^2，而它们的面积之和为 a^2+b^2。在右面第二个大方块里，我们看到一个灰色的正方形，它的边长是 c，而它的面积就是 c^2。想想前文，我们便得出如下的结论：

$$a^2 + b^2 = c^2$$

这不就是毕达哥拉斯定理嘛！

| 爱因斯坦的论证（？）|

23　　爱因斯坦在他的《自述》（*Autobiographical Notes*）里回忆说：

我记得有位叔叔给我讲了毕达哥拉斯定理，那个时候我还没碰过那本关于几何学的神圣小册子[7]呢。我费了好大劲用相似的三角形才"证明"出这个定理。通过这个方法，直角三角形各个边之间的关系在我看来更"明显"了，它们都取决于其中的一个锐角……

针对爱因斯坦的说法我实在没有足够的细节来准确地重现他的论证，下方的图2则是本人做出的尽量合理的猜测。这个猜测应该靠谱，因为它是对毕达哥拉斯定理最简洁的论证，朴素却妙不可言。这个论证尤其将毕达哥拉斯定理为何涉及了三角形边长的平方解释得相当透彻。

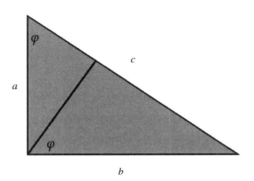

图 2　根据爱因斯坦《自传笔记》猜测的爱因斯坦证明

| 一块抛光的宝石 |

我们注意到任何含有角 φ 的直角三角形都是相似的。更精确地讲，对任意一个这样的直角三角形按比例地整体进行缩放便得出一个和它相似的直角三角形。另外，如果三角形的边长根据某个因子发生了伸缩，那么三角形的面积也应随着这个因子的平方扩大或缩减。

想想图2所呈现的三个直角三角形：大的三角形及其包含的两个小三角形。这三个三角形都有一个角 φ，因此它们互为相似三角形。它们的面积从小到大依次正比于 a^2、b^2、c^2。由于两个小三角形合起来就是大三角形，大三角形相应的面积也应是两个小三角形相加之和：$a^2 + b^2 = c^2$。

毕达哥拉斯定理就这样又冒出来啦！

| 妙不可言的讽刺 |

24

具有绝妙讽刺意味的是毕达哥拉斯的这个定理可以用来摧毁他自己的信条：万物皆数。

毕达哥拉斯学派没有把这个不太体面的结果归功于毕达哥拉斯本人，而是加在了另一个成员、他的学生希帕索斯（Hippasus）的头上。希帕索斯在发现这个问题后不久便葬身大海了，他的死因究竟是惹恼了众神还是激怒了毕达哥拉斯学派至今仍是人们争论的焦点。

希帕索斯的推理十分巧妙但并不那么复杂。现在就让我们轻松地浏览一番。

等腰直角三角形两个直边的长度相等——也就是说，$a = b$。根据毕达哥拉斯定理：$2 \times a^2 = c^2$

现在我们设想 a 和 c 的长度都是整数。如果万物皆是数，这假设要是合理的当然好啦！可我们发觉这样根本不可能。

如果 a 和 c 都是偶数，我们可以将边长缩短一半，得到一个相似。我们可以不断地将边长减半，直到 a 或 c 中至少有一个变成了奇数。

无论选择 a 或 c 是奇数，我们都很快会将自己逼近死胡同。

首先我们设想 c 是奇数，那么 c^2 也是奇数，但 $2 \times a^2$ 显然是偶数，因为这个式子含有 2 这个因子。如此说来，我们得不出根据毕达哥拉斯定理推导出的 $2 \times a^2 = c^2$。简直是矛盾！

或者换种方式，假设 c 是偶数（这时 a 一定是奇数），$c = 2 \times p$。那么 $c^2 = 4 \times p^2$。毕达哥拉斯定理告诉我们，如果等式的两边分别以 2 相除，即会得出 $a^2 = 2 \times p^2$。那么 a 就不能是奇数。和前面一样，还是矛盾！

如此说来，至少万物不可能皆是整数。不可能存在这样一个长度的单元让所有可能的长度都是这个长度单元的整数倍。

毕达哥拉斯学派的成员似乎根本没有想到可以从中得出完全不同的结论，他们更没有想到该如何拯救"万物皆数"的学说。其实完全可以假设一个世界，它的空间是由许许多多相同的原子构成的。事实上，我的友人艾德·弗雷德金（Ed Fredkin）和史蒂芬·沃尔夫勒姆（Stephen Wolfram）提倡的基于细胞自动机[8]的世界模型就是由完全相同的细胞构成的。电脑屏幕是由一种被我们称作像素的东西构成的，它向我们展示上面的世界竟然看起来可以如此真实！按照逻辑，正确的结论应该是：在如此的世界里，人类不可能造出一个完全精准的等腰直角三角形，必须允许出现小小的误差。"直角"不可能正好就是90°，两条腰不见得正好相等——或者就像电脑屏幕一样——三角形的两腰可能不完全是直的。

古希腊的数学家并没有什么选择的余地，他们倒是更愿意把几何想成更迷人的连续形式，那样我们既可以有直角也可以有等腰。（事实证明，这个选择对于物理研究是最富成效的；牛顿的成果便是很好的证明。）要做到这一点，我们必须优先考虑几何而将算数忽略，个中的原因你们也看到了——整数甚至不足以描述一个非常简单的几何图形。因此对于"万物皆数"这个信条，古希腊的数学家们摒弃了其字面意思，只秉承了其中的精神。

隐其形而遁其魂

毕达哥拉斯的这个信条并非让我们望文生义，认为世界必须由整数体现，这样的理解未免对文字过于牵强附会。但我们尽可以乐观地深信，这个世界表达了造物主的匠心妙用。

我们必须心甘情愿地从大自然那里学习造物主究竟做出了哪些神机妙算，这是希帕索斯以生命为代价获得的教训，在这个学习的过程中我们还必须以仁义为怀。几何之美不亚于算数之美。事实上，我们的大脑高度视觉化，几何更适合大脑的思维；而大多数人也更偏重几何思维。几何和算数一样，依旧属于概念化的纯理性世界。很多古希腊的数学成就都浓缩在欧几里得所著的《几何原本》（*Elements*）里，这些成就都精确地验证了这样一个观点：几何乃一种逻辑体系。

随着进一步深入的思考，我们发现大自然的语言有无边的创造性。大自然激发了我们的想象，引领我们探索和发现新类型的数字和新类型的几何——她甚至引领我们在量子的世界探索新类型的逻辑。

作者注释：

*　　彩图均出现在中间的插页里，按字母顺序标志，不同彩图由不同的字母代表。黑白图表则以数字为标，将在文字间穿插出现。

译者注释：

1.　　奥鲁斯·格里乌斯（Aulus Gellius，c. 125 — after 180 AD）：古罗马作家，其读书笔记《雅典之夜》为经典之作。

2.　　色诺芬尼（Xenophanes，约公元前570年 — 前480年）：古希腊哲学家、诗人、历史学家、社会和宗教评论家。

3.　　圣方济各（Saint Francis，1182 — 1226）：天主教圣人，"方济会"的创办者。

4.　　伯特兰·罗素（Bertrand Russell，1872 — 1970）：英国哲学家、数理逻辑学家、历史学家、无神论者/不可知论者。他也是20世纪西方影响最大的学者和和平主义社会活动家之一。罗素也被认为是与弗雷格、维特根斯坦和怀特海一同创建了分析哲学。他与怀特海合著的《数学原理》对逻辑学、数学、集合论、语言学和分析哲学有着巨大影响。

5.　　玛丽·贝克·埃迪（Mary Baker Eddy，1821 — 1910）：美国宗教领袖，美国基督教科学教派的创始人，相信信念和决心可以治病。

6.　　阿道司·赫胥黎（（Aldous Huxley, 1894 —1963）：英国作家。他在1932年创作的《美丽新世界》使他名垂青史。

7.　　此处应该指的是《几何原本》（希腊语：Στοιχεῖα），又称《原本》。它是古希腊数学家欧几里得所著的一部数学著作。它是欧洲数学的基础，总结了平面几何五大公设，被广泛地认为是历史上最成功的教科书。这本著作是欧几里得几何的基础，在西方仅次于《圣经》而流传最广的书籍。

8.　　细胞自动机（cellular automata）：由一组完全相同的分布在整数网格上的细胞构成，每个细胞状态会根据它自己和它附近细胞的状态按某个（些）简单的规则更新。利用各种细胞自动机有可能模拟任何复杂事物的演化过程。

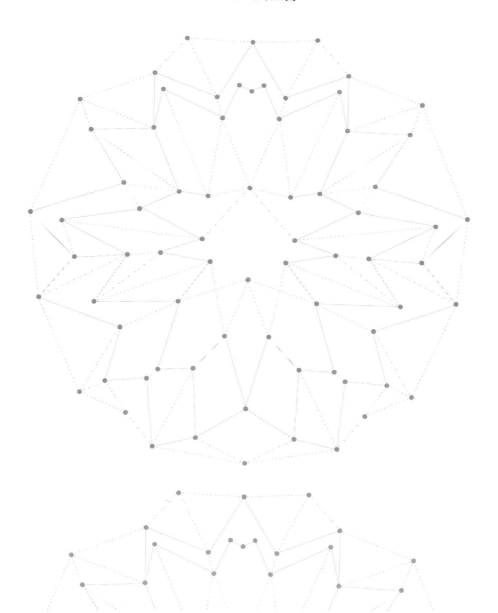

毕达哥拉斯之二

数字与和谐

　　无论是古希腊的七弦琴还是我们现代人弹奏的吉他、大提　27
琴和钢琴都拥有一个共同的特质：这些乐器都是弦乐器，它们
通过琴弦的振动产生声音。其音质，或者说音色则取决于很
多复杂的因素，其中包括制造琴弦的材料、琴体表面——即与
琴弦产生共振的"共鸣板"的形状以及弹奏的方式——拨拉弹
扣自然反响不同。所有的乐器都会弹奏一个主音也被称为基
调，演奏依据的乐谱提示的即是主音，我们的耳朵最先识别出
来的旋律也是主音。毕达哥拉斯——那个是人而不是神的毕大
师——发现主基调一般遵循两个显著的规律，而这些规律在数
字、实体世界的物理属性和我们的协调感（协调感是"美"的
一个方面）之间建立了直接的关联。

　　下面的这幅图3（可惜不是拉斐尔的手笔）表现了毕达哥拉斯
正在进行和谐实验，他的手正忙着挑拨琴弦。

和谐、数字与长度：它们之间居然有联系！　28

　　毕达哥拉斯得出的第一个规律是振动的弦长和我们对其发出
的声调的感受之间存在某种关系。这个规律显示，两副同样的琴
弦，松紧程度也相同，恰恰在这两根弦的长度比为小整数时它们
的和弦才会奏出好听的声音。我举例说明一下：当弦长的比例为

图 3 欧洲中世纪的铜版画，它描绘了毕达哥拉斯正在进行音乐和弦的实验。从图中我们猜测，毕达哥拉斯正在聆听不同的弹奏所发出的不同声音。他的弹奏无非运用变换指法和调节琴弦这两种方式。所谓指法是在不同的点上重压琴弦以变化琴弦振动的有效长度；所谓调弦则是改变绷弦所用码子的分量以变化琴弦的张弛

29　1∶2时它们的和弦就会形成一个八度音，当弦长比例是2∶3时我们听到的和弦是五度音，如果弦长比例是3∶4的话就是四度音。在乐谱上（以C调为例）它们分别对应升C调和降C调、C调和G调以及C调和F调。人们发现这些和音特别动听。这些和音不仅是古典音乐的基石，大多数的乡村音乐、流行音乐和摇滚乐也万变不离其宗。

　　我们在应用这个规律的时候必须认定弦长应当为有效的长度，也就是能够真正产生振动的那段长度。如果将手指压在琴弦上就会产生一个"静音段"，以此来改变音调。吉他手和大提琴演奏者的左手要在琴上"抚弄"就是这个道理。当他们拨动琴弦的时候，不知道他们有没有意识到自己就是毕达哥拉斯转世呢！我们在那幅版画上看到他正在用尖尖的镊子调整琴弦的有效长度。这个手法有助于更精确地测量长度。

不同的音调合在一起听着悦耳，我们称这样的情况为"协调"，也叫"和谐"。毕达哥拉斯发现，人们听到的和谐之声体现了一种关系，而这种关系在一个似乎完全不搭界的领域得到了呼应——这便是数字的王国。

和谐、数字及重量：它们之间居然也有联系！

毕达哥拉斯发现的第二个规律涉及琴弦拉得有多紧。松紧程度是可以调节的，调节的办法如图 3 所示，在琴弦上坠不同重量的物体，这种方法可控制也便于测量。如此得来的结果更加显著了：如果两根弦的松紧度比率呈小整数的平方，那么和弦出来的声调就听着协调。弦拉得越紧则音调越高。因此，松紧程度的比率如果是 1：4，奏出的和弦就是八度音，依此类推可得出五度音和四度音的比率。弦乐演奏者在表演之前都要调音，他们通过扭动乐器上的弦钮来调整弦的松紧程度。毕达哥拉斯又现身啦！

第二种联系甚至比第一种更令人叹为观止，因为它表明"万物背后皆是数"。这里的数字需要经过演算——确切地说，需要计算那些整数的平方值——才能让这种联系浮出水面，因此这种联系更加隐蔽。这个发现自然也造成了更强的冲击力。同时由于这种关系涉及了重量，而世界林林总总的万物，其重量带给我们的感受要比长度更直截了当。

发现与世界观的形成

我们现在就来说说毕达哥拉斯的三大主要发现：描述直角三角形的"勾股定理"以及音乐上和音的两个规律。在这三大发现里，数字是它们共同的主线，将形状、大小、重量以及和谐串联在一起。

对信奉毕达哥拉斯学说的人来说，毕氏发现的三位一体足以构建一种神秘的世界观。琴弦振动产生了音乐，这种振动无非是一种周期运动，也就是有规律的每隔一段时间就重复自我的运动。我们仰望天空就能看到太阳和其他行星周而复始，由此我们推断它们在太空中也做着周期运动，它们也应该会发出声响，它们的声音会组成一个天体乐章并响彻宇宙。

毕达哥拉斯喜欢唱歌，他还真的号称自己听见过天体乐章。一些现代的学者据史料推测毕达哥拉斯患有耳鸣症，也就是耳朵里间歇性地嗡嗡作响。毕达哥拉斯真身的耳朵当然不会出毛病啦。

不管他的耳朵是否出了问题，我们有了一个更宏大的信条：一切都是数字，数字维持了和谐。毕达哥拉斯学派沉浸在数学里，他们的世界里充满和谐。

频率在传达信息

我认为，毕达哥拉斯在音乐上的发现堪称人类第一个关于自然的量化规律。（当然早在他之前，人类从每天昼夜更替中就开始注意天象的规律了，历法和占星术的原理均是运用数学预测或还原日、月、行星的位置；这些重要的术业在毕达哥拉斯还没出生前就已经出现了。但是对特定对象进行观察得到的经验规律毕竟和大自然的普遍规律远为不同。）

然而很讽刺的是，我们尚未完全了解这其中的乾坤。如今我们对声音的产生、传播以及接收的物理过程有了进一步的了解，但我们的认知和感受仍然是脱节的，"为什么这几个音符一起演奏产生好听的声音"，这件事仍然让我们恍兮惚兮。我认为目前现存的一系列思想能让我们依稀看到希望。这些思想已经逼近了我们沉思的问题核心，因为（如果属实）它们为我们的感觉阐明了一个重要的源头。

我们对毕达哥拉斯的音乐规律的解释包含三个组成部分。第一部分是从琴弦的振动到我们的耳膜，第二部分是从耳膜再到基本神经冲动，第三部分则是从基本神经冲动到感知和谐。

琴弦的振动要经过好几轮的转化才能传递到我们的脑海。振动会直接扰动周围的空气。原因很简单，振动会挤压空气，但如果单独拨动一根琴弦发出嗡嗡声，振动所产生的力其实很微弱。在实际应用中，演奏的乐器都要安装共鸣板，共鸣板会响应琴弦的振动，产生更强的振动；共鸣板振动会产生更强的力扰动周围的空气。

琴弦和共鸣板周围被扰动的空气就这样自然地变得活跃起来并将扰动向外传播：一个向四面八方扩散的声波。任何声波都是一个压缩和减压的重复循环过程。空气在某个区域产生振动就会向周围的空气施加压力，于是周围的空气也振动了起来。一部分的声波传入人的耳朵，耳朵内部复杂的几何结构聚集起来形成漏斗将声波过滤，经过过滤的声波最终抵达耳朵内部几厘米深处的一层薄膜，这层薄膜就是我们所说的耳膜或耳鼓。耳膜所起的作用和共鸣板正好相反，它的振动是由于空气的振动引发了人体的力学运动，而不是人体的力学运动引发了空气的振动。

耳膜的振动又引发了更多的反应，我们一会儿就要聊到这一点。但是在聊这个问题之前，我们了解一个简单而基本的事实。这一长串的转换可能让读者看得满头雾水，人们免不了要问，经过这一长串的转换，袅袅而至的琴声是不是早已面目全非了呢？问题的关键是，尽管经历了这些转换，有一种特性却以不变应万变，它就是频率，单位时间内的振动次数。不管是琴弦、共鸣板还是耳膜，抑或是听骨[1]、耳蜗液[2]、基底膜[3]和更后面的毛细胞[4]的振动——不只这些，生僻的术语还有好长的一串呢——这些运动都具有相同的频率。这是因为在每一次转化的过程中，上一阶段的推和拉都会诱导下一阶段的压缩和减压，如此亦步亦趋，不同的扰动就形成了同步，我们称这一连串的运动为"瞬时"运动。如果我们的感知要能反映最初振动的特征，可以预料我们需要监测这些振动最终在我们大脑里诱发的振动频率。

因此要理解毕达哥拉斯提出的音乐规律，我们首先要从频率入手。如今，当琴弦的长度和松紧度变化时，我们可以依赖成熟可靠的力学方程式计算出琴弦不同的振动频率。从这些公式中我们得出，频率和琴弦长度成反比，和琴弦松紧度指数的平方根成正比。因此，用频率来表述，毕达哥拉斯的两条规律就合二为一了：就是上面简单的两句话。要想和弦的声音悦耳，其振动频率的比值应当是小的整数。

33 **和谐理论**

到这个时候，故事才讲了头一段，我现在讲讲第二段。耳膜与耳骨相连，耳骨是三块小骨头——锤骨、砧骨和镫骨的总称。按照次序，耳骨连着耳蜗，耳蜗的结构酷似一个蜗牛壳，在和耳骨的连接处开出了一扇"椭卵窗"，这扇窗还糊着一层薄膜状的"窗户纸"。耳蜗是听觉的重要器官，它的作用大致相当于眼睛之于视力。耳蜗充满了液体，"椭卵窗"一旦被"敲击"，液体随之立即活跃起来。液体中还浸泡着一条长长的螺旋状膜质管，称为基底膜，在耳蜗的迷路里蜿蜒旋回。螺旋器（柯蒂氏器）则与基底膜并置，而弦响之音经过了多次转换后正是通过螺旋器最终转化成神经冲动。所有这些转换过程中的细节相当复杂，也十分令研究者着迷，但大的图像是简单的而且不依赖这些细节。这个图像可以一言概括为最初的声波振动频率刺激神经元产生了相同频率的神经冲动。

声波转换还有一个重要的环节尤其巧妙而且遵循了毕达哥拉斯学派的精神。这个环节还使得盖欧尔格·冯·贝凯希[5] 在1961年荣膺诺奖。由于基底膜厚度会呈螺旋状沿纵向渐变，它的不同部位倾向发出不同频率的振动。膜越厚的地方惯性越强，因此更倾向于缓慢的振动；薄处则倾向做高频率的振动。（整体声调上男女有别也是出于类似的原因。男性声带在青春期会明显变厚，因而导致振动频率下降，声音就变得低沉了。）因此，当一个声音经过了三关五卡之后开始搅动基底膜周围的液体时，基底膜将会沿其长度在不同的部位做出不同的反应。低频率的声调会让膜度厚的部位产生有力的运动，而高频率的声调则会调动膜度薄的部位运动活跃。通过这种方式，频率的信息即可被破译为位置的信息！

34 如果耳蜗在听力方面起到相当于眼睛的作用，那么螺旋器就是这个眼睛的视网膜。螺旋器与基底膜平行，位置也非常靠近。螺旋器的结构细节相当复杂，但大致说来它由毛细胞和神经元组成；每一个毛细胞对应一个神经元。基底膜的运动通过中间的液体介质发生耦合作用，向毛细胞施加作用力，触动毛细胞产生反应；毛细胞的运动又触发了与其对应的神经元产生放电现象。放电的频率和刺激源的运动频率相同，这个频率也和源声调的频率相同。（在专家看来，放电的模式很嘈杂，但这些模式中主要还是信号频率的成分。）

由于螺旋器毗邻基底膜，其神经元便承袭了基底膜因为位置分而治之的反应特性。这一点对于我们感受和弦非常重要，这意味着如果几种声调同时响起，它们发出的信号并不会搅成一锅粥。不同的神经元会针对不同的声调做出优先的选择！这个生理机能使得我们掌握了一项绝活——分辨不同声调。

换句话说，我们的内耳接受了牛顿的忠告，在他对光进行解析之前，抢先对传来的声音进行了完美的解析，将声音解析成各种纯音。（后面将讨论我们的感官对光信号频率的解析，也就是光的颜色。人类在这方面的能力逊色许多而且依据了不同的原理。）

我们的故事也要进入第三个阶段了。在这个阶段，螺旋器的初级感觉神经元发出的信号将汇集在一起并往后传递到我们大脑的神经层。一旦涉及人脑，我们所掌握的知识就没那么准确了，但也正因为如此，我们马上要与我们的主要问题正面交锋了。

| 为什么频率比值为小整数的音调合在一起就好听？ |

我们先想想当两种不同的音频同时播出时，我们的大脑都接收到什么？我们就会有两组初级神经元积极地发出响应，每一组神经元的激发频率都会和引发这些活动的琴弦振动的频率相同。这些初级神经元再将信号向大脑发射，将信号传输给"更高一级的"神经元，"更高一级的"神经元再将信号收集整合。

有些更高级的神经元会同时接收到两组初级神经元发射的信号，如果初级神经元发射的声波频比为小整数，那么它们发射的就是同步信号。（为了便于讨论，我们暂且简化真实发生的反应，忽略噪声并权且视这种响应具有准确的周期性。）举个例子，如果两个声调形成一个八度音，那么一组神经元发射的信号要比另一组快一倍，落后的一组每次发射都和提前的一组之间存在着同样可预知的关系。因此，对这两个频率的信号都敏感的神经元便具有一种重复的行为模式，不仅可预测且易解读。出于之前的经验，也许出于天生的本能，那些二级的神经元——或者接着解读它们的更高级的神经元——会"读懂"这些信号。这样通过多次振动之后便可以用简单的方式预测到之后将要输入的信号（即更多的重复）以及证实之前的假设，直到这个声音改弦更张。

　　需要提醒一下，我们人类所能听到的声波频率范围从每秒几十次到每秒几千次，因此即使很短的一声也会产生很多次重复，除非声音在低频率端，那样就意味着停止。在声音低频的一端我们的和谐感会逐步丧失，这和我们正在讨论的和谐感的想法一致。

　　高一级别的神经元要将低一级神经元合成过的信息再进行合成，因此输入的信号必须连贯才能使它们开展合成的工作。如果我们体内的合成器发出的信息合理，特别是当它们的预期经受住了时间的考验，那些高级别的神经元就有理由给予某种积极的反馈，至少它们不至于对低一级的神经元进行干扰。相反，如果合成器进行了错误的预期，这种错误就会往上传到高一级的合成器，最终会产生不适感和想要停下来的欲望。

　　那么合成器会在什么时候产生错误的预期呢？当原始信号几乎同步但又不完全同步的时候就会发生这种情况，因为在最初的几个周期两组振动还会相互配合，于是合成器便推测这就是它们的运动模式；合成器预测运动将会按照这样的模式持续下去——但是合成器却打错了主意！事实上，稍有偏差的音调，譬如 C 调和 C# 调一起演奏时最折磨我们的耳朵。

　　如果这个说法正确的话，那么和谐的根本就是在感觉的早期阶段进行成功的预测。（这个预测的过程不需要也常常做不到有意识的关注。）这种成功就是快乐和美的体验。相反，不成功的预测则是痛苦和丑陋的根源。一个推论的必然结果便是随着我们不断地学习和增长见识，我们能够听出以前听不见的和谐之音，而且会消除痛苦之源。

纵观历史长河，在西方的音乐体系中，人耳可接受的音调"调色板"随着时间的推移已经有所扩大，我们每个人也在通过广泛接触学着欣赏以前在刚出现的时候听着不那么悦耳的和声。确实，如果我们生来就享受学习的过程，学着做出成功的预测，那么预测如果来得太容易也就不可能为我们带来最大程度的享受，那样的话我们也就得不到开悟的新鲜感了。

译者注释：

1. 听骨（ossicle）又称小骨、听小骨，位于耳鼓室内，空气中的音波传至外耳道末端时，引起鼓膜上压力改变，鼓膜因而前后振动，复制声源引起听骨的振动，听骨振动时可引起内耳液体的运动，进而刺激内耳的听觉感受器。
2. 耳蜗液（cochlear fluid）：耳蜗内的淋巴液。外界声波通过耳蜗液而振动鼓膜，鼓膜又触动了毛细胞，最后由毛细胞转换成神经冲动经听位神经而传到听觉中枢。
3. 基底膜（basilar membrane）：细胞外基质的特化结构形式。
4. 毛细胞（hair cells）：感受声波刺激的感觉上皮细胞。
5. 盖欧尔格·冯·贝凯希（Georg von Békésy，1899 — 1972）：美籍匈牙利物理学家、生理学家。1961年，他被授予了诺贝尔生理学与医学奖以表彰他对哺乳动物听觉器官中耳蜗所发挥功能的研究。

柏拉图之一

对称中的结构——柏拉图多面体

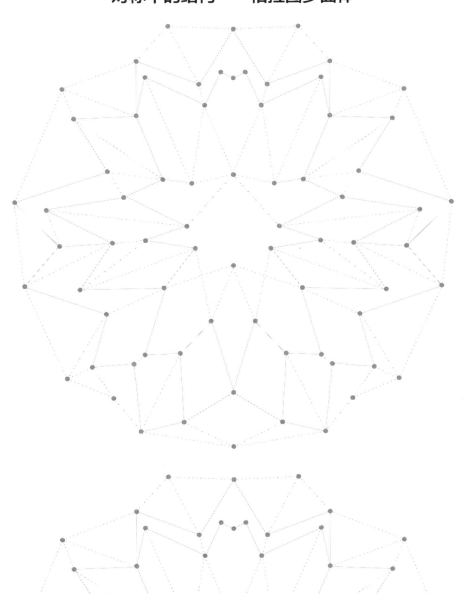

柏拉图多面体焕发着一股魔幻气息，不夸张地讲，它至今一 37
直属于魔术棒一类的神奇之物。它承前启后，古今通用，不仅可
以回溯到久远的人类史前时代，就连我们今天玩的游戏里——比
如设计巧妙的名为《龙洞迷宫探宝》[1]的游戏都有它的影子。此外，
柏拉图多面体的奥秘也在数学及科学的许多发展阶段启发了研究
者，使他们收获了丰富的成果。绕开柏拉图多面体去思考哪些东
西体现了美便基本就是空谈。

阿尔布雷特·丢勒[2]在他的版画《忧郁之一》(*Melancholia* I)
(图4)里就影射了正多面体的魅力，尽管那个多面体并不是完全
意义上的柏拉图多面体。(确切地说，它像是一个被截去了顶尖
的多面体，如果将正八面体的面进行一种特别的拉伸就可以得到
它。)陷入沉思的思想者或许确实很忧郁，因为她琢磨不透那只
恶毒的蝙蝠为什么在她冥想的时候扔一个多面体在她面前，那个
立方体的形状很奇怪，但并不完全是一个柏拉图多面体，它只是
一个很直观的例子。

| 正多边形 |

39

为了知道柏拉图多面体的诸多好处，我们先从简单入手，说
说和它们最接近的二维图形：正多边形。正多边形是二维平面上

38

图 4　丢勒的版画作品《忧郁之一》。画面里有一个被截断的柏拉图多面体，还有一个神奇的方块，格子里写着很多神秘的符号。在我看来，那个思想者很像沮丧时的自己，每当我用纯念去感悟世界实相却又屡受挫折的时候就是这个样子。不过，好在并不总是挫折

每个边的长度及每个角的角度都相等的图形。多边形的边数最小为三，因此最简单的正多边形就是等边三角形。如果再加上一个边，就是四边形，即正方形，依此类推便是正五边形（毕达哥拉斯学派的徽章就是一个五边形，世界某个著名的军事总部大楼也是按照这个图形设计的）、正六边形（我们看到的蜂巢里每个蜂房的形状以及石墨烯的原子结构）、正七边形（很多钱币都是这个形状）、正八边形（路上的停车标志）和正九边形……边数可以无限地递增：从数字3开始往上数，任何整数都对应一个独特的正多边形。每一个正多边形其顶点数等于其边数。我们也可以把圆形看作是一个极限状态下的正多边形，其边数为无限多。

　　在某种直观意义上，正多边形抓住了平面"原子"理想的规则性，我们把它们看作概念的原子，用它们构建更丰富和复杂的序和对称。

柏拉图多面体

　　现在我们将话题从平面转到立体图形，为了寻找最大规则性（maximal regularity）我们可以从多方面推广正多边形。柏拉图多面体便成了自然之选，事实证明这个选择也极其富有成效。如果我们寻找这样的多面体，每个面都是相同的正多边形，每个顶点汇聚相同数目的面，我们满以为会有无数的解法，结果却发现答案竟然只有五个！

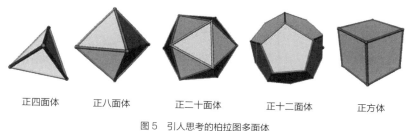

正四面体　　　正八面体　　　正二十面体　　　正十二面体　　　正方体

图5　引人思考的柏拉图多面体

如下为这五种柏拉图多面体： 40
* 四面体由四个三角形的面组成，共有四个顶点，每个顶点聚有三个面。
* 八面体由八个三角形组成，共有六个顶点，每个顶点聚有四个面。
* 二十面体由二十个三角形组成，共有十二个顶点，每个顶点聚有五个面。
* 立方体由六个正方形组成，共有八个顶点，每个顶点聚有三个面。
* 十二面体由十二个五边形组成，共有二十个顶点，每个顶点聚有三个面。

　　我们在生活中很容易理解这五种立体确实存在，可以毫不费力地把它们想象出来并构建它们的模型。可为什么恰恰只有五种呢？（为什么形状的种类不能多也不能少呢？）

不妨让我们围绕这个问题动脑筋想想，然后我们就会发现四面体、八面体和二十面体的顶点分别聚合有三个、四个和五个三角形。那么，我们不禁要问：一个顶点有六个面该是什么样子？这时我们注意到，当六个等边三角形交汇在同一个顶点的时候，三角形就立不住了，它们全都躺在平面里了。在这个平面里无论再添加多少个面都不可能获得一个有体积的有限形状。与之相反，如图6所示，它会形成一个被剖分的无限平面：

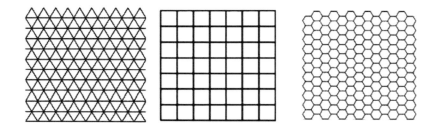

柏拉图的"浪子"（ Platonic Prodigals ）

图6　三种无限的"柏拉图平面"，这里只能显示有限的部分。这三种对平面的规则剖分可以而且应该被当作传统的柏拉图多面体这个家族的亲戚——它们属于漂泊在外、有家不回的浪子

如果把四个正方形或三个六边形交汇在同一顶点时我们看到同样的结果发生了，平面被这三种形状无限剖分。因此我们称这些多余的正多边形为柏拉图多面体传统家族的亲戚——它们属于漂泊在外、无家可归的浪子。

如果我们非要把超过六个的等边三角形、超过四个的正方形或者超过三个的、比上述两种形状边数更多的任意正多边形交汇在同一顶点上，那样空间就被用光了——原因很简单：我们不可能聚集那么多的角度，空间容不下了。因此，柏拉图多面体是仅有的五种正多面体。

还有一件事情值得注意，那就是数字5——一个明确的有限数字——这个数字是在思考了几何规则性和对称性之后推导出来的。规则和对称都是自然而又美丽的事物，值得我们思考，但它们和具体的某一个数字之间并没有明显又直接的联系。柏拉图对于这个意味深长的数字做出的解释极富想象力。我们下面听听他是怎么说的。

| 史前时代 |

出了名的人常常把别人的功劳据为己有。这就是社会学家罗伯特·莫顿（Robert Merton）提出的"马太效应"[3]，《马太福音》就涉及了这个观察：

> 凡有的，还要加倍给他，叫他有余。凡没有的，连他所有的，也要夺去。　42

这句话用在柏拉图多面体上也很恰当。

在牛津大学的阿斯莫林博物馆里陈列着五块经过雕琢的石头，这些石头的来历据说可以追溯到公元前两千年的苏格兰，它们看上去就像是柏拉图多面体（尽管一些学者对这样的说法存有争议）。它们极可能是某种掷骰子游戏里用的骰子。我们可以想象，那个时期的人类居住在洞穴里，挤在篝火周围，全神贯注地玩着古石器时代的"龙洞迷宫探宝"。也许是和柏拉图同时代的特埃特图斯（公元前417—前369）[4]第一次用数学证明了那五种固体形态是唯一可能的正多面体。目前尚不清楚柏拉图到底多大程度地影响了特埃特图斯，抑或他受到了特埃特图斯的影响，还是他们都共同呼吸的空气里有什么灵气？因为他们都生活在雅典。不管怎么说，柏拉图多面体用了柏拉图的名字命名，因为柏拉图创造性地运用它们为实体世界提出了一个远见卓识的理论，他真是一个富有想象力的天才！

当我们往更久远的远古回溯就会发现生物圈中有一些最简单的生物，其中　43包括病毒和硅藻类植物（一种海藻，它们的外骨骼都是柏拉图多面体的形状）。它们早在人类在这个地球直立行走以前不但"发现"而且"活现"了柏拉图多面体，这绝非偶然。能引发乙肝的疱疹病毒、艾滋病毒以及其他许多危险的病

图7　早在柏拉图之前的先人就预见到了柏拉图多面体，这五块石头可能是公元前两千年前后古人玩掷骰子游戏时用的玩具

毒的形状很像正二十面体或正十二面体。它们的形状取决于蛋白质外骨骼，其中包裹着其遗传物质——脱氧核糖核酸（DNA）或核糖核酸（RNA），详见彩图D。外骨骼有很多不同的色彩，每一种颜色代表一种构件。立刻跳入眼帘的是十二面体的标志性特征，会聚于一点的三个五边形。如果我们将蓝色区域的中心点以直线连接就会出现一个二十面体。

还有更为复杂的微生物也体现了柏拉图多面体，其中就有放射虫；恩斯特·海克尔[5]创作了一部精彩绝伦的科普书，书名叫《大自然的艺术形式》（*Art Forms in Nature*），他在书中将放射虫画得特别可爱。在图8里我们所看到的是这些单细胞生物复杂的硅基外骨骼。放射虫是一个非常古老的物种，我们在一些古化石上能够看到它们的踪迹；直到今天在浩瀚的海洋里它们仍然兴旺地繁衍着。柏拉图多面体的每一种形状都被一定种类的放射虫逼真地呈现，有些种类的英文名字甚至以柏拉图多面体的某个形状命名好让人们铭记多面体的神灵，如六角八门孔虫、球形放射虫和十二门放射虫。

| 欧几里得的启示 |

欧几里得的《几何原本》无疑是最伟大的教科书，至今经久不衰。这部书使几何学变得严谨和系统化。从长远来看，这部书为几何在思想领域建立了"分析与综合"的方法。

"分析与综合"是伊萨克·牛顿首创的，也是我们对"还原论"的叫法。牛顿的原话是这样说的：

我们说的分析便是从复合物中找出它们的成分，从运动中追索其动力。总的来说，就是从结果中找到原因，从某些特定的原因推导出更加普遍的原因，　45
直到这场论证达到最广的适用范围；以上就是"分析"的方法。"综合"的过程包括接受已经找到了的原因并且将其设立为原理，从这些原理出发解释已知的现象并且证明这种解释是合理的。

牛顿的这个方法在策略上和欧几里得研究几何的方法很相似，即从简单直观又不言自明的公理中推导出丰富而又惊人的结论。牛顿不朽的著作《原理》[6]奠定了现代数学物理的基础。这部书的写作手法也沿袭了欧几里得的阐述文风，按照逻辑结构逐步地从公理推导出主要结论。

有必要强调一下，所谓公理（或者称为物理学定律）并不会告诉你们该利用它们做什么。如果将它们漫无目的地串联在一起很容易得出一大堆正确的结论，但它们没有价值而且很快就被遗忘了——就像一场不知所云的闹剧或者一段背景音乐一样，产生不了什么影响。有些人试图采用人工智能进行富有创造性的数学推导，结果发现为推导设定目标才是他们面临的最大挑战。倘若心中有一个值得付诸努力的目标，那么寻找实现目标的具体手段也就会简单很多。在中餐馆子里饭后掰福饼的环节是我最喜欢的[7]，里面的字条写得真精辟：

工作本身就是你最好的老师。（The work will teach you how to do it.）

44

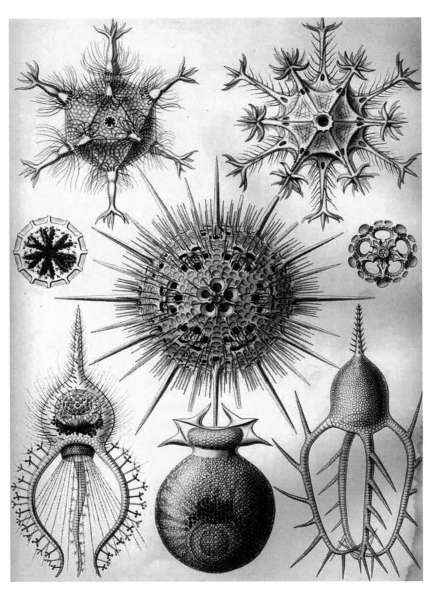

图 8　普通显微镜下的放射虫。它们的外骨骼常常表现出柏拉图多面体的对称性

　　当然，作为一种写作技巧，设立一个看得见而且鼓舞人心的目标更容易吸引学生以及未来的读者，也便于他们加深印象从而付诸行动去实现目标，因为他们从一开始便可以预见到这将是一段奇特的旅程，他们将迈着势不可当的步伐，从显而易见的道理出发前往那些不可预知的结论。

　　那么欧几里得撰写《几何原本》的目的何在？在此书的第十三卷也即全书的最后一卷里，欧几里得构造了柏拉图多面体并证明了它们确实只有五种。一想到欧几里得尚在起草这部书的时候脑子里就有了这个结论，我就心悦诚服。不管怎么说，这是一个恰如其分又令人满意的结论。

| 柏拉图的原子 |

46

　　古希腊人认为物质世界包含着四种基本成分，或者叫作四种元素：水、火、土和空气。你们也许注意到了，元素的数量4很接近5这个数字，而正多面体又只有五种形状。柏拉图肯定也注意到了这一点！在他那部影响广泛、富有远见却又高深莫测的《蒂迈欧篇》（*Timaeus*）中我们不难找到那个基于这五种多面体的元素理论，不得不说他是个有远见的人。书里大致写道：

　　每种元素均由不同种类的原子构成而原子都呈柏拉图多面体的形状。火的原子是四面体，水的原子是二十面体，土的原子为立方体，空气的原子为八面体。

　　如此对应不乏一定的合理性，也确实有些说服力。火原子的顶点处很尖利，所以人接触到火的时候都会感到刺痛。水原子最圆滑，所以它们可以环绕着彼此顺畅地流动。土原子可以紧密地聚集，它们可以把空间填满而不留缝隙。空气既有温度又有湿度，其原子的性质介于水火之间。

　　说到这里，4虽然接近5却不等于5，因此元素和作为原子的正多面体之间还没有形成完美的匹配。如果柏拉图仅仅是一位有才华的思想家，他或许会在这些困难面前止步。可柏拉图才不会气馁呢，他这样的天才是百折不挠的，他把这样的困难看成机会，也把它当作挑战。剩下的正多面体是十二面体，他提出造物主的创世构想中并非忽略了十二面体，但十二面体并不是原子。十二面体不能仅仅就是个原子——它是整个宇宙的形状。

亚里士多德一辈子都想胜柏拉图一筹，他修改了这个理论，让它变得保守理性也更一致。这位富有影响力的哲学家提出过很多伟大的思想，其中有两条重要的观点就是：月亮、地球和恒星都存在于天界，形成这个天界的物质和我们在世俗世界所看到的物质截然不同。由于"自然界讨厌真空"，因此这个天界不可能空空如也，那么天界必须被一种物质填充，也就必须存在第五元素；它非土非水非火也不是空气却充斥在整个天界。这样，十二面体作为第五元素的原子终于占据了一席之地；这个第五元素也叫以太。

当然，无论是柏拉图的概念还是亚里士多德的观点，这些理论的细节让当今的我们很难苟同。在科学研究上，我们尚未发现用这四种（或五种）元素来分析世界构成的实用性；现代概念下的原子连坚硬的固体都不是，更不会是柏拉图多面体。今天看来，柏拉图的元素理论相当幼稚，每一个观点都差点儿把我们带进沟里。

| 对称中的结构 |

然而，即使柏拉图的想法不能被称为科学的理论，但他的洞察力却不失预见性。我敢说，那真是一种富有智慧的思维艺术。为了欣赏这个艺术的"大美"，我们就要着眼于大局，规避细节，而不能纠结于"小美"。实体世界必须在根本上体现美的概念，这是柏拉图对于实体世界最深刻也是最核心的洞察。所谓的"美"只能是一种极其特殊的美，它是由数学规律和完美对称产生的美感。柏拉图视这种直觉的洞察如同信仰，它是一种渴望，同时也是指导自己的方针。毕达哥拉斯也是如此，他们二人都想证明物质是最纯粹的精神产物以谋求物质与精神的和谐统一。

这里有必要强调一下，柏拉图硬是把自己的一些观念提升，超越了一般的哲学范畴，对"物为何物"做出了具体的说明。他的一些具体想法虽然并不正确，却还不至于沦落到"甚至连错误都谈不上"的悲惨境地。我们也看到了，柏拉图做了些初步的尝试，为我们指了一条路，让我们朝着那个方向将他的理论和现实做比较，诸如火让人感到刺痛因为四面体有尖角、水流涓涓因为二十面体可以彼此顺畅地滑过，等等。在《蒂迈欧篇》的对话中他把自己的观点讲得很详细，你会发现他为我们现在称之为化学反应和复合（比如，非基本的）材料的属性给出一些稀奇古怪的解释，这些解释的根据则是原子的几何结构。但是这些粗浅的泛泛之谈不足以让我们把它当作严肃的科学理论从而考虑进行实验测试，更不会仔细研究它以发掘它的实际用途。　48

　　然而，在很多方面柏拉图的远见里蕴含了现代科学思维最前沿的诸多想法。

　　虽然柏拉图提出的物质构成和我们今天的认知不同，但他的想法——物质只由少数几种元素构成，同种元素完全相同——至今仍具有最根本的重要性。

　　柏拉图的远见不只是模糊的启示，还有一个千古流芳的更具体的方略，即从对称推导出结构。沿着这条思路我们用纯数学的思考——基于对称的思考——得出了少量的特殊结构并呈现给大自然，为她所创作的艺术作品提供设计元素。柏拉图构建他的元素时援引的数学对称性不可能和我们今天所使用的对称同日而语，但"对称乃自然之根本所在"这一理念却开始主宰了我们对物理实相的认知。当面对未曾探索的未知时，我们的指路星辰便是有些牵强的理念，对称决定结构：人们利用数学完美地苛求对所有的可能性进行挑拣并汇集成一个短短的列表，这个列表便是构建世界模型的手册。这个想法简直是一种胆大妄为的亵渎，因为它声称我们可以将自然巧匠的手法解码并确切地知道他（她）如何创造世界。然而，我们将会看到这个想法原来竟然如此地深刻而又正确。

　　我们都知道，柏拉图为物质世界的创造者冠以"造物主"的称号，我们则称之为"巧匠"。虽然这个字眼显得太普通了，但却是精心挑选的。它反映出柏拉图的一种信念；他相信实体世界并非终极实相，一定存在着一个永恒的、不受时间局限的理想世界，而这个世界势必在实体世界出现之前就独立地存在。实体世界不过是理想世界具象化的载体，因此它肯定不够完美。这位不知疲倦却极有艺术才华的"巧匠"将自己的思想造成"形",再把这些"形"当作模板复制了更多的"形",创造了现在的世界。

解读《蒂迈欧篇》并非易事,这部书常常将读者引入歧途,误将晦涩当作深奥。即便如此,本人仍觉这部书富有趣味而且鼓舞人心。因为柏拉图并没有止步于柏拉图多面体,他反而开始思考更简单的三角形如何构建出那些形状的原子,即那些有形的物体。当然,书中的细节"甚至连错误都谈不上"。但是,严肃对待模型,用其自身的语言解读并不断设立新的极限——这些追索的本能却是完全正确的。原子可能含有亚成分这个想法预言了现代人要更加深入探索和分析的雄心。书中还提出这些亚成分可能不会像普通的物体一样独立存在而只能在更复杂的物体之中才能发现它们,这种可能性已经在今天被永远禁闭在原子核内部的夸克和胶子实现了。

尤为重要的是,我们在柏拉图的这些猜想中发现有一个观点针对我们的思索至关重要:我们的世界(究其最深层的结构)即为美的载体。这个观点是柏拉图猜想的精神衣钵。柏拉图提出世界最基本的结构,也就是物质的原子承载和体现了纯粹的观念,人类单凭大脑是可以发现和表达这些观念的。

| 简要清通 |

回过头来再说说前面讲的细菌:它们学过几何吗?

这是一个外繁内简的例子,或者更确切地说是利用简单的规则产生表面上看起来很复杂但在理想化的理念上却很简单的结构。问题是这些细菌的DNA必须在细菌存活的方方面面对其发出指令,但DNA的大小却相当有限。为了使这部"生产手册"言简意赅且篇幅简短,我们的产品最好是由简单而相同的零件按照相同的方式组装出来的。那是我们早就听过的曲调:"简单的相同成分按照相同的方式组装在一起"正好符合了对柏拉图多面体的定义!因为攒零合整,所以细菌无须"懂"十二面体或者二十面体究竟是怎么回事——它们只需"知道"三角形就够了,外加上一两条将它们拼装的规则便可。倒是那些更加多样化、更加不规则、表面上看似杂乱无章的形体，譬如人类的躯体，则需要更加详细的安装说明方可。当信息和资源都有限的时候对称就会冒出来充当默认的结构。

| 青年开普勒和天体乐章 |

继柏拉图提出自己的创见两千年之后，年轻的约翰内斯·开普勒又在柏拉图的启发下发现了自己的使命。这一次他同样还是围绕着数字"5"这个中心。开普勒是早期哥白尼学说狂热的追随者，他将太阳置于创世的中心并试图了解整个太阳系的结构[8]。那时候已经有六颗行星为人类所认知：水星、金星、地球、火星、木星和土星。你们不难发现，"6"这个数字也很接近"5"。这难道是巧合吗？开普勒认为这绝非巧合。在创世之初，对于造物主来说还有什么比使用完美的几何体更有意思的事情呢？

哥白尼和托勒密如出一辙，他的天文学基础是圆周运动。这是对美所做的另一个误判，而这种误判却得到了柏拉图和亚里士多德的支持（误判在很大程度上因他俩而生）。只有圆形这种最完美的形状才配得上创世，行星都被拖行在一个天球上。虽然哥白尼和开普勒就何为天球的中心各有说辞（太阳还是地球），但他们俩都想当然地认为确实存在这样的天球，年轻的开普勒也不例外。开普勒想，围绕着太阳已经有六大星球了，于是他不禁要问：为什么是六个，而且为什么它们具有如此不同的大小？

有一天正当开普勒讲授一节天文学的入门课时，他突然灵机一动想出了答案。头五个天球的每一颗外切出一个正多面体，另一颗内切于一个不同的柏拉图多面体。这样五个正多面体一个套一个地斡旋于六个天球之间！然而，只有在球体的大小合适的情况下这个体系才能成立。开普勒使用这种方法预测了不同行星和太阳之间的距离。开普勒坚信自己发现了上帝的蓝图，他狂热地将这个发现写在纸上，在他的著作《宇宙的奥秘》里写满了类似的语录：

面对天国和谐的仙境，我感到一阵眩晕，发觉自己被一种难言的狂喜迷了心窍。[51]

还有

上帝为人太好，一刻不停歇，没事就玩符号的游戏，在世界随处都留下他的神秘象征。因此才会让我偶然想到大自然的一切和优美的天空都象征了包含在几何中的艺术。

的确，那真是一个华美绝伦的体系，从图9的模型里我们可以看到它的辉煌壮丽。

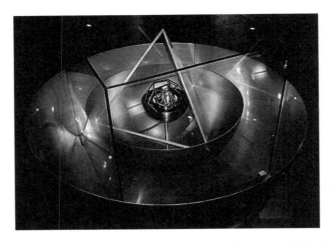

图9 受柏拉图多面体的启发，开普勒提出了太阳系的大小和形状的模型。天球在旋转的时候裹带着行星，那些正多面体的面内嵌在天球之间，彼此搭配决定了天球之间的间距

显然开普勒也问了我们所提出的问题并确信他已经有了答案：世界确实是美的载体，他的答案非常符合柏拉图的预想。继而他就音乐的确切性质探讨了那些旋转的天球所奏出的乐章，细节相当具体，他甚至写出了乐谱！

52　　然而开普勒的人生无论事业还是个人生活都充满了艰辛，是他的热忱让他坚持了下来。宗教改革[9]运动后，战争频发，宗教斗争和政治运动席卷欧洲中部，开普勒正好处在这些战争和风潮的旋涡中心。

　　他的母亲曾被指控施巫术，而他自己则老实辛苦地钻研，想要精确地表述行星的运动规律。结果，他的成果和发现却颠覆了自己青年时的理想。因为行星运转时画的不是圆圈，而是椭圆（开普勒第一定律）。太阳也并不正好处于这些椭圆轨迹的中心位置（用专家的话讲，它处于一个焦点上）。最终，在开普勒更加成熟而准确地为大自然绘制的蓝图上浮现出了更深刻的大美。但是那些更深刻的美却和他青年时期的理想大不相同，他甚至没有在活着的时候看到那样的美。

深刻的真理

　　伟大的丹麦物理学家兼哲学家尼尔斯·玻尔（Niels Bohr，1885—1962）是量子理论的创始人之一，他还提出了著名的"互补原理"，我会在本书后面的章节对这个原理着重地谈一谈。玻尔很喜欢"深刻的真理"这个概念。路德维希·维特根斯坦则提出，所有的哲学都可以或许都应该用玩笑来表达。"深刻的真理"正是例证了维特根斯坦的观点。

　　按照玻尔所说，一个普通的命题可以从字面完全了解含义，普通真相的对立面就是错误。然而，那些深刻的命题其含义并非浮于表面，往往深藏不露；区别一个真理是否深刻要看它的对立面是否是另一个深刻的真理。按这种理解，下面这个结论是清楚的：

　　哎呀，世界原来不像柏拉图猜想的那样按照数学原理而构成。

　　这个结论表达了一个深刻的真理。当然它的对立说法则表达了另一个深刻的真理：

　　世界正如柏拉图猜想的那样，是按照数学原理构成的。

| 达利的《最后的晚餐》|

53

　　用这样一幅现代派的艺术作品将我们的沉思暂时告一段落再好不过了，因为这幅作品扣住了主题。

　　彩图E为萨尔瓦多·达利的杰作《最后的晚餐》（The Sacrament of the Last Supper），画面里暗含着很多几何主题，其中最奇怪也是最显眼的是在整个场景的上方浮现出几个大大的五边形，而这些五边形仅仅被部分呈现。这些五边形看似要聚拢成一个十二面体，将画面里的就餐者和画外的观者统统笼罩其中。这个时候我们该想起柏拉图所设想的宇宙框架了吧……

译者注释：

1. 《龙洞迷宫探宝》（*Dungeons & Dragons*）：又名《龙与地下城》，是一款角色扮演游戏。
2. 阿尔布雷特·丢勒（Albrecht Dürer，1471—1528）：德国画家。在他的作品中版画最具影响力，此处提到的《忧郁之一》即铜版画。
3. 马太效应（Matthew Effect）指强者愈强、弱者愈弱的现象，广泛应用于社会心理学、教育、金融以及科学领域。马太效应是社会学家和经济学家们常用的术语，反映的社会现象是两极分化，富的更富，穷的更穷。1968年，美国科学史研究者罗伯特·莫顿提出这个术语用以概括一种社会心理现象："相对于那些不知名的研究者，声名显赫的科学家通常得到更多的声望；即使他们的成就是相似的，同样地，在一个项目上，声誉通常给予那些已经出名的研究者"。莫顿归纳的"马太效应"认为任何个体、群体或地区在某一个方面（如金钱、名誉、地位等）获得成功和进步就会产生一种积累优势，就会有更多的机会取得更大的成功和进步。
4. 特埃特图斯（Theaetetus）：古希腊数学家。
5. 恩斯特·海克尔（Ernst Haeckel，1843—1919）：德国生物学家，他同时也是一位生物插图画家。他受到达尔文著作《物种起源》的启发创作了《大自然的艺术形态》一书，他用精美的、具有新艺术运动风格的插图描绘自然界中不为人知的生命形态，深受当时大众的喜爱。
6. 《原理》一书的全称为《自然哲学的数学原理》（*Philosophiae Naturalis Principia Mathematica*），牛顿在书中提出了万有引力定律。
7. Fortune cookie被译成福饼、籤语饼、幸福饼干、占卜饼等。在海外的中餐馆，每个顾客会在餐后得到一个，里面有一张写着格言警句的小纸条。
8. 哥白尼（Copernicus，1473—1543）是文艺复兴时期的波兰天文学家、数学家、神父。他提出了日心说，否定了教会的权威，改变了人类对自然以及自身的看法。
9. 宗教改革（Reformation）：16世纪在欧洲由新兴资产阶级以宗教改革为旗号发动的一次大规模反封建的社会政治运动。该运动主要反对教皇通过教会对全国进行控制以及天主教会内部的骄奢腐化，奠定了新教基础，同时也瓦解了从罗马帝国颁布基督教为国家宗教以后由天主教会所主导的政教体系，为后来西方国家从基督教统治下的封建社会过渡到多元化的现代社会奠定基础，西方史学界直接称之为"改革运动"。

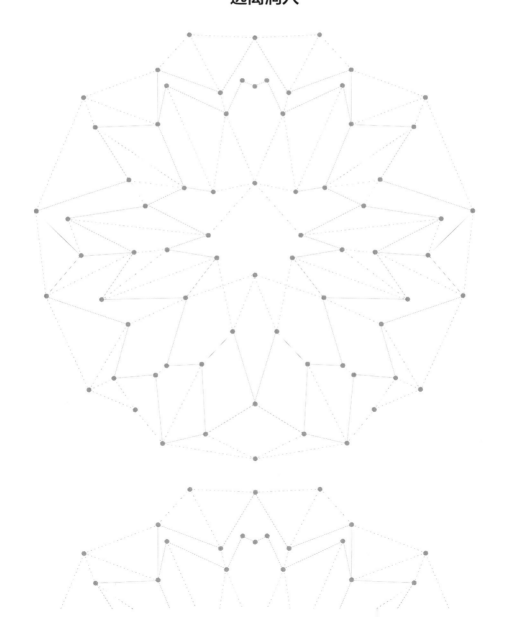

柏拉图之二

逃离洞穴

在我们探寻美为何物的过程中，我们问题的答案在一定程度 55
上取决于物质实相和我们对实相的感知二者之间的相互关联。我
们已经从听觉的角度讨论了这种关系，后面我们还将从视觉的角
度对它进行讨论。

除此之外，我们的问题还有一个维度：即物质实相和终极实
相之间的关系。如果你们对终极实相这个概念无所适从的话（本
人对此表示理解），那让我们暂且先谈谈它大致的轮廓，即我们如
何将希望和梦想与物质实相的深层本质相结合。如果它们之间真
的存在联系，那么这种联系又将意味着什么？讨论这些议题是我
们领略（或忽视）世界之美的重要构成，因为我们要挣脱原始的
认识对我们的束缚。

柏拉图早在很久以前就解答了这些问题，但他的答案多出于
神秘主义的直觉，在逻辑上仍存疑念，称不上科学。尽管如此，
他的答案仍然对很多科学工作赋予了灵感，而且至今都具有启发
作用；我在后面的篇幅中还将多次提起他的观点。柏拉图的观点
意义深远，其影响力已经超出了科学范畴，扩展至哲学、艺术和
宗教领域。阿弗烈·诺夫·怀特海[1]曾经写过一段著名的话：

欧洲的哲学不过是对柏拉图哲学的一连串注解，这是对欧洲 56
哲学传统最稳妥的概括。

现在我们就走进柏拉图所说的洞穴里看看，在那里我们将看到柏拉图世界观的核心——全凭空想的意象捕获到的世界观。

洞穴寓言

柏拉图的洞穴寓言出现在他最重量级的著作《理想国》（*Republic*）里。和他的其他哲学思想一样，这个寓言也是借助他最崇敬的老师苏格拉底之口道出[2]。在书里苏格拉底将这个洞穴讲给格劳孔（Glaucon）听。格劳孔是柏拉图的哥哥，同样是苏格拉底的学生。洞穴的场景和主角人物都强调了洞穴在柏拉图思想中的重要性。

他这样写道：

苏格拉底：我说，让我现在拿一张图来说明一下，我们的本性是被启蒙了还是仍旧处于愚钝：看呐！人类就生活在地底下的洞穴里，洞穴的出口通往光明，光亮直接可以照进洞穴。但里面的人从小就生活在洞里，他们的头脚都被链子锁着动弹不了，他们只能看到眼前的东西，受链子的束缚而不得转过头去。在他们背后远处的上方有一堆篝火，在火堆和洞里的囚徒之间有一条凸起的走道，如果你仔细看会看到沿着走道还筑起了一堵矮墙，就像皮影戏艺人躲在后面操纵木偶的幕布，木偶的影子则映在幕布上。

格劳孔：我眼前呈现了这样的景象。

苏格拉底：那你看到沿着墙走过的人们肩上扛着各种器皿吗？还有各种用木头、石头或者其他材料制成的人和兽的塑像？它们都映在墙上。有些人在说话，有些动物发出声音，其他的则默不作声。

格劳孔：您给我看的景象真奇怪，那些囚徒也怪得很。

苏格拉底：我们还不是一样。

其中的观点简单明了：囚徒看到的只是实相的影子而非实相本身。他们如井中之蛙，他们想当然地以为影子就是全部世界。我们可别觉得自己比那些囚徒高明，因为苏格拉底（也就是柏拉图）说我们的情况和他们比没两样。那句"我们还不是一样"像当头棒喝。

当然，洞穴的故事并没有对其中的观点给出论据——毕竟那只是一个故事而已。但它却提醒我们进行思考，现实世界在逻辑上很可能没有我们感官能够察觉的那么简单。这个极具颠覆性的故事向我们发出了挑战：它让我们突破局限，努力尝试用不同的视角看待事物，勇于怀疑自己的观点，对权威也要存有戒心。

柏拉图认为实相远远超出了表象的世界，彩图 F 是他的洞穴理论放之宇宙的景象，其中的画面精美地描述了他的观点。

我必须加以说明的是，柏拉图是一位政治思想家，他是一个乌托邦式的反动分子，他提出的那些颠覆性观点并非为了大众普及，他所设想的思想自由也并不针对所有人。他主张哲学家治国而他的观点只为那些被挑选出来担当治国重任的少数人提供指导。那些精英大概才是他的目标读者！

｜永远是多远 —— 静止的悖论｜

柏拉图洞察藏在表象之后的实相，将两股思潮合流。我们已经浏览了其中的一股，那就是毕达哥拉斯学派主张的"万物皆数"。我们已经看到，这一信条得到了几个美丽发现的支持。我们在上一章讲过，柏拉图自己提出的原子理论是本着同样的精神做出的另外一次尝试（只是缺乏事实和证据）。

在现代的观念里，第二股思潮更应当被看作是哲学，它就是形而上学[3]，或者"后物理"的哲学。（形而上学这个词的由来挺有意思，亚里士多德的著作被编辑成集，有一部文集叫《物理学》[4]，它后面的一类书因为这个收录次序被统称为"后物理"也就是"形而上学"。人们把《形而上学》联想成"《物理学》之后的著作"，这些"后物理"书，即《形而上学》的主题都是事物的基本原理。《形而上学》完全抛开实验和观察，仅通过纯粹的推理来探讨生命、空间、时间、认知和本性，亚里士多德的方法很像数学。从此以后，这类雄心勃勃却又晦涩难懂的理性探索行为就被称为形而上学了。）

下面是巴门尼德[5]的一段话，20世纪的哲学大师和数学大师伯特兰·罗素称这段话极具形而上学的代表性。这段话说明了为什么万物不会改变（！）：

当你思考的时候，你一定心有所想。当你喊出一个称呼的时候，那称呼一定有所对应。因此，思想和语言都在它们自身之外需要一个对象。你可以在不同的时间想这件事或者那件事，这样无论所说还是所想的对象一定始终存在。因此不可能产生改变，因为任何改变都意味着生或灭。

尽管这段话在逻辑上无懈可击，但人们在心理上并不能完全接受"万物不变"的说法。但如果说改变只是虚妄的错觉，那倒令人有几分信服。

譬如，事物毕竟看似都在变迁。要想消除这样的错觉，迈出的第一步就是打破对于表象幼稚的信任。巴门尼德的学生芝诺[6]也是一位颠覆大师，他提出了四个哲学悖论，旨在说明当时的人们对于运动的想法很天真，会导致毫无希望的困惑。

这些悖论中最著名的莫过于"阿基里斯和乌龟赛跑"。阿基里斯是《荷马史诗》中《伊里亚特》里的大英雄，也是一位善跑又强壮的勇士。我们想象一下让阿基里斯和一只普通的乌龟赛跑。说得更具体一点儿，让他们跑一次50码[7]的冲刺，但必须让乌龟领先10码起跑。人们很可能认为阿基里斯准赢，但芝诺说："错啦！"芝诺指出，为了要超过乌龟，阿基里斯必须首先要赶上乌龟。问题来了——而且还是一个没完没了的大问题。假设起跑的时候乌龟位于A处，阿基里斯则必须先跑到A处；但当他到达A处时乌龟已经跑到了前面的A′处了。阿基里斯随后再跑到A′处，等他到了A′处时，乌龟又跑到更前面的A″处了。你们看，无论我们让他们重复地跑多少回，阿基里斯其实都追不上乌龟。

巴门尼德劝告说，如此否定运动可能会令人心生错觉。芝诺却反驳说，肯定运动，结果会更糟糕。这哪里是让人产生错觉，简直让我们的脑洞瞬间崩裂了。

下面这一段话是伯特兰·罗素回顾芝诺时的感慨：

他提出的四个悖论都那么敏锐、那么深邃，可后来的哲学家却说他不过是个精明的骗子，他们说他的每个悖论都是诡辩。但这些诡辩在两千年连续地遭到驳斥之后终于得以正名，为数学的复兴奠定了基础。

其实，在物理上解决芝诺悖论，正确的答案直到牛顿力学及其数学原理出现以后才被揭晓，我们在后面的章节中将会谈到它们。

今天在量子理论的框架下我们似乎可以认同巴门尼德的观点，然而要妥善地评价表象尚需时日。变化可能真的只是表象。在这次思索之旅即将结束的时候，我将为这个惊世骇俗的断言提供一些证据。

言归正传，让我们回过头来捋一捋事物的历史顺序。

| 理想 |

60

毕达哥拉斯主张的完美和谐论以及巴门尼德提出的世界不变论都汇集在柏拉图的理想论中。[柏拉图的理论通常被称为思想（idea）论，但我觉得"理想（ideal）"这个词更符合柏拉图的内心世界，因此我就还用"理想"这个词吧。]理想即完美之物，真正有形的物体都是理想残缺的复制品。比如有一只理想的猫咪，现实中真正的猫都共同拥有那只猫的属性。那只理想的猫当然是永生的，它也不可能有任何改变。这个理论代表了巴门尼德的形而上学思想：确实存在着一个理想王国，那是永恒不变的最深邃的实相；那个王国提供了我们说得出名堂或者说不出名堂的一切。毕达哥拉斯为这个王国打下了地基：当我们运用数字或者正多面体这样的数学概念时，我们便近距离地接触到那个永恒又完美的理想世界。

除了毕达哥拉斯和巴门尼德的思想，肯定还有第三股暗流涌入了理想论，这股暗流便是神秘的宗教。我们也可以说，那是古希腊神话严肃而又庄重的一面，奥尔普斯教[8]以其秘密的宗教仪式为特色，其教义连同仪式一起隐没在历史的迷雾中（秘密的命运向来如此），现在于我们已经无关紧要了。该教的核心乃是灵魂不朽学说，它曾经（当然仍继续）唤起人们崇高的情感。维基百科对于"灵魂不朽"做了如下的描述：

> 视人类的灵魂为神圣和不朽，但灵魂注定要活在肉身里，通过连续的肉身转世或者灵魂的轮回，"痛苦地循环往复"。

这些观念和理想论简直珠联璧合。由于天性使然，我们每个人都是理想世界的一员。那个身处理想国的我们即我们的灵魂，而我们的灵魂亘古不变。虽然我们生活在地球，表象分散了我们的注意力，如果我们不突破表象，就只能对理想一知半解，我们的灵魂也只能处在沉睡中。但是哲学、数学和一点点神秘主义（奥尔普斯教的神秘仪式）便可将我们唤醒。柏拉图的洞穴里也存在着一条通往光明的通道。

| 解放 |

柏拉图所说的解放是这样的：

> 苏格拉底：那现在看看，如果有个囚徒得到解放以后会自然而然地发生什么……他会觉得眼睛被光晃得难受，他看不到实相，虽然他之前被束缚的时候看到过实相的影子……他会不会认为以前看到的影子比呈现在眼前的实相更真实？
>
> 格劳孔：真实得多。
>
> 苏格拉底：他的眼睛需要逐步适应洞外的世界。首先他会看到影子而且看得最清楚，然后他会看到人和物在水中倒映，再后才会看到实物本身。他举头望向熠熠的星月和繁星闪烁的天空，在黑夜里仰望天空岂不比在白天看太阳或者日光更加清楚？
>
> 格劳孔：那是当然啦。

值得注意的是，柏拉图（借苏格拉底之口）将解放说成一个积极的过程；

那是一个学习和面对挑战的过程。这个理念和那些更流行的但我认为更消极的说法非常不同。根据那些说法，解救要么是外来的恩典，要么得于遁世修行。

如果必须通过直接面对隐藏的实相才能获得解放，那我们该如何实现解放？摆在眼前的只有两条路，一条朝外另一条朝内。

沿着向内的途径，我们会反复审视自己的观念，努力拂去其表面的浮渣，力求理解其终极目标（也就是理想）的含义。这是一条哲学和形而上学的道路。

向外的途径会引导我们用批评的眼光审视表象，拨开复杂的外表去寻找下面隐藏的本质。这便是科学和物理的途径。如我们所料，这条向外延伸的道路实际上引导我们走向解放。我们以后还会就这条解放之路进行更深入的讨论。

| 一切向前看：摆脱影子 |

柏拉图在内心深处坚信自己是正确的——事实上他也许根本不知道自己是多么正确而且意义深远。我们生来看到的世界真的只是世界投下的一道朦胧的影子。

单凭自身的感官我们只能从世界提供给我们的信息宝藏中提取一些微不足道的样本。借助显微镜我们可以看到一个微观的宇宙，那里到处生活着陌生的微生物，它们当中有些对人类很友好，有些则比较敌对可怕；当然还有更陌生的物质世界的组分，这些事物都遵循奇怪的量子力学法则。借助光学望远镜，我们看到了庞大的宇宙。在那个浩渺、黑暗又虚空的太空中星星点点地点缀着数十亿、上百亿不同的太阳以及行星，地球在其中渺小到微不足道。借助无线电接收器我们得以"看见"那些布满在太空中的电磁辐射，让它们为我们所用；这些辐射以前是不为人眼所见的。要举的例子很多，实在不能一一赘述。

既然我们的感官能冲破局限，我们的思想也一样能做到。在未经训练以及不借助外力的情况下，我们的思想完全不能应对已知世界的丰富内涵，更不要说我们未知的世界了 —— 我们甚至不知道究竟还有多少未知世界存在。我们上学、读书、上网、使用草稿纸和电脑程序以及其他工具整理我们复杂的思绪、求解支配宇宙的方程并用图展示这些方程的结果。

这些辅助的工具为我们的感官和想象力打开了通向感知的大门，使我们得以逃出柏拉图洞穴以见天日。

转向超脱

63　　但是，柏拉图并不知道还有这样的未来，因此他强调人类要走内向途径。下面我们来听听他的解释：

苏格拉底：因此我们必须拿粉饰的天堂举例说明我们的理论，就像人们会找一位像代达罗斯[9]那样的大画家来画一张草图。面对天堂如此的设计，一个精于几何的内行会欣赏其表面的华彩和精良的手艺，但他不会真心想要学习其中的奥秘以期望找到完全符合理论值的全部角度和边长。

格劳孔：那当然很荒谬。

苏格拉底：那么真正的天文学家在研究行星运动的时候也会持同样的看法。他会承认天空以及天空中的一切被它们的缔造者装点得本该那么完美……但他不会以为这些可见的、物质的变化会这样永远地进行下去而没有丝毫的调整和异常，他更不会耗费精力去寻找其中精密的完美。

格劳孔：既然您这样说，那我也只好同意。

苏格拉底：因此，我们要合理地利用灵魂和与生俱来的才智，应该像研究几何那样研究天文，去解决数学问题，而不该将时间都浪费在望天看星上。

我们可以将这段几乎是单向的对话归纳为一个不等式。这个不等式说明了一个很简单的道理，即真实不一定要符合理想的要求。严格地说，真实涵盖的内容要比理想少：

$$真实 < 理想$$

64　　那位造物的巨匠参照理想世界创造了一个实体世界，不得不说他是一位艺术家，而且他还是一位相当不错的艺术家。然而，这位工匠终究是个抄袭者，从他的作品看出，他所选择的材料显得那么杂乱无章。这位艺术家大概都在用大刷子作画，画作的细节也模糊不清。实体世界只是终极实相的一个不完备的表象，终极实相才是我们应当追求的真理。

换句话的意思是柏拉图提倡超脱世俗，如果理论很美妙但不完全与观察相符——那只能赖观察做得还不够好呗。

| 两种天文学 |

为什么柏拉图抛开实体世界不闻不问转而深入内心寻求答案？毫无疑问，其中部分的原因要归于他太喜欢自己的理论了，他不能接受自己设想的理论有可能是错误的。这种世人皆有的态度至今都存在——这种态度在政治领域司空见惯，在社会科学领域也相当普遍，甚至在物理界都不足为怪。

但还有部分原因出自当时对大自然的研究，也就是天文学的研究；他的对话录谈到了这个主题。

精确的历法对于古人的风俗和民生尤为重要，因为农业是他们的经济基础，从事灌溉农业的人们尤其要依赖历法。历法在宗教活动中必不可少，这绝非出于偶然，因为在播种和收获的时候举行祭祀才会获得上帝的援手。制定历法这件事则需要天文学的知识，星相学和占卜术也离不开天文。古代巴比伦人就非常善于预测天文现象发生的时间，例如黎明和日落时分太阳所在的不同位置、春分和秋分的时间、冬至和夏至的时间以及何时发生日食和月食。他们的方法其实很简单，大致上也不依据什么理论，那是几百年精确观察的积累，找出天象的规律（周期性）并用这些规律推测未来。换句话说，这些古人认为在天界未来的周期运动不过是重复过去的运动，因为他们在过去曾经反复观察到这种规律。"大数据"是当下非常火爆的名词，但这个词的基本概念却可以追溯到远古，古代巴比伦人早就在天文学上使用了这个方法。

在柏拉图写书时，巴比伦人的工作成果正在成熟，极可能柏拉图对于古巴比伦的天文学只有模糊的认识。无论如何，这种"自下而上"、重数据轻理论的方法和柏拉图的目标及方法都格格不入。

我们知道，对于柏拉图来说至关重要的是人类的灵魂——包括灵魂向智慧和纯洁的升华，以及超越自我的理想。因此，解释行星运动的理论不见得完全精确，但其美感最为重要。理论的主要目标是要激发"天工巧匠"的理想，至于那位"巧匠"是否很无奈地"聚沙成塔"，那都是次要问题。

最主要也是最简单的天文周期是昼夜的交替和四季的更迭，以及与之相伴的天上星星的运动和太阳的轨迹。今天我们知道这些周期来自地球每天围绕着一个假想的轴自转和每年绕太阳公转一周。由于这两种运动都非常接近匀速的圆周运动，我们可以用如下一个极其完美的理论描述我们所观察到的现象：

最完美的几何图形是圆。圆在封闭的图形中很独特，它的周边到处都一样。其他图形的各个部分则是不同的，无论哪部分发生变化，外观也跟着变化，因此它的每个部分不可能都是最佳的，这样作为一个整体这个图形也不可能是最佳的。同样的道理，圆周上最完美的运动就是匀速运动。如果真有不变的运动，那一定是匀速的圆周运动，因为任何时刻运动都采用同一种形式。按照这种"自上而下"的思路，我们得出运动的理想状态是匀速的圆周运动。仰望天空我们会发现，通过将两个这样的完美运动合在一起，我们可以非常准确地解释所观察到的太阳和恒星的运动。

66

这个成就乍一看很惊人，因为它秉承了毕达哥拉斯的精神，在实体世界里发现在幕后工作的数字和几何关系。从宏大和高贵的层面，其实它已经超越了毕达哥拉斯的发现，因为太阳和星星都直接出自天工的妙手，而乐器的制造者只是人类的能工巧匠。

可惜，当我们想要从这个初步的胜利出发继续前行的时候却发现情况迅速地变得混乱又复杂。观察到的行星和月亮的运动都非常难以描述，而自上而下的方法却要求我们用理想的运动（也就是匀速圆周运动）对表象一一进行说明。那些运用数学研究天文的学者将行星的（假想的）圆形运动轨迹作为一个整体置于圆周运动中以回应这个挑战。这个方法仍然不太奏效，于是他们又设想这些行星运行的圆形轨迹的圆周运动作为一个整体也在做圆周运动……经过如此圈圈套圈圈的巧妙安排便有可能重现表象了。在这个复杂却显然非常人为武断的天文体系中，美丽和纯粹的希望破灭了。美丽是鱼而真实却是熊掌，二者均为我所欲却不可同时兼得。

柏拉图要坚守"美"的阵地，他准备做出让步——或许换个方式说可能更好——他准备牺牲精确。这也太不尊重事实了！它让骄傲的伪装穿帮了，暴露出柏拉图明显的不自信和黔驴技穷。"鱼我所欲也，熊掌亦我所欲也"的雄心哪儿去了！美丽与精确——理想与真实相结合的抱负就这样付诸东流了。柏拉图指出了一条超凡脱俗的路，而他的信徒在这条路上更是且行且远。在那些黑暗的年代，世界上到处都是战乱、贫困和疾病，加上古希腊文明随时土崩瓦解，这种超越世俗的号召力可想而知。

亚里士多德是柏拉图的后继者和对手。比起柏拉图，他在某些方面是对大自然更虚心的学者。他和学生们一起采集生物标本，做出了很多敏锐的观察并详细如实地记录了观察的结果。但遗憾的是，由于他们从一开始就将注意力放在了非常复杂的对象和问题上，以至于他们错过了几何和天文中简单的容易理清的关系。他们不追求，或者说不奢求能够拨开盘根错节的纷繁复杂在真实中找到数学上的理想，他们只强调描述和归类，并不追求美丽或完美。当亚里士[67]多德学派着手进行物理学和天文学研究时，他们的抱负非常有局限也不够远大。后期（甚至早期）的科学家寻求用准确的方程以解决具体的问题，他们则满足于泛泛而谈。

投影几何：客观的主观性

在几百年之后的文艺复兴时代，人们在文化上重拾信心同时也重新认识到了柏拉图的意义。人们继续踏着柏拉图的步伐追求理想，但却不再超脱凡尘。

在追求理想的征途上，艺术家和匠人——这里当然指的是人类的艺术家和匠人——充当了排头兵和领路人。他们接受的挑战其实很简单：就是如何用二维的绘画表现三维空间里物体的几何关系。这是在实践中面临的一个具体问题，当摄影术尚未发明的时候，随着巨大的私人财富得以累积，富有的顾客就想找人为自己画幅肖像，这样他们本人的样子和他们的财富就可以被永久地留下来。

乍看之下，这似乎和柏拉图的愿望一点儿都不沾边，因为柏拉图想要透过事物的表象找到深层的真相。然而透视这门在艺术上的科学却只想要彻底将表象弄个明白！

但是在某种意义上，把握事物的外观可以让我们更接近事物的本质。如果我们了解到从不同的角度看待事物，即便相同的事物也会呈现不同的面貌；我们便可以区分选取角度的偶然性和事物本身的性质。如果我们能够客观地对待主观性，我们就能驾驭主观性。

空洞的大道理就讲到这里吧。让我们具体了解一下透视，它在艺术上最初的几步就已经令人惊喜了。我们先将问题简化到本质，只看画布和风景的横截面，这时画布和风景都以线条呈现，如下图：

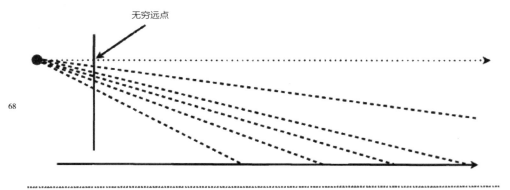

无穷远点

68

图 10　水平线（地面）的各点向垂直线（画布）投射形成一个线段。水平线的无穷极限端虽然在现实中并不存在，但却在画布上投射出一个明确的"无穷远点"或灭点

现在我们将地貌最大限度地简化成一个平坦的水平面，在截面图里就只是一条线了。水平线上的点向观察者投射光；图中的断续线代表这些光束。沿着光线我们便可以找到它们与画布（画布的截面线便是那条垂直的实线）相交的

位置，因而我们便可以确定地貌中不同的点应该在画布的哪一个位置呈现。

你们一定注意到，景观中越远的点在画布上的垂直位置越高，但景观中的点离观察者越远，它们的图像在画布上的垂直高度却上升得越平缓。投向观察者的光线由近而远逐渐形成一个水平的极限，由图中的点虚线表示，这条极限线并没有和风景中任何一个实际点相对应，却与画布交叉形成一个特定的点。

一个概念性的奇迹就发生在我们眼前：我们竟然捕获到了无穷极限！我们纵目远望便会看到地平线。地平线并不是一个实际的存在，而是一种理想化。地平线横亘在无限的远方，它代表了我们目光所及的界线。呈现在画布上的地平线毫无疑问是真实的，那些画面很独特也很具体——因为它们便是画布上的"无穷远点"[10]。

当我们将画布和景观（即一张白纸和一个平面）还原成二维时，更多的奇迹将会出现。 69

为了简单起见，我们假设画布和景观彼此呈垂直状态。

现在我们必须想象在景观上存在着许多直线，每条直线都向远处延伸到地平线。每条线都将它的无穷远点投射到画布上。这时人们会发现，当地面平行的两条线延伸至地平线的时候，它们就交汇在同一个点上。图11将这个现象呈现得一目了然。

图 11　平行线交汇于一个共同的"天际的尽头"。一旦你们留心观察这个现象，会发现它随处可见

我们称那个"天际的尽头"为"一组平行线的灭点"。针对画布，我们也可以将它描述成"平行线交汇于无穷远点"，这么说更恰当。

这么直截了当地揭露艺术的真相竟然还会出现如此神秘的诗意。

70　　不同的平行线组会产生不同的灭点，这些灭点连在一起就形成了地平线。反推回到画布上，天际形成一条地平线，那是一条由无数个点组成的线。换句话说，地平线只是一个概念，但在画布上却呈现为一条条切实可见的无穷远的线。类似这样的发现让早期文艺复兴的先锋，集艺术家、建筑师和工程师于一身的布鲁内列斯基兴奋无比，同时也让他如虎添翼。他将这些洞察运用于绘制实景图纸上，使之成为写实绘画的有效手段。他做过的一次实验非常出名，他利用投影几何绘制实景图，精确地呈现了从附近的一个教堂的门口观看正在建造的佛罗伦萨圣约翰洗礼堂（the Baptistery of St. John）应该是什么样。如图12所示，他设计了这么一个装置，让人们通过镜子的反射可以看到图纸，把

71　镜子拿开透过图纸上的小孔望去就能看到洗礼堂实际的建筑，这样人们就可以在建筑和图纸之间做比较。

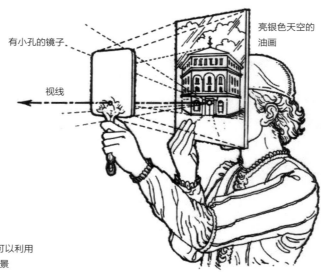

有小孔的镜子

视线

亮银色天空的油画

图 12　布鲁内列斯基的小装置，可以利用新兴的透视学比较画的图和建筑实景

　　这种开创性的表达方法使同时代的艺术家们深受鼓舞，他们群情激昂地采纳了布鲁内列斯基的绘图技法并将其发扬光大。不久以后，很多绘画杰作都洋溢着透视带给艺术家的喜悦，譬如佩鲁吉诺[11]创作的《给圣彼得钥匙》（Giving of the Keys to Saint Peter，彩图G）在这幅画作里，透视成为绘画的一个主动参与者，为画面带来了一种特殊的和谐与秩序，同样也为天主教会成立这个事件赋予了权威性。这幅壁画现在展于梵蒂冈的西斯廷教堂。

　　要想理解艺术家发现和尝试透视时的喜悦心情，我们最好找个简单的例子，像他们那样创作一个作品。在彩图H，我示范了如何绘制一个铺满正方块的地面的透视图，视角是正上方，正方块一直铺到无穷远的地平线。绘图所需的工具无非是铅笔、橡皮和直尺（这里的"直尺"在艺术家眼里就是一把没有刻度的尺子。当然，有刻度的尺子也无妨——只要将刻度忽略掉！）

　　彩图H顶部的图形显示的是绘制过程。我们首先画一条直线，这条线用黑色标明表示为地平线。我们画出一个方块，它位于图的最底部，用蓝色标明。当然，这个方块被画出来的时候并不是正方形，因为我们看地面的角度是倾斜的。如果我们让"方块"的两对对边不断延伸，每对会交于地平线的一个灭点。延伸线仍然用蓝色表示。开始的第一步：画一个方块和一条地平线。接下来的麻烦是把其他相等的方块都画在地面上，所呈现的样子（在透视里）还要和人眼看到的真实情景一模一样。

　　我们注意到很关键的一点，这些方块的对角线也会形成一组平行线，而这组平行线也会在地平线相交于它们共同的灭点。我们只需将第一个方块的对角线（红色）延伸至地平线便可以确认灭点的位置，然后从灭点反推便可得出相邻方块的对角线——橙色线条。画完这些对角线之后我们发现，橙色线条和蓝色线条的交叉点正好是相邻的方块的顶点。黄色线条将这些顶点和相应的灭点连接便形成了方块的边。到这里还没完呢——黄色"边线"和橙色"对角线"的交叉点正好又形成了一个新方块的顶点……你们可以随心所欲地继续画下去，直到自己不耐烦或者铅笔尖儿磨没了为止——当方块缩成原子那么小的时候，你们肯定也画不下去了。

72

为了完成这个构图，你们可以用橡皮将对角线擦掉，还可以用同样的颜色将所有的线条再描一遍（视情况而定），就会得出图下方的这个图形。这个构图中的透视缩减得相当极端——仿佛我们在用一只蚂蚁的视角俯视地面——离得很近而且视角的高度很低，这样便于强调同样尺寸的方块随着透视延展时样子会变得如此不同。当然，你们也可以把书举起来，调换角度观察这个图形——你们会发现方块的大小会发生明显的变化。但无论怎么变，线条的交叉模式都是相同的。

这个图我画了不止十次了，但每次当我画那些小方格的时候都会兴奋无比。这虽然只是个小小的举动，但它却是真正的创造。

我想，无论谁是那个巨匠，他都会感到自鸣得意的。

我发觉，领会到透视的这些基本概念让我大开眼界。更准确地说，这些概念让我眼见的信息更密切地融入我的意识。尤其在都市的环境里，我发现很多类似的平行线（都是实物）朝着各自的灭点延伸。每当我留心观察这些事物的时候总会让我的体验更丰富也更加生动。希望将来你们会和我产生同样的感觉。通过训练规范的想象能力我们便可以逃脱那个愚昧无知的洞穴。[12]

⁷³

| 相对性、对称性、不变性和互补性——透视的实质 |

大多数人对于现代基础物理的核心观点感到很陌生。如果它们以"原生态"的形式，硬邦邦地被介绍出来，这些观点看起来很抽象，令人望而生畏。鉴于这个原因，我们这些想把观点传播给大众的人经常要使用比喻和类比以达到目的。要找到容易理解又忠实原意的比喻拿来就用可不是件容易事，让这个比喻还符合思想的美感就更难啦。多年来这个问题好几次让我绞尽脑汁。现在，我终于有了真正让自己感到满意的解决办法，我很乐意在这里给大家介绍一下。

投影几何这项文艺复兴时期的艺术创新不仅仅饱含暗喻，而且真切实际，呈现给我们众多宏大、巧妙和内涵丰富的思想。

　　＊　相对性这个观念说的是一个事物可以用不同的方式完整无误地如实描绘。在这个意义上，相对性就是投影几何的精髓所在。我们画一幅风景写生时可以从不同的角度着手，虽然在画布上呈现的画面各有不同，但不同的画面只不过是运用不同的编码表达同样一个信息。

　　＊　对称性的观念和相对性有着密切的联系，但对称性着眼于被观察的主体而不是观察者。打个比方，如果绘画的主体被转动了而观看的角度不变，那我们眼中的绘画主体看上去也会不同。但是绘画主体的投影图集——也就是将所有的角度都考虑在内绘制的全景透视图——则保持不变（因为绘画者可以挪动画架来抵消变化）。概括成一句话就是绘画主体的转动为投影图集的对称性。通过对物体的旋转改变了绘画对象，但这并没有改变物体的投影图集。对称性的本质就是"不变之变"。

　　＊　不变性正好和相对性唱反调。如果我们变换了角度，主体的很多方面都会表现得不同，但所有的不同表现中都有一些共性。例如，无论从哪个角度看，主体上的直线条始终看上去都是直的（尽管这些线条在画布上的指向和位置因角度的变化有所不同）。如果主体上有三条直线交汇，无论从那个角度看，当它们被呈现在画面上的时候，三条线会在画布上交会于一个点上。不管怎么呈现都具有相同的共性，这种情况就叫作不变性。不变量极其重要，因为这些不变量定义了主体中不随角度改变的面貌特征。

　　＊　互补性是对相对性的强化。互补性是量子理论中一个具有深远意义的原理，它洞察了事物的本质，其意义已经超出了物理范畴。（我认为互补性是一个真正的形而上学的洞察，它实在太难得了！）

　　在最简单的层面上，互补性说的是我们可以对主体产生很多不同的见解，这些见解大体上都同样合理，但我们必须选择一个特定的角度去观察（或者绘制和描述）这个主体。

　　如果情况仅仅就是这么一回事，那么互补性就只是稍稍抛过光的相对性。可是量子理论里又冒出了新鲜事：通常不可能让两个量子画家在同一时间从不同的角度描绘同一个对象。因为在量子的世界里我们必须考虑到观察是一个主动的过程，在这个过程中我们必须同被观察的主体发生互动。

　　作为例子，让我们试图去"看"一个电子。为了看到电子，我们必须用光（或X射线）照射电子。光向电子传送能量和动量从而扰动了电子的位置，但电子的位置却正是我们要确定的东西！

75　　采取了适当的防范措施并尽量小心地摆弄电子，我们可以调整测量以正确地捕获到主体对象某些方面的形态。通过不同的测量和防范，我们便可以选择不同的方式来划分"观察到的"和"牺牲掉的"两组形态。我们可以任意组合和干预从而产生出多种不同形式的分组，但无论怎样，选择不可避免，一旦选择了"观察到的"形态，另一些形态就必须是"牺牲掉的"。在描绘量子世界的时候，我们只能在所有可能的视角中选择一个视角并极力加以描述。如果其他人也想同时为这个量子世界绘制一幅图景，他会按照他的意愿用不同的方式摆弄我们的电子，这会干扰我们的视线，我们的描绘就被他搅黄了（当然，我们也没让他画成任何图景）。

　　让互补性超越相对性的关键点在于：观察一个主体有多个同等有效的观察角度——这便是"透视"这个词的一般意义——但多角度的效果却是相互排斥的；也正是这一强项使互补性超越了相对性。在量子世界里，我们一次只能从一个角度观察；量子立体派是行不通的。

　　相对性、对称性、不变性和互补性——这些宏大的概念组成了现代物理的核心。虽然尚需时日，但这些概念应当成为现代哲学和宗教的核心所在。在任何时候说起这些概念时，常常听上去很奇怪也很抽象，可能令人十分困惑。说到困惑，投影几何给我们提供了一个非常好的机会，在那里我们利用真实具体又具有艺术想象力的精美画面来讨论这些抽象的概念，那是一种相当美妙的体验。

译者注释

1. 阿弗烈·诺夫·怀特海（Alfred North Whitehead，1861 — 1947）：英国数学家、哲学家和教育理论家。他与伯特兰·罗素合著的《数学原理》标志着人类逻辑思维的巨大进步，同时也创立了20世纪最庞大的形而上学体系。

2. 《理想国》（*Republic*）与柏拉图大多数著作一样，是以苏格拉底为主角用对话体写成，共分10卷。

3. 形而上学的英文是metaphysics，直译为"后物理"，它来源于古希腊人安德罗尼柯（Andronicus）在编辑亚里士多德著作全集时，紧挨着物理学著作的后面收录了亚里士多德关于第一哲学(first philosophy)的14部书。由于这个编辑次序，安德罗尼柯把它们统一叫作"后物理"。所以，"形而上学"最早是亚里士多德在公元前335年的一个重要哲学著作的名字，现在则是哲学的一个分支。形而上学是用孤立、静止、片面的观点观察世界的思维方式，在20世纪成为逻辑实证论者们争论的议题。

4. 《物理学》（*Physics*）：亚里士多德的另一部著作。《形而上学》是纯哲学著作，而《物理学》则是以自然界为特定对象的哲学著作。

5. 巴门尼德（Parmenides，公元前515年—公元前5世纪中叶）：古希腊哲学家、前苏格拉底哲学家中最有代表性的人物之一。

6. 芝诺（Zeno of Elea，约公元前490 — 约公元前425）：古希腊数学家、哲学家。他因为提出关于运动的芝诺悖论而著称。

7. 50码相当于45.72米。

8. 奥尔普斯教是古希腊的神秘宗教。

9. 代达罗斯（Daedalus）：古希腊神话人物，他是一位伟大的艺术家，擅长建筑和雕刻。

10. 无穷远点在绘画术语中也被称为"灭点"。

11. 佩鲁吉诺（Perugino，约1445—1523）：意大利画家，原名彼得罗·万努奇（Pietro Vanucci），后来因为故乡所在地佩鲁贾而改名为佩鲁吉诺。他擅长画空灵的彩色风景、人物以及宗教题材。佩鲁吉诺与达·芬奇、波提切利同是安德烈·德尔·韦罗基奥的学生，他还是拉斐尔·圣齐奥的老师；历史评价他对盛时文艺复兴的美术具有相当的贡献。

12. 透视法与洞穴课题的共同实质是推理能力，即在一定的视觉经验之上人类大脑自带的推理工具。

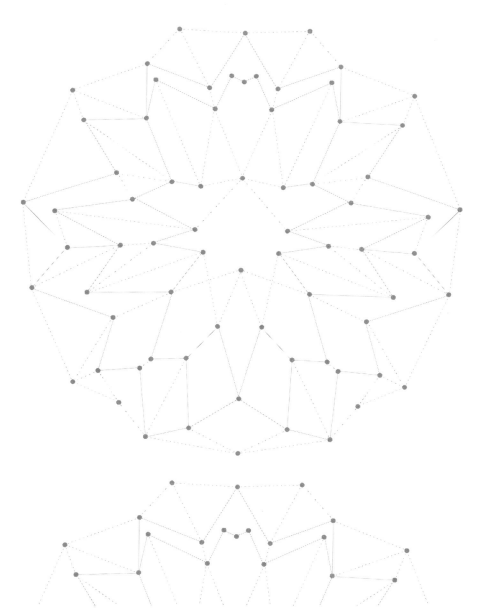

牛顿之一

条理和无理

　　所谓的"科学革命"并不是单一的历史事件，它特指大约从 77
1550年一直延续到1700年这段期间密集发生的一系列事件；在
很多领域都取得了戏剧性的进步是这次革命的特征，而且在物理、
数学和天文方面所取得的进步尤为突出。文艺复兴时期像菲利
波·布鲁内列斯基和达·芬奇这样兼具艺术家和工程师才华的人
已经预先昭示了"科学革命"的精神，但哥白尼所著的《天球运
行论》(*De Revolutionibus Orbium Coelestium*) 通常被看作这场革
命的宣言而且具有深远的意义。哥白尼通过对天文观察结果进行
数学分析提出了一些严肃的论点，即地球既不是宇宙的中心也非
静止不动，它是围绕太阳旋转的一颗行星。这个结论似乎有悖于
当时的常识，更触怒了教会，其关于宇宙的教义曾经深受柏拉图
和亚里士多德"地心说"的影响。但是哥白尼计算出的数据却明
摆着令人挥之不去。一些思想激进的人非但不抵御"日心说"的
影响，反而选择从哥白尼那些精确的数据中构建自己的观点；最
终这些人都胜利了。伊萨克·牛顿整合了伽利略、开普勒和笛卡
儿取得的突破，最终将这场革命推向了高潮。下面这几个章节我
们将围绕牛顿这朵智慧奇葩展开思考和探讨。

78 分析与综合

除了那么多具体的发现，"科学革命"还是一场目标和志向的变革。更深刻地说，它是一场审美的变革。新型的思想者并不满足于像亚里士多德那样鸟瞰世界，他们提出蚂蚁的视角应当和飞鸟的视角同样受到充分的尊重。他们是柏拉图的叛逆者，不会为了更高境界的思想而放过蚂蚁眼中所见的任何细节。这些人观察、测量，只要有可能就使用几何、方程和系统的数学概念对事物进行精确的描述。

在下面这段话里，牛顿捕捉到了新视野的神韵：

在数学和自然科学（哲学）中研究复杂难懂的事物时，应该先使用分析法再使用综合法……我们说的分析便是从复合物中找出它们的成分，从运动中追索其动力。一般来说，就是从结果中找到其原因，从某些特定的原因推导出更加普遍的原因，直到这场论证适用范围最广；以上就是"分析"的方法。"综合"的过程包括接受已经找到的原因并且将其设立为原理，从这些原理出发解释已知的现象并且证明这种解释是合理的。

现在我们就详细地说说这段掷地有声的宣言，让这段话所表达的意思更丰富一些。

|追求严格和精确|

蚂蚁必须当心脚下的路是否高低不平，而飞鸟大多飞快地掠过开阔的天空。如果蚂蚁走路时总昂着头朝天上看就会撞上障碍或者掉进坑里，如果飞鸟飞翔时只盯着地面上的细节最终会碰壁。同样，追求严格精确和追求理想之间的矛盾也总是剑拔弩张—— 一方面要只讲真话，而另一方面滔滔不绝地发表宏论。

之前我们说过，柏拉图选择了放弃严格和精确，寄希望于对理想的追求。他的这个选择是深思后的决定，因为他希望通过锻炼心智去发现一个更美好的世界，也就是我们这个不完美的现实世界所模仿的本真世界。毕达哥拉斯发现了音乐和谐的规律，这个发现很奇妙，但是相当主观，因而它并不严格。我们前面已经讨论过，天文学似乎昭示了一些严格的规律，却又不甚准确。在柏拉图看来，只有数学法则才有可能做到严格而且一贯正确——它们为我们开启了通往理想的一扇窗户。

在牛顿的前辈约翰内斯·开普勒的著作里，理想和真实之间的矛盾已经达到了奥威尔笔下的"矛盾心理"[1]水平。我们前面已经提过，开普勒在少年时期非常迷恋根据柏拉图多面体构造出来的太阳系雏形。虽然开普勒同样是错误的（甚至可以说，全错了），但他的构想比起柏拉图在《蒂迈欧篇》里所做的猜想已经在科学上更上一层楼了。和柏拉图不同，开普勒尝试做到严格而且具体。水星的球面正好支撑一个外切的八面体，而这个八面体又正好内切在金星的球面里。类似地，我们可以在金星和地球间嵌上二十面体，在地球和火星间嵌上十二面体，在火星和木星间嵌上四面体，最后在木星和土星间嵌上立方体。这个模型可以具体预测行星运行轨迹的相对大小的数值，开普勒将这些数值同自己所观测的数据进行了比较。两厢数据虽然没有严丝合缝地吻合，却也基本一致，它们接近的程度足以让开普勒相信自己的思路是正确的。这让他倍受鼓舞，他勇敢地着手改进他的模型并将它和精确度更高的数据做进一步的比较，这样便可以更加清晰地呈现天体的乐章。

开普勒构想的太阳系开启了他传奇的天文学事业，他艰苦卓绝的计算工作使他发现了行星运行轨迹的规律——也就是他那著名的行星运动三大定律——这三大定律确实严格成立。开普勒关于行星运动的三大定律在牛顿天体力学中扮演了非常重要的角色，我们将在后面《牛顿之三》中就此话题进行讨论。

开普勒对自己的发现沾沾自喜，他当然有理由感到自豪。然而，这三条定律根本地损害了他本人根据柏拉图多面体构建的美妙的天球模型。开普勒努力让第谷·布拉赫[2]精准的观测数据充分地发挥作用，并发现火星的运行轨迹根本就不是一个圆，它在沿着一个椭圆的轨迹运行。完美的天球其实并不存在！

开普勒的工作摧毁了他自己构建的天球模型的概念基础，因为这个模型与观测结果的近似吻合却没能经得住更精确研究的推敲，然而开普勒从没有放弃过自己的理想系统。在他1621年撰写的新一版《宇宙的奥秘》里，他将前一版的内容进行了扩展。在这个版本里，准确的定理出现在脚注中，拷问和颠覆着正文里的陈述，像一个清醒的审讯者在盘问一个满嘴跑火车的证人。多面体到底是一种象征性的符号还是具体的模型？该追求远大的理想还是切实地做到严格和精确？开普勒不知该如何选择。他最后还是陷入了柏拉图的诱惑，将空想的理想置于与之相悖的实相之上。

牛顿坚决地打破了这个传统。牛顿认为，不能表述实相的理论毫无疑问仅仅是一些假说，假说不能被当成理论看待：

不是从现象推导出来的任何想法都只能叫作"假说"；这种假说，无论是形而上的还是形而下（物理）的，无论来自超自然的力量还是机械动力，在实验科学里没有立足之地。

表述实相的理论必须是严格和精确的。历史学者兼科学哲学家亚历山大·柯瓦雷[3]认为，牛顿最具革命性的成就就是提高了理论的标准，他是科学革命的旗帜：

81　　要推翻这个"差不多"的世界，要消灭定性和感知的世界，摒弃满足于生活常识的世界，取而代之以（阿基米德的）宇宙，那里有严格、精密的测量和严谨的界定。

既要让理论与实际相符还要让它严格和精确，这么高的标准可不那么容易达到！柏拉图就曾经宣称这两个标准相互排斥，甚至连开普勒在实践中都觉得只要符合其中一个标准就很满足了。但是牛顿用他在光学和力学方面的研究成果表明这两个标准可以同时满足——他让我们看到了卓越理论的榜样；我们这些他的追随者至今都对这种卓越孜孜以求。牛顿意识到，要想达到这些标准就必须耐得住性子，抑制尚在酝酿阶段的野心，牛顿也承认说：

> 解释整个大自然对于任何一个人甚至对于任何一个时代都是一件太难的工
> 作……在没把事情弄明白的时候，最忌讳靠一堆假设乱下结论，不如省省力气
> 做简单有把握的事，然后把复杂的问题留给后人解决。

| 培养野心 |

然而牛顿本人极有野心，他对方方面面的很多事物都好奇。在他大量的笔记中我们发现他提出过很多假说，庞杂得可谓包罗万象。读牛顿的笔记是一种令人兴奋同时也令人疲惫的体验，因为他的想法（那些高见）一个接一个地纷沓而至。他对发酵过程、肌肉收缩以及古代炼金术和现代化学中记载的物质转换都做过大量的观察。

既要实现野心又要求严谨，为了调和这两方面的冲突，牛顿使用的基本技巧有两个：其一是在学术上的精益求精，其二是表述的技巧。

我倒情愿认为他的方法是一种物竞天择的过程——一种在思想世界的达尔文式的生存竞争。牛顿总尝试在工作中验证自己的猜测，将猜测的结果与实际观察相比较。有些猜测通过了测试，或者留下了能通过测试的后代；其他的就灭绝了。

他的笔记里有很多想法从未被公开过，它们都化作了泡影。牛顿的名言是：

> 我不知道我在世人眼里的样子。在我自己看来，我好像只是一个在海边玩耍
> 的孩子，时不时地走神去寻找一粒比普通的鹅卵石更光滑的石子或者比普通的螺
> 贝更漂亮的贝壳。而我的面前是浩瀚的真理海洋，那里隐藏的奥秘我尚不可知。

这段话常被人理解是牛顿谦虚的表现，但我不这样看。牛顿可不是个谦逊的人，但他很诚实，非常清楚自己给后人留下了多少科学遗产。

他的有些猜想虽然得以幸存，却并没有得到充分的发展壮大以达到牛顿公开宣称的标准。他会耍个花招将那些想法带进公众的视野。

牛顿的花招很迷人，迷人之处就是它很透明，所用的技巧就是在每段陈述的末尾加上一个问号。这样一来，这些话既不是断言也不是假设，它们只是疑问。事实上，牛顿从事的最后一项科学工作就是在《光学》（*Opticks*）[4] 再版的时候附上了一连串的三十一条疑问。

这些早期的疑问都是具有引导性的简短提问，措辞上常常是反问的语气。我这里先拿第一个提问举例：

物体难道不会影响远处的光吗？它们的影响会使光线弯曲吗？该不是距离越短影响越强烈吧？

这个疑问和其他疑问一样都在劝人们对这个问题进行研究。事实证明，这个疑问和其他很多疑问都相当富有成效。我们可以将它解读为预言——太阳和遥远的星系确实会使光线弯曲——这也是20世纪物理学的主要发现。

尽管牛顿自己似乎不曾做过这些具体的计算，但是将牛顿的万有引力定律运用在光学上确实不是件难事。至于光呢？牛顿常说，光是由物质粒子组成的。根据这个概念，如果光粒子的速度和行星运行的速度相同，光粒子运行轨道将会和行星的轨道具有同种类型。（引力和质量成正比。一般的力等于质量乘以加速度，因此在计算重力加速度时质量就被抵消了。）牛顿已经知道罗默[5]利用天文学方法测定了光速，他在《光学》一书中也提到了罗默的结果。他还在书中指出，光从太阳照到地球的时间差不多需要七八分钟。这样牛顿是可能估计出光线由于引力的作用被太阳弯曲的程度。引力的影响微乎其微，牛顿所处时代的技术水平远远达不到测量它的能力。爱因斯坦也计算过光被太阳弯曲的程度，他开始用了牛顿可能用的方法；后来在1915年他运用新理论——广义相对论，得出的答案竟是原来计算结果的两倍。一支国际观测队在1919年发生日食的时候对爱因斯坦的预言进行了测试，他们的观察发现太阳周围的恒星位置看上去发生了偏移。这次观测取得了成功，在经历了第一次世界大战的战乱之后，这场科学的胜利也标志着欧洲共同价值观的回归，因而相当轰动；这也使爱因斯坦从此成了一个国际名人。

离我们较近的星系会影响从附近通过的来自遥远星系的光，由于巨大的质量和遥远的距离进而会产生引力透镜效应。遥远的星系发来的光有时会受到途经物质的引力场作用而折弯，因此它们的图像会发生畸变，就像我们看水里的一根吸管，透过水面看时吸管是变形的。比如，图13中的弧线是一个非常遥远的星系群变形的图像，它们比形成透镜效应的星系群还长了五到十倍之多。

宇宙站出来证明了牛顿的第一个问题问得很合理，想必他肯定特别得意！

| 眼观六路 |

后面的疑问则在越来越宽泛的领域展开了探讨，直到第31个问题。这个问题虽然是个问句，却说得很含蓄。我们来看看牛顿最宏大的假说，也是他对于光和自然所写的最后文字：

到目前为止，我们从自然哲学里获知万物的本源是造物主、造物主拥有什么样的力量统治我们、我们从他那里得到了什么恩惠，至于我们对他应尽的本

图13　光受到天体引力场的作用时发生弯曲，从而产生宇宙透镜现象。你们能从图中看到星系的图像变形得很厉害，显得像一条条弧线。

分和我们之间相互承担的义务则是通过自然之光显现在我们眼前。如果异教徒没有因为盲目崇拜假偶像而被冲昏了头脑，他们的伦理观念就该比四枢德[6]具有更多的美德，那样他们非但教导灵魂的轮回，崇拜日月，祭奠英灵，反而会教导我们信奉我们真正的上帝和施主，他们的祖先在诺亚父子的领导下曾经就是这样信奉上帝，可是后来他们堕落了。

85

我们这位科学革命的大功臣竟然冒险涉猎神学和伦理问题，这在一些人看来未免很奇怪，但牛顿则是将世界看作一个整体。

约翰·梅纳德·凯恩斯[7]虽然以他在经济学方面的专著名传遐迩，但此人确实是一个通才。凯氏对牛顿大量未发表的文章进行了开创性的研究，他在一篇很有价值的文字《巨人牛顿》中总结了自己对牛顿的印象："巨人者，牛顿是也。"我强烈推荐大家读一读他的这篇文章（详见"推荐书单"）。据凯恩斯说：

牛顿认为宇宙是全能的上帝制定的一套密码。

对于牛顿来说，破解生活之谜的答案并非只源于大自然：

无论是纯思辨还是操作性的哲学，它们不仅可以从浩瀚的自然中发现，还可以从《创世记》《约伯记》[8]《圣咏集》《以赛亚书》等神圣的经文中读到。在这些知识里，上帝让所罗门成为这世上最伟大的哲学家。

他坚信先人们已经掌握了广博的知识，并将它们编成了少数人才懂的文字和符号，其中包括先知以西结的预言、《启示录》的观点、所罗门神殿的方位和大小[9]以及炼金术士载满符号的手稿。牛顿就上述的话题密密麻麻地写了数百万字的评论和注释，有些文字被他收集成书发表了，这便是《古代王国的更正年表》（*The Chronology of Ancient Kingdoms Amended*），这本书有八万多字，它的晦涩难懂预示了日后的《芬尼根守灵夜》。牛顿还在剑桥亲手建造了一间特殊的实验室，他在那里花费了很多年做实验，目的就是厘清和提高炼金术里的化学转换。

　　这里需要强调的是，虽然牛顿致力于研究《圣经》的学问和炼金术，可他依然是伊萨克·牛顿。凯恩斯写道：　　　　　　　　　　　　　　　86

　　　他那些针对神秘或者神学事物尚未发表的文章都显示出一个特点：他认真地做学问，使用了精确的方法并且措辞极为严肃……它们都是在牛顿开展数学研究的25年里完成的。

　　现在我再添上一个我自己的疑问：把我们对世界的认知搞得四分五裂又放任它们相互冲突而置之不理，这难道合乎情理吗？

　　在我看来，这本书正是对这个疑问做出了回应。

牛顿传记摘录

　　伊萨克·牛顿所取得的成就让优生学家和倡导育儿经的理论专家面临了挑战。牛顿的父亲也叫伊萨克·牛顿，是个没有上过学的文盲，但他是个富裕的自耕农，据说他是个"粗野而且骄奢的人"。他母亲名叫汉娜·艾斯库（Hannah Ayscough），是出身乡村的没落贵族。他出生在1642年圣诞节那天，是个遗腹子也是个早产儿。他妈妈说，他实在太小了，"能够放进一只马克杯里"。牛顿三岁的时候母亲改嫁了，（在第二任丈夫的要求下）将他丢给了姥姥抚养。直到1659年汉娜又成了寡妇，她才重新和儿子生活在一起。总之，牛顿的身世就是这么卑微还多灾多难。

　　少年牛顿兴趣广泛，有创造力，还在思想上富有冒险精神，他的出生让这个世界看到了神圣恩典的亮丽光芒。

　　他小时候就知道观察太阳的影子，还精心制作了一个有刻度的日晷，并记录了随着季节变化日出和日落的不同时间。他在没有钟表计时的乡下成了深受当地人信

87 任的时间播报员。他还做过精巧的风筝，有一次他在夜里放风筝的时候在牵风筝的线上拴上灯笼，天上的亮光把邻居吓坏了。（还以为那么早就出现了UFO呢！）

　　家里希望小伊萨克成为一个种田人，可他讨厌干农活也干不好农活。另一方面，他可是当地中学里的一名才子，那里的校长亨利·斯托克斯（Henry Stokes）不知怎么说服了汉娜和剑桥大学，就这样伊萨克成了剑桥的学生。他作为一名"半公费生"被大学录取，"半公费生"的意思就是为富裕人家的本科学生做琐事以换取经济资助。1665年至1666年期间，英国暴发了黑死病，剑桥大学被迫关闭。这位二十二岁的大学生只能返回乌尔索普乡下的家里。就在这段期间，牛顿在数学（无穷级数和微积分）、力学（万有引力的观念）和光学（色彩学）上都有突破性的见解。提起这段日子时他说：

　　所有这些事都发生在瘟疫横行的那两年，1665年和1666年。那段日子也是我发明创造最好的年华，打那以后任何时间都没有再思考过这么多数学和哲学。

　　大约在那个时期他做过一个实验，想要弄清楚世界表象和视觉的内在感知之间有什么关系，再没有什么比这个实验更能让我们领略牛顿的忘我精神了。以下就是他的记录，可谓图文并茂（详见图14）：

　　我从我的眼球和眼眶之间插进一根针，如图设定，针为gh，我让针尽量探到眼球的背面：我用针尖抵住眼球（这样我的眼球就形成了一个凹面bcdef）。这时我眼前出现了几个发白的、变暗的和彩色的圆圈 r、s、t和c，我继续用针尖拨动眼球想看看哪些圆圈变得最清晰，可是如果我只用针尖压住眼球不让眼
89 球转动，那些圆圈就会变得模糊然后渐渐消失。这时一旦我眼球和针动一动，那些圆圈会立即消失。

　　直到1693年的年中，牛顿一直都在疯狂地工作；此前的25年里他的专注程度在人类历史上也无人比肩。然后他生病了，得了我们现在称作的间歇性精

88

图 14　牛顿用自己的眼睛做实验以便更好地了解人对光的感知以及机械的因素是否可能对光感产生影响。左图为牛顿做实验时的记录，牛顿太勇敢了

图 15　风华正茂的伊萨克·牛顿

神病。有段时间，他夜不能寐，怀疑朋友们正在密谋反对他（他写信挖苦他们），此外他还患有颤抖症、健忘症和一般性的知觉混乱。牛顿说自己"搅进了纠纷里，非常烦恼。在过去的一年里我食不甘味、夜不能寐，脑子也不像以前那么好使了"。这些症状持续了几个月之后就逐渐缓和了，他的病很可能和汞中毒有关，因为汞是大多数炼金术使用的原料，他工作中常接触汞。

1694 年他离开了剑桥大学，在伦敦的皇家铸币厂得到了一份工作。关心他的朋友们为他安排了这份工作，他们认为对他来说这是一份"闲差"。牛顿从此变得"正常"多了，在接下去的 25 年里他变成了一个认真有效的公务员。但是，他穷追不舍的探寻之路已经走到了尽头。

图 15 是一张牛顿的肖像，画面里牛顿的形象令人难忘。在我看来，只有这幅画像传达了牛顿的精神与力量。我们从肖像中看出，他在年轻的时候头发就变得斑白了。

译者注释：

1. 奥威尔笔下的"矛盾心理"指的是英国作家乔治·奥威尔（George Orwell, 1903—1950）在其代表作品《1984》中创造了一些新词，其中就有"矛盾心理"（doublethink），很多人都将这个词翻译成"双重思想"，但译者认为"矛盾心理"更贴切易懂。这个词的意思是指同时接受两种相互违背的信念或同时承认两个相互矛盾的事实。
2. 第谷·布拉赫（Tycho Brahe, 1546—1601）：丹麦天文学家和占星学家，开普勒的老师。他的大量极为精确的天文观测资料为开普勒的工作创造了条件。第谷·布拉赫是一位杰出的观测家，但他的宇宙观却是错误的。他认为所有行星都绕太阳运动，而太阳率领众行星绕地球运动。他的体系属于地心说。
3. 亚历山大·柯瓦雷（Alexandre Koyré, 1892—1964）：俄罗斯科学史学家。
4. 《光学》：牛顿 1704 年的著作，系统地阐述了他在光学方面的研究成果，详述了光的粒子理论。
5. 奥勒·罗默（Ole Christensen Römer, 1644—1710）：丹麦天文学家。他用天文实验证明了光以有限的速度传播并计算出光速。
6. 四枢德（the four Cardinal Virtues）：四枢德即智德、义德、节德、勇德。这四个德行并不是天主教会人士提出来的，而是出自希腊哲学，是柏拉图首先提出来的。智德（Prudence）即智慧之德，以理智做事观察、考虑判断然后实行。义德（Justice）就是个人行使自己的权利与义务也该当尊重别人的权利与义务。勇德（fortitude）是心灵坚定不移，不畏艰难，排除障碍。节德（Temperance）是在心灵上节制欲望，节德不禁止享受合理之乐如饮食等，节德的反面是浪费或有害身体。

7. 约翰·梅纳德·凯恩斯（John Maynard Keynes，1883—1946）：现代最有影响的经济学家之一。他创立的宏观经济学与弗洛伊德所创的精神分析法和爱因斯坦的相对论并称为20世纪人类知识界的三大革命。

8. 《约伯记》（*Job*）：《圣经》旧约的一卷，共42章，记述了主人公约伯的信仰历程。

9. 所罗门神殿是《圣经》记载的一个建筑物，建成于公元前957年。它在公元前587年新巴比伦国王尼布甲尼撒灭亡犹太王国时被彻底摧毁。神殿遗址至今也没能挖掘出来，科学家们不能确定所罗门神殿是否真实存在。由于缺乏确凿的考古学证据，许多现代研究者争议神殿是否是其他的象征。有人说，它也许是通向上帝之门的隐喻，圣经所说的神殿大小和方位只是一个深奥的神圣几何学示意。

牛顿之二

色彩

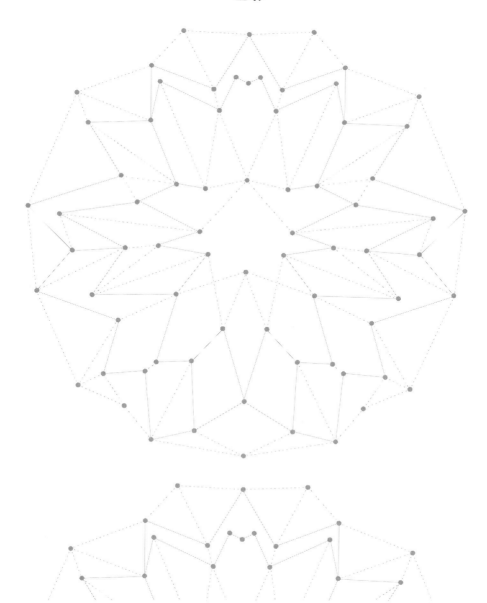

色彩是大自然发出的微笑。

——李希·亨特[1]

从上面的讨论可以清楚看到阳光的白色是所有颜色的混合。所以白光是由不同颜色的光组成。由于波长不同，颜色各有不同的折射率，因此它们可以被分解，如果照在纸上或者任何白色的物体上就会产生不同颜色的光斑。那些颜色…… 本身是不变的，当不同颜色的光线再次混合时，它们还会像被分解前一样产生同样的白光。

——伊萨克·牛顿

我对上面引述的第一段话无须再做解释——人类喜欢色彩，就像他们喜欢微笑一样，这是一种自发的情感。这一章的内容就是解释一下我上面引用的第二段话；这段话启发了人类更深入地思考色彩。我们所进行的沉思很大程度都是针对色彩的，对于色彩的思考也为我们寻找答案照亮了前进的道路。

最热爱色彩的人具备最纯粹和最深刻的思想。
—— 约翰·罗斯金,《威尼斯之石》[2]

92

我们就是那样的人——让我们现在上路启程吧。

把光提纯

　　白色一直是象征纯洁的颜色。古埃及的僧侣和伊西斯神的女祭司都只穿白色亚麻制成的布衣；木乃伊身上也只裹着白亚麻布，那是他们为逝者来世准备的衣裳！婚礼的传统颜色是白色，象征着两颗纯洁心灵的结合。在基督教的象征符号中，白色是羔羊的颜色，它同时是天主的颜色，也代表了基督胜利的颜色。彩图 I 中的耶稣基督就身穿白色的长袍。

　　将白色与纯洁关联感觉很对劲儿，自然光线的主要光源——也就是太阳在我们头顶的上空升到最高点时发出的光——是白色的。最光亮的表面也是白色的，譬如白雪皑皑，因为雪花最充分地反射了阳光。

　　但科学分析却有不同的说法。

　　当一束阳光穿过一面玻璃棱镜时就会出现一道彩虹，我们称这道彩虹为色谱。阳光透过水滴照射时也会出现类似的效果，这就是自然界彩虹形成的原因。

　　在牛顿的研究成果出现之前，大多数人都相信那些颜色的出现是因为白色的光透过棱镜或者水滴照射时白色发生了褪色，因此经过"褪色"过滤发出的光就带有颜色了。颜色通常被认为是黑色（暗色）和白色按不同配比调制而成的各种混合物。光透过的棱镜因厚度不同，在穿透过程中就会产生或多或少的损耗，因而也就产生出不同的颜色。这个想法简单明了，相当具有吸引力：如果两样东西（或者甚至一样东西）就能解决问题，干吗非要搅进来那么多复杂的成分呢？

93　　但是牛顿却提出，白色的光——具体来说，包括从太阳发出的白光——混合了很多基本的成分。按照他的想法，棱镜并不会让白色褪色，相反棱镜把太阳光分解成更基本的成分——那些基本成分本来就存在。

　　一个简单而深刻的实验让这个分分合合的过程变得清晰可见。牛顿称这个实验为破解这个症结的"决定性实验"，请看彩图 J，白光透过棱镜后被解析成光谱的颜色，这些颜色还可以透过另一层棱镜被重新组合成一束白光。如果只有部分光谱穿过棱镜，那么穿过棱镜的光就不能重新组合成白光，这时光的颜色可以变成各种颜色，就看光谱中的哪些颜色穿过了棱镜。如果光线来源于自然的日光而光谱最下端的蓝色被截掉，那么肉眼能感知的颜色便以绿色为主。如果只有很窄的一段光谱穿过了棱镜，那么光线的颜色就只能是单一的。彩图J示范的是红色。

问题的关键是，通过第二层棱镜，就可以将解析的过程逆转而重新将光还原成白色，和当初日光的性质完全一样。就像彩图J中显示的那样，我们还可以选择让一部分光谱的颜色结合，那么光束就会变成一些中间色，而不是白色。简而言之，棱镜对于照射过来的光进行了解析。

如果我们设定阳光由光子组成，那就更容易解释这个实验了。（虽然时间过去了几百年之后才开始使用光子这个名词，为了避免误解，我还是用光子这个名词来称呼光原子吧。）

光子有不同的种类——不同种类光子的形状不同，或者说质量不同——因此棱镜对它们的影响也不尽相同。棱角会让不同种类的原子的轨迹发生不同程度的弯曲，这样就会将这些原子分离并对它们进行有效的分类。这个程序就像自动售货机分辨不同面值的硬币一样。不同种类的光子也会以不同的方式影响我们的视觉，让我们对不一样的颜色产生不一样的感受。

牛顿本人没有对此坚信不疑，他也没有提出任何具体的模型。如果这样做了，就等于提出了一个假说！但他一直心存此念，这些想法一直指导着他后来更深入的实验研究。

这个将光分类的想法能走多远呢？我们可以挡住光只留一小部分光谱来获得纯色的光束。经棱镜过滤后的每种色光，虽然不知道它们是什么，它们穿过棱镜时的轨迹都具有同样的偏离度。这个过程是否已经将光按照相同的基本成分分类了？是否可以将光束进一步地进行处理从而显露出额外的构造以求得让光束更加纯化呢？

牛顿开始"折磨"那些被提纯的光束，即具有单个光谱颜色的光束。他进而让光在各种不同的表面反射，并让光透过不同于普通玻璃的各种透明（半透明）材质做成的透镜和棱镜。他发现上述的过程都符合棱镜的色谱分类想法。

94

光谱中的鲜黄色被反射以后的颜色还是鲜黄色，光谱蓝色被反射之后颜色也不变，其他颜色也有同样的情况。物体常常会吸收光，因此我们会看到它是有颜色的。譬如，我们看到一件物体是蓝色的，因为它可能反射了接近蓝色的光而吸收了所有其他颜色的光——这就是那件物体看上去是蓝色的原因。但是鲜黄色被反射之后看上去永远都不会是蓝色；当然鲜黄色也不可能反射成任何其他的颜色。

同样的规则也适用于光穿过其他材质（折射）。光谱色自身的完整性保持不变，不同的颜色当然会被不同程度地折射——这其实就是棱镜能解析光的原因——但特定的材料只会以某一种确定的方式对给定谱色的光进行折射。

通过这些实验，牛顿确定具有特定谱色的光是纯的物质，具有固定的而可重复检验的属性。白色并没有出现在光谱中，白色的光束总能被分解成多种光谱色，白色始终都是一种混合物。很讽刺的是，尽管白色象征了纯洁，但如果只把它看作是光的话，白色从来都没有纯洁过。

（为了准确起见，我必须说光其实更复杂些，同时也更有趣些。光并不是真的不能进一步地被解析，它还有一个双重解析，即光的极化。我们自然而然会在后面的章节讨论极化，因为它和麦克斯韦的研究密切相关。尽管存在可能性，但将单一光谱色的色光分离成两束极化光并非易事，因此在很多用途上我们都将极化光之间的区别忽略不计。类似的情况也出现在化学元素里，物质的化学元素可以是几种同位素的混合物。虽然绝非不可能，但很难将不同的同位素分开。）

虽然我从未听到过这样的说法，但觉得下面这个观点是合理的，牛顿通过《光学》确立了光的"化学"。化学研究采取的第一步骤正是分析，或者说提纯。

| 光的"化学"体系 |

我们将光提纯之后，准备进一步地深究一些光的"化学"。

目前为止，我们的分析一直本着一个指导思想，即光由光子组成，不同种类的光子透过玻璃时的弯曲度不尽相同，因此当它们透过棱镜就会被分离。每一种光谱色经过提纯的选择之后只保留了一种光子。通过这个方法我们就确定了光的各种"元素"。

现在我们将光的"元素"和我们更加熟悉的化学元素进行比较，尽管化学是较晚才发展起来的学科，也远比光更加复杂。我们先从元素周期表说起吧：

* 光的"元素"周期表只有一横排——光谱色形成的彩虹。光谱里的颜色就是光的元素。化学的元素周期表则有好几排，化学性质大致相似却又有所区别的元素则被安排在同一竖列。此外还有延伸得很长的两排表格——它们是镧系元素（稀土族元素）和锕系元素——这些元素在化学上大致相同。

* 光的元素周期表可以被转换为一种看得见的物质形态。确实，如果让一束阳光或者任何高温发光体发出的光透过棱镜照射到一个屏幕上，屏幕上出现的东西基本上就是光的"元素"周期表。相比之下，化学的元素周期表可是全凭大脑思考构建出来的，在大自然里你们找不到任何对应物。

* 光的"元素"周期表是连续的而化学元素周期表则是离散的。

* 光的元素对彼此的影响非常微弱。实际上，两束光交叉时可以彼此互相穿梭但不会发生任何反应。（它们不会擦出火花，也不会拖着一条光分子的残影。）那样说来，每个光元素都很像化学里的"稀有"元素或"惰性气体"元素。

高瞻远瞩的人很自然地把这两种类型的化学放在一起考虑，把这看作原子及其相互作用的科学。其中，原子不仅指光原子，也包括了物质的原子。在这个更广大的体系中，光原子不再表现为惰性，虽然它们不易彼此结合，可它们确实能够依照明确的规则和物质原子相结合。关于这个话题我下面还有很多的话要说，而且，当你们读到《量子之美 I　天体乐章》这一章时，我还会更深入地聊这个话题。

炼金术的主要目的就是炼出"魔法石"，它无非将一种原子转换成另一种原子，"点石成金"就是个例子。光原子也有一块魔法石，那就是运动！如果我们迎着一束纯色光运动，我们眼睛看到的光束就会变成另一种光谱色。颜色会

96

沿从红色到蓝色方向变化，我们管这种现象叫"蓝移效应"。同样，如果我们离开光束或者让光束离开我们，就会产生"红移效应"。颜色变化的程度和相对运动的速度成正比，除非运动的速度接近光速，否则这种变化极其细微。这种颜色的变化实在太小了，牛顿根本观察不到。在实际应用中我们大多将这些现象忽略掉，但是遥远星系的红移——尤其是红移导致的光谱明暗线位置的变化——给出了那些星系朝着远离我们的方向运动的速度，这使得我们能够描绘出宇宙的膨胀。

97　　光是由粒子组成的，我们一直都称这种粒子叫"光子"；这个观点在历史上的命运可谓一波三折。我们前面已经说过，牛顿对这个观点的态度有点儿像调情，和人家意气相投却不打算娶进门（他挑逗人家却又做不到感情专一）。但由于牛顿在科学界的威望，他的情人——光的粒子学说却一直主导着科学界，直到19世纪才被波动理论取代。当麦克斯韦用电磁理论对光进行解释之后，波动理论似乎完胜了。但到了20世纪，随着量子力学的出现，粒子理论杀了个回马枪，光原子也被正式命名为光子。我们现在明白了，粒子和波实际上是关于光的两种互补的视角。牛顿觉得有多种可能，翻来覆去地拒绝完全接受某一个假说。他的做法好像提前预见了现代的互补理论。

| 从分析中获益 |

牛顿将自己对颜色的基本认识很好地运用在实践中，他改进了望远镜。在他之前，典型的望远镜都是一个长筒，有两片透镜安装在长筒的两端，基本上用于从远处的物体收集光，然后将物体（放大了）的图像聚焦。由于不同颜色的光在穿过镜片时有着各自不同的轨迹，因此不是所有的颜色都能被同样准确地聚焦，这时人们看到的只能是个模糊的图像；这个问题叫"色像差"。牛顿提出使用凹面反射镜而不是透镜收集光，他在这个想法的基础上设计了反射式望远镜。牛顿反射式望远镜减少了色像差，制作起来也更加简便。所有现代的望远镜基本上都是反射式望远镜。

对于光的分析一直是科学发现的丰富源泉，下面我讲一个例子，它是诸多可能的例子中的一例，说起来很简单，但其重要性不可小觑，而且它还带有几分诗意。（以后我们再说其他的例子。）

当我们看到阳光产生的光谱时，我们的整体印象是光的强度连续渐变。 98 如果我们使用的棱镜的玻璃质量特别高，就可以将光分解得更细并从中发现大量精细的细节。早在19世纪初，约瑟夫·冯·弗劳恩霍尔（Joseph von Fraunhofer）是这个领域的开拓者，他在连续的光谱中发现的暗线不下574条。当时没有人理解出现这些暗线的原因，直到19世纪50年代本生和基尔霍夫[3]发现了在地球上如何制造出类似的暗线。如果在发光的热源前置大量的冷气体，冷气体便会吸走一部分光。但冷气体在吸光的时候相当挑剔，它只挑拣一些非常窄的光谱带中的成分吸收。当光被分解之后，被吸走的颜色就看不见了，在光谱上就留下了暗线。

不同种类的气体（例如含有不同化学元素的气体）从光谱上吸走不同的颜色。因此，如果我们不知道某种气体的成分，那就看看它吸走了什么颜色的光，这样我们就能推断出这种气体到底是由什么成分组成的！如果用我们的广义化学语言可以这样描述本生和基尔霍夫对弗氏的暗线的解释，给定物质的原子只会结合——也就是吸收光的某些特定元素——也就是某些颜色，而对其他颜色置之不理。还存在一种相反的效应，那就是热气体会为它偏爱的颜色发光，在光谱上产生一些明线。总的来说，这些明、暗线就像人的指纹一样，通过它们我们就可以辨认出相关的物质。

通过分析从恒星发来的光，将这些光里的明、暗线和在实验室用气体做实验时观察到的明、暗线做比较，天文学家就可以确定那颗恒星的成分。（还可以确定那颗恒星大气层的条件，大气层可是恒星的发光源。）很快这项工作就成了——至今仍然是——物理天文学生存所依靠的家常便饭。我们于是获得了一个非常基本的结论：恒星的成分和我们在地球上看到的物质同属一种材料，而这些物质都遵循着同样的物理规律。

诺曼·洛克耶[4]和皮埃尔·詹森[5]在观察日冕的时候发现了一些令人费解

的现象，曾经一度对上面这个伟大的结论造成了挑战，但最终反而进一步证实
99 了这个结论。1868年发生了一次日食，他们在观察日食的时候发现一道明线，
当时地球上没有观察到任何气体可以产生出这条明线。人们认为一个未知的只
有天上才有的新元素"日冕线（corunium）"是这条明线的始作俑者。到了
1895年，两位瑞典化学家佩尔·克里夫[6]和尼尔斯·郎格莱[7]发现铀矿里散发出
的一种气体可以产生同样的明线；威廉·拉姆塞[8]也独立地发现了这个现象。就
这样，天与地终于重新认了亲戚。新的元素被（重新）命名为"氦（helium）"，
它源于古希腊的太阳神"赫利俄斯（Helios）"。

译者注释：

1. 李希·亨特（Leigh Hunt, 1784—1859）：英国浪漫主义时期的批评家及诗人。
2. 约翰·罗斯金（John Ruskin, 1819—1900）：英国作家、艺术家、艺术评论家及哲学家。他的著作《威尼斯之石》（*The Stones of Venice*）集中了罗斯金强调中世纪设计精华的思想内容，他对于哥特式风格和自然主义风格在设计中的应用给予了期望。
3. 本生和基尔霍夫：19世纪的两名科学家。罗伯特·威廉·本生（Robert Wilhelm Bunsen, 1811—1899）出生在德国的哥廷根，是一位化学家。古斯塔夫·罗伯特·基尔霍夫（Gustav Robert Kirchhoff, 1824—1887）是德国的物理学家；他们二人合作发明了光谱分析仪。
4. 诺曼·洛克耶（Norman Lockyer, 1836—1920）：英国天文学家，他是一位公认的太阳光谱专家，并且创办了著名的《自然》杂志。
5. 皮埃尔·詹森（Pierre Janssen, 1824—1907）：法国天文学家，他和洛克耶合作发现了"氦"。
6. 佩尔·克里夫（Per Cleve, 1840—1905）：瑞典化学家、生物学家、矿物学家和海洋学家，他发现了化学元素钬和铥并会从铀矿石中分离出氦。
7. 尼尔斯·郎格莱（Nils Langlet, 1868—1936）：瑞典化学家，他独立地从钇铀矿中发现了元素氦并首次确定了氦的原子量。
8. 威廉·拉姆塞（William Ramsay, 1852—1916）：英国化学家，曾获得过诺贝尔化学奖，他连续发现了多种惰性气体。

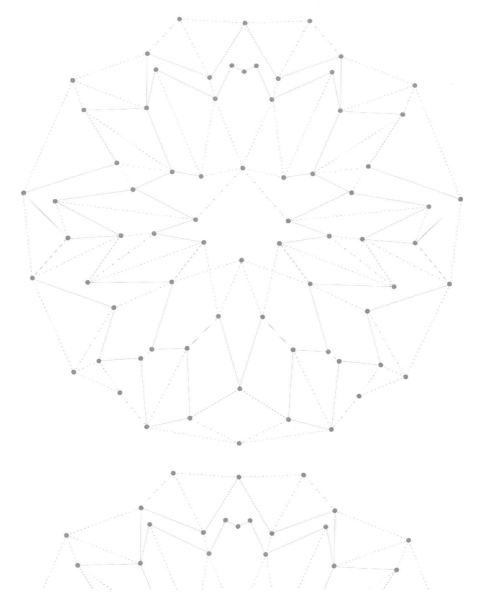

牛顿之三

动态美

　　牛顿力学的基本定律是关于动力学的规律，也就是事物如何 101
变化的法则。动力学定律和几何法则不同，它和毕达哥拉斯、柏
拉图等人谈论的法则也大相径庭；后者所表述的是特定的对象或
者特定的关系。

　　动力学定律引领我们去扩展对"美"的探索。我们不仅要思
考世界的物质组成，还要着重思考会发生什么，这是一个更为广
阔、更需想象力的天地，也是我们沉思的根本问题。牛顿力学所
描述的世界是一个充满了可能性的世界。

　　我们在探索之路上走到牛顿高山时发现了金矿[1]（图17）。但
是在我们走进那座山一探究竟之前还是要做些小小的准备为好。

地球相对于宇宙

　　牛顿之前的先驱者留下了自然哲学的遗产，却也留下了一项
未竟的伟大事业。

　　伽利略的《星际信使》（*Sidereus Nuncius*，英文书名为 *Starry
Messenger*）收录了几十张他手绘的月亮草图，那是他通过第一支 103
天文望远镜看到的月亮的模样，望远镜是他自己制作的，可以放
大20倍。他素描稿上的明暗关系清晰地展现了月球表面的高低起
伏（图16）。

102

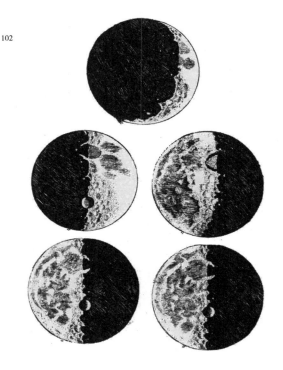

图 16 　图中的几幅素描稿是伽利略通过望远镜
观察月球之后绘制的草图

　　哥白尼让地球动了起来，使它成为众多行星中的一颗；开普勒则发现了主宰
行星运行轨迹的精确定律。我们不必纠结于这些发现的细节，我下面的文字摘录
了开普勒的三大定律，便于我就这三大定律的共性提出两个关键的论点：

　　1. 行星运行的轨道是椭圆的；太阳则是这个椭圆中的一个焦点。

　　2. 行星和太阳之间的连线在相等时间内扫过的面积是相等的。

　　3. 周期的平方，即行星绕太阳运行"一年"的时间长度的平方和椭圆长半
轴的立方成正比。

　　第一个论点要说明的是这三大定律并不是动力学定律。它们描述了一些
既定的关系，而不是变化的规则。第二个关键点是，它们规定了行星的运动，

但它们对我们更真实地观察到的运动，也就是对我们在地球上体验到的运动，却只字未提。这几个定律就像外星人从一个本质上完全不同的宇宙发来的报道——即便地球本身也是一颗行星。

那么，这项伟大而未竟的事业就是让地球和宇宙融为一体。哪些共通的定律在主宰着明显相似的天与地呢？

牛顿的高山

在牛顿的《原理》（《自然哲学的数学原理》）一书中有很多几何图，还有几张数据表，但唯独只有一张手绘图。在我看来，在所有的科学文献里这张图画得最美。

单从绘画水平来看，这张图显然算不上什么了不起的成就。但它吸引我们去想象使这张图变得美轮美奂。它号召我们进行一场思维上的实验并暗示了地球上的落体和太空中绕轨迹运行的天体都在做着同样的事情。如此一来就有可能存在着一种万有引力。

104

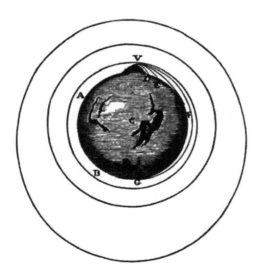

图 17　牛顿的高山——一个伟大的思想实验

你们站在山顶，沿水平方向扔出一块石头——水平即平行于地表。如果掷出去的速度慢，石头抛出很短的距离之后就会落到地面。如果再使点劲儿扔，石头就会抛得远一些。实际上没有一个凡人能有那么大的力气把石头扔到一个可以和地球周长相比拟的距离。那也没关系，这只是一个思维上的实验，我鼓励你们用想象的念力来代替体能（译者：中国读者不妨把自己想象成孙悟空）。一次比一次地更使劲儿扔，你们想象的眼睛就会看到牛顿绘制的画面了——轨迹的终点不知不觉就和起点连起来了。

这时如果你们还使劲扔石头，那就得赶紧闪开，否则石头会打着后脑勺了！如果事前做了防备，脑袋不仅不会打开花，还能看到石头重蹈覆辙，因为它的运动已经形成了一个圆周轨迹。（说好的空气阻力呢？拜托，这是一个思维上的实验！）你们可以让自己的思想站在各种虚拟的山顶上，循着上面的思路，就会看到各种可能的物体在自身重力的影响下围绕地球做圆周运动，这些运动距离地面可以是任意的高度。

如果再发挥一下想象，那座山特别高而那块石头又特别大呢……一旦那块石头开始绕着地球的轨道运行，就请称它为"月亮"。

我刚才把画面上那个圆形的东西说成地球，但那个地球被画得太理想化了，地表特征定义得很模糊，那座山的比例也失调得很离谱。但我们讨论的重点正105 好是那个圆形的东西不一定非得是地球，相同的思维实验也适用于太阳以解释太阳的引力怎样让行星沿着轨迹做绕日运行。这个实验还可以用于木星来解释在木星的引力作用下伽利略卫星在按照什么样的轨迹运行。

我们（或牛顿）试图延展石头落地这样的日常体验，于是利用思想实验开始了一个充满想象的旅程。但我们最后的结论，即任何物体之间都存在普适的引力，却远远超越了这个思想实验。这些思维上的实验什么也没有证明啊！但是它们却为我们指明了多个出路，指引我们做更详细的调查和探索。如果思想实验所构想的结果合乎逻辑固然好，如果它很完美，那就更好了，如果收获大于付出，那岂不是好上加好。在牛顿的高山上这些可能应有尽有。

有这样一个著名的传说，它显然是牛顿上了年纪以后回忆往事时的信口开河。传说他在家乡伍尔斯索普看到一只苹果掉在地上，使他联想到万有引力的作用。可是在他的著述里却没看到苹果，只有下面这段话：

> 我开始考虑将引力延伸到月球的轨迹，并找出了方法估算一个球体紧贴球面内侧旋转时对球面形成的压力：利用开普勒的行星周期定律……我推断牵引着行星运转的力应当反比于行星和旋转中心距离的平方：因此将牵引月球做旋转运动所需的力和地表的重力作比较时，我发现它们各自得出的答案相当接近。

无论树上掉下来的苹果是否引发了他的思考，这个现象本身并没有为他的思考提供精神食粮。我倒情愿认为可能是类似"牛顿高山"那样的想象和思考让牛顿想到并最后确信了万有引力。

我同时认为，"苹果说"只是起初的灵感一闪念，经过周密思考后形成了"高山说"，这个说法也不失合理性。这个概念简单却美妙。如果我们将地球的影响通过引力延伸到"月球旋转的轨迹"，地球的引力就解释了月球的运动，我们其实是在假设两种看似非常不同的运动之间存在着某种联系。在地球上观察到的重力——也就是说我们看到的苹果从树上落下——这是一个朝着地心方向降落的过程。而月亮绕地球运动，咋看上去则是截然不同的另一码事。

"高山"思想实验的要点在于，它表明沿轨迹运行其实是一个不断坠落的过程——只不过（从石头的角度看）坠向一个移动的目标！从牛顿的绘图可以看出，在圆形轨迹的每一个点上石头运行的速度都和地表（也就是局部的"地平线"）平行，而向心运动的轨迹朝着地表方向呈弯曲状。当我们站在山顶一眼望去，意识到石头的运行轨迹其实是一种下降的形式；我们便能从苹果联想到月亮。

| 把时间当成一个维度 |

即使最好的思想实验也证明不了什么。一段旅途展现在我们眼前，它引导我们从想象中的牛顿山出发，而这段旅途的终点就是牛顿所渴望的精确数学理论。这段旅程穿越新的维度：新视角下的时间。

"牛顿山"那幅画中的曲线都是轨迹——每一条曲线聚集了物体（我们扔出去的石头）在连续的时间依次占据的点。当然，这些点并不是空间里的物体本身，在任何的直接意义上它们显然不是实际的物体。然而那些轨迹确实明确了几何对象，而且我们还将看到，那些轨迹为了解运动物理提供了基础。为了能够更准确地了解它们，让我们先为它们提供一个家园。

一条轨迹携带了某个物体的一些运动信息，但单从一条曲线我们无从推断物体经过曲线不同阶段的时间。我们本可以沿着曲线在每个点都贴上时间的标签用来还原丢失的信息。这样的话，如果我们同时将几条轨迹放在一起考虑，107 情况就会变得特别别扭了，因为任何一个时间相对应的点就乱成一锅粥了，每条轨迹都有一个点，随着时间的流动，这锅杂烩的点都会变换花样。更好的办法是把时间当成另外一个维度考虑。轨迹在更广阔的概念宇宙里便有了一个天然的家园，这样得出的结果就是：时空。

这个对时间所做的反思很深奥，为了使它的本质特征更明显，让我们先回顾一下比"牛顿山"更为简单的情况，也就是芝诺提出的阿基里斯追乌龟的悖论。首先，请注意空间中的两条轨迹开始只是部分重叠的两条直线，信息量不够啊！但如果我们把眼光提升到时空的高度，按照芝诺设定的比赛规则我们就可以更好地描述阿基里斯和乌龟之间的赛跑——同样也可以更好地描述一般的运动。

如果我们想要让阿基里斯和乌龟跑步的轨迹在时间上同步，有必要将时间设定为一个单独的量——一个全新的维度——并且在每个时间点上标明阿基里斯和乌龟的位置。上述情况均在图18中标明。

在这个图中，我们对芝诺的逻辑结构一览无遗，悖论瞬间被化解了。在时空的概念下，两条轨迹的曲线中一条比另一条更向上倾斜，它们不可避免地要108 交叉！（你们可以给自己找点儿乐子来跟踪一下阿基里斯什么时候跑到乌龟起跑时的出发点，这时乌龟已经往前"跑"了一段，然后再找出阿基里斯跑过这段距离时的时间，这时乌龟又已经往前"跑"了一段，再找出阿基里斯跑过这段距离的时间点……这样做既娱乐了自己还让芝诺的悖论不攻自破。）

　　将时空轨迹水平投影到空间轴上，我们就可以回到原来的轨迹，这样时间的信息就被压制了。

　　"牛顿山"上的轨迹已经被画在了二维空间，要想把这幅画改进成时空的画面将涉及三维空间。在三维的时空概念下，圆形的轨迹则被展开成螺旋线。

　　当然也可以运用数学的想象力，换一个思路来考虑问题：随便拿一个二维（或者三维）的空间，权当它就是时空！这样普通的几何曲线可以被重新理解为动力学的轨迹。换言之，我们把这些曲线看作一个点在空间的运动。牛顿深入发展了这个基本的数学思想。在他看来，这个基本思想就是目前被我们称为"微积分"的概念的本质。牛顿首创了这一学科，他称之为"流数的方法"。采用这个方法，曲线（或其他的几何对象）不再被认为是一个完整的对象，而是通过一系列无穷小的光滑变化随着时间的推移而逐步形成的数学实体。

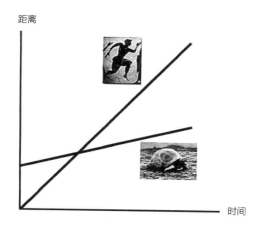

距离

时间

图 18　随着时间（向右方）进展，阿基里斯和乌龟都在沿着跑道向前跑。（图中阿基里斯跑步的轨迹更向上倾斜，因为他在规定的时间间隔内会跑更长的距离。）图中的时间已经是名正言顺的维度，和距离（即空间）等量齐观

| 对运动进行分析 |

　　图 19 中的图解在《原理》一书中很关键，它显示了如何分析运动。开普勒推导出的数学定理描述了行星的运动规律，但是他并没有在更深层的物理学原理中为这些定理找到源头。在下面的图解中，牛顿使用他特有的"分析法"——

就是把事物来个"化整为零"——牛顿借此揭示了开普勒定律的内涵。

轨迹被分割成大量的小段，每小段对应一个非常小的时间间隔。因为这些

小段并不是物理上的小段，而是数学理想化的过程，因此我们想要多小的间隔都可以。当时间间隔小到一定程度时，轨迹便近似为直线，而物体的运行速度大体是恒定的。牛顿的第一条运动定律就是物体在不受外力作用时将保持现有的运动状态——也就是说，它将继续沿着同一个方向匀速运动。图解中我们看到的虚线是每段轨迹的延伸，表示如果外力突然停止作用时物体将经过的路径。正是因为存在着这样一个力，实际的轨迹和图中推断的轨迹是不同的。

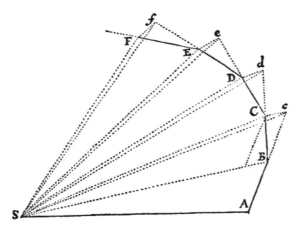

图 19　牛顿对运动的分析。偏离直线运动的原因是力的作用

当这个问题经过数学的仔细检验之后，我们就可以确定需要什么样的力才能维持一个设定的轨迹。牛顿就是这么做的，他运用开普勒定律（我曾在本章的开头部分简述了他的三大定律）计算出了导致行星运行轨迹的力。通过分析牛顿推导出那个力指向太阳，它的强度则依据行星与太阳之间距离的平方值衰减。

我们不应该忽略，这个分析就其核心而言是用数学方法实现"牛顿山"——这是他远见卓识的思想实验所显现的基本概念。

| 牛顿的字谜游戏 |

　　将运动细分成无穷小的份额，力则造成对"固有的"运动（即匀速运动）的偏离；这是牛顿力学之精髓所在。虽然牛顿极不情愿和人分享秘密，但他想确保自己是第一个提出这个观点的人，因此他将自己的理论用字谜的形式公开发表了：

　　6a cc d æ 13e ff 7i 3l 9n 4o 4q rr 4s 8t 12u x

　　这个游戏的答案*是拉丁语中的一句话：

　　Data æquatione quotcunque fluentes quantitates involvente, fluxiones invenire; et vice versa.（意思大概是：已知一个包含若干流量的方程式，求流数；或反之，已知流数，求流量。）

　　弗拉基米尔·阿诺德（Vladimir Arnold）是一位21世纪杰出的数学家，此君深入研究过牛顿力学，他帮我们把这段话翻译成了下边的文字：

　　解微分方程太有用啦！

　　以此我用一种含义更广的译文来总结一下我们刚才的讨论：

　　将运动分成小得不能再小的部分进行分析益处多多，这样能从轨迹中确定力，或者从作用力上确认运动的轨迹。

| 宇宙有秩可寻 |

　　当牛顿从开普勒的行星运动定律中推断出万有引力定律之后，他使用万有引力定律预测出大量新的推论。这便是他"分析"之后"综合"的结果。下面列出的只是他综合分析的部分结果：

* 我们在地球上所感觉到的是引力的一般特性。利用月球的运动，确定地面引力的大小和它如何随位置变化而改变。

* 土星和木星的卫星运动以及我们的卫星月球的运动。

* 彗星的运动。

* 引起潮汐的原因（也就是说，来自月亮和太阳的引力）以及潮汐的主要特征。

* 地球的形状：稍稍有些扁圆的球体。

* 地轴的方向会有缓慢的摇摆，大约每72年漂移1度。古希腊的天文学家早就观察到这种"分点岁差"的现象，但在此之前无论是他们还是后来的人都无从解释这种现象。

这些推论都是定量的，而且其中好几个推论都经得起极其精确的检验。所有推论都可在更优越的观测条件下或者通过更繁复的计算加以改进，但万变不离其宗。

《原理》一书共分三卷，牛顿把第三卷的题目定为《宇宙体系》（ *The System of the World* ），在这卷里他将"综合法"付诸行动了。类似的工作前所未有，他根据数学原理解决宇宙学中几个最为宏大的问题，答案的精确度前所未闻而且还可能被无限提高。

真实和理想结合了。

动之美

牛顿的动力学定律让物质世界的美妙大白于天下，但那并不是毕达哥拉斯和柏拉图所预言的美。动力学之美并非显而易见，要欣赏这种美需要更多的想象力。它是一种章法和秩序的美，并不针对特定的对象和感受。

　　我们拿开普勒根据柏拉图多面体提出的太阳系布局和牛顿的"宇宙体系"进行比较后就能看出区别。在开普勒设想的布局中，太阳系本身作为一个物体美不胜收，它实现了完美的对称；其中美的元素是天球，被柏拉图五个理想的多面体隔开。在牛顿的"体系"里，行星实际的运行轨迹反映了上帝创世的初始条件，但这个初始条件也许随着时间的推移已有所风化（关于这个话题，我将在下文中详述更多内容）。上帝的脑子里也许不只在考虑神秘的数学，很可能还有其他的考虑，所以行星实际运行轨迹并没有预想的美，人们也确实没有发现其中的美感。所谓美，并不是某些轨迹显得美，而是所有可能的轨迹背后隐藏的普遍规律，是全部轨迹的总和。这就是"牛顿山"的美，后面对它精确严格的阐述还使它变得更加美丽。

缩减即是膨胀

　　牛顿的"分析与综合"方法还有另外一个名字：还原论。人们常说，一个复杂的主体或者客体被证明可信或者变得听上去可信，那么其中的复杂性就被"简化"成更为简单的东西。人们还说，当一件复杂的事物被确认可以或可能被细分成简单的成分，而且综合这些成分的行为就可以得出这件事物的行为，我们就说这个事物已经被"还原"到了更简单事物。

　　还原论的名声不好，其中相当重要的原因是"还原论"这个名字起得不好。这个词的表面的含意是当人们采用"分析与综合"的方法了解某种事物时，他们实际已经不明缘由地将这个事物简化还原了。分析对象再丰富复杂也"复杂不过"它所有的细小部分加在一起的总和。如果这样说，会在身边甚至家里引起不安：也许，我们自己连同我们所爱的人都仅仅是许多各司其职的分子按照数学规则组成的集合体。

　　浪漫主义时期的诗人和艺术家对牛顿式"还原论"科学的胜利做出了回应，他们对还原论隐含的"仅仅是分子的集合"的特征深表不安。抒情诗人里最会抒情的诗人约翰·济慈就曾写道：113

冰冷的哲学之手拂过

风情便风流云散?

天堂的彩虹不好看:

我们熟悉那针脚质地;那是老天在穿针引线。

罗列了一堆无趣的常识

哲学能让天使折翼

准确地解开所有秘密

天上驱鬼地下捉妖——彩虹被拆掉……

威廉·布莱克[2]也反对还原论,认为它狭隘。彩图K这幅画描绘了伊萨克·牛顿正在专心工作,这幅画也展现了布莱克对于他的绘画对象怀有矛盾心理。他画笔下的牛顿是个专心致志并且有着非凡意志力的人物,更不用说他让牛顿拥有了超人般健壮的体格。但另一方面,画中的牛顿只低头朝下看,迷失在一些抽象概念中,他实际上已经背弃了陌生却缤纷的山水。但布莱克承认(济慈也承认),数学秩序主宰着宇宙。布莱克在这幅画(彩图L)里描绘了一个复杂的神话人物由理生(Urizen),这是一个二元化的祖先形象,他赋予了生命也束缚了生命。人们不可能没注意到,这幅画和上一幅有某些相似之处。牛顿到底是由理生的代言人还是他的化身?

处理情绪问题时,一幅好的图像比天花乱坠的说教更具效力。这里应了那句话:"百闻不如一见。"现在我想请你们暂时忽略一下彩图M的说明文字,虽然那真是一幅极其绚丽的抽象艺术作品。

好吧,(如果你们还没读过)现在可以读一读彩图的说明文字了。了解到图像可以被"简化"成精确的数学,这件事真的有损于图像本身的美感吗?在我看来,而且我相信你们也和我持同样的看法,简单的数学可以为图像的结构编码,这个启示为图像本身多添了几分美感。当然,图还是那张图,但你们可以用想象力的心灵之眼换一个角度观赏,这是概念的具体体现,既是真实又是理想。

反过来说，图像的美增加了数学的美感。如果不知道这个程序能输出什么，只是体会程序中的逻辑，这是一个多少带点儿娱乐性的活动。一旦你们看到了输出的成果，同样的过程就变成了一种精神上的追求并朝着崇高进取。

追求理想的真实更令人陶醉，能实现的理想令人向往。

分形这个具体的例子说明了一个一般的道理：理解无损于经验，相反让人多了几个视角去深入了解。本着互补原理的精神，我们可以尝试所有的视角并且享受这个过程，哪怕不能一次尝试所有的视角。

顺便说一句，我敢打赌，济慈并不了解彩虹的科学原理。如果他知道这其中的奥秘，我们肯定就能看到他赞美彩虹的美妙诗句了！因为约翰·济慈还写过这样的诗：

> 一代代虚度终老，
> 君万代千龄，在悲中屹立不倒，
> 君之悲伤非我辈所悟，君乃人类之友，君告诫：
> "美即是真，真即是美"——仅此而已
> 汝学后而知足。

| 准备出发吧 |

动力学的世界观还有另外一个侧面，它将牛顿引向了上帝，同时也为我们带来了至今尚未攻克的挑战。

动力学规律是运动的法则。这些法则将宇宙在某一瞬间的状态同其在其他瞬间的状态产生联系。如果我们已知了某一时刻的状态便可以预知未来的状态，或者推断其过去的状态。牛顿力学，具体地说，就是一旦我们已知粒子在某个时间点的位置、速度和质量以及作用于粒子之间的力，我们便可以通过纯粹的数学计算推断出这些粒子在其他时间点的位置和速度（还有质量——但质量不发生改变）。这些量能完全确定宇宙的状态，因为在牛顿力学中，这些量提供了描述物质的完整信息。

但在进行实际运算的时候却存在一些严重的实际困难，每个气象学家都能为此作证。实在有太多太多的粒子了，获取每一个粒子的坐标并测量它们的速度是完全不切实际的妄想。即使能够做到这一点，即使作用力完全清楚，所需的计算量会让任何一个智慧的头脑无所适从。更糟糕的是，混沌理论[3]的核心成果表明，进展过程中任何微小的差错——这些差错可能发生在初始条件上，也可能发生在作用力的规律上，或者发生在数值的计算上——这些小错与时俱进，最终会酿成大错。

除了实施的难点，最根本的一点是：需要一个起点！动力学方程不能单独成立。在我们这行的标准术语里，我们管这叫作：动力学方程需要初始条件。要想运用动力学方程计算宇宙的形态，为了开始，第一步就要指定宇宙在某一特定时刻的状态作为输入的原始数据。

（当然，如果你们的兴趣点不在宇宙，而是更小的事物，你们其实可以将这个事物孤立起来，只需要了解这个子系统的状态便可。为了简单起见，我还是继续谈刚才说的"宇宙"吧。）

对于宇宙的描述可分为两大部分：

* 动力学方程
* 初始条件

面对太阳系的规则和有序——所有行星都围绕太阳做近乎圆周的运动，所有的运动都在一个水平面并且朝着同一个方向——牛顿在《原理》的最后一卷"总释"[4]中猜测，初始条件是被精心安排的：

116　　　如果没有智慧而又强大的生命设计和控制，太阳、行星和彗星的系统何以如此优美雅致。

今天，对于太阳系的起源，我们已经有更世俗的物理解释，但是更深刻的问题并未得到解决。尽管牛顿力学作为基础理论已经被别的理论取代，但是这个特征依然故我。我们仍然在运用动力学方程，而动力学方程也仍然需要初始条件。我们对于宇宙的描述分成了两个部分：动力学方程和初始条件。对于前者，我们有极好的理论。但是对于后者，我们却只有一些观测得来的经验数据和一些不完整的、多少有些似是而非的猜想。

在时空下的宇宙为我们展现了一幅只有上帝之眼才能看到的实相画面。如果这时空下的宇宙是基本的，以一种现代的形式，我们被带入了巴门尼德那永恒不变的宇宙世界。20世纪伟大的数学家及物理学家赫尔曼·外尔（Hermann Weyl）的著作曾经是我在学习中重要的知识来源，他曾写过这样一段话，我个人认为这段话是文学中最优美也是最深刻的文字：

客观世界仅仅是存在的，而不是发生的；伴随着我的身体沿生命线缓缓爬行。只有在我意识的凝视下它的某个截面才会闪现，像飞驰而过的画面，随着时光的飞逝不断变换。

如果巴门尼德和外尔的话说得对，那么时空作为一个整体就是最本质实相。我们渴望在整体上对这个世界做出一个基本的描述，在这个描述里不再有初始条件。

作者注释：

* 额外还有一个 t —— 但牛顿不想让这个游戏太过容易。

译者注释：

1.　牛顿的高山（Newton's Mountain）在中文中常被说成"牛顿大炮"。牛顿说在一座高山上架起一门大炮，只要这门炮的威力足够大，炮弹的速度足够快，炮弹就可以围绕地球不停地转而不会掉下来。牛顿曾研究过这样一个问题：他发现人掷出去的石头总会偏离掷出方向落回地面，于是牛顿提出了一个"大炮"的设想，他画了"大炮"草图——在地球的一座高山上架起一门水平大炮，以不同的速度将炮弹平射出去，射出速度越大，炮弹落地点就离山脚越远。他推想：当射出速度足够大时，炮弹将会如何运动呢？牛顿通过科学的推理得出了这个重要的结论。这就是著名的"牛顿大炮"的故事。

2.　威廉·布莱克（William Blake，1757—1827）：英国浪漫主义诗人、版画家。布莱克在自己的诗作中创造了一个神话人物由理生并设想世界的创造者是这个神话人物而非《圣经》所说的上帝。

3.　混沌理论（Chaos theory）：研究动力学系统对初始条件的敏感性。在混沌系统里，一个很小的变化会随时间积累变大，为预测带来困难。大气就是个常见的混沌系统，所以一周以上的天气预报都不很准确。

4.　牛顿于 1687 年出版了《自然哲学的数学原理》（《原理》），1713 年他在再版的《原理》中添加了"总释"，进一步阐明《原理》的证据和推理过程。

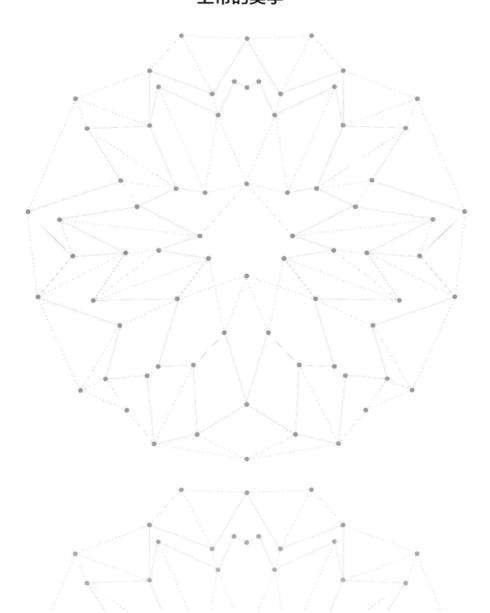

麦克斯韦之一

上帝的美学

真正的现代物理始于詹姆斯·克拉克·麦克斯韦撰写于1864　117
年的论文《电磁场的动力学理论》（*A Dynamical Theory of the
Electrodynamic Field*）。在这篇论文里你们会破天荒地看到有些方
程式仍然被今天的"核心理论"沿用。

这些方程式，我们称之为"麦克斯韦方程组"，它们改变了很
多东西。

麦克斯韦方程组将空间由一种容器变成了一种媒质——那是
一个宇宙的海洋。空间不再是一种虚空，而是充满了流体，大千
世界就是在这些流体的推动下生生不息。

麦克斯韦方程组让我们对光有了全新的认识，它们预言了一些
出人所料的辐射形式，即一些新的"光"。无线电就是麦克斯韦方
程组的直接产物，它们同时还启发了其他几项主要的技术发明。

麦克斯韦方程组还标志着我们距离问题的答案又迈近了一大
步，因为这些方程展现了造物主深藏于世的美。方程组之所以美
是有很多缘由的：发现它们的方式、它们自身的条理以及它们启
发其他人妙想连生。

　* "美"作为一种工具：麦克斯韦认为，在数学美感支配下的想　118
象和游戏是探索的主要工具。他还证明这些工具都能派上大用场！

　* "美"作为一种体验：麦克斯韦方程组可以被生动地描绘成

流体的流动，这时方程组表现的是一幅舞蹈的画面。我经常把方程组想象成思想在时空中起舞，这种想象本身就是一种愉快的享受。第一眼看到麦克斯韦方程组就会令人心生和谐的美感，就像传统艺术带来的震撼力，那种感觉只可意会不可言传。居然有个形容美的词叫"莫名的/不可言喻的（美）"，意思是说美无法用语言形容。如果麦克斯韦方程组错了，那些体验了方程组莫名之美的人们该多失望啊！爱因斯坦遇到过类似的情况，有人问他如果广义相对论被证明是错的他该怎么办，他回答说："那我只能替老天爷感到难过。"

　　＊"美"与对称：自从出现了麦克斯韦方程组，历经了几十年，人们对其更深入地了解之后才对美产生了一种互补的、在思维上更为严谨的看法。这组方程是一个非常对称的系统，我们后面还会谈到"对称"这个词在数学上的准确意思。借鉴麦克斯韦方程组我们得知，方程式可以体现对称而大自然特别喜欢使用这样的方程式。这将我们带到了"核心理论"的核心，甚至引领我们去超越"核心理论"。

　　现在让我们敞开心胸去感受一下其中的博大精深吧。

充满了原子抑或只有一个空洞？

　　牛顿物理的宇宙空间是不含任何物质的，但他对这种真空状态并不满意。在他的万有引力定律里，空间中相互分离的物体之间作用着的引力是瞬时的，没有时间延迟。此外，这种作用力的大小还取决于两个物体之间的间距，它与物体之间距离的平方值成反比。但是，假如宇宙空间中除了物体真的什么东西都荡然无存，那么力又如何在物体之间传播呢？力如何能跨越物与物之间的距离呢？更有甚者，为何力的大小恰好依赖物体之间究竟有多"空"呢？

　　向牛顿大声提出这些问题的是他自己的理论，但是他并没有答案。这可不是因为他不够努力——牛顿的私人笔记里有好多页都写满了关于引力的替代观点，但这些观点都不及被他自己称作很"荒谬"的万有引力定律。牛顿在一封私人往来信件中写道：

在没有任何媒介的真空状态下一个物体可以作用于远处的另一个物体，通过真空就可以将作用力从一个物体传递到另一个物体，这在我看来太荒谬了。我相信，任何有哲学思考能力的人都捉摸不出究竟。

虽然踌躇，牛顿在对光的研究中还是身不由己地再次引入了"空洞"。他的光粒子在没有任何物质的空间中做直线运动，相当程度地秉承了古典原子论[1]的精神。古典原子论的原则正像卢克莱修[2]的诗歌所表达的那样："习以为常的芳香、习以为常的苦涩、习以为常的炫彩，实际上不过是原子和空洞。"

然而就在牛顿《原理》一书的结尾处我们却看到作者这样表达了自己的信心，与其说信心不如说是渴望；这段话的语境好像和《原理》一书完全不搭界：

现在我们可能缺点什么，应该是一种极其微妙的灵气，它渗透或隐藏在粗笨物体之中，在这种灵气的驱使和作用下，物体的粒子在近距离内相互吸引，这些粒子彼此接触了就会聚合。带电体在吸引邻近的微粒时排斥较远距离的带电体。光被发射、反射、折射和变形，光还可以使物体加热。所有的感官受到刺激后，动物的肢体在意志的支配下活动。也就是说，这种灵气沿着神经纤维，从外在的感觉器官传递到大脑，再从大脑传递到肌肉。这些事情非只言片语所能解释，我们也没有足够的实验来准确地测定和演示这种带电且具有弹性的灵气的运行规律。

在随后的几十年里，根植于"空洞"的物理学从成功走向了科学的凯旋。对月球的运动、潮汐和彗星的运动更精确的观测结果总是和依据牛顿定律做出的准确计算完全符合。更令人惊奇的是，测得的电力（带电体之间的作用力）和磁力（磁极之间的作用力）与万有引力定律类似：这两种力都作用于真空环境，而且随着距离平方值的增大而衰减。（如此一来，距离增大到原来的两倍，力就会呈四倍地减弱；距离增大到原来的三倍，力就会呈九倍地减弱，依此类推。）

牛顿的追随者很快就不像牛顿那样忌惮了，他们变得比牛顿本人更"牛顿"。牛顿本人对"空洞"的憎恶被认作他在哲学上或者归根结底在宗教神学上的偏见，这种憎恶在难堪的沉默中被搁置一边。新的正统观念旨在运用牛顿万有引力的套路把物理中甚至化学中所有的力描述成超距作用的力，而力的强度取决于距离的远近。数学物理学家建立复杂的数学工具从这类定律中获取结果。只要再找到几条力学定律，我们的理论就完整了。

| 规避虚空 |

迈克尔·法拉第（Michael Faraday）生在英国，他出身于一个穷困的非正统基督教[3]家庭。他在家里排行老三，父亲是个铁匠。法拉第几乎没有接受过正规教育，青少年时期还在一个做订书匠的伦敦书商那里做过七年学徒。那段时间他逢书必看，对自修类图书和科学书籍尤其痴迷。他有幸聆听了著名的化学家汉佛莱·戴维（Humphry Davy）的公开讲座，还一丝不苟地做了笔记。法拉第由此进入了戴维的视线，他被后者聘作助手，不久就独立地取得了一些研究成果……接下来所发生的都是众所周知的历史。

法拉第在数学上并不很在行，他知道一些代数和三角函数，仅此而已。由于没有能力领会当时关于电磁的（牛顿式）数学理论，他提出了自己的观念和直觉图像。下面的话是麦克斯韦对这个自创成果的描述：

法拉第的慧眼看到了力线在整个空间穿行，而数学家却只看到向远处发出引力的中心。法拉第看到了一种媒质而数学家只看到了距离，除此以外他们就什么也看不到。法拉第试图在这种媒质实际发生作用时找到症结所在，而数学家有了超距作用力就非常满意了……

　　这里有一个重要的概念叫"力线"。与其用文字不如用图形解释得更清楚，参见图20。

　　将一张薄纸盖住一块磁铁，在纸上撒上一些铁屑，铁屑可以在纸上自由地滑动。这时纸上的铁屑会形成一个明显的图案。铁屑在磁铁的影响下排成行，形成一系列填满空间的曲线。这些曲线就是法拉第的（磁）力线。

　　基于"空洞"的超距力理论可以毫不费力地对这个现象做出解释：每一粒铁屑感受到来自磁铁两极超距力的作用并且相应地排列在一起。力线只是隐藏得更深也更为简单的基本原理派生出的一种新兴的、几乎是偶发的副产品。

　　但法拉第对此却有不同的解释，他的解释更出于本能。法拉第认为铁屑仅仅显示了弥漫在空间的媒质的状态，无论有没有铁屑，或者就这个实验而言，无论有没有磁铁，媒质都始终存在。磁铁搅动了媒质，我们（按照法拉第和麦克斯韦的说法）称这种媒质为流体。通过流体推拉产生的压力让铁屑感受到了流体被激发时的状态。

122

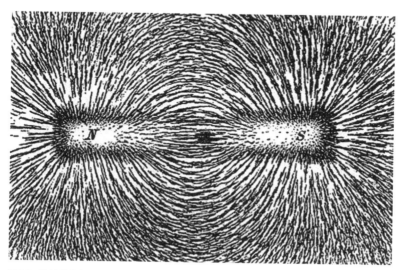

图20　法拉第的力线清晰可见

可以拿一种我们更为熟悉的流体进行类比：接近地球表面的大气层。这个大气层填充了空间并将我们团团包裹。如果大气层产生运动，我们将这种运动称为刮风。风本身无形无踪，但风将力作用在可见的有形物体上——如风向标、飞鸟和浮云——这时风就暴露了它的踪迹。我们想象一下用扇子搅动空气，然后利用一系列风向标跟踪风向，这些风向标叶片的指向就清楚地显示了大气的"力线"，这和法拉第的铁屑本同末异。当然，这里叶片的指向是气流的或者风吹来的方向。

如果我们做进一步的类比，可以想象在叶片上加装风速感应装置（风速表），可以同时对风向和风速取样，我们可以在空间的任何地点进行采样，当然也可以在不同时刻取样。通过这种方式我们得以确定分布于时空的速度场。

风的速度场就是流体即空气的激发态。

法拉第提出，类似的逻辑同样适用于磁学，电学也类似。他认为测试电荷相当于风向标和风速表加在一起对电流体的状态进行采样。在一个特定的地点和时间，测试电荷会感受到电流体的激发态，也可以说"电的风"施加的力。我们将测试电荷所受的力除以它的电荷，所得的数值不再依赖被测试的电荷。我们称这个比值为"电场值"。

现在，为了避免以后造成混淆，我必须跑题开个小差儿，澄清一个问题，说说一个十分恼人的模棱两可的名词用法。几十年来物理学家在这个问题上不但自己糊里糊涂，也没有给学生和外行人讲清楚。所说的问题就是"电场"可以指两种截然不同的物理量，这居然成了一个标准用法。其一是指力值除以电荷所得的"场"，我们刚才说过，它类似于风速。很遗憾，"电场"也可以指底层的媒质，即电流体本身，而不是它的激发状态。这就好比为风和空气起了同一个名字。在写这本书的时候，只要我认为有必要加以区分时，我就会使用如"电流体"和"磁流体"（后面还会用到"胶子流体"等）来描述各类流体。这个决定使我在措辞上稍稍违反常规，譬如用"量子流体理论"这样的字眼来代替你们在别处常见的"量子场论"。这些词显得很古怪，但为了把事情说清楚，我认为这点儿代价是值得付的。现在我们言归正传。

　　法拉第采取的途径引导他做出了几个重大的发现，其中之一，也是他最卓越的发现，将是我们马上要讨论的话题。尽管如此，他的侪辈大多都对他的理论观点不以为然，那些观点与其说是革命的不如说是反动的。在牛顿的天体力学出现之前，笛卡儿的学术体系最具影响力。笛卡儿将行星的运行归因于充满空间的旋涡，行星被它们裹挟而动。牛顿用简单又精确的数学描述了运动和引力的规律，从而取代了笛卡儿的模糊概念，况且牛顿的定律屡试不爽。这些基本原理，即超距作用成平方反比减弱，在电磁力上也表现颇佳。这样一个坚固的体系，同时佐以具体的计算和定量测量，难道要被一个没有正经上过学的空想家的痴心妄想取而代之？这简直是科学上的天方夜谭！

　　但麦克斯韦对法拉第的猜想却情有独钟。在下一个章节的末尾我会说说麦克斯韦有怎样的个性。（我彻底坦白：他是我最喜爱的物理学家。）目前为止我只能说麦克斯韦总是以一种轻松的游戏心态面对在科学上的问题以及生活方方面面的困境。我想他是把法拉第的新流体当成了好玩的玩具了，而且饶有兴致地玩得特别有耐心。

通向麦克斯韦方程组的蹊径

　　麦克斯韦第一篇关于电磁学的主要论文写于1856年，比后来的《动力学理论》（《电磁场的动力学理论》）的问世几乎早了十年。这篇论文的标题是《论法拉第的力线》（On Faraday's Lines of Force）。他在论文中写道：

　　法拉第发现了不同类现象间的联系，我的目的是通过严格地运用法拉第的观点与方法来显示数学能够清楚地表达他所发现的联系。

　　在这篇长达七十五页的非常有分量的论文里，麦克斯韦将法拉第的想象力升华为精确的几何概念，而后又将其转化为数学方程式。

　　随后在1861年他又写出了第二篇重要论文，题目为《论物理的力线》（On

Physical Lines of Force）。他之前的研究加上法拉第的研究成果将电磁的一些
125　观察事实集成了一种新的形式，它们可以被称为主宰着弥漫于空间的媒质，即
电磁流体（电磁流体当然就是电流体和磁流体）激发态的法则。至此，麦克斯
韦准备向流体本身的力学模型进发了。下面看看他画的模型（图21）。

麦克斯韦的模型里包括了磁涡流原子（六边形），导电的球体在原子间起
滑轮的作用。磁场描述了磁涡流旋转的速度和方向，而电场描述了和球体流动
有关的速度场，也可称之为"风"。虽然这个模型完全是虚构的，但它却忠实
地再现了有关电磁的已知规律，而且还提出了一些新的规律。

把麦克斯韦的模型当成一种游戏确实很好玩并且还能延展思维，但玩这个
126　游戏是个有些难度的爱好，不是人人都能玩的，所以我就不在这里提供游戏指
南了。总之，这个模型的细节之巧妙令人难以置信，这一点，麦克斯韦不仅意
识到了，他还很坦率地承认了。

但是一个工作模型最大的优点，或者说设计模型最大的好处，就是模型会
强制人必须做到明确同时还要前后一致。写数学方程和写电脑程序都有类似的
约束，人必须在雄心抱负和严准精确之间反复权衡。

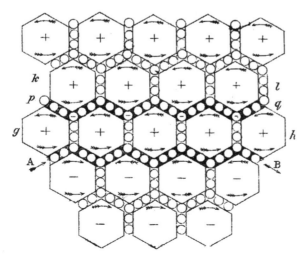

图21　麦克斯韦用这个力学模型来描述
充满媒介材料的空间，它的运动引发电
磁场和电磁力

在麦克斯韦模型中，磁涡流原子旋转的时候涡流就变成扁圆——两极方向稍微变扁，在赤道变粗——和牛顿说的自转的地球一样！不仅如此，它还带动着导电球体运动。反之，导电球体在流动的过程中向原子涡流施力从而推动着涡流旋转。两种流体中任何一方被激发都会激发另一方的运动。因此，这个模型预测，通过某些特定的方式，磁场可以诱发电场，反之亦然。

这样一来，除了已知的电磁现象，麦克斯韦的模型还预测了一些新生事物。

法拉第通过实验发现，磁场会随着时间的推移而变化并产生电场。这就是所谓的"法拉第电磁感应定律"，这个定律成为设计电动马达和发电机的原理，同时也极大地促进了其他技术的推出。它还为法拉第正了名，因为法氏提出场本身是物质世界独立存在的元素，这个观点仅是他的直觉，而现在任何一条定律如果不提到场几乎就行不通！麦克斯韦模型本来是为了解释法拉第的定律，由于电场和磁场可以角色互换，模型还带来了一个对偶效应。让我暂且称之为"麦克斯韦定律"，它说电场随着时间而变化也能产生磁场。

如麦克斯韦所见，这两种效应结合在一起产生了许多引人瞩目的新可能。从时变磁场，法拉第告诉我们它会带来电场；电场也随时间变化。从时变电场，麦克斯韦又带给了我们磁场；磁场仍然随时间变化。磁场和电场就踩着这样的节拍开始共舞：

……　→　法拉第　→　麦克斯韦　→　法拉第　→　麦克斯韦　→　……

因此磁场和电场的激发态就有了自己的生命，两种场互为舞伴也相互激励。　127

麦克斯韦可以借助他的模型计算出激发态在空间里的移动速度，他发现激发态的运行速度和光速的测量值相吻合。迄今为止我们发现，在麦克斯韦所有的著作里，他在这个话题上使用了最多的加重斜体字（以示强调）：

我们假想媒质横向波动的速度正好与光速一致……我们几乎不可避免地推断，光就是产生电磁现象的媒质的横振动。

在麦克斯韦看来，这两种速度如此一致显然不是巧合：电磁扰动就是光，光在本质上不过是电场和磁场的扰动。

当我读到这段话的时候，我发觉自己和麦克斯韦有着同样的感受，我同时想起了自己事业发展中突然醍醐灌顶的时刻，我也想起了济慈的诗句：

我感觉自己是天空的看守员
一颗新星浮入我的眼帘
抑或我是强壮的科特斯[4]，犀利的目光
凝视着太平洋——
水手们面面相觑，胡思乱想——
他却沉默不语，俯瞰达连港。

我太喜欢这几行诗句了！常会不断地重温。

麦克斯韦的结论表明，如果这个结论是正确的，那么电磁学和光学将会神奇地融为一体。更为重要的是，这个结论向我们展开了惊人的新视野使我们重新认识光学本身。这个结论将光"还原"成了电磁波——如果真的存在"扩展的还原"，这个结论当之无愧！

但是麦克斯韦的大胆猜测依然混迹在一个怪诞的模型里，像是一滩乱七八糟的熔浆里看到的一丝金光乍现——那是一个美好却尚未实现的展望，因此只能算作大胆猜测。下一步要做的将是去其糟粕取其精华。

128

| 蝙蝠侠 |

我们下面具体说说麦克斯韦方程组，在此之前，我想告诉你们我在撰写这个章节的时候常常想入非非。

咱们想象出现一个新物种，蜘蛛人，这些蜘蛛人有足够的智慧来建立蜘蛛界的物理体系。这个物理体系又会是什么样子呢？

　　蜘蛛的视力很差，因此它们的起点肯定和我们不一样。我们的视觉展示给我们这样一个世界：许多毫不相干的物体在一个容器里自由移动；这个容器就是空间。而蜘蛛则全凭触觉感受世界。说得更具体一点儿，蜘蛛感觉到蜘蛛网蛛丝的振颤并通过蛛丝的振颤来推断是什么东西引起振颤（尤其要推断对象是否是潜在的食物）。对于智慧的蜘蛛人，构想出一个力线网在想象力上无需九牛二虎。一个能够传导力并且填充空间的网络就是蜘蛛赖以谋生的手段。蜘蛛的世界就是一个四通八达又此起彼伏地振颤着的世界。

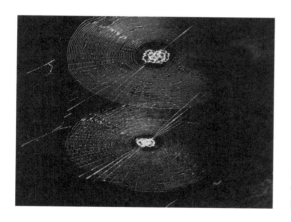

图 22　智慧的蜘蛛在场论上比我们有先天的优势。看看这些蜘蛛网的构造，再回想一下图 20 和图 21

　　也就是说，它们骨子里知道力是由弥漫于空间的媒质传递的，它们穿过这种媒质的速度是有限的。出于本能，它们厌恶虚空。蜘蛛个个都是法拉第，它们会更快地想到万维的互联网。

麦克斯韦方程组

　　在《电磁场的动力学理论》一文中，麦克斯韦改弦更张了。《论物理的力线》这篇论文像一个巨大的问号，在大自然中探寻着令人鼓舞的迹象，也将推测性假说的结果抽丝剥茧地显露出来。《动力学理论》反而遵循了《原理》中的牛顿风格，从观测到的事实出发推导出一系列基本的方程式。

牛顿依据了开普勒的行星运动定律，而麦克斯韦则将几个先辈在早期研究所发现的四个定律整合在一起——高斯的两个定律、安培定律和法拉第感应定律。（下面我将对这四个定律做一些简单的描述，书后所附的《造物主的术语》中也可以查到对这四个定律的解释。）麦克斯韦使用了法拉第的电磁流体语言来表达这些定律，他在此前的工作中已经对电磁流体做了精确的数学表述。

麦克斯韦还补充了一条定律与法拉第的感应定律并行。而这条补充的定律却不是根据实验结果得出的。我们曾说过，麦克斯韦起初从他那怪诞的模型猜测了这个新定律。在这个新的处理框架里，他表明为了让那些旧的定律一致有必要补充这条新的定律！

彩图N精彩呈现了麦克斯韦方程组。这组方程之所以美感十足，很重要的一个方面是因为它们的美竟然可以用图像体现！这个方程组包含了四个方程——结合四个已知的方程和一个新添的补充方程，现在被我们统称为麦克斯韦方程组。（五种定律被写进了四个方程，因为其中一个方程概括了两种物理现象。）直到今天，这个方程组都是对电磁和光最根本的描述。

这里我已经忍不住了，我现在要详细说说麦克斯韦方程组的实际内容，我向你们卖了这么多关子，估计你们特别好奇它到底有多了不起！

我尽量做到适当地简短、准确且通俗易懂。但是我越想面面俱到越难免顾此失彼，结果让你们觉得我的解读晦涩难懂。我建议你们像对待一幅自己并不熟悉的艺术作品那样对待这组方程——把它看成是一次欣赏的机会，而不是一个累人的负担。你们也许想先将这组方程草草地看一遍，然后再思考一下彩图，这样可以得到一个笼统的印象，之后你们再决定是否细读一下方程组。我当然希望诸位细读一下啦！毕竟，麦克斯韦方程组是一件伟大的艺术品。你们可以在闲暇之余慢慢品读，因为我们接下来的沉思中就不会提及其中的细节了。你们也可以查询《造物主的术语》，其中的解释是对同样问题的纵观，但视角稍有不同。我在尾注中也给了免费网站的链接，你们可以通过它们以互动的方式研究麦克斯韦方程组。

　　我将对麦克斯韦的四个方程式中包含的五个定律用文字配图片的方式逐一加以说明，我先大致介绍一下，然后再做精确的诠释。请查阅彩图N以便深入了解，因为我们将逐行通读。

　　首先让我来解释一下图解中的标记：$\vec{E}$ 表示电场，$\vec{B}$ 表示磁场，$\dot{\vec{E}}$ 和 $\dot{\vec{B}}$ 代表这些量的时间变化率。Q代表电荷，而 $\vec{I}$ 代表电流。（小箭头提示带有箭头的量不仅具有方向还有程度的大小。）

　　现在我们来看看那几条定律：

　　* 根据电场的高斯定律，离开一个体积的电场通量等于体积内全部的电荷量。它说明电荷是电力线播下的种子（或者是电力线为自己埋下的毁灭的种子）。电荷所在之处，电力线或生或灭。 131

　　* 如果参考流体的流动就非常容易理解通量的定义。我们曾经讨论过，在某一点的电场是一个既有方向又有大小的量；流体流动时产生的速度场具有相同的性质。那么如果给定体积和速度场，我们就可以计算出流体离开这个体积的快慢。根据定义，那就是流体离开给定体积的通量。如果我们对电场进行同样的数学计算，就像我们计算速度场的通量一样，我们便会获得电场的通量（这就是通量的定义）。

　　* 磁场的高斯定律表明离开任何体积的磁场通量都为零。当然，磁场的高斯定律和电场的高斯定律很像，但是前者更简单，连磁荷都不存在了！它表明，磁场里没有任何种子——磁力线永远没有终点，它必须无限延伸或者形成回路。

　　* 法拉第的定律尤其有趣，因为它引进了时间这个概念。这个定律设定了电场和磁场变化率之间的关系。根据定律，当磁场随时间而变化时可以造成围绕磁场的电场。

　　为了用公式准确地表达法拉第定律，我们设想一个表面和它的边界线。根据法拉第定律，电场沿边界线的环量等于经过这个表面的磁通量（负的）变化率。最简单的理解环量的方式是参考流体流动时的速度场，就像理解通量那样。

我们现在将这条曲线想象成一根细管，然后计算一下在单位时间内有多少流体在细管内流动一周。这便是流体流动的环量。如果我们对电场进行同样的数学计算，就像我们计算速度场的环量一样，我们就会获得电场的环量（这就是电场环量的定义）。

132　　　最后，为了做到完全准确，我们还需确定方向：定义环量时我们要朝哪个方向绕曲线一周呢？定义通量时我们又朝哪个方向通过一个表面呢？为了有个确定的关系，我们就需要协调这些选择。通常的做法就是所谓的"右手定则"：如果曲线沿着右手四指的方向循环，我们便判定通量是拇指所指的方向。

　　　＊ 安培定律设定了磁场和电流之间的关系，电流会诱导一个环绕电流的磁场。

　　　＊ 如果想要用公式准确地表达安培定律，我们要设想一个表面和它的边界线。根据安培定律，磁场沿边界线的环量等于电流通过表面的通量。

　　　值得注意的是，在这些定律里，同样的概念通量和环量重复出现了好几次。通量和环量都是我们领会场的基本方法，它们分别告诉我们力线的散开和环绕，它们在物理定律中的显著地位是物质赋予精神的一份大礼。

　　　可是当麦克斯韦将那四个定律组合在一起时却发现了一个矛盾之处！（但麦克斯韦的第五定律解决了这个矛盾。）我们来看一看彩图O就知道这是怎样的矛盾了。

　　　如果我们在电流被打断的情况下运用安培定律问题就显现了。在彩图O中我们看到电流在两块有一定间距的平板之间流进流出。（在专家眼里这就是一个电容器的装置。）安培认为，磁沿一个环形线圈的环量等于电流通过这个环形线圈所围曲面的通量。但那要看我们如何选择环形圈定的曲面，不同的曲面会使我们得到不同的通量！如果我们在两个板块之间任意选择一个圆盘（蓝色区域），我们的答案是零。如果我们选择和电流交叉的一个半球（黄色区域），我们的答案是整个电流。

　　　糟了！出矛盾了！

133　　　为了解决这个矛盾，我们需要来点儿新鲜的东西。多亏了麦克斯韦早先做的模型，他已经准备好了！

　　*　麦克斯韦定律正好是和法拉第相反的定律，这里电场和磁场的角色互换了：当电场随时间而变化时会诱导一个围绕电场的磁场。

　　在两个板块之间的圆盘不能截取电流的任何通量，但它会跨越一个变化的电场。黄色半球可以根据安培定律预测磁的环量，而蓝色圆盘可以根据麦克斯韦定律预测磁的环量——两个不同曲面居然预测了同样的结果！矛盾就这样消除了。加入了麦克斯韦定律之后，麦克斯韦方程组成了一个整体自洽的系统。

　　上面的讨论是一个净化版的《电磁场动力学理论》，麦克斯韦定律取得了一个新的状态。它和机械模型、涡旋原子、导电球都摘了钩。我们从中看到了一种逻辑上的必然性，没有它，从实验中得出的其他定律就会互相矛盾。

| 麦克斯韦的狂喜 |

　　麦克斯韦笃信基督，他对待自己的信仰很严肃。在反思自己建立的电磁流体世界时，他倍感欣慰地写道：

　　行星和恒星间浩渺的空间不再被认为是宇宙中一片片的荒场，造物主认为没必要在那里安排象征其王国繁而有序的标志。我们看到那里已经充满了一种美妙的媒质；它是如此饱和，人的力量不可能将它从哪怕微小的一部分空间移除，更不能在它亘古亘今中制造哪怕最细微的瑕疵。 134

| "远比我们聪明" |

　　詹姆斯·克拉克·麦克斯韦死于1879年，享年48岁。在他那个时代，他的电磁场理论被认为很有新意但并不令人信服。而与之相对立的超距作用理论的研究工作仍在继续。麦克斯韦理论最戏剧的预言是电场和磁场可以无须外界驱动，以一种自我更新的波动形式传播，这个预测尚未得到验证。

海因里希·赫兹（Heinrich Hertz）是第一个研究验证麦克斯韦观点的人，而且他于 1886 年就开始实施这个实验。事后看来，我们可以说赫兹制造了第一代无线电发射器和接收器。

无线电借助空无一物的空间就能使人进行远距离通信，这种（看似）神奇的能力来自"空间并非虚空"这个信念。这个空间充斥着流体也蕴含着各种可能性。

海因里希·赫兹卒于 1894 年，去世时年仅 38 岁。在他去世之前，他曾写过下面这段话赞美麦克斯韦方程组，这段话也直指我们问题的核心：

> 人不可避免地觉得这些数学公式自成一体地存在并有着自己独特的智慧，它们远比我们聪明，它们甚至比它们的发现者还要聪明。我们从它们那里所收获的远超过为发现它们所做的付出。

135 我们曾经怀着钦佩之情看待麦克斯韦方程组，但是赫兹却用评价艺术品常有的语气来评价这组方程——它们的意义已经超出了创作者的初衷。

赫兹所指的"更多"收获又是什么意思呢？

他至少指的是下面的三件事：

* 威力
* 勃发之美
* 新的启迪：方程的对称性

| 威力 |

麦克斯韦从他的方程组推测光是一种电磁波。但可见光只是冰山一角，我们看不到的不可见光在麦克斯韦的年代尚属完全未知的事物。电磁波可以具有任意特定的波长*，正像我们在彩图P中看到的那样，牛顿的可见光谱只是那整个连续谱上的一小段。麦克斯韦方程组的求解方法描述的远不止可见光，在这些解里电磁场之间的振动发生在不同的间隔距离上（波长）。在纯电磁波组成的无限的连续谱上，可见光谱只对应很窄范围的波长。

　　我前面已经提过赫兹的开拓性研究带给我们无线电波并让无线电技术开花结果。无线电波就是波长更长的"光"，而它的振动频率比可见光低。换句话说，无线电波中电磁场之间的振动在空间中表现得更平缓，在时间上也更缓慢。从无线电波开始，随着波长越来越短我们会遇到这些名词：微波、红外线、紫外线、X射线和伽马射线。它们都是多种不同形式的"光"，但这些"光"都是从纯粹的理论构造中，也就是梦想中，逐渐演化成现代科技的源泉。它们也都出自麦克斯韦方程组。 这就是威力。

| 勃发之美 |

　　求解麦克斯韦方程组的时候，常常会发觉这组方程展现了美丽而惊人的数学结构。

　　彩图Q就是个范例，这个图像是剃须刀片或者任何锋利笔直的刀刃在纯色光照射下投下的影子。当我们将纯色光照射而形成的影子放大之后就会看到一个层次丰富又光彩夺目的图案。

　　按照"光沿直线传播"这个粗糙的观念进行几何推导得出的结论告诉你们，影子是明暗之间明确的界限。但是当我们计算电磁场的波状扰动时却发现存在着比界限多得多的层次和结构。光能穿透黑暗（即几何中的阴影部分），黑暗也能渗入光明。使用麦克斯韦方程组你们能准确地计算出图案的形式。如今有了明亮且颜色不同的单色激光，你们可以直接拿预测的结果和实际做比较。看着那张图片，你们不得不感叹：不漂亮才怪呢！

| 方程的对称性 |

对麦克斯韦方程组的研究带来了一个基本全新的观念，即方程式和物体一样具有对称性，这个观念之前在科学上从未真正发挥重要的作用。在大自然基本规律中使用的方程式偏好包含大量的对称性，可是麦克斯韦本人对这个观念却浑然不觉。因此这绝对是一个"意义超出意图"的好例子！

"方程具有对称性"是什么意思呢？在日常生活中，"对称"这个词有很多不同的意思，而且常常语意模糊。在数学和物理上，"对称"却有相当准确的含义；这时"对称"意味着不变之变。这个定义听上去很神秘，甚至自相矛盾，但它的含义却很具体。

首先让我们考虑一下如何将这个对称性的奇怪定义应用于物体。我们说一个物体是对称的，意味着如果我们对它进行变换，试图改变它的形状，但事实上并没有改变它。例如，圆就非常对称，因为可以让圆围绕它圆心旋转，尽管上面的每个点都动了，但圆还是那个圆。如果是一个有些歪的图形，将它旋转之后图形肯定就会有变化。正六边形的对称性并不好，因为必须旋转六十度（也就是六分之一周）才能重新转回到原来的正六边形。等边三角形的对称性就更差了，必须旋转一百二十度（也就是三分之一周）才能转回原样。一个普通的有些歪的形状无任何对称性可言。

我们可以反着来考虑这个问题，从对称入手进而构造物体。比如，我们想找这样曲线，它们围绕某点旋转而不发生改变，然后发现仅有圆能满足这个对称性。

同样的想法可以用到方程上。下面的等式是一个简单的方程：

$$X = Y$$

你们看得出，等号两边的 X 和 Y 形成一种工整的平衡，你们不得不说这是一种对称。依照数学的定义，它的确是对称的。因为如果把 X 换成 Y 再把 Y 换成 X，这个方程就变成了：

$$Y = X$$

新的方程在形式上发生了变化，但它的内容却和旧的公式一样。因此我们

太極溪魚乃中藥
文化之精髓 今以之爲
寫照 甲午冬初 何水法於湘題

彩图 A　这幅《太极图》的作者是何水法先生，这幅画作也出现在本书的扉页

彩图 B
本图为拉斐尔创作的油
画《雅典学派》的局部，
画面表现了毕达哥拉斯
在做学问

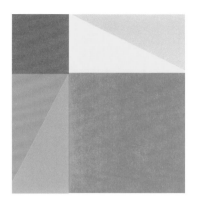
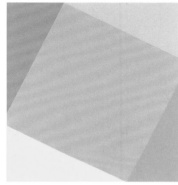

彩图C
证明毕达哥拉斯定理 —— "太简单啦！"

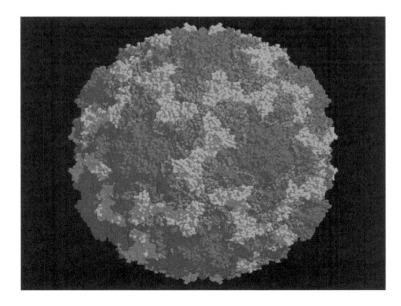

彩图D
典型的病毒外骨骼，它表现了一个十二面体的结构，它同时还是一个二十面体

彩图 E

达利的绘画作品《最后的晚餐》，其中圣餐是在一个十二面体下面举行

彩图 F

柏拉图劝诫我们，如果想要发现世界实相的深层结构就要看穿表象

彩图 G

佩鲁吉诺创作的《给圣彼得钥匙》，画家在创作中充分享受了透视的乐趣

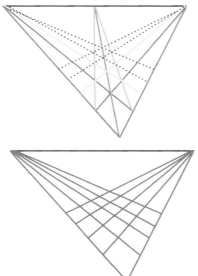

彩图 H

这些美丽的几何构造展示了透视的本质

彩图 I
西方的基督教认为白色是
纯洁和力量的象征，意大
利文艺复兴时期的画家弗
拉·安吉利科创作的这幅
画表达了耶稣的崇高

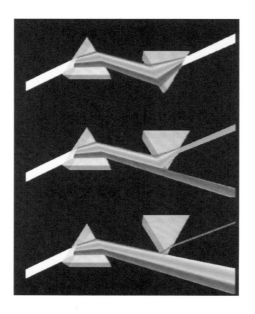

彩图 J
当白光被棱镜解析后
就会出现光谱色，这
束光通过第二层棱镜
就又重新组合成了白光

彩图K　威廉·布莱克笔下呈现的伊萨克·牛顿，画中的牛顿正在钻研

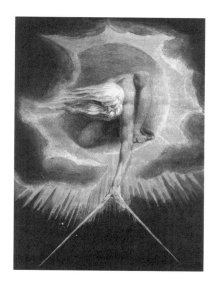

彩图L　布莱克描绘的由理生，这个
神话人物给世界带来了生命和秩序

彩图 M

根据简单而又严格的数学规则可以构建有规律的分形结构，这个复杂的图像是由一个很短的计算机程序生成的

麦克斯韦方程式

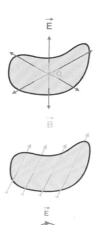

电场的高斯定律

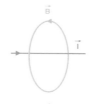

安培定律

磁场的高斯定律

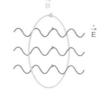

麦克斯韦定律

法拉第定律

彩图 N　用图形表示麦克斯韦方程组，它们体现了电、磁和光的本质

麦克斯韦的矛盾

彩图 O
麦克斯韦发现并解决的矛盾：电流到底有没有通过环形线圈呢？

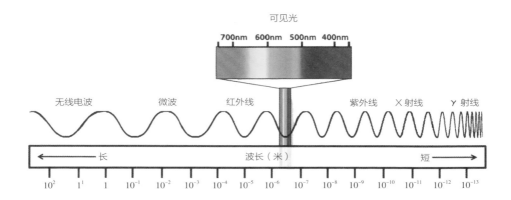

彩图 P
麦克斯韦方程组描述的远不止可见光，在现代技术中，我们会利用很多其他种类的"光"

彩图 Q
以剃刀为例，图中显示的是锋利的刀刃投下的影子

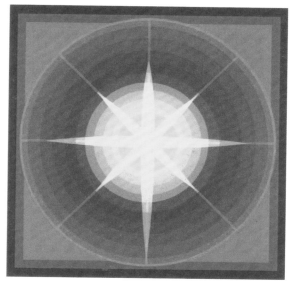

彩图 R
拉杰什·格帕库马创作的数码绘画《神子的降生》

彩图 S

图为《天堂与地狱的婚姻》一书的封面，该书是威廉·布莱克痴人说梦的"多媒体"著作

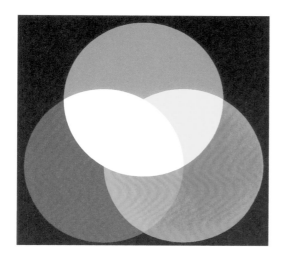

彩图 T

将红色、绿色和蓝色的光束混合就可以制造出包括黄色和白色在内的各种感觉色，用这种方法制造出来的白色和日光的白色有很大差异

彩图 U

把这个圆盘安装在硬纸板上，以中心为轴让它快速地转动就会产生一条由红色和绿色混合而成的色带和一条黄色色带，我们可以方便地比较它们。我们还可以通过加一些黑色来调节色带的亮度，因为黑色不会反射光线

彩图 V

将不同的颜色混合就能产生一种特定的感觉色，印象派画家就是利用这个可能性搞创作的。此处展示的是莫奈的
《干草堆系列》之《日落》

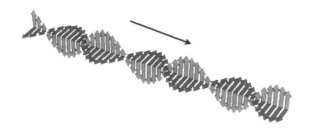

彩图 W

这是麦克斯韦（正确的）理论描述的光瞬间的电磁本质，其中红色箭头代表电场，蓝色箭头代表磁场，随着时间的推移这个复杂的扰动朝着东南方向以光速移动

你看见的

狗狗看见的

彩图 X

对正常的图像进行处理，使它由三个色维度变成两个色维度，这时我们大致就像犬类或色盲症患者看东西一样——丢失了一个色维度

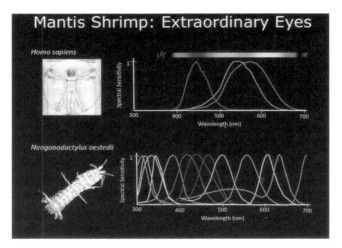

彩图 Y

人类视觉系统的基础是三种颜色的受体，而螳螂虾的颜色受体的种类要比我们多很多。图中的曲线是螳螂虾的光谱敏感度和人类的光谱敏感度的比较，说明了螳螂虾的色彩资源比人类优越得多

彩图 Z

螳螂虾是视觉最先进的物种，如图所示，它们的身体也五颜六色，非常鲜艳；当然，这张图片仅反映了它们在我们人类眼中的样子

说，这里发生了一个不变之变：对称。

另外，如果我们将 $X = Y + 2$ 这个方程中的 X 和 Y 互相调换，方程就变成了 $Y = X + 2$，这个新的方程表述的就完全是两码事了。这样的方程就是不对称的。　　138

对称是一种属性，某些方程或方程组具备它，而另外一些方程或方程组则不具备。

结果证明，麦克斯韦方程组包含了大量的对称，你们可以对麦克斯韦方程组进行各种各样的转换以改变其形式，但其整体内容却并不改变。麦克斯韦方程组包含了很多有趣的对称，这些对称远比我们刚才玩过的那些小把戏复杂得多，但它们原理都是一样的。

类似地，对于方程式，我们也可以反着思考，找出满足某些对称性的方程。前面我们先有方程式，然后找它的对称性：

方程 ⇒ 对称

我们现在从对称入手，然后求得满足对称的方程：

对称 ⇒ 方程

神奇的是，这个思路又将我们重新带回到麦克斯韦方程组！换句话说，麦克斯韦方程组的实质是唯一具备这些对称性的方程组。这组方程就像通过高级的旋转定义的圆，无论怎么变，都以不变应万变。麦克斯韦方程组体现了一种完美的对应关系：

方程 ⇔ 对称

我们无须过多地展望便能看到这种相互关系其实正好例证了我们所渴望状态：

真实 ⇔ 理想

我们这些从事现代物理工作的人将这个典范牢记于心，我们学会了从对称　139
出发向真理进取。我们不再满足于通过实验总结出方程，然后（惊诧和喜悦地）发现方程具有大量的对称性，我们现在直接提出具有很多对称性的方程，然后再去检验大自然是否运用了这些方程。这已经是一个非常成功的研究策略。

曼荼罗[5]艺术基本汇集了本章所涉及的关联、对称和光的主题。曼荼罗艺术采用象征手法来描绘宇宙，被当作修行法器供人冥想和入定之用。曼荼罗艺术的典型特征是大规模的对称，繁复有序的图纹相互连接且色彩绚丽。我认为把彩图R作为本章的结尾实在恰如其分。

作者注释：

* 我们将在下一章就此展开讨论。

译者注释：

1. 古典原子论（ancient atomism）：由古希腊哲学家德谟克利特（Democritus，约前460—前370）提出，认为物质由极小的被称为"原子"的微粒构成，物质只能分割到原子为止。
2. 卢克莱修：其全名是提图斯·卢克莱修·卡鲁斯（Titus Lucretius Carus，约前99—约前55），罗马共和国末期的诗人和哲学家，以哲理长诗《物性论》（*De Rerum Natura*）著称于世。
3. 非正统基督教徒（unorthodox Christians）：正统基督教信奉三位一体说，相信耶稣是上帝之子，既有人性又有神性，相信耶稣死后三天又复活了，复活以后又升天，在"世界末日"还会重临世界，审判每个活着和死去的人，等等。而非"正统"基督教却不一定信奉这些，但最起码教徒都相信耶稣是基督或救世主。
4. 科特斯（Cortez）：这里应该指的是西班牙探险家埃尔南·科尔特斯（Hernán Cortés，1485—1547），他曾经率领探险队穿越太平洋到达拉丁美洲。
5. 曼荼罗（Mandala）：原是印度教徒为修行所建的土台，后来也用绘图方式制作。这个传统被密宗吸收，形成了很多不同形式的曼荼罗艺术。曼荼罗是密教传统修持能量的中心，代表该教的宇宙模型。

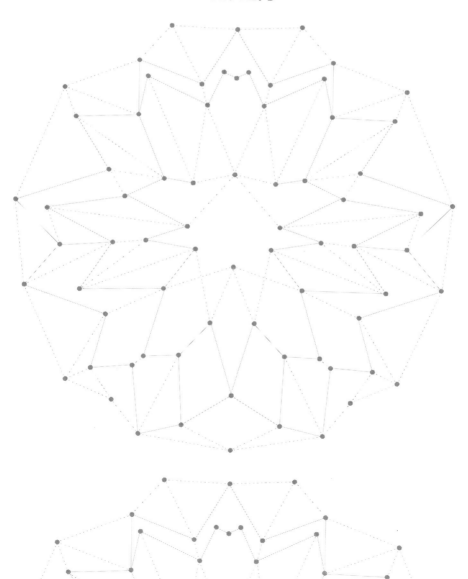

麦克斯韦之二

众妙之门

六根清净才能洞开众妙之门，

人如井底之蛙，只能管窥蠡测。[1]

　　——威廉·布莱克，《天堂与地狱的婚姻》（*The Marriage of Heaven and Hell*）

141

　　如果更深刻地了解对世界的体验，我们就能将这种体验扩展。在这一章我们就集中从这个角度来思考美的问题。

　　威廉·布莱克的这部痴人说梦般的"多媒体"预言《天堂与地狱的婚姻》渴望着统一他所说的"宗教里的善与恶"（参见彩图S）。布莱克写道："善是被动的，它服从于理性。恶是主动地，它迸发于活力。善是天堂而恶是地狱。"我们沉思的目标——在理想和真实之间达成和谐，并看到事物的全局——述说着同样的渴望。

　　布莱克提到了"井"，这让我们想到了柏拉图说的"洞穴"。被困在柏拉图洞穴里的囚徒只能看到黑白的世界，他们完全错过了绚丽的色彩。我们的情况没有那么极端，但我们所体验的也只是光的很少一部分。

　　现在我们将视力的对象——光的全部真相，同人类视觉捕捉142到的现实投影做比较，这是麦克斯韦钟爱的课题，他也极大程度地阐明了这个题目。

　　由此而论，我们将通过回答布莱克提出的两个问题来证实他富有远见的直觉：

* 我们真的是"井底之蛙"，只能看到无极世界的一角？是的，物理色彩的世界是一个双重无限的空间，我们视觉所及的只是这个空间的一个三维投影。

* 我们能否揭开无极世界的面纱？是的，问题不在于是否可能，我们肯定能。问题在于我们有实用的办法揭开这层面纱。

我们探索对色彩的感知也将为后面的章节做好准备，届时我们要把大自然深层的玄机搞个一清二楚。

| 黄色分两种 |

黄色是彩虹中出现的一种颜色，太阳光经过棱镜折射后的光谱里也有它。光谱中的黄色是牛顿发现的纯单色光中的一种，红、绿、蓝也是。

但是还有另外一种黄色。有一种截然不同的光也会呈现出黄色。我们将光谱中的红色和绿色混合就能制造出一种非纯色并让眼睛相信我们看到了黄色（参见彩图T），用这种方法制造出来的黄色在物理属性上和光谱中的黄色大不相同，尽管在我们眼里它们看着是相同的颜色。

同样，你们无须完全按照阳光的比例加入太阳光谱中的所有颜色也可以制造出和太阳光看上去一样的白色。就像你们在彩图T看到的那样，只需混合三种光谱色，也就是红、绿、蓝三色，就能让眼睛感觉看到了白色。如果让这种合成的"白色"光透过一个棱镜，那样你们看到的就不是一条连续的彩虹了，而只是三条色线。这束色线的物理属性和太阳光大相径庭，但人眼的视觉感受却是相同的。

143 我想请你们注意的是，如彩图T所示的那样，把几个颜色的光束混合在一起的结果和画油画时的调色或用几种颜色的蜡笔涂抹时将几种颜料混合在一起出来的结果从根本上截然不同。当你们把几种颜色的光束混合时，只是将几种不同波长的光叠加在一起。颜料则不同。绘画中颜料的颜色通常来自反射的阳光（或者某种接近阳光的人工光）。我们透过反射光看到的颜色取决于颜料从反射光中拿走或者吸收了哪些光谱色。我们看到的颜色当然是尚未被吸收的光的混合，所以在油画和其他绘画里，当两种颜料混合时，其效果是增加了颜料的吸光能力。增加更多颜色的光束和增加更多颜料以增加颜色的吸光度，这两个过程截然不同。打个比方，你们会很容易弄出黑色——完全没有反射——只需将足够多的各种颜色的颜料混在一起。但是如果将不同颜色的光束合在一起，无论如何也变不成黑色。总之，混合不同颜色的光束和混合不同颜色的颜料各有各的规则，而且这些规则互为对立就显得不足为怪了。将光束合在一起比起将颜料混在一起在概念上更简单易懂，同时也是更基础的自然规律。这正是我下面想要讨论的议题。

颜色转盘和颜色盒子

不同的光谱色经过不同的组合而形成的颜色可以看上去相同，这个初步的观察自然要引起一大片质疑声：哪些混合看起来一模一样呢？色觉空间是怎样的空间呢？

麦克斯韦划时代的理论研究确立了光的电磁本质，在他进行这项工作之前、之间以及之后，他恰恰针对上述问题进行了大量的实验。他在这方面取得的成果在一个比较窄的范围内同样是根本性的。这些成果为很多重要的技术铺平了道路而且孕育着更多的技术，我们很快会讨论到它们。

图23是麦克斯韦青年时代的照片。你们也许注意到了，他手里拿着一个设计独特的圆盘。你们所见之物是他设计的一个能旋转的小转盘，这个转盘有助于理解色觉。你们还注意到这是一张黑白照片，那时彩色摄影尚未发明——这件事自然得由麦克斯韦来干，就在这张照片拍摄之后不久！

色转盘看着像是个玩具，在某个层面上说，它也的确是个玩具，但它又远不只是一个玩具。一个简单却又深刻的想法让色转盘变成了理解色觉的利器。

145 虽然我们好像觉得眼睛所看到的都是瞬间乍现的世界，这些瞬间连在一起将时移世易形成一个连续不断的映像，但现实是不一样的。我们的视觉更像一连串抓拍的照片，每张照片的曝光时间差不多都是二十五分之一秒。我们的大脑弥补了这些照片之间的间隔，制造了连续的假象。电影和电视都利用了这个客观事实应运而生：如果显示的图像更新得足够快我们就不会察觉它们是一连串静止的图片，或是一堆像素正在快速地变来变去。色转盘利用的是同样的效应：即视觉暂留效应。

图 23　麦克斯韦手拿着一只早期的色转盘

　　如彩图U所示，麦克斯韦在他的色转盘里将彩色卡纸排成了两个圆带，多亏了这个视觉暂留效应，当我们让这个带有两条色带的圆盘快速旋转时，我们的眼睛会感觉到每个带里色彩的混合就像不同颜色的光束混合在一起一样。这才是麦克斯韦颜色转盘的真髓所在：当我们观察转盘的时候，我们的眼睛将这些反射的光束合在了一起。遵循麦克斯韦的构思，我们就能够系统地设计颜色转盘，完全定量地确定哪些颜色的组合会产生同样的颜色。

　　当然我们也应当核查对于同样的组合不同的人是否看到了同样的颜色。情况基本是这样的，尽管正常的个体之间会存在细微的差异，我们也必须承认存在一些例外，譬如几种色盲，还譬如肯定存在极少数人群具有超强的色彩辨识能力，我们后面将谈到这些偏离正常的情况；但是在多数情况下大多数人的感受是一致的。就拿红色来说，不同的人是否能主观体验到相同的颜色，这个问题已经为扯不清的哲学辩论贡献了无休止的话题。我们可以肯定的是，人的眼睛会将所看到的物理光转换成感觉色，这种映射对于你我的眼睛是非常接近的。我们都看到了光谱色能调配成很多种黄色，也能调配出多种别的颜色，例如品红。最重要的是我们都同意哪种组合产生什么颜色，不然人类对于色彩的论述就都乱套了！

　　通过研究得到的重要结果就是仅用靠近圆心内层圆圈中的三种颜色就能和外层圆圈中的任意颜色相匹配。就此我举个例子，我们使用光谱中的红、绿、蓝三色，配以适当的比例，就可以调出橙色、淡紫色、黄绿色、深褐色、钴蓝色、焦褐色、釉红色（胭脂色）和任何你们能叫得上名字的颜色。三种基色不见得非是红、绿、蓝（RGB）——几乎任何三种颜色，甚至包括复合颜色都可以调出这些颜色，只要基色互相独立。（如果三种基色中有一个颜色可以由另外两种颜色混合而成，那这个基色就不能带来新颜色。）总之，我们必须使用三种基色。如果你们严格地限定只用两种基色——不管这些基色是什么颜色——大多数的颜色就调不出来了。

　　换句话说，我们可以通过指定一定量的红色、一定量的绿色和一定量的蓝色来得到任何颜色。这和我们需要南北纬度、东西经度和垂直方向的高度来确

146

定一个地方在空间里的位置完全类似。普通的空间是一个三维的连续体，感觉色的空间也是一样。

回到彩图 T 我们的中心结论是，通过调整不同色彩光束的相对亮度，我们在图中央——那里三种颜色的光束正好重叠——不仅会得到白色，还可以制造出任意的感知色。

在接下来的工作中，麦克斯韦使用了一个被他称为"颜色盒子"的装置谋求将光束直接进行混合。盒子的大致构思很简单：从棱镜产生的七色光中随心所欲地选择颜色并控制它们的强度，然后反射镜和透镜将颜色重新组合。碍于当时的技术所限，盒子的技术细节非常棘手，比如，阳光是当时唯一的光源而可用的检测仪器也只有肉眼。麦克斯韦的颜色盒子都巨大无比，长达六英尺甚至更长，里面藏着反射镜、棱镜和透镜。尽管操作颜色盒子不是很容易，但它比颜色转盘更能胜任精确的工作。

麦克斯韦想通过分解、操控、重新组合的方式来处理颜色，这个想法在当时很超前。现代技术应当使我们更有能力尝试更具挑战性的颜色操控，我将在下面的文字中涉及这个话题。

147

| 用武之地 |

三种颜色加在一起就能合成全部的感觉色，这个事实已经被广泛地使用在现代的彩色摄影、电视和电脑图像上。以彩色摄影为例，所利用的就是三种色敏染料；电脑显示屏则用了三种颜色光源。当你们看到"缤纷的色彩"时，缤纷其实来自数百万种不同的方式调节那些色光源的相对强度。换句话说，它们对应三维色觉空间里数百万的色点。

对于艺术家而言，用多种不同方式获取相同感觉色的可能性为他们开放了创作的空间。他们可以在局部添加纹理而让整体（平均）的色调保持不变，这基本上就是另外一种颜色转盘，不过它利用的是视觉在空间的暂留效应；空间平分得越细致，色调变化就越丰富。印象派画家尤其利用这些可能性创作了很多杰出的作品，彩图 V 里的绘画就是其中的翘楚，这是莫奈的《干草堆系列》中的《日落》。

　　在画布的不同区域（尽管都相当接近）分别画上不同的颜料，而不是将它们互相一遍又一遍地覆盖，印象派画家采取的策略和麦克斯韦的颜色转盘基本同理，只是将时间换成了空间。无论是颜色转盘还是印象派，不同区域发出的光都按照光束混合的原理组合——因为颜料并没有混合，而是它们的反射光混合了。

丢失的无限

　　麦克斯韦给我们传授了两个新概念：光是什么以及我们对光的感受是什么。这两样东西完全是两码事！

　　将我们获取的信息与事物的整体对比，我们便可以相当准确地推断出究竟　　148
丢失了什么，进而我们可以理智地思考如何找回部分丢失的东西。

| 原料：电磁波 |

　　我在上一章曾经讲过麦克斯韦方程组蕴含着光，现在我想更加深入地探讨一下这件事。讲这件事的益处是让我们把丢失的无限紧紧地握在手中。

　　麦克斯韦说起自己对于光的基本理解时这样说道：

　　那么，根据电磁理论光又是什么呢？它包含了交替变向且快速重复的横向磁扰动，同时伴随着电位移。由于电位移的方向和磁场扰动的方向成直角，这两个方向又和光线的方向垂直。

　　彩图 W 描绘了上面那段话。

　　在任意一点的电场和磁场都具有大小和方向，于是我们用彩色箭头标明从这一点辐射出的电磁场。如果我们在空间的每一点都画上箭头的话，这些箭头会重叠成一团乱麻，因此彩图所显示的只是一条线上的电磁场。

想象一下整个图案沿着黑色箭头的方向移动，你们就会发现每一点电场在变化（红色箭头），磁场也在变化（蓝色箭头）。我们在上一章曾经讨论过，电场的变化产生磁场而磁场的变化又会产生电场。如果一切恰到好处的话，你们会发现电磁扰动在移动的过程中可以自动生成。也就是说，电场的变化产生变化的磁场，磁场的变化又会产生一个电场，而这个电场正好是产生那个磁场的电场，整个过程于是就这样自身循环往复下去。这听着就像是敏希豪生男爵[2]吹的牛皮——据说这位仁兄自诩能拉着自己的靴襻把自己拉起来——真是个自给自足的榜样。但电磁不说大话，也不搞什么魔幻现实主义，因为现实本身就是这么魔幻。

在任何一点上，随着时间的推移，电场的箭头指向会上下交替，就像波浪涟漪的水面。总之，我们将这种移动的、自生的电磁扰动叫作电磁波。

彩图 W 所显示的只是一个特别简单的电磁波，它的电磁扰动的模式每隔一定距离就重复一次（在学术上我们用正弦函数表示）。我本人称这样的波为纯波，其中原因一会儿就让你们见分晓。在这种情况下，我们将重复的间隔称作波的波长。那个模式也会随着时间的推移而重复出现，它出现的速率被我们称为波的频率。

电磁波有一个非常重要的属性，我们可以对它们施以乘法和加法。也就是说，如果你们用麦克斯韦方程组求得一个电磁波的解，然后将其中的电场和磁场分别乘以一个公因数，再得的结果仍然是麦克斯韦方程组的解。因此，如果让结果中的电磁场都增大一倍，所得到的扰动就和原来不一样了，但那仍然不失为一个解，这就相当于将最初的解和它自己加了一下。也可以将一个解与另一个解相加，得出的结果也是一个解。这些数学上的可能性对应在物理上就是（运用乘法）将光束的亮度上调或者下调，或者（运用加法）让一束光和另一束光混合。

我们从经验中得知，可以调节光束的亮度以及把几束光叠加起来。如果我们要想证明光是一种电磁波，却又不能同样操控电磁波，那可就麻烦了。幸好我们能。

最后让前文所引用的麦克斯韦语录的细节和彩图中的图解一一对上号。在彩图中你们看到电场和磁场互呈垂直状（或者说互为直角），而移动的方向又垂直于上述两个方向，这正是麦克斯韦用文字描述的几何关系。他提到的快速、交替的振动不正是波在行进过程中我们所观察到的在固定的某个点发生的现象么。 150

| 重新审视净化光 |

用麦克斯韦方程组我们可以求得沿任意方向传播的任意波长的电磁波。

波长在一个很狭窄的范围——在 370 至 740 纳米之间——的电磁波是构成人类视觉的原材料，即可见光，与牛顿棱镜光谱所显示的纯光相对应。如果用音乐术语解释的话，人类的可见区域只跨越了一个八度（波长翻一倍）。光谱上的每种颜色都对应一定的波长，就像彩图 J 所展示的那样。

但电磁波谱中的绝大部分全然逃过了我们的视觉。比如，我们看不到无线电波，如果没有无线电接收器我们根本就不知道还有无线电波这回事。另外，太阳发出的电磁辐射经过地球大气层的过滤后基本都集中在光谱中的可见部分，这也是对地球生物最有用也是最适应的部分。可以说信号就是从这里发出的。

目前我们先只考虑光谱的可见部分，专注于太阳光照带给我们的丰富资源。我们的感知能力是否充分利用了这个资源呢？没有，绝对没有。

如果对于映入我们眼帘的信号进行全面的分析，那么它的构成又将如何呢？这个问题的答案有截然不同的两方面。一方面是空间，信号承载的信息里包含从不同的物体发射过来的光线的方向；我们利用这个信息形成了图像。另一方面是色彩，一类完全不同的信息。我们可以获取黑白的图像，也可以获取 151 不形成图像的彩色图案——极端的情况可以是满眼的均匀单色。

色彩、时间以及看不见的维度

通过讨论电磁波以及它们的频谱范围，我们已经做好准备去深奥美丽的天地看一看色彩究竟是什么。图像透露的是电磁波的空间信息而色彩却和电磁波的时间变化有关。具体来说，色彩为我们提供了进入眼睛的电磁波快速变化的信息。

为了避免可能发生的混淆，让我在这里强调一下色彩所承载的时间信息和我们每天记流水账时用的时间极为不同，这些信息是对日常时间的补充。大致说来，我们的眼睛每隔二十五分之一秒抓拍一次影像，我们的大脑以这些影像为素材产生一个看起来似乎是连续的电影。我们每天感觉时光流逝就是源于这个构造。在为获取这些影像而收集光的过程里——用摄影师的话说，就是曝光的时间中——光只是被简单地加起来了，或者集成起来了。由于如此，尽管在同一"曝光"时间段内光的到达时间不尽相同，但这些不同被完全抹杀了。

我们感觉到的色彩保存了一些非常有用的信息，这些信息是经过"曝光"这个平均过程后幸存下来的信号的时间微观结构。色彩对应的电磁场变化发生在非常小的时间间隔上，大概几千万亿分之一秒（10^{-15} 到 10^{-14} 秒）！由于日常的事物不会在如此短暂的时间间隔内移动很远，也不会发生值得人注意的变化，这两种关于时间的信息——一种信息隐藏在从一张影像到另一张影像的变化中，另一种隐藏在色彩中——相互之间完全独立。

152　　例如，如果我们看到光谱黄色，眼睛其实在告诉我们传来的电磁波是纯波，它们以每秒五百二十兆次的频率自我重复。当眼睛看到光谱红色时，我们得到的信息是，发生重复的次数是每秒钟四百五十兆次。

确切地说，眼睛会提供给我们上述这些频率信息，这个说法不完全对，因为很多颜色混合在一起看上去同样是黄色，很多颜色混合在一起看上去同样是红色。如果我们的眼睛不将"光谱黄色"可能携带的信息或"光谱红色"可能携带的信息与多种颜色混合而成看上去同样是黄色或红色的合成物（红色和黄色分别是不同的混合物）混为一谈的话，眼睛就会提供给我们上述的信息。这些颜色传递给我们的信息非常含混不清，因为同一种输出对应很多种可能的输入！

要对传来的信号真正进行分析得到和颜色相关的信息就必须像牛顿用棱镜分析阳光那样。也就是说，真正的分析要将传来的光信号分解成纯粹的谱分量，并得到每一个分量自己独立的强度。要想将这样的分析结果记录在案，我们需要一列无穷连续的数字，每个数字对应一个谱分量的强度，这些色彩内含的信息不仅在数量上是无限的，而且其构成的空间维度也是无限的。但是，正像麦克斯韦发现的那样，我们的眼睛对这些信息的投影只捕捉到了三个数字。

简而言之，色彩信息的空间有无限的维度，但我们能感觉到的色彩只是这个无穷维信息在一个三维表面的投影。

为了把故事讲得圆满，我还得说说另外一种电磁信息，当信号传入我们眼睛时这种电磁信息也被我们忽略了。如果你们回顾一下彩图 W 就会发现，电场（红色箭头）在垂直方向振动，而磁场（蓝色箭头）在水平方向振动。把这张图旋转 90 度，就会得到另外一个解，那里电场就变成了水平的，而磁场变成了垂直的。就这么转动一下，振动的频率和原来一样，所代表的光谱颜色也没有变化，但在物理上却有很大差别，和这个差别对应的新属性叫作"光波的偏振"。所以传入我们眼睛抵达眼底的每一个像素的电磁信息其实是"加倍"的无穷维，因为每一个光谱颜色有两个可能的偏振方向，每个偏振有独立强度。人类的视力察觉不到这种加倍的信息，因为人眼分辨不出光的不同偏振。 153

| 颜色受体 |

混合三种基色就能生成任何感知色，这是麦克斯韦的颜色调配实验最重要的成果，它揭示了一个很深刻的客观事实，即我们究竟感知了"什么"，但它同时回避了一个问题，即我们"如何"感知？针对"如何"感知这个问题，既漂亮又具有启发性的答案出现在 20 世纪中期，生物学家在研究人类视觉的分子基础时发现了答案。（有趣的是，物理学家解决了这个问题的生物机理，然后生物学家又解决了它的物理机理。）

关于视觉的分子机理有一个至关重要的结论：有三种蛋白质分子（视紫红质）在为我们提取颜色的信息。这些蛋白分子中任何一个接触到光时，它在一定概率上会吸收一个单位的光，也就是一个光子。这个蛋白分子随之改变形状并同时释放微弱的电脉冲。我们的大脑就是使用这些脉冲组成的数据构建视觉的。

一个光子是否被吸收，其可能性取决于光的谱色以及分子受体的性质。一个受体最容易吸收光谱中的红色色段，其次在绿色色段吸收率最高，第三个喜欢的色段是蓝色，但是这些色段不是很窄（参见彩图Y）。在日常的照明条件下有许多光子，因此就会发生很多光子吸收事件，它们发生的概率被转换为三个数字准确地测量射入光的功率，对应上述三种不同色段的平均值。

这样一来，我们不仅对射入光的总量敏感，而且对其成分也敏感。如果光154是红色的，红色受体就会比别的颜色受体更容易被激发，其结果就和蓝色光产生的信号完全不同（蓝色光当然最容易激发蓝色受体）。

另外，任何形式的入射光只要具有同等能力激发三种受体，它就给出同样的一组（三个）加权平均值，换句话说，我们人眼的三个受体"看见"的东西就是相同的，会导致相同的视觉感知。三个数字对应一个颜色：在这一点上，分子和颜色转盘对上了暗号！

| 色视觉的种类 |

现在我们知道该寻找的目标了，即入射的信号为我们提供了什么。我们可以对生物世界展开调查，数数受体的个数并测量一下它们的吸光性质，以期对颜色的感知产生新的认识。

一般来说，哺乳类动物的色视觉很差。斗牛士穿红色的斗篷，那都是取悦观众席上的人类，而不是为了刺激牛，因为牛只能看到一些灰色。狗在这方面比牛强，它们看到的颜色空间是二维的。彩图X就是我们根据狗有两种颜色受体的原理还原的汪星人的世界观。

色盲的人也只能看到一个二维的颜色空间，因为他们缺少一种受体蛋白或者具有变异了的蛋白导致颜色的辨别能力减弱。女性很少患色盲症，但色盲在男性人群相当普遍，北欧地区的男性差不多每十二个人就有一人是色盲。（请看彩图U）一个色盲的人仅用颜色转盘内圈的两个基色，比如说红色和绿色，就能调配出颜色转盘外圈的所有颜色。也有些女性可以看到四维的颜色空间：她们被称作四色视者。她们的体内多长出一种受体蛋白，是通常受体蛋白的一种变异，这些人能够从混合色中辨别出大多数人不能察觉的颜色成分，这是一种很罕见的能力，至今对这个问题的研究还很少。

155

当光线暗的时候，我们也都变成了色盲。太阳升起的时候，我们的视觉会逐渐感受到颜色；太阳下山时，我们会慢慢失去感受颜色的视觉。这当然是一个普通的观察，我们每天对此司空见惯。但我发觉这样的观察已经成为一种令人向往的体验。每当我留心观察时，夏天的傍晚就不再漫长。

另外，很多种类的昆虫和鸟类都具有四个甚至五个颜色受体，它们对紫外线很敏感，对偏振也很敏感。为了引来授粉者，很多花朵在紫外线的照射下会显出明亮的图案和颜色，也为我们带来一片生机盎然。在色彩感知的宇宙里，昆虫花鸟探索并利用着超越我们感知的维度。

还有那独一无二的"螳螂虾"。螳螂虾并不是单一的物种，它们是几百个物种组成的一个物种群，有许多共同的特征和相似的习性。这种生物在很多方面都相当了不起，它们可以长到一英尺长，在浩渺的大海中捕食。螳螂虾可分为附肢穿刺型和附肢粉碎型两大种类，两种类型的螳螂虾都十分凶猛，发起攻击时的速度和力量惊人。它们不宜被养在鱼缸里，因为它们完全有能力冲破鱼缸的玻璃。

但是螳螂虾最非凡的特征当属它们的视觉系统。它们能够看到十二至十六个色彩维度，这种视觉能力因品种不同而稍有区别。其视觉的灵敏度范围已经发展到能够识别红外线和紫外线（如彩图 Y 所示）的程度，甚至可以读懂偏振光中的某些信息。

我们不禁要问，为什么螳螂虾在色彩识别上能够进化出如此独特的天赋？貌似合理的答案是它们利用这个功能将秘密的信息传递给其他同类。在我看来，这更像是它们利用自己的身体进行精彩的色彩展示——其中大部分的色彩是我们感受不到的！——这是求偶的时候在向跟前的对象"秀肌肉"，和孔雀开屏是一个道理，这个说法是有根据的。我们在彩图 Z 中看到某些品种的螳螂虾看上去确实五彩缤纷——甚至在我们人类的眼中它们都是五光十色的！由此得出

156

一个结论：色觉最发达的物种通常都长得颜色华美。

如此小的一个甲壳类动物的大脑是怎么应付这么一大波扑面而来的感官刺激的？这个问题已经成为目前研究工作的主要课题。在我看来他们可能使用了被信息工程师称为"矢量量化"的技术。为了解释这个术语，请允许我现在给你们抖一抖书袋。人类对自己三维的色彩空间具备很高的分辨率，在这个空间里我们能够辨别很近的采样点，从而体验到数以百万计不同的颜色。螳螂虾对色彩感知的表述要比人类粗糙得多，十六维空间中很大片区域都对应同样的输出。当我们把空间分得相对小并进行采样时，螳螂虾却把它的颜色空间分成了一大团一大团的。无限维度的电磁波刺激到我们，我们将无穷维度的电磁波做了一个粗糙的（三维）投影，但我们对投影的结果处理得非常准确，而螳螂虾产生的投影要比我们复杂得多，可它们把投影的结果处理得很粗糙。

| 空间感和时间感 |

前面我们已经仔细地讨论了色觉感知了什么以及如何感知的问题，现在我们该谈一谈"为什么"感知吧。说到"为什么"我们自然要问到两个问题：

为什么人类，和其他生物，那么在意电磁场中的超速振动呢？

如果我换种形式问这个问题：为什么人类以及其他生物那么在意色彩？一定有很多答案从脑子里冒出来，问题本身反而显得有些荒唐了。

但是如果我用前一种方式发问，虽然问的是同样一件事，却提出了一个非常深刻的观点。作为生物，我们人类很看重电磁场快速振动所传递的信息，因 157 为这些信息对于物质中的电子至关重要。由于其物质环境不同，电子对不同频率的电磁振荡的反应是不同的，而且会受其物质环境的影响。因此，源于太阳的光照耀到我们之前会与中间的物质相互作用，电子会趁机将物质的信息"印"在光里让它带给我们。

说得通俗一点儿：你们凭经验早就知道，一件东西的颜色能告诉你们这件东西是由什么构成的。你们现在在一个很基本的层次上认识了你们究竟看到了什么！

为什么视觉和听觉差距那么大？毕竟这两种感觉都是振动造成的，相关信息以波动的形式传给我们。视觉是电磁场的振动，而听觉靠的是空气的振动。但是我们对光和对声音却有本质上天壤之别的感受方式。

让我说得更准确些：如果我们将几个纯音的音调合在一起听，虽然听到的是和弦，但每个音调仍然保持着各自独立的个性。在C大调和弦中我们能分别听出C调、E调和G调。而且，如果其中缺哪个音调或者哪个音调明显比其他音调响亮，你们能一下子听出质的区别。你们还可以运用更多不同的音调——可以多到没有限度——制造出更复杂的和弦，但每种音调听上去都不相同。（和弦越来越复杂，最终变成了乌里乌涂的声音，但无论怎么乌涂，和弦的每个组成部分都清晰独特。）

另一方面，我们又一直在说，如果我们同时接收到几个单色光，我们所感知的则是一种全新的颜色，原本成分的个性就被淹没了。例如，绿色和红色混合而成的感知色是黄色，和光谱中的黄色（在感觉上）没有区别。就好像弹奏C调和E调的和弦，听到的却是D调！

听力在处理以时间为基础的信息时显然比视觉做得更好。我们前面讲过，听力的物理原理就是物理学的共振。之所以光要被区别对待，其中含有一个物理上的原由，因为可见光的电磁场振动得太快了，任何实际使用的机械系统都跟不上它振动的频率。听力通过空气振动在我们的大脑引起共振，这样的策略在视觉上是行不通的。为了跟光的振动合拍，我们就需要使用更加小巧灵敏的响应器。 158

对于光来说，电子是可用的接收器。但是在电子的亚原子世界里出现了量子力学，结果游戏的规则改变了。光向电子传输信息只能通过某些光能量的转移来实现。然而按照量子规则，这样的能量转移是不连续的，发生在"要么全有要么全无"的光子吸收过程中，而且无法预测发生的时间。这就使得传输的信息不能被如实地还原，也比听力更难控制。

如果把上面的解释表述得更详细严谨的话，它就能解释为什么我们对光的时间结构即它的颜色感知得比较粗糙，不如我们对声音的时间结构即悦耳音乐的感知。要怪就怪量子力学吧。通过几个敏感于不同色段的受体我们勉强挽救了一些光的时间信息。我们没有视觉器官可以对应内耳的鼓膜，它把声音像钢琴的琴键那样展露无遗。

但从另一个角度看，在携带空间结构信息这方面，光又大大胜于声音。在携带空间信息上，太庞大成了声波的问题。按照物理，声波的波长和乐器的大小相当，比如吉他、钢琴，甚至教堂的管风琴那么大。因此声波不能分辨比这些乐器更小的结构。但光不存在这样的问题——可见光的波长比一微米还要短点儿。

所以物理告诉我们，视觉主要是一种空间感，而听觉主要是一种时间感。

心门洞开

159

现在让我们展开想象的翅膀，从"是什么""怎么是这样""为什么是这样"这些接地气的问题飞跃到更具想象力的问题："如果……将会怎么样""应该怎么办"和"何不如此……"。

我们的眼睛是很奇妙的感觉器官，但是它们也将很多东西搁置一旁。根据入射光的空间信息，基本上也就是入射光的方向，眼睛产生了一连串关于外部世界的影像。我们前面已经详细地讨论眼睛只挽救了入射光的一小部分信息，而且它们完全分不清光的偏振。我们视野中的每一个像素都蕴含了"加倍"的无穷可能，但是我们看到的只有颜色——它的一个三维投影而已。

人类的大脑是我们终极的感觉器官，大脑已经发现光隐藏了无穷看不见的可能。我们对于色彩的感知就是将光的双重无穷维度的空间变成了一个投影，这个投影映在了我们内心柏拉图洞穴里的三维影壁上。我们有没有可能逃出洞穴去体验额外的维度呢？

本人认为我们能够做到，现在我就简单地说说我们怎么做到。（我所持的人生观就是：如果螳螂虾能做到，人类就能做到。）

| 时间与色盲 |

让我们首先考虑将这个问题简化，简化后的问题本身已经具有很强的实用价值。我们很准确地知道色盲的人所缺失的信息是什么，它就是这个人群缺失的受体蛋白对应色段的光谱强度的平均值。我们怎样才能恢复这个信息呢？

为了恢复，我们就要将缺少的色彩信息放在视觉图像中恰当的位置，所以我们必须先利用现有的受体去合成缺失的色彩信息，然后把它们放到图像中正确的位置。比如，我们将缺失的受体正常时提供的信息定为"绿色"，将人工替代的信号定为"碧绿"，为了确保恢复，只要在图像中原来含有大量"绿色"的部分用"碧绿"的信号按相应的比例补充就行了。

为了满足利用现有的受体和局部地增加信息这两个必备的条件，我们需要在信号中加入新的结构以便现有的受体能够识别。一个漂亮的做法是在时间上操纵信号。例如，我们可以让感知色有一个时间的变化，可以是微微的闪动，也可以是脉动或其他时间调控，用这种时间变化来表达"碧绿"，而且变化的局部强度和原图像中的"绿色"成比例。

在此我们回顾一下刚才的思路。缺失的信息"绿色"告诉了我们光作为一个电磁信号的时间结构。我们将它恢复成"碧绿"，这仍然是一个时间信号，但是已经放慢了节奏以适应人类的信息处理速度。我们正在使用时间和大脑去打开新的感知之门。

对于色觉正常的人，我们一般把图像用三基色的格式编码，然后通过三色投影仪将图像解码展示。在任何这样处理图像的地方，比如，电脑显示（包括安装在眼镜和护目镜上的微电脑）、智能手机或者数字放映机，我们可以通过电脑软件将输入的图像修饰之后再输出来实现上面解决色盲问题的方案。

我们还可以考虑通过硬件来实现这种色盲解决方案。譬如，有一种材料叫电致变色材料，这种材料在特定的光谱区域的光吸收能力可以通过电压调节。如果我们把普通的玻璃铺上电致变色层，然后向它施加时变电压，我们便开通了许多新的色彩频道。

| 方式和方法 |

如彩图ＡＡ所示，相同的基本思路可以让我们打开新的视觉维度。当然，在我们使用这些信息之前，必须首先收集信息。数字摄影术和计算机图像都是在三基色的基础上成像，它们不用更多基色的原因不是出于物理基本原则的考虑。我们已经了解到其实有"加倍"无穷多色彩等待着我们擦亮"双眼"。成像技术为什么主要确定为三色成像，原因在于如下几点：

1. 麦克斯韦教导我们，三基色可以合成为任何感知的色彩。

2. 两种基色做不了这件事。

3. 如果数量小就够用的话，那么数量越小就越简单实惠。

一旦决定向色彩空间额外的维度进发，我们发现技术似乎是可行的（这些技术在探索的层面已经被使用了）。彩图ＢＢ所显示的就是一个简单直白的四维色彩空间的设计，它既适合数字接收也适合数字传输。

我们可以创建四种（或者五种……）不同种类的颜色接受器并让它们按一个密集的阵列排好，就像我们排放三种颜色接受器一样。在输出端，我们要么让三个颜色发射器微微闪动发挥双重功效，要么按照彩图ＢＢ专门用一系列像素来开启一个新的频道。无论使用哪种方法，当我们向人工时变开启输出端时，额外的频道也被开通了，而人工时变的位置和强度则通过新接受器发出的信号控制。

通过这样的方式体验更多的颜色会是相当有意思的经历。

十万个为什么

对于我来说，通过麦克斯韦的文字以及他朋友们的记录与这位伟人交流变成了我生活里的一件乐事。麦克斯韦是我最崇敬的物理学家。此时此刻让我用文字给他画一幅不大的印象派式的肖像。他的朋友刘易斯·坎贝尔（Lewis

Campbell）在给他写的传记里说：

整个童年时期他都在反复地问着同一个问题："那是为什么？""它在干什么？"含糊其辞的答案并不能让他满意，他反而不断地问："那究竟为什么？"

麦克斯韦和亲友往来的信件令人不禁联想到莫扎特，字里行间都是俏皮话、逗笑的漫画和暖人的情怀。下面的一段话截取自他写给小表弟查尔斯·凯（Charles Cay）的一封信：其中有一行话提到了他的"动力学理论"，我们在前面已经说过了，那是他杰出的代表作。紧接着他话锋一转，又开始聊他家里新养的小狗：

我手头还在忙乎一篇论文，是关于光的电磁理论的；除非确实找到了相反的证据，否则我认为这个理论将大获成功。辣妹（Spice，译者猜测这是上文说到的小狗的名字）一流棒：她现在是检眼镜下的常客，会很听话地转动眼球，好让我看到反光色素层、视神经或者任何其他的部位。

麦克斯韦一生都好写韵律诗，他最棒的诗作要数那首《刚体》，他还演唱过这首诗，抱着吉他自弹自唱。在这首诗的每个小节里麦克斯韦都在抱怨计算刚体如何运动实在太难了，然后刚体就自己站出来说话了，其实"我只是尽自己的本分"。这首诗采用了罗伯特·彭斯[3]在《从麦田走过》（Comin' Thro' the Rye）这首诗的曲调，还真带着一股苏格兰腔调：

> 如果一个他遇见一个她
> 在空气里飞来
> 如果一个他撞上一个她
> 还能飞起来？哪里是去向？
> 每个撞击都可估量

163

我却得不到一个评价，
我被错当成我的兄弟们
哦，至少他们费心把我望。
如果一个他遇见一个她
全然自由自在
他们如何继续向前
我们并不会全看见
每个问题都有一个解
只要分析做得帅
可我对分析一无所知
我还能变得怎么坏？

| 生与死 |

1877年春天，麦克斯韦还不到四十六岁，这时他开始有消化不良、疼痛和疲劳的症状，这些症状在接下来的几个月里不断恶化，不久便确认他的腹部患有癌症。他的母亲就是在相仿的年龄被同样的病症夺去了生命，在她去世的时候麦克斯韦还是一个九岁的孩子。麦克斯韦意识到了自己的寿命不会太长。坎贝尔回忆道：

在生命的最后几个礼拜他忍受了巨大的痛苦，但他很少把痛苦挂在嘴边……他的心情十分平静。他反复提到那块压在他心上的石头就是麦克斯韦夫人未来的幸福和慰藉。

麦克斯韦于1879年逝世，终年只有四十八岁。

当他还是个二十三岁的青年时就在自己的日记中清楚地写下了自己所期待

的人生：

　　快乐就是一个人能够意识到他今天从事的工作不但是他毕生事业的一部分，而且是永恒真理的体现。他信心的根基不可动摇，因为他已经成为永恒的践行者。他每天都必在自己的行当里发奋进取，因为每一寸眼前的光阴都是老天爷赋予他的。

　　因此人应当去理解自然发展的神圣过程，将有限的生命融入到广大的无限中，珍惜自己在时光里的短暂存在，这是你行动的机会同时还要牢记不能被自己的视线蒙蔽，视线之外是永恒的世界。我们要知道，时间是一个谜，个人即使花费一生也无法理解，除非永恒的真理将时间照亮。

译者注释：

1.　　诗句的原文：
　　"If the doors of perception were cleansed, every thing would appear to man as it is, infinite. For man has closed himself up, till he sees all things thro'narrow chinks of his cavern."
　　中国文联出版社出版的《天堂与地狱的婚姻——布莱克诗选》中头一句的译文为："如果知解力的门都打扫干净了，万物就会向人显示其本来面目——无限。"——张德明译。

2.　　敏希豪生男爵（Baron von Münchhausen）来自德国民间故事《吹牛大王历险记》（*Baron Munchausen's Narrative of his Marvellous Travels and Campaigns in Russia*），他是一位虚构的德国贵族。据说确有其人，他的真名叫希罗尼穆斯·卡尔·弗里德里希·弗莱赫尔·冯·敏希豪生（Hieronymus Karl Friedrich Freiherr von Münchhausen，1720—1797），他是个真正的男爵，曾参加过18世纪的俄土战争。他喜欢讲荒诞离奇的故事，德国作家鲁道夫·埃里克·拉斯佩（Rudolf Erich Raspe，1737—1794）将他的故事进行收集并创作成书，该书出版于1785年。这个人物还在库布里克著名的影片《奇爱博士》中出现过。

3.　　罗伯特·彭斯（Robert Burns，1759—1796）：苏格兰农民诗人，他在英国文学史上占有特殊的重要地位。他的诗歌富有音乐性，可以用来歌唱。他最著名的诗歌就是电影《魂断蓝桥》的主题曲《友谊地久天长》，塞林格的《麦田守望者》就是以彭斯的《从麦田走过》这首诗为素材。

对称序曲

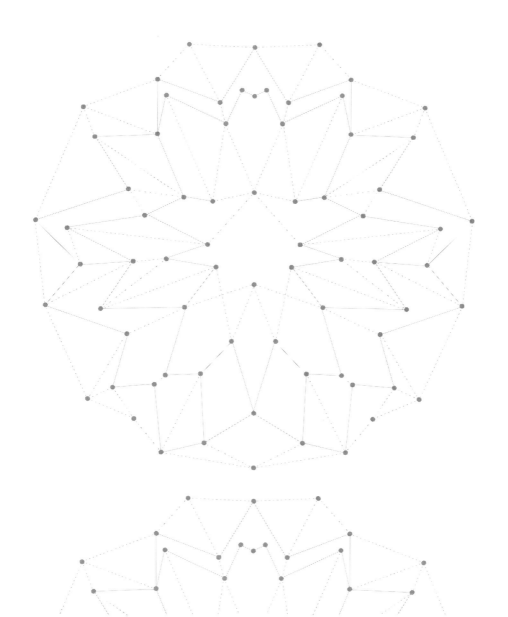

无论你怎样宽泛或狭隘地定义对称，它都是这样一个概念，165
人类自古以来都在试图利用它理解和创造秩序、美和至臻。

—— 赫尔曼·外尔

大自然似乎完全蕴含于对称法则的简单数学表达里。如果你停下来想一想数学推理过程中的优雅和完美，再将这种优雅和完美与它导致的复杂而深远物理的后果做对比，你就不得不向对称法则的力量油然而生深深的敬意。

—— 杨振宁

尽管我们看不到对称，但我们能感觉到对称就潜伏在大自然之中，隐而不见地统治着我们的一切。这是最令我兴奋的思想：大自然远比她看上去的样子简单得多。

—— 史蒂文·温伯格

在20世纪的整个进程中，直至今天，在我们充分了解大自然的基本法则的工作中，对称越来越占据主导地位，因此科学大师们才会有上述的感慨。我们马上就要来到当今科学的最前沿，颂扬对称取得的伟大成就并预测更远的未来，并在这里结束我们的沉思。166

不变之变，对于创新的灵魂，这简直是一道多么怪异又不人道的咒语！然而这道咒语又是那么超凡脱俗，它给了我们一个机会：让我们展开想象的翅膀，将那其中的智慧为己所用。

我们头脑中的问题促使我们深挖物质世界的根本去发现大美，为了应对这样的挑战，我们必须双管齐下，一方面提高自身对美的认识，另一方面加强对实相的了解。我们要去发现自然界的玄机妙算，因为甚至连它们的怪诞都觉得美不胜收。

因此，在深入挖掘世界之本的过程中我们还将做几次"对称的小憩"——它们将是轻松的插曲，让我们见识众里寻之千百度的美还有一些特殊的形式：一种扩展和强化了的对称。

和伽利略一起启航

首先，让我们和伽利略一起开启一段想象的航程。

带上某位朋友登上一艘大船，把你们自己关在甲板下的船舱里，带上几只苍蝇、蝴蝶和小飞虫为伴。用一只大碗盛水，水里放几条鱼游动。吊挂一个瓶子，底下放上一个宽大的容器，让瓶子里的水一滴一滴地滴入容器直到水被滴干。当轮船静止不动时，请仔细观察：小飞虫以相同的速度飞向船舱的四壁，碗中的鱼向各个方向的游动没有任何区别，水瓶里的水滴入下面的器皿；如果向朋友扔东西，朝一个方向扔无须比另一个方向更使劲，只要你们和朋友的距离都是相同的；无论朝哪个方向做立定跳，跳出去的距离都是相同的。当你们将刚才的一切仔细观察之后（毫无疑问轮船静止时发生的一切就应当如此）便可以让轮船按照你们要求的速度航行，要保证运动是均匀的，不要发生这样或那样的起伏。这时你们发现刚才发生的那些事没发生一丁点儿改变，你们甚至说不清船究竟在动还是仍处于静止……发生这样的现象是因为船内所有事物，甚至连同空气，都具有一个共同的运动，即船的运动。我之所以说你们应该呆在甲板下的船舱就是这个原因，如果在甲板上，那里的空气不会随着船一起运动，这样上面所观察到的现象多少都会有所改变。

伽利略在这里想战胜的无疑是他接受哥白尼天文学说最大的心理障碍。哥白尼让地球（以及地球上的万物）快速地动了起来：每天围绕自转轴自转，每年围绕太阳公转。用日常的标准衡量，这些转动涉及的速度是惊人的。自转的速度：每小时一千多英里，也就是1600千米。公转的速度：每小时六万七千多英里或者108000千米。但是我们感觉不到自己在运动，更感觉不到运动的速度竟然那么快！

伽利略一语道破个中的缘由：不变的运动，即直线上的匀速运动，是不可察觉的，因为它不会对物理现象产生任何方面的改变。可以把地球看作一艘巨大的太空船，从其内部体验匀速运动，就像在封闭的伽利略的船舱里一样，即便运动的速度再快，我们也感觉像是什么运动也没有发生一样。（地球的自转和公转都是圆周运动，但由于那些圆周太大了，所以尽管运动了很长一段距离，轨迹仍然看上去像一条直线。）

很容易看出伽利略的发现是一种对称。我们改变世界，或者说很大一部分世界，好比在一艘大船的内部——让所有事物以一个共同的速度运动起来，但事物的行为并没有改变。

为了纪念伽利略，我们将这样的变化称作"伽利略变换"。我们把他提出的这个对称也相应地命名为"伽利略对称性"或者"伽利略不变性"。

168

依据伽利略对称性我们可以改变宇宙的运动状态，使宇宙具有一个整体的恒定速度，也就是说，推它一把，但并不改变宇宙遵循的物理规律。伽利略变换让物理世界获得一个恒定的速度，但根据他的对称性，物理规律的内容并没有因为这些变换而发生改变。

量子之美Ⅰ
天体乐章

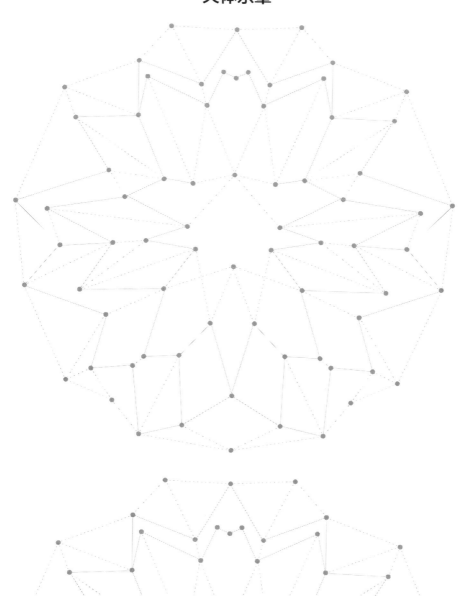

牛顿和麦克斯韦的经典物理为我们的思索提出了新的命题， 169
这些新的命题似乎与更早的毕达哥拉斯和柏拉图的观点以及直觉
有所冲突，尽管那些观点和直觉是引发我们思索的根源。原子的
量子世界虽然是个陌生的世界，我们却偏巧置身其中。在这个量
子世界里发生了奇迹，旧的观念以一种崭新的面貌华丽地恢复了
生机。这些重生的观念在精确性和真实性上均达到了新的高度并
且具有惊人的音乐性。

让我们且看旧貌是如何换了新颜的：

* 物质的核心和音乐：用来理解音乐的数学在逻辑上没有任
何理由能和原子物理扯上关系，然而同样的概念和方程确实适用
于这两个领域。如果原子是一件乐器，那原子发出的光就是看得
见的音调。

* 美的定理和漂亮的实物：基本定律并没有假设原子的存在，
但原子却是从定律中冒出来的而且很漂亮（请看彩图CC）。数学
描述的物理原子是一个三维的实物，它具有艺术家的气质，可以
创作出异常美丽的图像。

* 动力学和不变性：物理基本定律都是描述物体随时间变化 170
的方程，但这些方程有一些重要的不随时间变化的解。只用这些
解便可以描述构成我们日常世界甚至我们自身的原子。

* 连续性和离散性：波函数和概率场（也叫概率分布）描述了原子中的电子如何充满空间。它们是连续的，状如云彩。但是稳定的电子云图形互不相同且它们之间的差异是不连续的，好像是整数的印章。

毕达哥拉斯的新生

在现代量子理论的初期阶段，那时当然还没有可借鉴的教科书，那些急于使用这个全新的原子理论的好学者只能求助于其他课题的教科书：瑞利勋爵[1]的著作《声学理论》（*Theory of Sound*），他们在这本书中发现了描述原子运动所需要的数学。这类数学已经发展成熟，并被用来解释乐器工作的原理！尽管数学符号代表了不同的东西，但所呈现的方程基本是一样的，解方程使用的技法也相同。毕达哥拉斯真该不亦乐乎！

| 乐器施展的瑜伽术 |

乐器的物理现象其实是驻波的物理。驻波指的是有限物体或者受限空间的波，因此乐器琴弦的振颤或者共鸣板的振动都属于驻波。驻波对应的是行波，我们所说的声波，通常就是指行波，行波可以从源头扩展或传播出来。钢琴的共鸣板振动虽然是驻波，但这些振动会推动共鸣板附近的空气来回运动，而运动的空气又向周围的空气施加力量并进一步向其他空气施力，就这样一环套一环地造成扰动，自发地产生振动。

当我们拍打浴缸里的水、敲锣或者敲击音叉的时候，这些行为所产生的响动都是驻波。在这些情况下，浴缸里的水花、锣声和音叉的击打声一开始显得嘈杂，但之后运动会稳定下来，从而在空间里变得有序并且在时间上变成周期的。音叉的实质即在于此：它"想要"按某个特有的频率振动从而产生一种可靠的纯音。典型的锣会产生一种更为复杂且挺有趣的声音模式，我们马上就要讨论到这类情况。

如果我们从最简单的乐器着手考虑问题，那么乐器表演的瑜伽术就会清楚地在我们眼前凸显。其实最简单的乐器莫过于毕达哥拉斯使用的乐器：一根拉紧的琴弦，琴弦的两端被牢牢地钉死（如图24所示）。在这个简单的有限线段的一维几何结构里，我们可以将自然形成的驻波一览无遗。

下图中显示的是个固有驻波的模式，其中的实线和虚线呈现了不同时间段琴弦的形状。（为了让你们看得清楚，琴弦的长度和振幅都夸张地变形得失真了。）在不同的时间分段，琴弦上的点会上下移动，也就是图中的实线逐渐演变成虚线，再由虚线变成实线，形成一个循环。

一个简单的几何条件将描述这些连续体的基本模式和整数的离散性联系起来。驻波模式和弦长必须匹配！当我们自上而下地对比这四个模式的时候发现，琴弦从左到右的变化在加快，从快至两倍到快至三倍，最终至四倍。你们能看到这些固有的振动可以有两个周期、三个周期或者四个周期，任何整数的周期

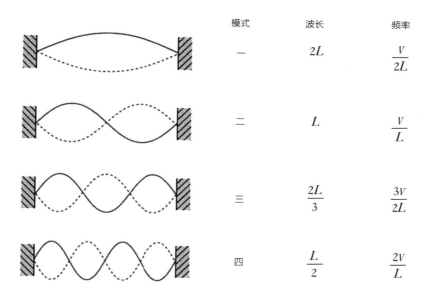

模式	波长	频率
一	$2L$	$\dfrac{V}{2L}$
二	L	$\dfrac{V}{L}$
三	$\dfrac{2L}{3}$	$\dfrac{3V}{2L}$
四	$\dfrac{L}{2}$	$\dfrac{2V}{L}$

图24　通过一个简单的一维几何结构有限线段，我们可以将固有驻波一览无遗。驻波模式和线长必须匹配！这个简单的几何要求将整数和离散引入来描述一个连续体的行为

均可，但不能是两个整数之间任意的分数。这样一来，乐器产生的固有频率是离散的。用我们的话讲，它们被"量子化"了。

与众所周知的"球形奶牛"*不同，毕达哥拉斯的乐器并不脱离现实。更重要的是，这件简单的乐器告诉我们一个非常一般的结论——有限实物中的几何约束可以导致其固有振动模式的不连续性（量子化）。在量子力学领域，这个知识成为原子物理的至关重要的环节；我们下面还会涉及这个话题。

| 固有振动与共振频率 |

如果拨动吉他的琴弦，就会在共鸣板上激起驻波；同样如果你敲击一个盘子的侧面或者背面也可以产生驻波。在图25里我们可以清晰看到这些驻波的形态。这里的基本道理和我刚才讨论过的两头拴住的琴弦是类似的。驻波的上下运动在有些地方显得比其他地方更强烈（在术语里我们叫"振幅较大"）。我们还看到振动沿着某些曲线消失，完全静止不动。不发生任何运动的点被称为"波节"，那些曲线则被称为"节点曲线"。如果在盘子上撒一把沙子，沙子就会沿着节点曲线聚集，形成你们在图片上看到的图案。

二维振动器的几何结构要比琴弦更为复杂一些，固有振动的模式也更丰富。

在这些例子中，要引起这样或那样的简单振动，而不是几种振动模式混杂在一起，我们需要有规律地或周期地施加外力。对于吉他，这种外力就是拨动琴弦——琴弦就是干这个用的！如果外力的振动速度（即频率）变化了，不同的声调就会独领风骚。

每个固有的振动模式随着时间而重复，每一根琴弦、每一个木质或金属的组件在运动时向其周围施放的力不同，因而形成的振动模式也不相同；每个部分变化的速度也会不同。那些在空间中快速变化的模式往往引发更大的动力，因此也就导致更快速、更高频率的运动。每一种固有的振动模式在发生振动时都拥有自己固有的频率。

由于下面这个原因固有频率也被称为共振频率。如果施加外力的频率接近某个模式的固有频率，那个模式会特别强烈地反应。这时，也只有在这种时刻，外力和内力形成和谐，循环往复，逐渐增加运动的强度。玩过荡秋千的人都知道这有多么重要，身体的弯直以及腿的前屈和后蹬必须和秋千摇荡一致；同样，如果推着孩子荡秋千，就必须随着秋千的节奏使劲推，秋千才会越荡越高。

174

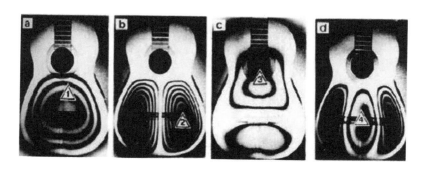

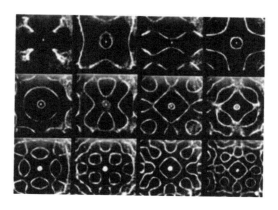

图25（上）吉他共鸣板的振动模式或驻波形成的几何图案，这些图案反映出吉他木质部分的形状和造型以及琴弦振动频率之间的相互作用（下）方形盘子的驻波模式

如果我们敲击音叉或者敲锣，振动就会从碰撞点辐射开，然后再从边缘反弹回来，就像为振动准备了一个回音室。复杂的运动会将能量快速地消散成声音的行波和热量，只留下一个（就音叉而言）或几个（就铜锣而言）相对经久的模式，每个模式都在其共振频率下发生振动，这就是我们听到的平稳的声调，

或者一开始嘈杂而后慢慢形成的和声。锣就可以产生演化的和声，它的声音会逐渐去繁化简，直到它变成一个单音，因为这里存在几个经久的模式，它们的衰减速度各有不同。

图25中，吉他共鸣板的振动模式或驻波形成的几何图案反映出吉他的木质部分的形状和造型以及琴弦振动频率之间的相互作用。方形盘子有类似的驻波模式但更加对称，它们和电子云（图26）的模式有着惊人的相似之处；更深刻也令人吃惊的是两者满足的方程也非常相似。

| 错失的良机 |

很遗憾的是，在做出关于琴弦的发现后毕达哥拉斯学派并没有进一步考虑稍微复杂一些的"乐器"，比如我们刚刚讨论的二维盘子，那里几何、运动和音乐这三者之间相互依偎、水乳交织的关系已经远远超出了琴弦那些简单的振动规则，它们正等着我们的耳目和心灵去享受和捕捉。他们本可以激情探索一番！

毕达哥拉斯和他的追随者本来还应该找到一条更加平坦的捷径去发现力学的基本定律。历史上我们不得不绕道天文学，走了很多坎坷的弯路，经历了几个世纪之后才跋涉到终点。继续往下看你们就会明白，他们本来还应该为量子理论铺平一条康庄大道呢。

天体的乐章：这一次可是真的乐章哦

说到预言，阿瑟·查尔斯·克拉克[2]的基本定律[3]的第三则说：

任何足够先进的技术都与魔法无异。

我想为克拉克的三大基本定律再补充一条，而这条规律已经在我们深刻的思考中得到充分的证实：

大自然构建物质世界所使用的技术相当先进。

好在大自然允许我们研究她的诀窍。通过密切观察，我们自己也变成了魔法师。

┃ 离谱的假设 ┃

在原子和光的量子世界里，大自然招待我们观看了一场奇异又看似不可能实现的魔术表演。

其中有两个表演尤其令人难以置信。

[量子理论的早期历史比较混杂，其他几个并不那么直接的悖论也起到了重要的作用，指导着量子先驱们的思想；也有人在死胡同里钻牛角尖。我讲的是一个清楚但相对简单的故事，并将真实的历史进行了严重的美化。实际的历史并非像大自然的深层结构，真实和理想相去甚远。吉姆·马利神父（Father Jim Malley, SJ）是一位睿智的导师，他赐予我一段非常宝贵的话，可谓字字珠玑："能求得宽恕要比得到应允还要蒙福"。]

两个表演—— 一个涉及光，另一个涉及原子。

* 我们马上就会讲到的光电效应这样告诉我们，光是一份一份（不连续）的。这个结论让物理学家们大吃一惊。自麦克斯韦的电磁理论被赫兹的实验证实之后（后来很多人也通过实验证实了这个理论），物理学家就认为他们已经了解了光的实质。也就是说，光是电磁波。可是电磁波应该是连续的呀！

* 原子含有组分，但它们又是极为刚性的物质。汤姆森[4] 在1897年首次明确地证实了电子。之后的15年间科学家逐渐弄清了原子的基本结构：原子有一个很小的核，原子核包含了原子几乎全部的质量和所有的正电荷；原子还含有足够数量带负电荷的电子，这样原子整体不带电。原子有不同尺寸，原子的大小取决于其化学元素，但原子直径通常都在大约10^{-8}厘米的范围，这个长度是一个长度单位，我们称之为"埃"。但原子核的直径要比原子小几十万倍。这里存在一个悖论：这样的结构怎么能够稳定？电子为什么不屈从于来自原子核的引力，干脆一头扎进原子核？

这些自相矛盾的事实促使爱因斯坦和玻尔分别提出了一些离谱的也并不完全正确的假设，不过这些假设为我们在向现代量子理论的顶峰攀爬的峭壁上设置了一些立足点。

当我们向一些合适的材料上发射光（紫外线辐射的效果会更好）时，材料会释放电子，这就是光电效应。太阳能电池板就利用了光电效应将阳光转换为电能。

大致的想法是，光让电子加速，使它们的能量增加，也许偶尔还会将电子甩出原子，这并没有什么特别之处。这本来就是光的电场该做的事情。真正让人震惊的是其发生的方式。你们可能认为能量需要些时间才能聚集，因此把光调小电子就不会立刻出现了。恰恰相反，效应还是马上就出现的。你们也许还会认为，光的频率——即光谱颜色——没有光的强度或者亮度那么重要。错了！你们会发现，在光谱中趋向红色端的光谱色根本不起作用。如果"太红"即光的频率太小，无论它的强度多大，都几乎释放不出任何电子。

爱因斯坦用他的光子假说解释了这些现象（以及其他一些现象）。根据他的假说，光是一份一份的，每一份就是一个光子，光子不可以被进一步分解。光的最小单位，即光量子，包含的能量和光的频率成正比。因此，可见光谱蓝端的光子携带的能量是其红端的光子携带能量的两倍；紫外线光子携带的能量比蓝端光子还多。

178 　　光子假说为光电效应做出了一个简单而又定性的解释。每个光子要么传递自身全部能量，要么根本不传递能量，无须一点一点地积累，也不存在起效时间。由于红色的光子传递的能量少，它们的表现也欠佳，如果它们没有足够的能量释放电子，它们就不会释放。

爱因斯坦的光子假说并不像麦克斯韦方程组或牛顿的天体力学那样，属于一个重要的科学体系；事实上这个假说基本有悖于麦克斯韦方程组的明显结论。它的确解释了一些现象，但为此所付的代价却是根本地损坏了非常成功地解释其他很多现象的现存体系。这个假说太离谱了。1913年，在推举爱因斯坦当选普鲁士科学院院士的时候，普朗克撰文道：

他有时可能在猜测中迷失了方向，譬如他的光量子假说，但其实这不能成为贬低他的把柄，因为即便在精确的科学领域，有的时候不冒些风险就根本不可能提出真正全新的观点。

爱因斯坦是在8年前，即1905年，提出了光量子，现在被我们称为光子。又一个8年过去了，在1921年，爱因斯坦获得了诺贝尔奖，评委会特别提到了他在光量子方面的工作成就；那时这个假说早已证明了自己的价值。

说到第二个悖论，也就是原子是刚性而又稳定的悖论，尼尔斯·玻尔提出了一个想法，他认为原子只存在于定态。在经典力学中，就像我们在"牛顿山"上看到的，可能的轨迹组成一个连续体。玻尔提出，原子内的电子由于受到电力的束缚围绕原子核运行，只有其中一部分离散的运转轨迹是可能的。对于最简单的原子——氢原子，他提出了一个简单明确的规则，挑选出哪些轨迹是可能的。（对于内行人来说，所需条件是动量沿轨迹长度的积分——即所谓的作用量积分，应当以一个整数乘以普朗克常数。）当电子沿着"允许的"轨迹运行时，我们说这个原子处于一个定态。只要我们别使劲"踹"它，电子就会保持在那个特定的轨迹上运行，因为其他可能的轨迹差异都很大——轻轻推一下根本没用！最后一点：原子不会塌缩，因为所有"允许的"轨迹都使电子和原子核保持着安全的距离。

玻尔的定态假说也不能被看作是一个重要的科学体系。这个假说其实和另一个非常成功的理论明显矛盾，那个理论就是牛顿力学。玻尔你凭什么告诉电子能去哪儿或不能去哪儿、该快还是该慢呢？这个假说同样太离谱了——它的确解释了一些现象，但为此所付的代价却是根本地损坏了非常成功地解释其他很多现象的现存体系。

玻尔为氢原子立下的"规矩"应该可以通过实验来证实，也确实得到了实

179

验的证实。这些实验的成功使他那离谱的假说变得贴谱了。

爱因斯坦和玻尔在提出那些离谱的假说时都非常清楚自己在干什么——他们当然也非常清楚自己没干什么。他们没有提出一个自洽的"普世理论"，也没有提出像牛顿的天体力学或者麦克斯韦电磁学那样集大成的综合理论。相反，他俩秉承了毕达哥拉斯的精神，像牛顿研究光学、麦克斯韦研究感知那样，发现事物的一些惊人的形态，期待未来能提供更深刻的解释。

成功的科学研究策略中非常重要的部分就是区分解决问题的方法——哪些问题已经成熟，一旦被攻克就有可能推出集大成的综合理论；又有哪些问题需采取"投机"的方式会更富有成果。一个针对具体事物的成功理论可能比尝试一个针对所有事物的普遍理论更有价值。

180

|"音乐性的最高境界"|

给定一类原子，例如氢原子，特别能吸收谱光中的某些颜色，而吸收其他颜色的效果就差很多。（更通俗地说，它们吸收某些频率的电磁波比吸收其他频率的电磁波的效率更高。）同样的原子被加热以后会以同样的光谱色释放大部分的辐射。这些容易吸收或辐射颜色的组合会因原子种类的不同而有所差异，因而可以被当作一种类似"指纹"的东西供我们识别原子。原子吸收颜色的组合被称为原子的"光谱"。

玻尔在他的原子模型中假定原子中的电子仅存在于一系列不连续的定态中。因此，电子可能的能量值也是离散的。玻尔提出了另一个离谱的假说让这个奇想和现实联系在一起。他设想，除了在"允许"的定态里规则运动，电子还可以进行量子跃迁，从一个定态跃迁到另一个定态。为什么会这样？怎么会这样？别问为什么，也别问怎么样。量子跃迁的过程还伴随了发射或者吸收光子。量子跃迁形成原子光谱。

在玻尔这个极其破旧立新的模型里，他却死守着一个神圣的原则：那就是能量守恒，即便在量子跃迁的过程中他还是坚持能量必须守恒。

那么，根据爱因斯坦的假说，光子的能量与其频率成正比，而频率就对应它的颜色。玻尔这些想法放在一起就有了如下预测：原子光谱里的颜色反映出这个原子在定态之间转换的可能性，而光谱的颜色暴露出定态之间能量的差异。通过预测能量，玻尔的模型预测了氢原子光谱中的颜色，结果成功了！

在回顾玻尔的研究时，爱因斯坦这样写道：

这个不牢固又自相矛盾的模型足以让玻尔这样具有独特本能和过人直觉的 181
人发现谱线和原子的电子壳层的主要规律……这在我看来本身就是奇迹——我
至今都认为它是奇迹。这是思维音乐性的最高境界。

但爱因斯坦说错了，因为最美妙的音乐此时还没出现呢。

新的量子理论：原子乃乐器

玻尔的成功给理论学家出了一道逆向工程难题。他的模型是一个描述原子的"黑匣子"，只告诉我们原子做了些"什么"，却没有告诉我们它们"怎么"做的。玻尔只草草地概述了一个答案，却不知问题是什么；他给大家出了一个精彩的《危险边缘》[4]题目。物理学家不得不找到一些方程，让玻尔的模型成为它们的解。

寻找问题的过程可谓艰苦卓绝、可歌可泣，经过长达十几年的努力和辩论，"答案"终于浮出了水面。这个"答案"至今屹立不倒，它的根基如此深厚，好像永远不可能被推翻。

| 何为量子理论？ |

为了描述在原子和亚原子尺度上的物质行为，不能简单地扩展已经掌握的知识，还需构建一个彻底不同的体系，在这个体系中我们不得不舍弃很多固有的观念。这个体系就是大名鼎鼎的"量子理论"，也被称作"量子力学"，它在20世纪30年代末就已经基本成型了。自那时起，我们便掌握了一把利剑应对量子理论提出的数学挑战，而且这把利剑越来越锋利；我们对大自然主要的作用力具有了细致而又透彻的了解，后续的章节会让你们大开眼界，但这些进展都脱离不了量子理论这个体系。

很多物理理论都可以被说成对实体世界相当具体的说明。拿狭义相对论举例，它基本上是结合光速不变原理后对伽利略对称性的对偶表述。

就目前的理解而言，量子理论根本不是那回事。量子理论不是一个具体的假说，它是一张由各种思想密切交织的网络。我的意思不是说量子理论不明确，它并非含糊不清。面对非常具体的物理问题，所有称职的量子力学实践者都会同意用量子理论解决这个问题将意味着什么——不排除有罕见的并且通常是临时的例外。即便真的有人能准确地说出自己在这个过程中到底做了哪些假设，这样的人也少之又少。理解和运用量子理论需要一个过程，在这个过程中练习和实践是最好的老师。

现在就让我们开始这个过程吧。

| 波函数、概率云和互补性 |

量子理论描述的世界里，基本对象不再是占据空间位置的粒子，也不是法拉第和麦克斯韦提出的流体，而是波函数。物理体系中任何合理的物理问题都可以请教波函数来获取答案，但问答之间却不是简单直白的关系。波函数解答问题的方式和它给出的答案虽然不说离奇但也很令人吃惊。

在这里我们将集中讨论和描述氢原子所需的特定波函数，来看看氢原子的音乐性。（欲想了解更多，请参阅《造物主的术语》，特别是"量子理论"和"波函数"条目下的说明。）

我们所感兴趣的波函数描述的是一个电子，它被微小而质量却重得多的质子的电力所吸引。

在讨论电子的波函数之前，我们最好要先讲一讲概率云。概率云和波函数密切相关，但比波函数更容易被理解，而且它的物理意义也更加明显，只是它没有波函数那么基本。（我马上就会具体解释这段玄妙的话。）

经典力学中，在任何给定的时间上，粒子在空间中占据了某一确定的位置。在量子力学中，描述粒子位置的方式则截然不同。粒子在每个时刻不再占据一个确定的位置，相反它被分配了一个概率云，分布在整个空间。我们会看到，概率云的形状随时间可能发生变化，虽然在一些非常重要的情况下，它的形状并不发生改变。

顾名思义，我们可以把概率云想象成一个延展的物体，它在每一点的密度都不是负值——也就是说，这个值要么是正数要么是零。在某一点的概率云密度代表了在那个点发现粒子的相对概率，于是在概率云密度高的点上更容易发现粒子，在概率云密度低的时候就不太可能发现粒子了。

量子力学并没有为概率云提供一个简单的方程式，概率云要通过波函数才能计算出来。

和概率云一样，单个粒子的波函数要向粒子可能出现的位置分配一个振幅。换句话说，它为空间里的每个点都分配了一个数字。波函数的振幅是一个复数，波函数就是向空间里的每个点派分一个复数。（如果复数属于你们不熟悉的领域，请查询《造物主的术语》，或者索性权当读诗，我们的讨论当然不会依赖复数具体的细节，尽管它们就像诗歌般美妙。）

我们必须进行具体的实验，用不同的方法深入了解波函数方能提出问题。譬如，我们可以进行实验以测量粒子的位置，或者通过实验测量粒子的动量。这些实验旨在解决以下问题：粒子在哪里？粒子运动有多快？

那么波函数如何回答这些问题呢？首先它要做一番处理，然后它会给出一些概率。

针对粒子位置这个问题，处理的过程相当简单。我们取波函数的值，也叫振幅，前面提过这是一个复数，求得振幅大小的平方，这样我们在每一个可能

184

的位置都得到一个正数，或者零。我们之前说过，这个数就是粒子出现在那个位置的概率。

对于动量，处理过程要相对复杂一些，我就不在这里详述了。要想找出观察到某个动量的概率，就必须对波函数进行加权平均——具体的加权方式依赖于你们感兴趣的动量是什么，然后再求得那个加权平均值的平方。

回答这两个问题要用不同的方法来处理波函数，我们发现这两个处理方法互不相容。根据量子理论，根本不可能同时回答这两个问题。即便每个问题完全可以单独成立而答案也很有意义，但就是做不到两者兼顾。如果有人想出顾此又不失彼的办法——当然是实验的方法，那他（她）可就证明了量子理论有误，因为量子理论认为两者不可兼顾。爱因斯坦就曾多次尝试着设计这类实验，但他从来就没有成功过，最后他只好认输了。

上面的内容说明了三大要点：

* 我们得到的只是概率而非确定的答案。
* 我们并没有获得波函数本身，而只是窥见了波函数经过处理以后的样子。
* 回答不同的问题可能需要用不同的方法处理波函数。

185   三大要点中的每一点都引发了一些重大的议题。

第一个要点引发了"决定论"的讨论。计算概率真的是最佳可行方案吗？

第二个要点引发了"多重世界"的讨论。如果我们不去偷窥，那么完整原版的波函数又描述了什么呢？它是否意味着现实的巨大扩展？抑或它只是一种思维工具不过是黄粱一梦而已？

第三个要点提出了"互补性"的讨论。回答不同的问题需要不同的方法处理波函数，而不同的方法却又互不相容。根据量子理论，在这种情况下不可能同时回答两个问题。即便每个问题完全可以单独成立而答案也很有意义，就是做不到两者兼顾。前面讨论的位置问题和动量问题，就是这样的，它被称为"海森伯不确定性原理"：不能在同一时间既测量粒子的位置又测量粒子的动量。

如果有人想出了顾此又不失彼的实验办法，那他（她）可就证明了量子理论有误，因为量子理论认为两者不可兼顾。爱因斯坦好几次尝试着设计这些实验，但他一直都没有搞成，最后他只能认输。

每一个问题都那么令人着迷。前两点已经在很大程度上获得了关注。然而在我看来，第三点尤其有理有据而且意味深长。互补性不仅仅是物理实相的一个特性，它还是人类智慧的典范。我们后面会仔细讨论"互补性"。

┃固有的振动属于定态┃

描述电子的波函数如何随着时间而演化的方程叫"薛定谔方程"。薛定谔方程作为一个数学方程，和我们用来描述乐器的方程关系紧密。

如果把氢原子看作一件乐器，它就像一面三维的铜锣，其外壳——即离质子很远的地方—— 几乎固定死了，越靠近中间就越容易振动。这说明，我们对这件乐器"弄管调弦"时，"它的振动"往往集中在中间，而波函数的大小揭示了"振动"的力度，所以波函数会集中在中间，概率云也是这样。这等于用严格的量子力学语言宣布：质子吸引电子！

现在我们已经准备就绪，可以去理解一下以波函数和薛定谔方程为基础的现代量子力学是如何达到并且超越了玻尔的"音乐性的最高境界"。

要想从物理的角度理解乐器工作的原理，最重要的步骤就是了解乐器的固有振动。这些振动都有对应的"音符"，即可以持续振动相当长的时间并且容易激发（也就是容易弹奏）的振动模式。

根据这个精神，我们应该考虑看上去很像固有振动的解，因为原子的薛定谔方程看上去就很像描述乐器振动的方程。一个波函数的固有振动对应的概率云极其简单而且很吸引人，它根本不会改变！

（如果用复数可以说得更详细一些：如图24所示，当我们说到琴弦振动时，"振动"即东西随时间而改变，这个东西就是琴弦上各点的位置。对于一个波函数来说，发生改变的是它分给空间各点的复数的值。固有振动的变化很简单：

复数的大小维持不变，但它们的相位发生了等量变化。因此复数大小的平方值，也就是出现在概率云中的平方值根本不会改变。）

　　对应着不变的概率云的波函数，其固有振动具有玻尔在他的"定态"里预设的性质。一旦处于某一个定态，电子将一直待下去，而其他的态则不具备这一特征。此外，这些固有振动所携带的能量可以被计算出来，得出的结果和玻 187 尔的"允许"轨道的能量一致。

　　现在让我们一起欣赏一下某些定态。图26 显示了这些定态的概率云。在这些例子里，质子都位于中心，你们看到的是一个三维云团的二维剖面，其中的亮度代表描述云团数学函数的大小。在每一种定态下，云团明亮的地方更有可能发现电子。越紧凑的云团代表定态的能量越低。

　　为了描述波函数本身，而不仅仅是它对应的概率云，我们需要投入更多的 188 工作，当然回报也更加丰厚。彩图CC仅仅展示了一个定态。图中画有等值面，在这个曲面上波函数的大小为一个常数，这些表面都被切开了，因此你们能看

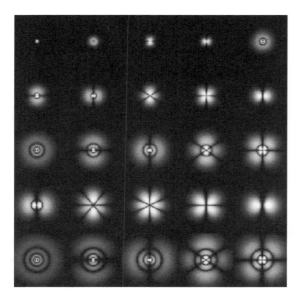

图26　当氢原子处于不同定态时电子概率云的截图。云团越明亮的地方就越有可能发现电子。每个云团的中心都有一个质子。其他原子，譬如碳原子的电子轨迹形状是相似的

到其内部；不同的颜色表示复数波函数的相位。你们必须将这张彩图想象成一张抓拍的照片，随着时间的推进，颜色会循环变化。原子简直就是迷幻剂！

相对于玻尔富有开创性的模型，现代量子理论尽管更复杂却具有压倒性的优势：

* 根据现代量子理论，定态之间的跃迁是方程的逻辑。在物理学中，它们的出现是电子和电磁流体之间的相互作用导致的。和束缚电子的基本电力相比，这种相互作用相当微弱，我们常常将它作为一个小变动，与此同时让定态作为出发点。如此处理的话，我们发现跃迁并非真的不连续，但它们确实发生得极其迅速。

* 玻尔的规则清楚地规定了哪些轨迹是被"允许"的，但它只针对单个电子。从1913年到1925年，物理学家都在玩《危险边缘》游戏，尝试去猜测更复杂情况时的规则。这时薛定谔提出了他的方程（在此之前还有海森伯方程），这个方程的优势太明显了，甚至连它的"正确性也那么显著"，以至于它差不多马上就得到了共识并很快发展成现代量子理论。如果从量子物理屡战屡胜的磅礴气势来判断，大自然好像也特别喜欢量子理论。

* 这个理论更像音乐。

在这个理论里定态之间跃迁不再是简单的量子跳跃，而是一个内涵丰富的过程。在这个过程中，电子通过光子产生出电磁能量，而本来并不存在光子。这一切都发生在电子遇到电磁流体内部产生自发性活动的时候，这时电子传递出一部分自身的能量来增强这一活动。这样电子就跃迁到能量更低的定态，虚拟的光子则变成了实在的光子，这便是光。

189

| 冷艳而质朴 |

在我继续往下讲之前，我想暂时休息片刻，和我青年时代心中的英雄伯特兰·罗素斗两句嘴。因为罗素的文章里说：

恰当地说，数学不仅掌握着真理还拥有至高无上的美感——就像雕像一样，那是一种冷艳的美丽，它不利用任何我们天生的弱点，也不像绘画和音乐那样设置华美的圈套，然而它的纯粹令人崇敬，能够完美得一丝不苟，这种完美只有在最伟大的艺术作品中才能看到。

我确实不能逐字逐句地反驳这段话，但我认为这种清教徒的口吻是误导（这种话出自罗素之口确实很奇怪）。冷艳的美可能很美好，但华丽的圈套可能也很美妙。冷艳和华丽是互补的。薛定谔方程很冷艳，但它也产生了彩图CC中那些绚烂的图像！

| 原子炫技 |

近年来原子物理的前沿已经从观察发展到了控制和创造的阶段，"神工巧匠"的弟子们已经学有所成，他们也变成了能工巧匠而自立门户了。

在其中一个前沿，原子工程师们发现了囚禁孤立原子的方法，这使我们可以清晰观察很多基本量子过程。比如说，当单个原子发射或吸收光时其状态会发生突然的变化，我们可以监测到这个变化，这等于实时地观察玻尔提出的"量子跳跃"。原子工程师们还可以操纵这样的原子，将它们暴露在电场和磁场之下，或将它们和光接触，这样可以实现精妙的控制。单个原子在工程技术领域是绝佳的材料，因为它们基本不产生摩擦，它们的属性可以（通过场）进行调节也可以（通过理论）进行可靠的预期。原子让这个世界拥有了最好的钟表，目前最好的原子钟准确度已经达到了每十亿年只差一秒的程度。

制造新类型的原子则属于另一个全新的领域。量子点是人工的原子结构，它们和自然的原子一样，遵循相同的规律；又可以根据人的要求量身定制。量子点实际上是种新式的乐器，只不过它们是光的乐器，而不是声音的乐器。一个量子点基本上只包含少量的电子，这些电子被巧妙加工的电场所困，被局限在一个很小的空间内。量子点在探测器和发光器的领域为设计者赋予了巨大的灵活发挥的空间。我们之前讨论过人类对色彩的感知，这项技术对于扩展这种感知非常有用，它同时还有很多其他方面的用途。

原子物理的先驱们做梦都没想到人类有朝一日能够操纵单个原子，更别说人造原子了。在他们过去撰写的文章中你们甚至可以发现，他们对量子工程的可能性都持否定态度。尤其是玻尔，他强调将一个人类能感知的"经典世界"与独特的"量子世界"区分开来，"量子世界"只可远观（观察的方法还特别有限）不可创制。虽然他们的研究最初只是出于对美的追求，甚至仅仅受好奇心的驱使，但他们的工作却产生出一些非凡而且前景无限的新技术。

"居今之世，志古之道。"[5]

人们在提供了实实在在的服务、做出了看得见的贡献后会得到各种奖励。奖励的形式有多种，可以通过薪金、利润、社会地位种种来体现。但有些人工作的最终价值并不能马上体现，而最基础的科学和艺术往往要靠这些人的努力去积累财富。即使某些突破性的工作具有明显的重要意义，那可能也需要几年的时间才能产生经济效益；或者可能完全是文化层面的效益，从来都不可能转化为通常概念中的经济效益。那些致力于增长这种财富的人们投身于这些毕生的事业中，这是一项恒久的投资，力求改善人类整体的生活。那些铁石心肠的商人和精明的消费者为享用这笔财富付出了什么？然而历史告诉我们，这种对长期和共同利益的奉献最终会带来极大的好处，大家好才是真的好。一个文明理智的社会一定会珍惜这样的机遇，精心呵护这样的奉献精神。

191

重返柏拉图

柏拉图的原子论的依据是柏拉图多面体，其理论细节完全是错误的。然而柏拉图的原子，作为对真实事物美丽而又恰当的比喻，抓住了真理的核心。

物质确实由几种原子构成，原子也确实存在着大量完全相同的复制品，构成物质的原子属性真的决定了物质的属性。而且，柏拉图认为最重要的东西是：原子体现了理想。

柏拉图最初的理论认为，原子体现了对称的几何之美。现代理论认为，原子是美丽方程之解。（再往深了讲你们就会发现我们又回到了对称！）如果你们有足够强大的计算机，然后输入正确的方程，电脑就可以为你们预测原子的所有可以被测量的属性，无须他物即可做到。准确地讲，原子是方程的具体体现。

约束之美

动力学规律是当今物理的基本定律。换句话说，这些规律控制着事物所有与时俱进的变化。这些规律将输入（某一时刻的条件）转化为输出（另一时刻的条件），它们乐于接受使用任何输入而不强加任何结构。

从表面看，我们知道的原子不可能是动力学方程的产物。某一特定类型的原子如氢原子存在大量结构，它们既不生成也不退化，在稳定的环境中，该原子毫无随时间而变化的特征。由于光速有限，我们可以看到过去：通过原子的光谱，我们发现，很久以前遥远星系中原子的表现形式和我们今天在地球上看到的原子完全相同——幸亏光速是有限的。我们还可以用极高的精度比较隔壁实验室的光谱，或者在同一间实验室比较两个礼拜前的光谱。

在人类的制造业里，使用可以互换的零件是一项革命性的创新之举，也是一项艰巨的工作。大自然如何实现这项创举？如果这种一致性是细心调整的结果，它如何经得起时间的蹂躏？如果这些结构的组件都高度稳定并且抗拒改变，那么它们怎么会从无到有产生出来呢？

麦克斯韦对这个问题很敏感也很着迷，他从中看到了造物主的仁慈，他这样写道：

我们知道，自然因素在发生作用，这些自然因素即使不会长久地摧毁，也可以改变地球的一切和整个太阳系。经年累月之后，尽管天堂里已经或者将来可能发生灾难，虽然古老的体系破灭了，废墟上诞生出新的体系，但构成这些体系的分子——物质世界的基石——依然完好无损。

　　它们自从被创造出来就一直持续到今天——其数量、尺寸和重量都那么完美。从烙印在它们身上的那些不可磨灭的个性中我们学到一些精神——在测量上追求精度，在说明时追求真相，在行动时追求合理。这些精神属于我们人类最高贵的品质，同时勾画了上帝创世的形象：上帝不仅创造了天地本身，还创造了构成天与地的材料。

　　牛顿好奇太阳系为什么那么稳定（他认为造物主偶尔还需要对太阳系做一些修复工作）。现在，出于同样的理由而且这个理由更加充分了，麦克斯韦也好奇为什么物质结构如此稳定。这种稳定既体现在物质组分的精确相似，也体现在精确化学反应的可能上。

193

┃原子与太阳系┃

　　如果不是神灵的督导，本质上描述变化的方程如何能生出现代化学中具有严格可重复性而且稳定的原子呢？

　　为了理解这一问题的力度，让我们对比一个貌似相同而答案则完全不同的问题。这个问题我们之前说过，它还启发了开普勒：究竟是什么决定了太阳系的大小和形状？

　　开普勒这个问题的现代答案基本上是这样："这纯属巧合。没有什么原理设定了太阳系的大小和形状。"可能有很多种方法将物质凝聚成一颗恒星并且被行星和卫星围绕，就像打扑克时能抓到很多张牌，抓到哪张牌全凭运气。目前天文学家们确实在探索太阳系以外的恒星以及它们的行星系统，他们发现这些行星存在很多种不同的组合方式。但是所有星系的进化过程都遵循了物理规律，而这些物理规律却是动力学的。规律并没有设定一个初始点。牛顿的动力学世界观战胜了开普勒想在几何中寻找理想状态的渴望。

　　这是否说明"世界无奇不有"？其实不然。我们能够把太阳系大小和形状的许多特征与基本原理联系起来，有些特征甚至可以溯源到尘埃和气体组成的大块云团发生的引力坍缩。（我们观察到银河系中有些星系正在发生引力坍缩，比较有名的是猎户座星云。）一个自然合理的结果是大部分的质量最终在中央形成一颗恒星，就像每天在我们头顶照耀的太阳。由于万有引力促进了物质的聚积，当物质聚积到相当大规模时就会产生足够的中心压力，激发核聚变而产生燃烧，一颗恒星就此诞生。行星们有个让牛顿印象特别深刻的特征，它们大致都在同一平面（黄道）、沿着同一方向围绕恒星旋转，这其实反映了行星是一个个角动量的存储器，当最初的气体云收缩的时候，它们被甩了出来；其他的特征可以说是岁月长期打磨粗糙边界的结果。月亮总以同一面朝向地球，这一现象就是这样的一个特征：月亮的自转会导致强大的潮汐现象，起到了摩擦作用。据推测，在远古时期月球的自转很快，现在自转已经衰减了。（出于类似的原因，地球日每一天的时间长度正在逐渐增加。关于潮汐沉积的地质记录显示，在大约6.5亿年前的寒武纪时代，地球上一天的时间大概是21个小时。）

我们也可以从不同的角度考虑，对地球运转轨迹的大小和形状进行"预测"。也就是说：如果地球轨迹的大小和形状不是现在这样的话，就不会出现智能生命去观察它的轨迹了！在这种情况下，任何接近我们已知形式的生命都不可能存在（至少很难存在）。还有其他的问题：如果地球的轨迹比现在小得多，那么地表的水就会被蒸发掉；如果大得多，地表的水就会结冰；如果轨迹不接近圆形，那么人类就要忍受气温骤变的痛苦。

这类论述被称为人存原理，它将我们生存的条件提升为一种原则。在人存原理最一般的形式里，它们其实规避了很多问题。首先，"我们的存在"中的"我们"是谁呢？如果"我们"是具体的每个人，譬如弗兰克·维尔切克——或者说，读者您，那么从这么多特殊的存在中会总结出来各种原理，它们真的不能被认为是宇宙、太阳系，甚至地球的基本特征。一种更加合理的办法可能是把人存预言基于一个更宽松的要求：只需要出现某种能观察和预测的智能。然而，即便这样的表述也会在生物学（允许智能出现的条件是什么？）和哲学（何为智能？何为观察？何为预测？）的边缘地带引发一些难题。

地球轨迹的大小和形状应该受到的限制，为人存推理举出了一个温和而又相当直白的良性例子。我们后面还会遇到更加大胆和富有争议的例子。

麦克斯韦意识到，如果原子和分子与太阳系的运行原理相同，那么世界将会大有不同。如果每个原子都独特地各有不同，每个原子都随时变化，我们知道在这样的世界里就不会有化学存在了，因为化学具有明确的物质和固定的规则。

目前暂时尚不清楚究竟是什么让不同体系的原子表现得如此不同，但两种情况都存在一个质量很大的中心体吸引着几个较小的物体。起作用的力，无论是引力还是电力，都极其相似——都随着距离平方值的增大而减小。三种因素使得这两种情况的物理结果截然不同，因此让我们拥有了千篇一律的原子和个性十足的太阳系：

1. 行星各有不同（恒星也是如此），而所有的电子都具有完全相同的属性。（一个特定元素所有的原子核也如此，说得更准确些，一个特定的同位素也是如此。）

2. 原子都遵循量子力学的规则。

3. 原子匮乏能量（按物理术语，它们基本处于基态）。

这个解释中第一条当然会引来质疑。我们试图解释原子为什么能够彼此相同，而我们却首先宣称了一些其他的事物——电子也是彼此相同的！我们后面还会回过头来说说电子。

但是相同的成分无论如何并不能保证产出相同的结果。即使所有的行星都彼此相同，所有的恒星也都是一个样，太阳系仍然会存在多种可能的设计方案，而且无论哪个方案里行星们也会随时间而变化。

我们已经看到量子力学如何在描述符合动力学方程的连续体时引入了离散性和固定模式。请回顾一下图24、25、26和彩图CC，这个故事的情节就是在这些图中逐步展开的。

作为问题的最后一环，我们需要了解为什么原子内的电子只占据无穷多不同模式中的一种。第三条解释正好说明了这个情况。具有最低能量的模式，即所谓的基态，是我们通常发现的模式，因为原子匮乏能量。

为什么原子匮乏能量呢？终极的原因是宇宙很大也很冷，而且还在不断膨胀。原子通过发光从一种模式转换为另一种模式时会丧失能量，也会通过吸光而获得能量。如果发射和吸收保持平衡，那么就会存在多种模式。在一个封闭的热环境中可以发生上述情况：在一个时刻发出的光，会在随后的另一个时刻被吸收，这就形成了一种平衡。但是在广博、寒冷而且不断膨胀的宇宙中，发射出去的光逃到了巨大的星际空间里，能量被带走了就一去不复返。

这样我们发现动力学方程虽然本身不能强加任何结构，但它们通过借用其他原理的力量，以一种太极推手（手段温柔的技巧）的方式达到了目的。它们引导着量子力学和天文学中的各种约束力。宇宙学解释了能量为什么会匮乏，量子力学显示了能量匮乏会怎样建立结构。

图像和妙想

我认为彩图CC是一件非凡的艺术品。它运用了阴影和透视等高明的把戏，在一个二维的图像里呈现了一个三维的印象，但它毕竟还是二维的。这张图还使用了剖面设计，选择了雅致的曲面（即相同概率的曲面），展现了内部复杂的结构。

197　　氢原子只有一个电子，再复杂一点儿的是氦原子，其中有两个电子。描绘一个有着两个电子的量子原子会复杂得多，我也不知道有没有人曾经很好地描绘过它们。这里的难度在于针对一个电子所处的每个可能的位置，另一个电子的波函数都是一个不同的三维对象。所以，对于含有两个电子的原子体系，整体波函数的自然归宿是一个 3 + 3 = 6 维的空间。要用一种人脑可以理解的方式介绍这样一个对象绝对是一个相当大的挑战。我提过与扩大色彩感知的空间有关的想法，这个想法可能对此会有所帮助。

那些抱负不凡、既是科学家又是艺术家的人们，本着布鲁内列斯基和达芬奇的精神，会将这个挑战视为创作的机遇。他们将揭示实相深处那既美丽又令人遐想的细节。我希望彩图CC仅仅是个开始。

融合了规律和变化的原子图像寓意丰富，将成为科学里的曼荼罗。这些图像也会以令人惊叹的方式重新诠释那神秘的断言：笕我如一。因为我们知道事实的确如此。

作者注释：

*　　球形奶牛（The spherical cow）是一个笑话：奶牛农场的牛奶产量低，于是奶农致函到当地的大学求助。大学教授组成了一个工作组来的农场考察，组长由一位理论物理学家担任。之后不久，物理学家返回农场对奶农说："我已经找到了解决办法，但这个办法只有当奶牛变成球形而且生活在真空的环境里才行得通。"

译者注释：

1.　　瑞利勋爵（Lord Rayleigh，1842 — 1919）：原名约翰·威廉·斯特拉特（John William Strutt），尊称瑞利男爵三世（Third Baron Rayleigh），英国物理学家。他在研究光波方面卓有成就并成为1904年诺贝尔物理学奖的获得者。

2.　　阿瑟·查尔斯·克拉克（Arthur Charles Clarke，1917 — 2008）：英国科幻小说家，同时也是一位科学家。他小说里的许多预测都已成现实，尤其是他对于卫星通讯的描写与实际发展惊人地一致，地球同步卫星轨道因此被命名为"克拉克轨道"。他还与导演库里克合作编写了电影《太空漫游》。

3.　　克拉克基本定律：定律一指出，如果一个年高德劭的杰出科学家说某件事情是可能的，那他可能是正确的；但如果他说某件事情是不可能的，那他也许是非常错误的。定律二指出，要发现某件事情是否可能的界限，唯一的途径是跨越这个界限，从不可能跑到不可能中去。定律三指出，任何足够先进的技术，初看都与魔法无异。

4.　　《危险边缘》（*Jeopardy*）：美国的一个很流行的电视节目。

5.　　此处原文为"There is a lesson here."，取义吸取过去的教训。在此我借用《史记·汉祖功臣侯者年表》序中的一句话表达以往鉴来之意。

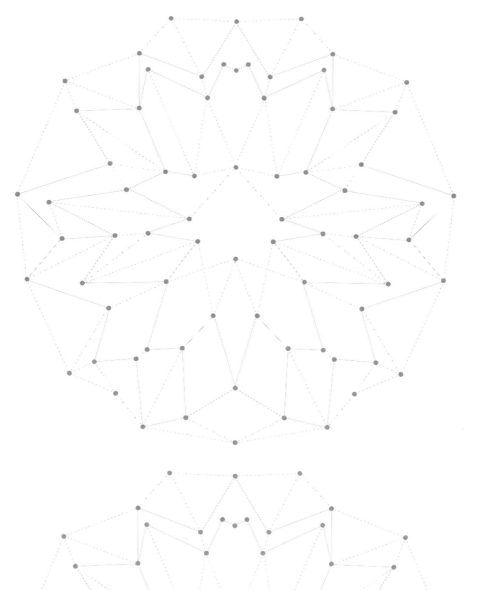

对称性 I

爱因斯坦的两部曲

阿尔伯特·爱因斯坦（1879—1955）用他的两个相对论——　199
狭义相对论和广义相对论——为人类思考大自然基本原理的思维
模式另辟出一条路径。爱因斯坦心中的大美蕴含于对称的具体形
式里而且自成一体。美变成了创造的原则。

| 神话般虚构的经历 |

爱因斯坦说到自己的科学研究方法时，他的话听上去具有明
显的"前科学"意味，感觉他似乎回到自己十分赞美的古希腊时代：

真正让我感兴趣的是上帝在创世的时候有没有别的方案可选。

爱因斯坦认为，上帝，或将其称为创世的神工巧匠，可能别
无选择。牛顿和麦克斯韦九泉之下会对此非常震惊，但是它和毕达　200
哥拉斯普世和谐以及柏拉图永恒理想的概念契合得天衣无缝。

如果这位大工匠别无选择：他为什么不能选择？他被什么束
缚了手脚呢？

有一种可能：这位大工匠内心里就是个艺术家，约束来自对
美的渴望。我情愿（也确实）认为，爱因斯坦曾沿着我们问题的
思路思考过，世间万物是否是各种妙想的附体？他充满信心地回

答说："对，就是。"

美是一个很模糊的概念，其实"力"和"能量"等概念最初也很模糊。科学家通过与自然对话，学习着让"力"和"能量"的概念不断完善，力求这些概念尽量符合世界实相的重要方面。

同样，通过研究这位大工匠的作品，我们也可以逐步完善"对称"的概念，进而最终完善"美"的概念——这些概念反映了实相的要素。与此同时我们尽量恪守保持这些词在日常语言的原意。

狭义相对论：伽利略加麦克斯韦

如果爱因斯坦是毕达哥拉斯的转世，（由于多次转世轮回）他在这过程中一定学到了很多东西。爱因斯坦当然不会摒弃牛顿、麦克斯韦以及其他科学革命时期的英雄们做出的重大发现，他也不会轻视这些人对观测到的现象及其具体事实的尊重。理查德·费曼[1]称爱因斯坦是"一个巨人"，他说："他的头脑远在云端而他的脚却踩在地上。"

爱因斯坦在他的狭义相对论中调和了两位前辈貌似矛盾的两个概念。

* 伽利略注意到，匀速的整体运动使得自然规律保持不变。这个概念是哥白尼天文学的基础，它在牛顿力学中也根深蒂固。

* 麦克斯韦方程组意味着光速是自然的基本规律的直接结果，光速不会改变。这是麦克斯韦关于光的电磁理论明确无误的结论，而这个理论得到了赫兹和很多其他人的实验证实。

但这两个概念之间却存在着冲突。经验告诉我们，如果我们本身处于运动中，那么任何观测对象的表面速度都会发生改变。阿基里斯追上了乌龟，他甚至超过了乌龟（因为在阿基里斯的眼里，乌龟其实不是往前跑而是在往后跑）。可光束为什么会与众不同呢？

爱因斯坦解决了这个冲突。通过缜密地分析异地同步时钟的操作程序，以及这个同步过程如何被匀速的整体运动所改变，爱因斯坦很快意识到运动的观察者分配给一个事件的"时间"和固定的观察者分配给它的"时间"不同，而且这个不同还取决于观察者的位置。对于共同观察的事件，一个观察者的时间融合了对方的时间和空间，反之亦然。这种时间和空间上的"相对性"就是爱因斯坦狭义相对论中的全新理念。这个理论所做的两个设想本来早在爱因斯坦之前就存在而且已被广泛接受，但没有人给予足够的重视来强迫它们和谐一致。

因为麦克斯韦方程组包含了光速，狭义相对论的第二个假设——在伽利略变换下光速保持不变，直接来自于爱因斯坦的开创性想法：同时尊重麦克斯韦方程组和伽利略的对称性。但这是一个更弱的假设。

实际上，爱因斯坦还把问题反过来进行了讨论，发现利用伽利略变换可以从麦克斯韦方程组四个方程中的一个推导出完整的方程组。如果让电荷运动起来便会产生电流，如果让电场运动起来便会产生磁场。支配静止的电荷产生电场的定律经过伽利略变换后可以描述更一般的情况。这一招可谓意义深远，它焕发着未来的光芒。对称，而不是现有定律的推论，成了一条充满活力的主要原则。人们可以用对称性约束定律。

光照下的两首诗

┃将彩虹重新编织┃

我发觉狭义相对论的物理结果中有一个结果特别美丽，它汇集了许多深刻的主题，但我们居然可以用感官去直接体验它。前面几个章节的沉思里，我讲述了光与色彩的物理原理以及发现它们的历史，这为我们尽情享受这个美丽的结果做好了充分的铺垫。

考虑一束纯色的光，我们设想自己处在一个匀速移动的平台上，也就是做一次伽利略变换，看看这束光会如何变化。我们当然会看到一束光，那束光仍然按照以前的速度穿过空间：光速是不变的。如果一开始有一束特定颜色的纯光，那么我们看到的光束仍然有那个特定的颜色，可是……

它的颜色变了！如果我们沿着光束的方向移动（这样我们就离开了光的源头），或者说光的源头远离我们，光束的颜色就会向光谱的红端转变（如果颜色一开始就是红色，那么光束就会变为红外线）。如果我们反向移动，颜色就会向光谱的蓝端转变（或变成紫外线）。移动的速度越快效果越明显。

前一个效果在宇宙学中很常见，因为遥远的星系正在朝着远离我们的方向
203 移动——用我们的行话说：宇宙在膨胀。在这种情况下，我们称这个现象为红移。正是观察到了已知光谱线的红移现象，我们才发现了宇宙的膨胀。

我们因此得出了这样一个重要的结论：所有颜色，都可以通过运动，也就是所谓的伽利略变换，从另一个颜色中产生。因为伽利略变换是自然规律中的对称性，任何颜色与其他颜色完全等价。不同的颜色只是相同事物的不同视角；那些视角虽然不同但都同等有效。

百闻不如一见，说了这么多不如看一张图！在彩图DD中你们看到的是一个纯色光束的波动图形，这束光从光源以光速的十分之七的速度向右移动。如果你们处在偏右的位置，光束会向你们靠近，这时你们感受到的颜色是蓝色。如果你们在左面，光束就会离你们渐远，你们看到的就是红色。在这个图中，光源处于靠近中心的位置。

牛顿本以为他可以证实每种颜色都和其他颜色之间存在着固有的内在区别，没有炼金术似的办法可以把一种颜色变成另一种颜色。牛顿的实验确立，每种颜色的光，无论经过反射、折射或是其他可能的转换过程，颜色都保持不变。

但是他大错特错啦！如果牛顿以每秒钟数以万米的速度飞跑过棱镜，他就会发现自己犯的错误。我当然是在开玩笑了。但我们常常听到科普作者和科学评论者一本正经地这么说——好像除了最新的"万物真谛"，其余的一切都是垃圾。这种观点有点让人恐惧，它让人想起没有容忍性的集权意识。我真正想要强调的观点却恰恰与之相反：牛顿的结论差一点就对了，而且这些结论一直

都那么有用。

发现了故事还有续集是十分美妙的事。在续集里我们读懂了，在多样的表面背后深深地隐藏着统一，正是这种统一又维持着多样性。所有的颜色只是我们在不同的运动状态下看的同一个东西。济慈曾抱怨说科学"把彩虹拆得七零八落"，科学用新的篇章对这样的抱怨做出了出色而富有诗意的回应。 204

｜让色彩恢复生气｜

和音调一样，色彩的物理本质也是随时间变化的信号。光的时变速度太快，我们人类的器官根本跟不上这种变化，光的频率太高了。所以，为了在这种逆境下随遇而安，我们的感官系统在处理信息的时候只将其中一小部分信息编码成了色彩，到头来在这些编密码中几乎没有任何它们起源的蛛丝马迹！当我们看到一种颜色的时候，我们看到的只是象征变化的一个符号，而不是发生变化的事物本身。

我们可以将更多隐藏的信息还原，具体地说就是恢复时变本来的状态，使它按比例变慢以适应人类所及的能力。通过这种还原变换，我们为感知敞开了更多的几扇大门。

广义相对论：局域性、变形性和液化性

我们刚才讨论了，爱因斯坦在狭义相对论中将伽利略的对称性和不变性提升为一个首要原理——一个所有物理规律必须遵从的条件。麦克斯韦方程组不用做任何改变就满足了这一条件，但牛顿的运动定律却没有，爱因斯坦将它们修改以满足这个条件。如果物体的运动速度比光速慢得多，爱因斯坦的修正力学就回到了牛顿力学。

然而，牛顿的引力论却很难适应。牛顿理论是围绕着质量的概念建立的， 205
但狭义相对论中的质量失去了它本来的地位，特别是质量并不再守恒。（如果你

们对上述概念感到陌生，请在《造物主的术语》中参考"质量"和"能量"条目下的内容。）

如果你们让引力按牛顿理论对质量做出反应，你们其实发出了一个模棱两可的指令。一个相对论的引力理论需要新的基础。

爱因斯坦最终在他的广义相对论里，通过提升对称性解决了这个难题，他使对称，特别是伽利略对称局域化了。

通过和（狭义相对论中的）刚性对称做对比，我们会更容易理解（广义相对论中的）局域对称。

根据刚性的伽利略对称，或不变性，我们可以给宇宙一个恒定的整体速度从而改变宇宙的运动状态，同时保持物理定律不变。另一方面，如果我们添加的速度随空间或时间变化，从而改变了宇宙不同部分之间的相对运动，那么物理定律一定会发生改变。如果你们靠近罗盘晃一下磁铁，那罗盘上的指针一定会动！

局域的伽利略对称或不变性假设意味着物理定律会在更大一类的变换下保持不变。准确地说，我们可以在不同的时间和地点选择添加不同的速度。如此听上去挺不靠谱，因为我们刚才还说这样行不通呢！

如果将这个理论扩展便可以找到行得通的办法。在过去的几年里，我通过不同的渠道做过很多努力，尝试着用一种通俗易懂的方法来阐述其中的基本思路，现在我终于找到了满意的描述。无巧不成书，这个描述正好依据了我们以前的想法，它也借用了艺术的理念。

绘画的透视一直被我们当作对称的样板。你们可以从不同的地点欣赏同一处风景，从这些不同的角度映射出的图像在许多方面都会有所差异，但这些图像表达的却是同一处风景。视角变了而风景却没变，这就是对称性的一个生动例子。

同样，我们也可以从不同的视角去观看我们的世界，给它一个恒定的速度，这实际上等效于站在移动的平台上欣赏世界。如果我们这样做，那许多事情看起来都会不同。但是，依据狭义相对论——同样的物理定律仍然适用。这么看来，世界仍然还是那个世界（的影像）。

现在，抛开改变视角，让我们想想更加普遍的方法观看风景，我们于是被带入了变形艺术的领域。彩图 EE 就是变形艺术完美的例证。变形艺术使用镜头、曲面镜和其他工具，按照有趣而又规律的方式产生变形和扭曲的图像。这样表现一个特定场景的可能图像一下多了很多，甚至会出现一些外观特别扭曲的画面。

我们可以用"物理的"方式来实现变形艺术，比如想象透过一种半透明但可以使光线弯曲的材料去看世界——比说透过水去看。我们甚至可以想象水的浓度在某些地方比在其他地方高，因此光的弯曲度就会产生差异。（真正的水很难做到这样，但那并不重要。）这样的话，我们在不同地点抓拍的图像都是扭曲的，而且会形态各异，我们可能觉得这些图像很难辨认。

如果我们不了解水的作用就很容易误认为这些图像代表了不同的风景。如果我们了解水，考虑到水的作用，我们会接纳更多的图像，认为它们可能都有效地表达了我们观看的风景。我们还可以搅动水使它产生涟漪，模仿哈哈镜的效果。我们甚至可以让水运动起来，这样图像就会随时间变化。简而言之：想象一种充满空间的流体，由于它的作用，我们通过它观察到的世界便会发生变形，它的不同状态会导致各种各样变形的图像。

用类似的方法可以把合适的材料引入时空，通过这种材料的变化爱因斯坦便可以让伽利略变换随时空变化，从而导致物理定律发生畸变。这种材料就叫"度规场"，我更喜欢管它叫"度规流体"。这样我们有了一个扩张的世界，它不仅包含了原有的世界，还要加上一个假设的新材料。如果我们给它添加一个变化的速度，虽然度规流体的状态会改变，但整个扩张的世界却依然遵循同样的规律。换句话说，描述这个扩张世界的方程满足一个巨大得"离谱"的局域对称。

我们可以预期，能够允许这么大量对称性的方程应该非常特殊而且很难获得，而那种新材料也必须具备合适的属性。具备如此庞大对称性的方程可以被看作方程中的柏拉图多面体，甚至是球体！

当爱因斯坦得到那些方程的时候，他发现自己找到了梦寐以求的引力论。他为了实现局域伽利略变换，引入了度规流体，同时也丰富了物质世界。这组方程揭示了度规流体因物质的存在而造成变形，这种变形又反过来影响了物质的运动，因此度规流体所起的作用基本和麦克斯韦电磁学里的电磁流体异曲同工。我们把度规流体最小的激发（量子）叫作引力子，它们都类似于电磁学中的光子。

在这个构架里，对称作为一条主宰世界的原则其作用已经上升到一个新的台阶，对称被赋予了创造力。爱因斯坦的引力论成功地描述了大自然，而局域对称的假设对于这个理论丰富而繁杂的细部结构起到了决定性的作用。要成功引入局域对称就离不开度规流体和随之产生的引力子。

我必须补充一句：把局域对称放在首要的地位，这种研究广义相对论的方法多少有些非主流。我们通常会运用其他概念导致度规流体的介入。但局域对称绝对必不可少，当我们要为其他的力构建理论时，这种极简主义的方法让我们很受用。

208　　在谈到自己的理论时，爱因斯坦使用了一个不同的术语，这个术语还残留着他"在黑暗中探索"时期的阴影，至少在我看来，它显得既模糊又费解。他的广义协变基本相当于我们所说的局域伽利略对称。为了向他致敬，我们用他的一句话来总结一下我们上述的讨论：

引力子就是广义协变的化身。

译者注释：

1.　理查德·费曼（Richard Feynman，1918—1988）：美国物理学家，1965年度诺贝尔物理奖获得者，曾是美国原子弹研制的"曼哈顿计划"的成员。

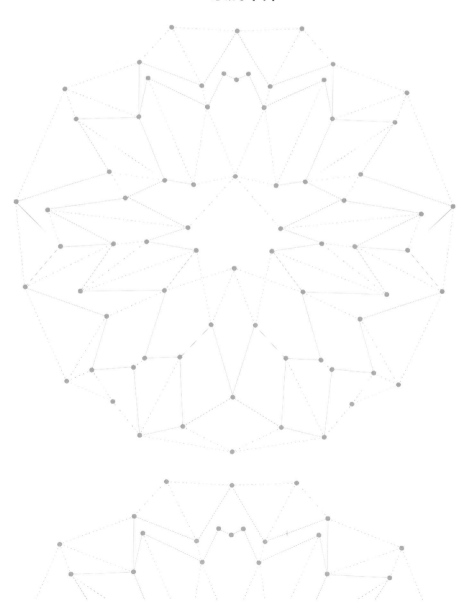

量子之美 II

繁茂丰沛

对物质的分析可以将物质分解成电子和原子核（我们即将看 209
到，再进一步就可以最终把物质细分成电子、夸克和胶子）。光子
也是这个成分表中的一员，因为它们是构成电磁流体的材料。就
这么几个的成分，然后按照几条奇特但严格而且高度结构化的规
则，我们就有了化学、生物学和日常生活的大千世界。

这究竟是怎么回事？

本章篇幅不长却让我们朝着问题的答案迈进了重要的一步，
因为我们将在这一章里证明量子物理这个不同寻常的乐曲和真实
的物质世界之间存在着一种关系，即：

$$理想 \rightarrow 真实$$

后面的章节里我们将按如下方式提炼我们对理想的理解：

$$理想 \rightarrow 理想 \rightarrow 理想 \rightarrow 真实$$

这一串连接中的最后一个环节将在本章建立，而后将不再改 210
变而且始终如一。

化学世界的广博令人神往，但我们的目的却不是要撰写一部
百科全书。针对我们提出的问题，建立最后那个链接就足够了。
为了让工作得心应手而且乐趣无穷，我决定要集中精力，把化学
的范围缩小，有人可能觉得这个范围小得有些不像话了，因为我
只使用一个元素：碳元素。你们将会看到，在这个只有一个化学
元素的一隅之地也有一片仙境。

电子到底想要什么？

电子到底想要什么呢？

这个问题问得有道理，因为所有的电子都具备相同的特征，这一点和人类不同。很容易列举出它们的"欲望"，"欲望"基本有三：前一章已经举出了其中的头两个：

* 电子受电力的作用，被带正电荷的原子核吸引，但电子之间却相互排斥。
* 描述电子的是弥漫于空间的场，即它们的波函数；波函数倾向于光滑而缓慢地变化。在权衡原子核的吸引与自己的浪子性格之后，电子会安居在一些特定的驻波形态或"轨道"上。我想象电子会在原子核面前这样为自己辩解：

"我觉得你挺有魅力，但我需要自己的空间。"

* 电子的第三个重要特征关乎它们彼此之间的关系，我们讨论氢原子的时候还没有遇到此类问题，因为氢原子只有一个电子。这第三个特征较前两个稍微复杂一些，它被称为"泡利不相容原理"，这个原理以奥地利物理学家沃尔夫冈·泡利的名字命名，因为泡利在1925年首次阐明了这个原理。"泡利不相容原理"纯粹是量子力学的产物，要想把它阐述清楚必须利用波函数，这是对物理实相进行量子描述的基础！

泡利最初提出不相容原理的时候并没有理论基础，你们可以称之为灵感，或者姑且叫它猜想，两种叫法都没错。毕达哥拉斯通过对音乐的聆听，从音乐的模式里识别出音乐的规则，得到了他的和谐定律。泡利和玻尔聆听了原子的音乐，即它们的能谱，玻尔提出了定态和量子跃迁，泡利提出了不相容原理。今天我们认识到"泡利不相容原理"是全同粒子量子理论的一个非常重要的结论，深植于相对论和量子流体理论，但这个原理确实始于灵感的猜测。

我们当前只是想欣赏一下电子是怎样从简单的规则里获得旺盛而自发的创造力。就这个目的而言，泡利最初的想法就足够了。第三条规律的原始形式是：

同一个定态容不下两个以上的电子。

（为什么不能超过两个？听着真奇怪！这是电子固有的自旋引发的结果。两个电子，只有彼此朝着相反的方向自旋才能同处于一个定态里。泡利的原理有个更令人满意的提法：如果自旋属于状态的一部分，没有两个或两个以上的电子可以同处一个定态。）

碳原子！

212

这三条规律为我们展现了一个丰富的世界，它涵盖了材料学、化学和将大部分遗传及新陈代谢包括在内的生物学的物质基础。为了将这个蓬勃茂盛的景象缩小到可控制的范围，我决定只能观隅反三：将注意力集中在纯碳的物质世界。你们将会看到，即便这样一个小小的一隅之地也是一个奇特、丰富而又形形色色的世界。碳原子还将我们带入研究工作的几个主要的前沿领域。

基于碳的化学又被称为有机化学，因为碳是所有蛋白质、脂肪和糖的主要成分，而这三种物质和核酸一起是生物学里绝对的主角。但除了碳元素，这些生物分子还包含了其他元素，它们在生物分子发挥功能时起着至关重要的作用。碳的同素异形体在生物中不发挥任何作用，看来我们翻到了有机化学这本大部头里极其特殊的一个章节——无机的有机化学（inorganic organic chemistry）。

| 单个碳原子 |

碳原子结合之后会形成各种碳的同素异形体，我们就从碳原子开讲。碳原子核包含六个质子，所以它具有六个单位的正电荷。一个碳原子吸收六个电子后就会变成电中性。当这六个电子试图让它们的能量变得最小的时候，我们那三条规律就派上了用场。电子们想拥有这样的定态，定态用化学家的话说就是轨道；同时电子的能量尽可能低。这便是图20左上角的图像所呈现的那些好看的、圆圆的、紧凑的轨道。但是泡利先生却对我们说，那里只能容纳两个电子。

剩下的四个电子只能占据其他的轨道。我们往右挪一步就会发现一个新的圆形轨道。这个轨道不那么紧凑，因此位于中心的原子核的电荷引力就起不到那么大的作用了。在这个轨道上运行的电子就不会像那两个"内部的"电子一样被妥妥地套牢了。这件事对接下来所发生的事至关重要。这第二个圆形轨道也只能容纳两个电子，现在我们安顿了六个电子中2+2＝4个电子。为了安顿剩下的两个电子，我们需将眼光放长远一些。

从左上角往下挪一步，还有另外一种轨道，它不是圆的，更像一个哑铃的形状。哑铃可以指向任何方向，所以实际上存在三个同样形状的独立轨道。只要我们让这些轨道发挥作用就有充足的地方收编那两个剩下的电子。

其实这两种新型的轨道具有差不多相同的能量，不用在能量上付出高昂的代价电子就把它们混为一谈了。重要的区别在于，两个内部的电子和原子核非常紧密地绑定在一起，而四个外部的电子则若即若离。如果附近出现其他的原子，这四个电子就会成为原子们瓜分的目标。只要对它们的轨迹稍加调整，这四个电子就能受到不止一个原子核的吸引，为了降低能量而投入邻居的怀抱。

| 成群结队的碳原子 |

我们可以在图27里看到，当碳原子成群结队的时候有两种特别好的对称方

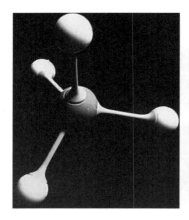
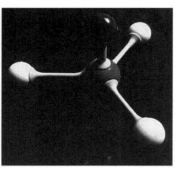

图27　纯碳具有两种主要的成键模式，两种模式都根据对称进行了优化

式让它们瓜分电子。

　　我们在图27右边可以看到一个钻石的构成单位，它展现了一个完美的三维对称，四条轨道延伸到一个四面体的各个顶点，四面体是最简单的柏拉图多面体，想必你们还记得吧。

　　左边的图是石墨烯结构的一个单元，它显示了一个完美全的二维对称，三个平面轨道延展至一个最简单的正多边形——等边三角形的各点。两张图中的白色球体都可以被其他的具有相同成键模式的碳原子取代，而深色的球则会贡献一层准自由电子。（严格说来，这个电子层的密度一半在主碳原子层的上面一半在它的下面。）请注意：如果每个原子核向每条轨道贡献一个电子，那样刚好符合了泡利先生的原理，每个碳原子核都拿出四个外层电子和其他原子一起共享。你们将会在本章的其他插图中看到，这些基本元素相互组合之后产生了琳琅满目的纯碳材料。

　　这两种特别对称的成键模式正好导致了利好的能量（即低能量），这当然不是巧合。这两种模式使得碳原子以大量稳定的方式结合在一起。我们这就去一看究竟。

| 钻石（3-D）|

　　从原子的层面看，钻石的结构对称而又和谐（参看图28），每一个碳原子核都位于四个电子轨道的中心，而这四条轨道又延伸到周围相邻的碳原子核，而相邻的碳核正好处于正四面体的各个顶点。这个布局太高明有效了，因为电子既可以造访两个不同的原子核，还可以避开其他的电子。由于电子喜欢这样的安排，它们安于现状，不愿做任何改变。拆散它们是件很难的事，为什么很难在钻石上划出痕迹也是这个缘故！纯净的钻石是透明的，这里面的道理也是一样：可见光的光子不能传递足够的能量使电子改变状态。（钻石中的杂质可以让钻石沾染颜色，它们包括偷偷混进了碳原子队伍的其他元素和钻石的晶体结构的缺陷。珠宝界对钻石颜色的评估有一个精心设计的系统，某些瑕疵好于其他瑕疵，有些瑕疵甚至比无瑕更值钱……）

| 石墨烯（2-D）和石墨（2+1）模式 |

碳元素在常温和常压下最稳定的形式并不是钻石，而是石墨。钻石并不像广告宣传的那样"钻石恒久远，一颗永流传"：如果时间足够久远，钻石就会变成石墨（但读者也别听风就是雨地担心钻石变质）。石墨是一种黑色的材料，铅笔芯里所谓的"铅"就这种材料制成的，它还是一种工业润滑剂，被广泛使用。在原子层面，石墨是一种层状材料（参见图29），由很多层彼此结合得很松散的石墨烯组成。层间结合度薄弱造成层与层之间很容易滑动或者脱离，这也是石墨可以用作润滑和涂写的原因。我们说石墨是2+1维，因为一片片碳层可以无限地摞在一起。

石墨烯就是单层的石墨，也是这类材料中最简单、最迷人的一种。

在实验室里找到石墨烯以前，它已经在理论上被研究了几十年。由于石墨烯简单而规则，量子理论学家可以信心十足地预测它的属性并描述相当多的细节。人们预言，如果石墨烯能够被制造出来，一定是件了不起的事情，可它真的能够被制造吗？

安德烈·海姆（Andre Geim）和康斯坦丁·诺沃肖诺夫（Konstantin Novoselov）在2004年首次从石墨中剥离出石墨烯，但他们进行探索的方法却是19世纪的技术手段，不知怎么逃生到21世纪才焕发了青春。他们从铅笔的划痕入手，划痕中的石墨通常含有几个碳层。他们于是再用胶带粘下几层，然后将它们转移到显微镜的载玻片上。这样的铅笔痕迹非常不规则：有些地方根本没有粘上碳，有些地方只粘上一层碳——那就是石墨烯！——还有些地方粘上了厚厚的两层，甚至更多。厚度不同的层次在偏振光下显示的颜色略有不同，这样海姆和诺沃肖诺夫就可以锁定那些石墨烯的斑块并摸透它们的属性，最终证明它们确实是石墨烯。鉴于海氏和诺氏的工作成果，他们共同获得了2010年度诺贝尔物理学奖。

216

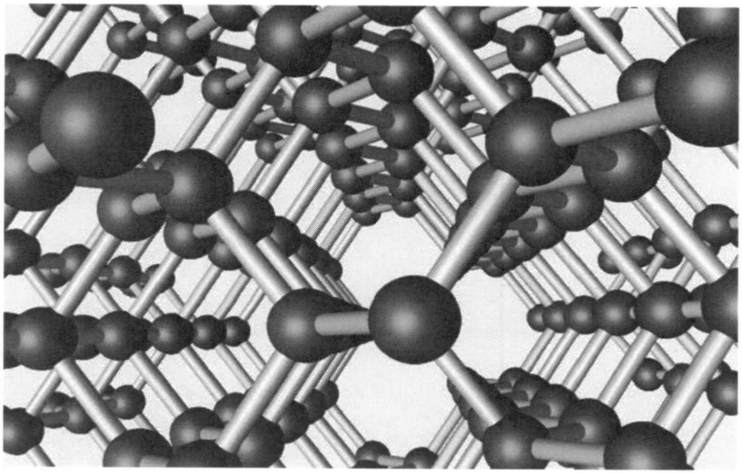

图 28　钻石的原子结构。每个碳原子核在和周围四个原子核分享电子，这四个原子核则处于一个正四面体的四个顶点。这个三维结构可以填满整个空间

图 29　石墨烯的结构。每个碳原子周围的三个碳原子正好形成一个等边三角形，这四个碳原子分享电子。这个蜂窝状的图案可以无限延展，正好是三种无限柏拉图平面中的一种

　　石墨烯具有独特的机械和电性能，应用前景十分广阔。乐观的应用前景驱使人们找到了更加有效的方法制造石墨烯！研究预测，在未来的几年里，石墨烯的市场将发展到超过1000亿美元。这个预测听上去很乐观，但绝不是一句疯话。

　　这里我只提一个很容易理解的亮点，它也会让我们的探索之旅风光无限。和钻石晶体中的电子一样，石墨烯平面上的电子排列得规则又高效，它们懒得改变，因此要打破这个格局实在很难，所以石墨烯是强度大、特结实的材料。与此同时，由于它的厚度只有一个原子层，石墨烯薄膜重量轻而且柔韧。2010年，诺贝尔委员会在解释获奖原因时就提到过，如果用一平方米大小的石墨烯薄膜做成吊床，它可以承受一只猫的重量，而薄膜本身的重量却只有猫胡子那么轻。据我所知，还没人尝试过这个实验呢。

| 纳米（1-D）|

　　我们可以把二维的石墨烯薄膜卷成一维的管子，这就是所谓的纳米管。依据不同的半径和卷的角度可制成多种形式的纳米管。请看彩图FF，虽然这些纳米管在几何上差之毫厘，但其物理属性却可谬之千里。纯粹通过计算便能明确地预测出这些微妙的性能，而计算出的结果竟然和实验测量吻合，不得不说这是量子理论的一次凯旋。

| 巴基球（0-D）|

　　最后我们来想象一下如何把一张石墨烯薄膜围成一个有限的封闭曲面。做到这点的办法很多，但如果只用六边形并让三条边交汇于一个顶点，却不可能做出一个简单而又封闭的曲面。因为不存在这样的柏拉图多面体！由正五边形组成的十二面体是最接近的，十二面体的每个顶点恰好和另外三个顶点连接，因此图27的基本结构就派上了用场，——这一点非常重要。当然三个轨道需要变形偏离它们理想的平面排列。虽然十二面体结构的分子C_{20}的确存在，它包含了20个碳原子，但更大的包含正六边形的组合形式只需要更小的变形，这样结构更稳定。图30展示的是漂亮的C_{60}分子，也叫"足球烯"分子，这种结构特别稳定而且常见。

具有C_{60}结构的纯碳球虽然最常见但绝非主要类型，碳遭受类似闪电放电的电击燃烧之后就会形成各种碳球；它还会少量地产生在我们常见的蜡烛灰烬里。

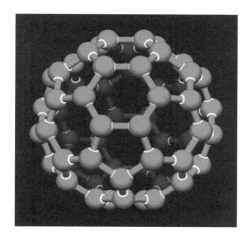

图30　巴基球的结构。其中碳原子完全卷起来了，形成一个有限的物体。从远处看就像一个点，所以它的维度已经坍缩为零

图30显示的就是C_{60}的分子结构，它是"富勒烯"或"巴基球"中的一种。在这个结构里，石墨烯在两个维度里都被卷了两圈，形成了一个零维度的物体（也就是说，它没有任何余地向任何方向无限扩展了）。和石墨烯、纳米管一样，这里的基本单元也是一个碳原子连接它的三个邻居。巴基球里隐藏着一个十二面体：十二个五边形规则地散布在二十个六边形里；如果你们把六边形缩成一个点，就会得到十二面体。巴基球可以拥有不同数量的六边形，但由于拓扑的原因，它总是有十二个五边形。"富勒烯"和"巴基球"这些名称都是为了纪念巴克明斯特·富勒（Buckminster Fuller，1895—1983），此君既是一位发明家又是一名伟大的建筑师，他的建筑发明"网格穹顶"和巴基球的构架密切相关而且使用了大致相似的理念。

让我用图31中的照片来结束这次领略纯碳繁茂丰沛的化学世界的短暂旅

图 31　哈罗德·克罗托和他的元素以及各类富勒烯模型

程。这是一张哈罗德·克罗托（Harold Kroto，1939— ）的照片，他由于在富勒烯方面的研究获得1996年诺贝尔化学奖。照片中的他站立在一堆由他自己手工制作的模型中。

爱动脑筋的人不仅赏心悦目于钻石的溢彩流光，也能从表面脏兮兮的涂迹和烟尘中看到暗藏的内在美感；薄如游丝的薄膜能兜住睡懒觉的猫咪，在他们眼里也美轮美奂。

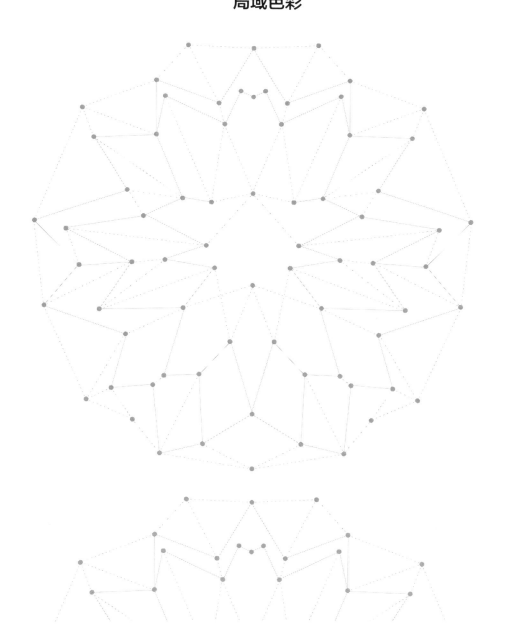

对称性 II
局域色彩

我们万千的思绪此刻交织在一起，流向我们问题的答案。　221

我们在上一段对称的插曲里看到，爱因斯坦将伽利略对称局域化之后发现了自己的引力论：广义相对论。

下一章我们将用文字说明，对称局域化如何让我们得到了关于自然界的三大基本力的成功理论；所谓三大基本力包括电磁力、强核力和弱核力。新型的对称涉及粒子特征（特别是色荷）之间的相互变换。在局域对称下，这些变换在不同的时间和地点可以不一样。

现在为了激励你们迫不及待地上路，我们先来展望一下这段旅程的目的地。

| 变色艺术（Anachromy）|

变形艺术就是把图像的空间结构整得歪曲倾斜，这门艺术充分地表现了广义相对论所能容纳的各类时空变换。

其他基本力允许的变换也可以用一种艺术形式来表现，如果　222
它确实存在，也肯定不如变形艺术那么成熟和文雅。变形艺术并不改变图像的色彩结构，变色艺术却正好相反，我们对图像的色彩结构进行调整，而让其空间结构保持不变。

要想把这件事说清楚，千言万语都比不上几张图片。

彩图 GG 是变色艺术的一件先锋之作。这是一张巴塞罗那街边的糖果摊的照片，我们在图中看到四种效果。左上角的那张图是原版照片，没有经过处理。从右上角的那张图里我们可以看到颜色发生刚性变化后的效果，即每个像素都以同样的方式发生变换。（技术痴会说：在标准的红绿蓝 RGB 格式下将 G 转换成 R，将 B 转换成 G，将 R 转换成 B，即 G → R，B → G，R → B。）在下面的两个板块里使用了更为复杂的颜色变换，每一处的变换都有所不同。在左边一排我们看到的是相对温和的变换效果，而右边的一排则是变换幅度剧烈的效果。

问题的答案

宗教礼拜场所就体现了设计它们的建筑师及其代表的社会群体的审美理想。色彩、几何、对称等特征成为他们所选择的表现手法。请注意彩图 HH，在这张壮丽的画面里上述这些特质尤其明显。当我们凝神扫视时，我们发现四周外表的局部几何和色彩在不停地变换。这是变形艺术和变色艺术的一个精彩例子，当我们揭开自然的深层设计时，它也体现了在自然的核心我们找到的主题。

世界万物到底是不是妙想的附体？我们的答案就在眼前：当然是。

色彩和几何、对称、变形、变色虽然各有各的目的，但它们都只是艺术之美的一个分支。伊斯兰教对具象化艺术的禁止将这些形式的美推到了台前，就像稳定的要求在物理上约束了结构的形式（我们需要建造柱子以支撑屋顶的重量，也需要拱门和穹顶分散张力）。如果没有这个禁止，绘画的对象便会集中于人脸、人体、情感、风景、历史情境等题材，也就不会出现体现朴素之美的艺术了。

然而世界在其深层设计中并没有表现所有美的形式，它的一些美并不显现，除非人类经过特殊学习或具备非凡的品味才会发现它们极具感染力。但世界在其深层设计中的确暗含了某些形式的美，而这些美本身就备受推崇，人们还不自觉地将它们和天神联系在一起。

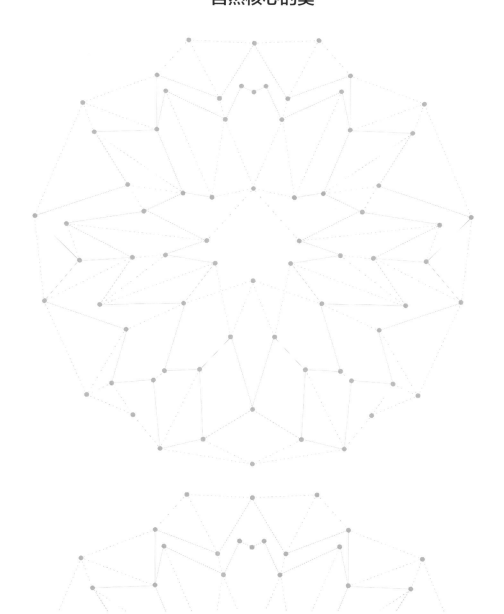

量子之美 III
自然核心的美

我们对量子实相所进行的沉思迄今已经揭示，日常的物质世 225
界在合理的理解下确实体现了大美的概念。无论是作为形象的比
喻还是精准的定义，原子都是极其小巧的乐器，它们组成了普通
的物质。在光的相互作用下，原子奏响了由精致数学谱写的天体
乐章，这个乐章超乎毕达哥拉斯、柏拉图和开普勒的想象。在分
子和有序的材料中，这些小巧的原子乐器在演奏的时候就像交响
乐团的合奏一样和谐。

由于发现了这感知和领悟的瑰宝，我们受到了鼓舞而进一步
地钩深索隐，坚信自己尚未详尽无遗地找到这座宝藏的矿脉。这
些新的认识为我们向天地发问提供了可喜的却尚不全面的答案。
新的认识同时诱导我们继续深挖，可是我们已获知的答案却又向
我们提出了新的问题：

　　*　原子核是什么？
　　*　电子为什么存在？
　　*　光子为什么存在？

在这最后的两个章节里我们将讨论上述的问题以及它们引发 226
的其他问题。我们的探索之旅将带领我们进入当前人类认知的前
沿并从那里大踏步地超越这个前沿。我们将会发现新的概念和实

相，它们建筑在我们之前讨论的那些主题之上，同时又超越了这些主题。在不断逼近问题核心的过程中，我们会发现新的美，眼前会浮现出一个壮丽的景象：那些瑰丽之美汇集并交融成一体。我们还将切实体会和发现物理世界的玄妙之美——可能还存在更美妙的世界等着我们去发现。

这一章我集中讲讲目前在描述大自然四种基本作用力时我们使用的各种想法。这四种力中的两种：引力和电磁力已经在我们沉思的过程中扮演了举足轻重的角色。其他两种力，即所谓的强力和弱力，在20世纪初当物理界试图理解原子核时才被发现。

原子核非常小也难以研究，了解它变成了一项漫长而又艰巨的任务，在20世纪大部分时间里主导着基础物理的研究，而且仍然在研究领域继续占据主导地位。有段时间局面确实非常复杂而又混乱，但最终我们揭开了自然的真相！我们现在关于强力和弱力的理论配得上和牛顿（及爱因斯坦）的引力理论，并且可与麦克斯韦的电磁理论比肩。

在本章我们还将看到，描述强力和弱力时所需的概念和方程是对描述引力和电磁力时出现的那些概念和方程所做的自然而又美丽的强化。反过来说，对强力和弱力的了解使我们获得了看待旧理论的新视角，能明确地找出新、旧理论所共有的本质。这个共有的本质则暗示了一个内在的、更深层次的统一。下一章里，我们将去领略一下这种统一开花结果后的丰收景象。

227

| 向核心进发 |

强力、弱力、电磁力和引力的主要理论常常合在一起，被称作"标准模型"，我在前言介绍中已经说过，这个平庸的名称太过谦逊。首先，"标准模型"中"标准"一词带有一丝凡才浅识的意味，其明显的言外之意就是思想狭隘而且毫无想象力。另外，"标准模型"中"模型"一词给人根基不牢的感觉，影射这个构架简陋粗浅，有点儿临时抱佛脚的意思。然而这些意味和暗示都和这一辉煌的成就扯不上关系——我认为，它是最辉煌的成就，没有之———它是人类思想不懈努力所获得的伟大成就。因此，我称它为"核心理论"。

核心理论实践了牛顿"分析与综合"的程式。我们制定了基本规律，它们精确地陈述了几个基本成分的属性和相互作用，从这些基本原理中推导出更大物体的运动状况，构建了我们所知道的物质，其丰富性可谓包罗万象。

核心理论作为物理定律为物理在化学、生物学、材料学和一般的工程学、天体物理学及宇宙学的主要领域的诸多应用奠定了牢固的基础。它的基本原理都在最极端的条件下经过测试，测试的精度已经超越了这些应用所要求的范围。

我们将看到，核心理论本身就代表了奇思妙想，但这些奇思妙想都是隐藏得很深的玄机。我们尚需增长想象力而且心甘情愿地付出一些耐心去领悟其中的美感。

做到坦诚地了解而不是粗浅或一厢情愿地臆断是一个永恒不断的挑战。关于欧几里得的故事并不多，而且极有可能是虚构的。有一则故事讲他和托勒密王一世[1] 的对话，后者是他的资助人。国王问他，有没有比《几何原本》更简单的方法学习几何。欧几里得大概是这样回答的：

> 陛下，没有通向几何的皇家大道。

228

然而，我希望我在前面已经让你们了解到，无须长期学习就可以通过绘图和直觉领略到几何中的一些美。

我同样会用图片和文字说明让你们领略到核心理论的一些美妙之处。无巧不成书，这些妙处也正是核心所在！

历史上，核心理论的概念是通过实验建立起来的。在高能粒子加速器上进行的实验产生了大量令人困惑的不稳定粒子，它们的行为为核心理论提供了线索。在通常的介绍中，核心理论显得非常复杂，它涉及很多"基本粒子"，而它们其实并不那么基本。这个复杂的表面使许多基本概念模糊不清。值得庆幸的是，核心理论的核心思想要比佐证该理论的实验依据简单得多。实验证明当然重要，但对于我们的沉思，我们可以把证据放在一边儿而侧重于概念而不是证据。

泛泛地说了这么多，现在让我介绍一下本章的内容。为了便于你们消化吸收，我将分四个部分讲述。

我们在第一部分将通过图像和比喻探索一下我所谓的核心理论的灵魂。用这种方法最适合解释特征空间和局域对称这两个核心概念，因为这些概念都是美妙的思想。

这样，在柏拉图的理想层面，我们的工作已经基本完成了，剩下的工作就是寻找我们的问题所呼吁的那类关系，即：

$$理想 \Leftrightarrow 真实$$

229 第二部分里我们将比较深入地讨论一下强力，在第三部分我们将有选择地谈一谈弱力。特别值得一提的是整个弱力理论中存在很多我们几乎不会涉及的复杂面。（坦白地说，就目前的理解，这些方面看上去不是很美！）在第四部分，我将简单地介绍一下力的全部阵容，然后对它们进行总结，那时我们就会清楚地看到核心理论的美和它的美中不足，为我们最后一章的探索整装待发。

第一部分：核心的灵魂

| 特征空间 |

正像我们之前谈及的那样，我们人类是具有强烈视觉感的动物。我们的大脑很大一部分都用作视觉处理，我们也很擅长处理视觉。我们天生都是几何学家，我们的视觉善于捕捉和组织物体在空间的穿梭。

虽然我们尽可以单纯地用数字和代数来讨论粒子和作用力的性质而不去使用几何，但是空间的图像和几何对人类更具吸引力。这样做可以让我们充分利用大脑中最强大的模块，使得我们轻而易举地对付那些概念。另外，这样能唤起这些概念中的美感。

我们在下一章将要考虑核心理论中的核心方程及其扩展，它们都非常适合形象的空间想象。但我们必须随时准备变通，适当调整我们对空间几何的日常概念。新概念的关键在于特征空间。

莫里哀笔下的茹尔丹先生[2]从哲学老师那里欣然得知自己一直都在用朗诵散文的语气说话：

茹尔丹先生：那么如果我说："妮可，把我的拖鞋拿来，再取一下我的睡帽。"这算散文吗？

哲学老师：再明显不过了。

茹尔丹先生：那您是怎么知道的！到现在四十年了，我一直都在朗诵散文，我竟然不知道！ 230

和茹尔丹先生一样，你们很可能在浑然不觉的情况下每天都在感受额外的维度、场和特征空间*。每当看到一张彩色照片的时候，你们的大脑都要在普通的空间之上再勾勒一个三维的（色彩）特征空间。当你们观看彩色电影和电视节目的时候，或者和电脑屏幕进行交互时，你们其实正在处理一个定义在四维时空上的三维特征空间。

让我对这个大胆却言之凿凿的说法做些解释。

为了具体说明，我先拿电脑屏幕举例。我们如何表示电脑屏幕所呈现的信息呢？在实际操作中，如果我们编写程序，怎么才能告诉电脑必须做哪些事情以便让我们眼前的屏幕栩栩如生？

我们可以用水平或垂直位置来表示图像中的不同元素（像素），这样就需要两个数字：x和y。为了让每个像素能表达所有的色彩，我们必须确定它的三个色源的强度——麦克斯韦早就教过我们了！我们通常选择红、绿、蓝三原色，它们的强度值可以用R、G、B表示。因此，为了让电脑准确地知道在一个给定的时间和一个确定的位置该输出什么图像，我们必须确定六个数字，即t、x、y、R、G和B。刚才已经提过，其中两个数字（x和y）决定空间的位置，三个一组的数字（t、x和y）则决定了时空中的位置；剩下的三个数字则是对色彩的描述，如果只把它们看作数字，这组数字和前一组没有什么两样！因此它们定义了一个新的空间，即特征空间里的一个位置。这样看不但符合逻辑而且硕果累累。

现在我用两张图片——它们一个抽象另一个具体——分别来说明特征空间的概念（图32和彩图II和JJ）。在第一张图中，我们用几何的方法画了一个简单的特征空间，在普通空间中的每一个点上飘浮着一个额外的空间，这个抽象的额外空间在画面里呈球体状。上面描述的色彩特征空间的最自然表示方式是一个三维的立方体，因为所有可能的亮度作为其最大值的一部分，取值范围是从零到一，如彩图II和JJ左侧 所示。彩图右下所代表的是电脑屏幕的采样空间（我们刚讨论过）。你们看得出，这张图是图32有形的和有色的具体体现！

图32 额外维度的概念的抽象示意图：在普通空间的每一点都有一个附加的空间来实现"额外的维度"，这里的小球代表额外维度

早些时候我们已经介绍了，分配到像素的颜色可以被描述为三维的RGB特征空间中的一个点。在彩图KK中，我们来玩一下色彩的特征空间，会发现它

既灵活又丰富。底部的图片是一张正常的照片。通过投射到特征空间的低维数子空间我们可以得到原始照片的不同侧面。左上角的图像就是将素材只投射在绿色的子空间，这样色彩的特征空间便减少至一维。右上角的图像则是将素材投射在绿色和红色上而省略了蓝色，色彩的特征空间便降至二维。

这些不同维数的特征空间和核心理论的基础之间不可思议地神似，印在图片下方的"电磁""强""弱"三个标识就是为了反映这个事实，下面我来解释一下。

根据量子理论，电动力学描述了光子对电荷在时空中分布情况的反应。也就是说，光子感受到带电粒子的位置和速度而做出了反应。所以光子在时空中的每个点上都"看到"一个数字，即该点电荷的数量。这说明光子"看到了"一个一维的特征空间。

强力就像是吃了激素的电动力学，我马上会详细讲解。强力理论即量子色动力学（QCD）的方程和麦克斯韦的电动力学方程相似，但是前者以一个三维的强特征空间为基础。在量子色动力学中我们不是有一个光子，而是有八个和光子类似的粒子——胶子；胶子对强特征空间中发生的一切做出各种反应。这里还发生了一个怪异的巧合，让胶子产生反应的荷也被命名成颜色，尽管它们和通常意义上的颜色没有半点直接的关系。强色荷反而和电荷更类似。我们讲得有点儿太快了吧……

四重阴阳

约翰·惠勒（John Wheeler，1911—2008）在说明物理概念的时候有一种"语不惊人死不休"的本事，我们念念不忘的"黑洞"就是惠勒发明的新词，还有后面我将会用到的"没有物质的质量（Mass Without Mass）"。惠勒饶有诗意地形容了爱因斯坦引力论，即广义相对论的本质，他富有诗意的表达值得我们借鉴：

233　　　物质告诉时空怎么弯曲

　　　　时空告诉物质如何运动

　　出于长虑顾后的目的，我们有必要详细说明"时空告诉物质如何运动"，然后对其纠正！我们先就"告诉"这一行为进行说明，然后再对"物质"和"时空"进行一些调整。

　　时空究竟怎么向物质发出运动的指令？根据广义相对论，这个指令非常简单：一直走尽量别拐弯！

　　曲面存在着一个最可能接近直线路径的概念，也就是测地线。和普通的欧几里得几何中的直线一样，测地线是连接两点之间最短的路径。同样的数学概念（曲率和测地线）不仅适用于曲面——曲面毕竟自身就被认为是二维的空间——还适用于整个空间乃至时空。爱因斯坦在广义相对论里展示的天才就是把引力描述成了一种被惠勒诗赞的形式：引力造成的"降落"和"运动轨迹"原来都是物质在弯曲的时空中竭尽全力地做着直线运动（即沿着测地线运行）。

　　惠勒的描绘很容易让人产生联想却过于简单了。世上并不只有引力！为了让诗句表达得更准确并使其极情尽致，我们需要进行一些改进。

| 关于几何的符咒 |

　　惠勒的诗把"物质"说得有点儿太诗意了，物质可以有几个属性（譬如电荷），而时空的曲率只对能量和动量的整体密度情有独钟。因此我们该换种说法：

　　　　动能量告诉时空怎么弯曲

234　　另外，除了引力还有其他的力影响物质运动，这些力使得尽可能接近直线的运动轨迹产生了偏移。因此，我们还应该这么说：

时空告诉动能量（在时空中）什么是直线

将这两句合在一起：

动能量告诉时空怎么弯曲
时空告诉动能量（在时空中）什么是直线

现在该轮到电磁学的核心理论了：

电荷告诉电磁特征空间怎么弯曲
电磁特征空间告诉电荷（在电磁特征空间里）什么是直线

形容弱力的诗句是这样的：

弱荷告诉弱特征空间怎么弯曲
弱特征空间告诉弱荷（在弱特征空间里）什么是直线

强力的诗句则是：

强荷告诉强特征空间怎么弯曲
强特征空间告诉强荷（在强特征空间里）什么是直线

完整的核心理论包含四种力，物质也具备四种属性：动能量、电荷、弱荷以及强荷。物质的粒子发生传播的空间远比惠勒允许的空间复杂得多，它是建筑在时空之上的电磁、弱和强特征空间。然而根据核心理论，物质安常处顺，很适应这个更为复杂的环境。

一直走尽量别拐弯！

| 阴阳 |

核心理论的奇妙之处在于这四种力听起来像是同一个旋律奏出的四个容易区别的变奏。如果拿二元性的眼光看待，奇观固然好看，但我个人倒没觉得有那么稀奇，无非是把

物质 ‖ 时空

这个对偶看作中国式的互补原理

阴 ‖ 阳

的一个实例。这个观点对我来说并不过于花哨，而是妙味无穷。

阴主被动柔顺，关乎水土（物质）。她会"顺其自然"（电影《俄克拉荷马!》里的台词），也会"趋力附势"（电影《星球大战》里的台词），一直沿着阻力最小的路径——测地线——前行。

阳主主动刺激，关乎上苍（时空）、光（电磁流体——注意往下看!）和其他驱动力。

这么看来，核心理论的灵魂就是四重阴阳。

我有幸地请中国国画大师何水法绘制了一幅太极（阴阳）图，这幅画作是本书的一大特色，被印制在标题页，它也是本书用作图解的第一张彩图。

太极有很多种英文翻译，"Supreme Polarity（至高无上的极性）"可能最贴切。太极的符号包含了两个对立的元素阴（深色的）和阳（浅色的），这个符号通常被称为"阴阳图"。请注意，这两个元素组成了一个不可分割的整体，你中有我，我中有你。

236　　在量子理论和四种力的核心理论（引力、电磁力、强力和弱力）中，我们对物理实相最深刻的描述让我想到了阴阳。尼尔斯·玻尔是量子理论极具影响力的缔造者，他看出了自己的互补性理念和阴阳二象合一之间如出一辙。他还亲手设计了一个袖章，纹徽的中央就是一个阴阳图形（参见图42）。我们的核心理论的核心就是描述弥漫空间的类光流体（阳）和物质（阴）之间的相互影响，两者之间互为操纵也互为迎合。

| 关于流动符咒 |

为世界绘制的地图不一定非是个球体。 我们可以通过将距离的信息投射在一张网状的平面上来表示曲面，比如地球表面的几何形状。

说得更通俗一点儿，我们可以将距离的信息映射到平直的网格上来表示弯曲空间或者弯曲时空的几何形状。在网格上的每个点，从该点出发的每个方向都对应一个数字。这个数字告诉我们，如果从这一点出发朝某这个方向迈出一步能够走多远。如果像这样给每个点分配几个数字，我们就描绘出空间的几何形状。这个结构在数学上被称为一个度规场（或简称为度规量）。

在物理学中，追寻法拉第和麦克斯韦的精神，我们用度规流体来描述时空的几何形状。在爱因斯坦的广义相对论中，正是这个概念取代了牛顿的引力论。

"流体"一词表明度规流体和麦克斯韦理论中的电磁流体类似，可独立存在，自力更生。例如，它可以形成一种自我延续的扰动——引力波，类似电磁波。借助电磁波麦克斯韦解释了光，而赫兹发明了无线电。

使用这些蕴含几何信息的流体，我们便有了关于流动的咒语：

> 动能量告诉度量流体如何流动
> 度量流体告诉动能量如何流动
> 电荷告诉电磁流体如何流动
> 电磁流体告诉电荷如何流动
> 弱荷告诉弱流体如何流动
> 弱流体告诉弱荷如何流动
> 强荷告诉强流体如何流动
> 强流体告诉强荷如何流动

237

这些关于流动的符咒在某种意义上只是重复了关于几何的咒语，但它们给出了吸人眼球的新观点：

　　* 在这个简单的陈述里，阴（物质）和阳（作用力）地位平等：每一方都可以向对方发号施令。这暗示了它们之间明显的对偶关系或许属于更深层次的统一。在下一章我们将看到，超对称如何让这个稀奇古怪的想法变为现实。

　　* 就电磁学来说，这种流动的咒语远比我们早前说起的"几何的"符咒更接近法拉第和麦克斯韦的本意。相比之下，几何的咒语在精神上更接近爱因斯坦的观念，正是这个观念使他推导出自己的引力论——广义相对论。这种思想上的和谐是天赐的大礼，本身就美轮美奂。说到这里，我为下一章再埋下一个伏笔——它表明作用力之间也存在着更深层的统一。

　　* 究其根本：无论是时空还是特征空间，它们的几何形状一旦孕育一个数学的流体，我们就可以轻松地设想流体的流动以及它们自我更生的活力。

局域对称显圣

　　刚才我们已经详细地解释了惠勒的第二行诗句，也对它进行了改进。换句话说，我们已经讨论了作用力如何指导物质，也就是阳如何指导阴。为了将这些概念讲得圆满，我们还应该讨论一下主宰反向作用的那些原理。

　　具体地说，我们面临的挑战是：如何为时空和特征空间的曲率写方程？核心的指导原理就是局域对称，它既美妙又深刻。之前在《对称性 I》一章中我已经介绍过这个概念，现在我和你们一起简单回顾一下这个概念并在此基础上进一步地构建。

　　回想一下，爱因斯坦在1905年提出狭义相对论后不久就发现这个理论和牛顿的引力论产生了矛盾，他和这个挑战整整斗争了十年，他将这段时期称作"在黑暗中焦急摸索的年代"。

　　爱因斯坦由于发现了适合时空曲率的方程而大彻大悟，这些方程使他得到了自己的引力论，即广义相对论。通过要求满足他所谓的广义协变差，也就是时空概念下的局域对称，他发现了这些方程。

　　为了更深入地了解核心理论中的局域对称，让我们首先回忆一下基本概念，即方程的对称性，我在讨论麦克斯韦方程组的时候曾经向你们介绍过这个概念。如果我们改变方程中出现的量而方程的内容保持不变，那么我们就会说，这个方程（或方程组）具有对称性。要求对称给了我们一种发现特殊方程的方法，因为如果我们随意挑选方程式就会发现它们大部分都不对称。我主观地认为，这也是引导我们发现极具美感的方程的方法。

（有些人觉得用"对称"这个词形容方程式有些刺耳，因为这里的对称和这个词在日常生活中的意思相去甚远。如果你们也有这种理解上的困难，就请牢记"不变性"这个词，拿它来补充或者取代对称。我想了一下还是决定坚持使用"对称"一词，因为它的含义已经深深地嵌入了各种文字，而且我认为自己不乏知音。无论怎么称呼它，都离不开"变而不变"这一主旨。）

在物理定律中，传统的对称性是非局域的对称或者刚性的对称（我以下将使用这个名称），它通常都涉及了宇宙整体的刚性变化。举个例子，如果把物理定律中出现的所有事物的位置进行同样的改变——譬如说，无论它们处在什么位置什么时间都将它们朝着同一方向挪动一米——我们假定这些物理定律的内容不会发生改变。细想想你们就会发现，这其实就是用一种严格的口气说（尽管这种口气听上去有些古怪），物理定律不承认空间里存在一个特殊的位置，或者干脆说定律走到哪儿都雷同一律。可是如果我们只移动其中的一部分而置其他于不顾，那就改变了它们之间的相对位置，那作用力的定律内容绝对会发生改变——牛顿的引力定律和电力的库仑定律[3]都是例子——它们都取决于相对距离。

局域对称提出变换可以在时间和空间里发生变化。我们用"局域"来描述这样的可能性归因于我们可以局域选择变换，而不必担心整体的宇宙。回想一下我们在上一段讲过的那种变换：简单地把东西移动一下。就像我们前面讨论的，从表面看，物理定律唯一可能的对称是将所有东西等量同向地移动。如果我们改变了它们之间的相对距离，可就改变了力的规律！这是局域对称施展的瑜伽术——如果我们有了度规流体，在发生运动的同时对度规流体加以适当的调整，那样我们既可以保持相对距离也可以让作用力的定律完好无损！这是局域对称的魔法。

239

彩图 EE 表现的变形艺术是对局域对称的一个非常棒的比喻，或者说典范。我曾经说过，透视/射影几何既是一门艺术又是一门科学——这里的"不变之变"就是从不同的视角（变化）观看同一个对象（不变）。通过这种方式我们认识到，同一个对象可以用不同的图像表现。对同样的物体，我们还可以获得更为复杂的图像，只要我们允许变形的媒介——比如弯曲的镜子、透镜或者棱镜等，或者随空间变化的和能让光弯折的结构。如果我们将这些媒介考虑在内的话，那表现同一对象的图像范围就大大地扩展了。局域对称也是这个道理，但它只针对方程而不是观察对象。

要做到局域对称我们的方程就要承受巨大的压力。我们要求，即便方程发生了很大的变形，它也必须和它的原型给出同样的结果。为了实现这个目的，我们需要假设时空（包括它支撑的所有特征空间）充满了合适的流体。依赖于你们想对这种情况做出什么样的解读，你们可以说，明显的变形是流体造成的（类似于你们试图理解感知的图像如何从观察对象而来），也可以说，流体在对明显的变形进行弥补（类似于你们试图理解如何从感知的图像还原出观察对象）！不管怎样，如果我们想做到局域对称就需要时空里充满流体。如果流体不辱使命，具有随机应变的补偿能力，就必须具备特定的性质。换句话说，流体必须符合特殊的方程。

事实上，爱因斯坦就是通过要求他的狭义相对论局域化才得出了广义相对论的核心，度规场的方程！杨振宁和罗伯特·米尔斯通过要求特征空间旋转有局域对称发现了用他们俩的名字命名的方程[4]，这个理论成为支配强流体和弱流体的统一理论。杨-米尔斯理论的基础是外尔的研究成果，后者证明了麦克斯韦关于电磁流体的方程组也可以用局域对称的方法推导出来。

如果从流体出发探究与之相关的亚原子粒子，即量子——引力子、光子、弱子和色胶子分别是度量引力、电磁、强流体和弱流体的量子——我们就会认识到它们的存在和各自独特的属性都是风格各异的局域对称所产生的必然结果。在物理学的文献中，描述这些局域对称通常的术语有：

240

* 广义协变——狭义相对论的局域化
* U(1)规范对称性——电荷特征空间旋转的局域化
* SU(2)规范对称性——弱荷特征空间旋转的局域化
* SU(3)规范对称性——强荷特征空间旋转的局域化

241

"规范对称性"一词的历史渊源很有意思,尾注里会讲到它的由来。

我们把刚才的讨论用下面的话做一个公正而又易记的总结:

引力子是广义协变的显灵
光子是规范对称性1.0版的化身
弱子是规范对称性2.0版的体现
色胶子是规范对称性3.0版的降凡

我们现在用彩图LL来庆祝一下

理想 ⟺ 真实

这个非凡的成果,这张图最说明问题。用鱼眼镜头拍摄含有对称细节的物体,不同部位的对称由于所处的位置不同被不同的方式展现。这些图形以一种鬼斧神工的视觉形式恰当地传达了局域对称的精神。

最后让我们来说说图33,将注意力从局域对称理论的结果转移到它们的创作过程上。这个过程分为三个步骤,我们必须选择所要描述的对象(物质)、它们被允许呈现的样子(变换)以及支持这些变换的媒介(流体)。这张草图显示了变形艺术的形成过程,是彩图K和彩图L的升级。看来这位神工巧匠是个做活儿很细的手艺人,我们现在才明白,原来他的想法比那位叫布莱克的匠人所设想的更具想象力,而他使用的工具也花样繁多,他的心态更幽默顽皮。

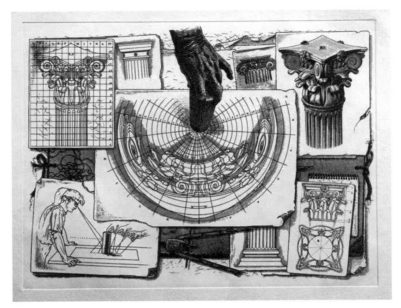

图 33　变形艺术的创作过程

变色龙

242

　　如果一个粒子在一个特征空间移动了，我们会说它变成了另一种粒子。譬如说，一个"红色的"夸克（即包含一个红色荷的夸克），可以变成一个"蓝色的"夸克。但是我们现在可以换个更深入的角度看待这个现象。这个新视角让我们看到那两个粒子——红夸克和蓝夸克——实为处于不同"位置"的同一粒子！它简直就是变色龙，随位置而变色。

　　由于色胶子专门只对色荷产生反应，色胶子通过观察粒子在色特征空间所处的位置，通俗地说，看看波函数或场在色特征空间分布的样子，然后决定该采取什么行动。对于这些胶子来说，第一重要的是位置，第二重要的还是位置——特征空间里的位置，还有时空中的位置。反过来说，我们可以通过观察

243

胶子的形态来获取色荷空间的信息。特征空间当初只被用作想象力的一种辅助，现在却演化成了现实中有形的元素了。

第二部分：具体说说强力

| 揭开原子核的面纱 |

盖革和马斯登[5]在1911年的重大发现是引领现代原子模型走向成功的关键。盖氏和马氏同在卢瑟福的实验室从事研究，按照卢瑟福的建议，他俩研究了镭在放射性衰变时发出的 α 粒子通过一层薄薄的金箔时发生的散射。卢瑟福叙述这段过程时说：

我命里能够碰上这件事简直太不可思议了，就像对一张纸上发射了一枚十五寸（大炮）的炮弹，结果炮弹被纸弹回来并击中了你一样不可思议。我想了一下后发现这些反向的散射只能是个别碰撞的结果。我做了计算之后发现，除非建立一个这样的系统，将原子的大部分质量都集中在一个微小的原子核中，否则根本不可能获得那样量级的反散射。这时我产生了一个想法，认为原子具有一个微小但十分厚重的核心，而且这个核心携带电荷……

卢瑟福提出了一个明确但特别简单的模型，解释了他们所观察到的现象。他提出，每个原子都含有一个很小的原子核，而原子核包含了该原子所有的正电荷以及它的大部分质量。这就解释了那个罕见却强大的反向散射——原子核不想移动（因为它很重）而且它具备反推的能力（因为它有密集的电荷）。卢瑟福将这个模型付诸实验，通过对大角度散射进行计量验证了这个模型。根据卢瑟福的模型，原子的其他部分包含了质量更轻的电子，电子带负电荷，但不知怎的分散地占据了很大体积。

这是个划时代的成果。它表明了解物质原子结构的工作可以分为两部分，

244

其中一项任务就是我们现在所说的原子物理——先承认原子核很重并且带正电荷，然后再确定电子如何被原子核吸引。我们之前曾讨论过这个领域的量子美。

第二项任务，我们现在称之为核物理的学科，就是了解原子核内部的成分以及主宰这些构成的法则。

事情很快就变得明朗了，单凭电力解释不了核物理。事实上，纯粹的带电模型解释不了原子核中密集的正电荷。如果没有另一种更为强劲的力在做平衡，原子核会被电斥力驱散。那引力呢？作用在这么微小的质量团上，引力完全可以忽略不计。在这种情况下，只能是某种经典物理所不知的力在发挥作用。

核物理面临两个挑战，一个是存在性问题，另一个是动力学问题。存在性问题就是确定核的成分，动力学问题就是了解这些成分之间相互作用的力。对核成分的调查在几年之内便有了结果，过程相当简单。其中一种成分多少变得有些明显：氢核很稳定，（显然）不可分，它携带一个单位的（正）电荷。在所有原子核中氢核最轻，其他轻核中的质量接近氢核质量的整数倍。质子——卢瑟福起的名字——就是其中的一个成分。

第二种成分是詹姆斯·查德威克（James Chadwick）在1932年发现的。中子是一种不带电的粒子，质量比质子略重。中子的出现为原子核描绘了一幅简单却又实用的画像：即原子核中由束缚在一起的质子和中子构成。一旦认识到这点很多观察到的现象就很好理解了。譬如，不同的化学元素之间的差别是它们的原子核所含的质子数量不同，因为质子的数量决定了原子核的电荷量，而电荷则掌控着原子核与原子周边电子的相互作用关系，进而决定了元素的化学性质。原子核中不同的质子数量让我们得到了化学元素中各异的原子。利用第二个组分中子我们可以揭开同位素的谜题。互为同位素的原子具有相同的化学属性和不同的重量，它们的原子核内质子数相同而中子数不同。因此，简单的质子＋中子的原子核模型不仅说明了所有的化学元素，还解释了同位素的存在。

人们觉着下一步该找出究竟什么力作用在质子和中子之间并将它们束缚在了一起。我们前面说过，电磁力想把原子核驱散而引力又微乎其微，所以需要新的力出现。

探究核力的实验很快就朝着未曾预料的方向发展下去。几乎所有的实验都遵循了当初盖革－马斯登的实验方案。比如说，研究质子之间的作用力就要用一束质子射向其他质子（即一个氢靶），然后把所出现的现象都记录下来。透过观测不同角度的散射就能试着推断出相关的力。通过改变质子束能量让质子朝不同方向旋转，可以使分析变得更丰富。这类实验很快显示出质子和中子之间的作用力绝不会仅仅服从一个简单的方程。这些作用力不仅取决于距离，还取决于速度和自旋，关系错综复杂。

更加意味深长的是，实验很快让希望破灭了——质子和中子不只是简单的粒子，任何传统意义上的"力"都不能够恰如其分地说明质子和中子之间相互作用的真实情况。因为当高能质子碰撞到其他质子时的典型结果不仅仅是对撞的粒子发生散射，而是冒出了一连串新的粒子！

其实，这些实验本来的目的是想揭示一种简单的力，但却揭示了一个意外的粒子新世界。π、ρ、K、η、ρ、ω、K^*、φ 介子和 Λ、Σ、Ξ、Δ、Ω、Σ^*、Ξ^*、Ω 重子是这些粒子中质量最轻也是最容易找到的粒子（此外还有几十种呢）。这些粒子无一例外都十分不稳定，寿命不超过一微秒（而且在多数情况下还要更短命）。只能在布鲁克海文国家实验室[6]、费米实验室（Fermilab）和欧洲核子研究中心（CERN）这样的实验室里透过高能粒子加速器的探测器研究这些粒子的衰变产物来推断它们的存在和属性。这些新涌现的粒子被统称为"强子"。

就像研究蝴蝶和远古马分类的古生物学一样，调查强子这个动物园及其标本的特色——质量、自旋、寿命和衰变模式，实在让这一行的专家们神往。然而，为了让我们在基础层面更深入地探索世界大美，我们必须忽略许多细节而思深忧远。我想简单地总结一下这个核粒子动物园带给我们的两个重要启示以备将来之用。

强子的世界包括两大王国：介子家族和重子家族。质子和中子是最为熟悉的重子，所有的重子都拥有几个共同的属性，它们和其他重子或者介子之间存在强大的短程相互作用；（用行家的话讲）它们都是费米子。介子也都具有一些共同的属性，它们和其他介子或者重子之间存在强大的短程相互作用；（用行家的话讲）它们都是玻色子。

质子和中子既不是简单的也不是基本的。将原子核解析成质子和中子，这个步骤非常有用，但质子和中子并不是简单的基本粒子——它们之间的相互作用非常复杂，而它们不过是某个更庞大粒子家族的两个成员而已。我们需要更开阔的眼界和全新的视野才能正确地了解它们以完成对物质的分析。

| 夸克模型 |

247

夸克模型是默里·盖尔曼（Murray Gell-Mann）和乔治·茨威格（George Zweig）发明的，它是图像识别和人类想象力的精彩展示。

根据夸克模型，重子就是三个更为基本的粒子的束缚态，即三种类型或三种"味"的夸克：上（u）、下（d）、奇（s）。（就目前而言，我们先不要考虑质量重得多也极为不稳定的夸克c、b和t。）

为什么夸克只有三种味：u、d、s，却能产生成百上千各种各样的重子？关键是，对于给定的一组夸克，比如u、u、d，它们有很多不同的运动状态，这类似于玻尔提出的原子内电子的量子轨道或者《量子之美 I 》一章中图26所描绘的定态。这些不同的离散状态具有不同的能量，因此，使用方程$m = E/c^2$，就能得出不同的质量，于是在运算上就会出现不同的粒子！通过这种方式，我们发现很多不同的粒子其实是相同的基本物质结构的不同运动状态。

同样地，夸克模型设定介子是一对夸克和反夸克的束缚态。一对给定的夸克和反夸克，比如$u\bar{d}$在不同的运动状态下会产生很多不同的介子。

夸克模型还为强子作用力的复杂性做出了合理的解释。即便单个夸克之间的相互作用很简单，当三个夸克或者一组夸克和反夸克的束缚态凑在一起的时候就有足够的机会发生串扰和抵消。事实上，正是由于类似原因，虽然底层电子之间的相互作用很简单，普通化学涉及的原子间的相互作用却可以非常丰富和复杂。

夸克模型是整理强子动物园的重要进展，它具有很强的解释功效，描绘了一张类似玻尔原子模型的强子蓝图。但是夸克模型和玻尔的模型一样具有局限性。尽管思路正确，历史地位也不乏重要性，但夸克模型在逻辑上不完整，只能算一种半吊子的数学模型。它还存在另一个大问题，我们马上就来讲讲这个问题。

248

　　夸克模型成功而形象地描述了质子、中子以及和它们同族的强子的许多特性，但它却假定夸克拥有了某些非常奇怪的性质。其中最怪的性质莫过于"夸克禁闭"，彩图MM中的卡通画幽默地描绘了这个性质，这幅卡通画截取自敝人荣获诺奖的纪念海报。夸克本应是建造质子王国的尺椽片瓦，但是无论耗费了多大的努力，连一种具有夸克特征的粒子（如该粒子携带质子的2/3或者1/3部分的电荷）都没有被监测到。夸克三个一组就形成了质子，那里的夸克彼此谦和共处，它们之间的作用力似乎很温和，但出于某种原因它们却永远摆脱不了束缚——它们被关了禁闭。

　　为了解释这一行为，我们在夸克之间似乎需要一种类似弹簧或者橡皮筋一样的作用力，随着起中介作用的弹簧或者橡皮筋越抻越长，那种牵引拖拉的力量也越来越强。当然，弹簧和橡皮筋本身也是非常复杂的物理对象，所以在基本理论中把它们设为基本条件确实不妥。如果硬着头皮做，就无法回避这样一个问题：那弹簧是什么材料做成的呢？

　　人们普遍认为，基本的作用力会像引力和电磁力那样，随着距离的增长而减弱，因此夸克紧闭给我们出了一个大难题。正是这个缘由让很多物理学家对夸克难以严肃待之。

突破：量子色动力学

　　麦克斯韦的电动力学方程、牛顿（而后爱因斯坦）的引力方程以及薛定谔（而后狄拉克）的原子物理方程为美感、精度和准度都设定了很高的标准。无论是概述核力的复杂方程（其实就是一堆表格）还是夸克模型粗略的概念，都远够不上这些高标准。

249

然而强力的那些美妙精准的方程却昂昂自若，只是它们被闲置了很多年才为我们所用。这些方程是麦克斯韦方程组的进一步发展，而且实现了我们在第一部分所做的畅想。

从杨－米尔斯方程组的提出到让这些方程和现实联系起来的量子色动力学的出现中间几乎相隔了二十年，这段历史有力地说明了一个进程：

理想→ 真实

在强相互作用力这个领域，我们的问题：

世间万物是否是各种妙想的附体？

其答案很简单：

是的，没错。

| 吃了激素的麦克斯韦方程组 |

量子色动力学（QCD）的观念和方程是对麦克斯韦电磁学方程组的高度推广和扩展并增加了更多的对称扩展。我个人喜欢把QCD说成是吃了激素的QED（量子电动力学）。

QED只有一种荷——电荷。电荷可以是正的单位，比如在质子中；也可以是负的单位，比如在电子中。但无论哪种情况下我们都只需用一个数字（正的或负的）对电荷进行量化。相比之下，QCD则包含了三种荷，这些荷被毫无理由地称为色。为了明确起见，我们把这些荷说成红色、绿色和蓝色。

QED只有一种粒子——光子——传递电荷间的相互作用。与之相比，QCD有八种粒子传递相互作用，它们都被称为色胶子。其中的两种，类似光子传递电荷间的相互作用，会传递色荷间的相互作用。（为什么不是三种呢？看了下面一段就知道了。）剩下的六种色胶子在色与色的转换中斡旋，因此某个胶子将一个单位的红色荷转换为绿的，另一个胶子将一个单位的绿荷转换为蓝的，诸如此类。

漂白规则是QCD的一个优美的特征，它在物理学里地位重要，也很容易阐述，更容易用数学证明，只是非常不形象直观。（至少我尚未发现有什么好的办法来直观地描述。）根据漂白规则，如果红色荷、绿色荷和蓝色荷都各有一个单位共处一方，其净效应为零：它们相互抵消了；（对于专家来说，我这里假设它们处在一个反对称的状态。）这让人依稀想起色谱中红、绿、蓝三种颜色混在一起就变成了自然的白色——所以就"漂白"了——尽管"色"与色属于完全不同的物理现象。正是由于漂白规则致使色荷混在一起之后就不起作用了，因此我们只能有两种而不是三种色荷感应胶子。

每个夸克携带一个单位的色荷，夸克中的色是一个独立的属性，它和其他的属性，如电荷或者质量并列。然而，夸克中的色不同于电荷或质量，它不是一个数字，它是三个数字。更准确地说，它代表一个是三维的特征空间里的一个位置。这些新类型的荷就是QCD的核心。这个事实对于后来的科学发展实在不可或缺，也太美妙、太重要了，我们真应该深入到实相的腹地去一探究竟。

| 奇妙的夸克和胶子 |

20世纪60年代末，杰罗姆·弗里德曼（Jerome Friedman）、亨利·肯德尔（Henry Kendall）和理查德·泰勒（Richard Taylor）在斯坦福线性加速器实验室进行的实验中第一次真正地"看到了"夸克。实质上，他们只是抓拍到质子的内部。他们使用高能（虚）光子得以将距离和时间分解得非常短。

那些抓拍暴露了真相！回想起来有三个事实尤其引人注目：

质子里包含夸克：由于使用光子进行抓拍，照片跟踪到了质子内部电荷的分布情况，照片显示电荷集中在一个非常小的点状结构里，并不呈弥漫的状态。卢瑟福以及盖革和马斯登发现的触目惊心的一幕又出现了！但这一次发生在质子的内部，而不是原子中。在这些点状结构中电荷的数量以及其他一些特征与夸克模型得出的预期相吻合。

在质子内部，夸克基本是自由的：抓拍的大部分照片显示，质子内部除了三个夸克以外别无他物，每个夸克的位置几乎独立于它们的同伴，这表明在质子内部夸克之间相互的作用力很薄弱。另外还有很多实验显示，夸克从未逃脱过质子的束缚而自立门户，成为单独的一种粒子。因此，我们需要一种力，它在短距离内相对微弱，在远距离还要变得强劲。我们之前讲过的强相互作用动力学有一个核心的矛盾，现在这个矛盾变得更尖锐了。

质子里远不止只有三个夸克：有几张抓拍的照片暴露出一些额外成对的夸克和反夸克。这倒不足为怪：因为质子内部还有很多剩余的能量而夸克的质量又非常小，产生它们就像 $m = E/c^2$ 这个方程一样容易——只需一个小小的 m！更深奥的是那些在照片里看不到的东西。如果将实验观察到的夸克运动所产生的能量加在一起，得出的结果再加上一倍才能说得通质子的总体质量。因为光子看不到不带电的粒子，一个明显的解释是：除了带电的夸克之外，质子中还有不带电的重要成分。这种微观的"暗物质"问题首次表明了质子中除了三个夸克之外还藏了很多东西。很快我们就会看到，色胶子填补了这个成分的空缺。

后来用更高的能量进行了实验，其结果向我们揭示了夸克和胶子的世界独特而又生动具体的一面。现在请仔细观看彩图NN便能看到那个别开生面的世界。

无论是（彩图NN所示的）电子与正电子的碰撞，还是（欧洲核子研究中心的大型强子对撞机进行的）质子对撞，要想描述这些超高能对撞到底撞出了什么结果，一开始先要假装产生了夸克、反夸克和胶子会让我们更容易入手，即使它们并不"存在"（它们遭到了禁闭），进而理解实际观察到的现象。（现象马上就要变得清晰可见了。）

关键点是快速运动的夸克、反夸克或胶子在实验室里会形成一个强子喷注，所有的强子几乎会朝着同一个方向运动。一个喷注里所有粒子的能量和动量加起来等于引发喷注的夸克、反夸克或胶子的初始能量，因为能量和动量均守恒。如果我们肯只眼睁只眼闭，只是"随波逐流"——追踪能量和动量的同时暂且忘记携带它们的强子——我们就能看到隐含的基础粒子。这样做非常有助于解释观测结果，因为比起强子，我们在预测夸克、反夸克和胶子的产出时表现得更好，后者只遵守简单的方程，而前者则要复杂得多。

　　近年来，如果你们去参加一个高能物理界组织的会议，就会听到实验学家们雷打不动地谈到产生并不存在的粒子（夸克、反夸克或胶子）以及测量它们的属性。这已经成为这个领域例行公事的标准语言，他们的意思当然是他们观察到了相应的喷注。数学的理想就这样变成触手可及的真实了。

| 自粘胶 |

253

　　光可以自由地在光中穿行，不然我们从世界接收到的视觉信息就会被散射的光搅得杂乱无章，视觉信息也会变得特别复杂而难以理解。在QED中，这个简单的事实很容易理解：光子受电荷的影响，但光子本身并不带电。

　　QCD与QED相比有一个最显著的质的差别：和光子不同，色胶子会相互作用。考虑一下那个将一个单位的红色荷变成一个单位的蓝色荷的色胶子，我们称之为$\overline{R}B$。当它被吸收后，吸收者的红色荷总量下降了一个单位，它的蓝色荷总量则上升一个单位。由于这些色荷是守恒的，我们便得出这样的结论：如果将$\overline{R}B$视为一个粒子的话，它携带了一单位的负红色荷以及一单位的正蓝色荷，这里的正负却不能抵消。改变红色或蓝色的色荷或受它们影响的胶子会与$\overline{R}B$产生相互作用，其他的粒子类似，这样八个色胶子组成了一个彼此相互作用的复杂的粒子群。

　　讨论完这些量子我们来看看它们所建立的场，我们会看到这些相互作用造成的巨大影响。胶子的力线竟彼此吸引！那些场非但不将其作用力均匀地在空间扩散，而是集中成管状（参见彩图OO）——这时你们再拿这张图和图20做个比较。

　　色胶子的自粘性是夸克禁闭的关键。胶子的通量管演生成"橡皮筋"随时准备对夸克执行禁闭令！把色荷和反色荷分得越开，它们之间就需要越长的流量管彼此相连，每分开一个单位的距离就要耗费一定的能量为新生的色场提供能量给养，结果造成了一种阻力；如果将它们拉得更开这种阻力并不随着距离而减小。要释放所有色荷就必须无休止地耗费能量，所以释放不会发生，色荷被判了无期徒刑。

胶子的自粘性也可以被用来形象动人地介绍渐近自由的概念。自粘性将色场集中在远离夸克的位置，相对于其他情况，这样的安排让胶子可以施加更强的力，就像军队集结兵力一样。反过来，我们也可以在力的源头处，从我们想象不到的弱力出发来解释远处的某个强力。渐进自由的本质在于四两拨千斤，近处微薄的力量导致远处强大的力量。还记得弗里德曼、肯德尔和泰勒他们为质子抓拍的照片吧，胶子上述的表现正好为我们解释了照片里的现象。

我们还可以从探测力的方法着手对渐近自由进行阐释，高能探测器对于短距离发生的力很敏感。短距离近乎自由的"自由"影射了在高能状态下相互作用力之微弱以及行为模式之简单。

QCD在高能处衍生而来的简单是大自然拱手送给物理学家的一份厚礼，以帮助他们寻求对自然根本的了解。其实这不是一件礼物，而是一大批礼物。

"万物之道"礼

早期的宇宙很容易被人理解。在宇宙的最初时刻，也就是紧接着大爆炸前后，宇宙真的是一个充满高能量的地方。多亏了渐近自由我们才得以自信地模拟宇宙的内涵。

我们可以读懂高能粒子碰撞所发出的信息。由于在高能的状态下主导力变得简单了，我们便能准确地计算出力的后果，这让我们能够清楚地诠释质子紫外线碰撞的产物并让我们仔细审查这些碰撞以找到更多的结果。例如，大型强子对撞机已经变成了寻找希格斯玻色子的工具，这个内容我们将在本章稍后涉及。在不久的将来，我们还将发现到底有没有前途无量且抱负不凡的理论，将作用力大一统并描绘世界的实相。这是我们下一章将要讨论的内容。

不同的力看来差别也并不大。QCD和QED之间在数学上的惊人相似在高能（或者非常短距离）的情况下变成了物理上的相似。随着夸克表现得像电子而胶子表现得像光子，QCD中的强力也变得简化而羸弱。你们可能会说：激素的药效慢慢消失了。这种数学上和物理上的相似向我们昭示着统一理论的可能性。QCD基于对称的数学运算为统一理论洞开了一扇门，而渐近自由推着我们跨过了门槛。如果我们沿着这条思路一直前行，把弱力和引力也带入思考，我们就会发现几个"巧合"也得到了解释。在下一章，我们将探求把所有的力统一在一起，这是我们问题的前沿。

孕育万物的大自然啊！感谢您恩赐的"万物之道"礼！

| 杠杆作用和摇曳的幔帐 |

为粒子和相互作用构建一个既符合量子力学原理也符合狭义相对论的理论是非常困难的，但这不是件坏事！它意味着我们可以把对量子力学和狭义相对论的信念当作杠杆。这样，可用的理论就失去了弹性——它们不能有太多变化，否则就变得驴唇不对马嘴。但这样的理论更强大，同时也很稀有，我们可以对它们一一考察。

利用这根杠杆，我们就能从恰当的事实出发产生累累的硕果。

渐近自由就是这样的事实。实验发现，邻近夸克之间的强力其实根本不那么强，这个发现很难和我们已知的其他事物调和。符合量子力学和狭义相对论的大多数理论中，同性总是相斥，这样力就不可能太集中了。相反的现象——距离越短力越强——反倒更常见。大卫·格劳斯（David Gross）和我本人发现了渐近自由的可能性，大卫·波利策（David Politzer）也独立地发现了这个现象。发现的时刻就像喀巴拉[7]里说的"圣殿的帐幔轻轻地飘动了一下"，那层神界的纱幔曾经遮住了我们的视线，现在它被掀起了一角。

基于一些其他事实，其中最重要的是三个夸克约束在一起可以抵消色荷形成了一个重子（漂白规则！）——我与格劳斯继续前行找到了一个我们现在称

图 34　阿基米德说："给我一个支点，我就能撬动地球。"

之为量子色动力学的相互作用理论（这种相互作用基于局域对称和一个三维特征空间），这个理论是强相互作用唯一可能的理论。即便此刻，当我重温我们当年的声明时我仍能体验到自己彼时的兴奋和焦虑：

　　　最后我们重申，根据斯坦福线性加速器的实验结果和量子场论的重整化要求，我们所提出的理论似乎是大自然挑选出来的唯一理论。

从历史的观点看，QCD 本身就是渐近自由这个大礼包里的第一件厚礼。

|一种新型的物理学|

几十年来，物理被方便地分为两大分支：理论物理和实验物理。原则上，这两大分支的目的都是为了更好地了解实体世界，只不过各自使用的工具不同。

近年来，计算机的威力激增，物理学的第三个分支已经度过了萌芽期进而茁壮成长。我们可以称它为"数值实验"或者"模拟"，抑或管它简单叫作"求解高难度方程"。它结合了理论物理和实验物理的要素，但又与两者截然不同。这种新型的物理学在量子色动力学里尤其重要并且屡试不爽。

　　QCD 的方程确定，我们可以教给计算机来处理它们。一旦教会了，我们等于找到了一个极度快速、不知疲倦、诚实可靠而且精准到不留情面的助手，没有比计算更让它惬意的事了。让我们快速浏览一下通过这个方法所取得的两个精彩的成就，它们出色地总结了我们对强相互作用力的思考。

　　首先让我们先回到一开始的问题：原子核是什么？如我们所见，最简单的原子核是一个质子，所以这个问题的本质等价于：质子是什么？我们知道描述它的方程，因此便可以计算出一幅详细的画像。这时我们会发现，我们最深处的物质既是美的（彩图 PP）又很微妙（彩图 QQ）。

　　最后，为了将我们就 QCD 的讨论推向精彩的高潮，让我们记录下（大部分）物质的起源。图 35 看似不起眼，却概况了一个不朽的科学成就，为我们的问题竖立了一个里程碑。

　　在横坐标轴上你们能够看到一些介子和重子的名称。我再次重申，关于那些粒子，要说的事情太多，它们的细节迷住了很多专家。但就目前而言，你们只需记住强子有很多种而且它们都有不同的名字（这些名称由各种希腊和拉丁 258 字母组成，有时还会出现星号和角分符）而且质量各异，知道这些就足够了。你们在每个名称的上方都能看到一个横线段，表明该粒子质量的实验测量值。（有些粒子非常短命，这使得它们的质量在很大的范围内不确定。在这种情况下，你们会在中心段周围看到一个灰色的长方形。）在每个线段附近都会有一组带阴影的点，而且还有垂直的竖线穿过它们，这些点表示粒子质量的计算值，它们直接取自几个不同的研究团队使用 QCD 方程计算出的结果。竖线反映了在计算中由于计算机时间限制以及其他因素所引起的一系列不确定性。我应当提醒你们，这些计算极其艰巨；研究人员使用了非常巧妙的算法并在世界上最强大的计算机系统上进行长时间的运算。

　　如果输入三个条件：上、下夸克质量的平均值和奇夸克质量以及色荷的单 259 位，就能输出所有"主序列"介子 π、ρ、K、K*、η、η'、ω 和 φ 以及重子 N、Λ、

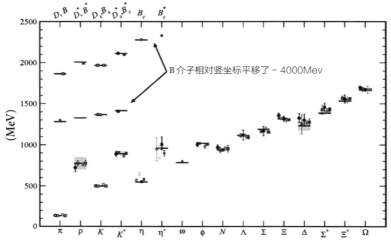

图 35　根据 QCD 成功计算了出的强子质量：（大部分）物质的起源

Σ、Ξ、Δ、$\Sigma^\star$、$\Xi^\star$ 和 Ω 的质量结果。据此观之，测量和计算显然是一致的。

　　我想强调一点：计算得出的结果大大多于输入的条件。QCD 的方程式严格地受到对称的限制，没有多少机会对它们施以调整。为了让计算精准，我们只需明确地输入三个条件：即上、下夸克质量的平均值和奇夸克质量以及色荷的单位（它们表示相互作用的总体强度），所以如果有任何地方出现了掣肘都无处隐藏！我们最好在计算中找到所有被我们观察到的强子，而计算出的质量也正好和观测的结果相符。尤为重要的是，我们最好不要在计算中找到我们没观察的东西——特别是单独的夸克或者胶子！

　　经历了类似残酷的神断法[8] 的考验后，这个理论在磨难中凯旋。

　　被计算出的质量中有一个是 N 粒子的，它有些特殊，因为"N"代表核子，是质子和中子的总称。（质子和中子两者质量的差异微乎其微，在这里根本看不出差异。）我们发现这个质量几乎不依赖夸克质量，夸克质量在相关的情况下相对微小。

由此观之：几乎所有核子的质量，也就是说宇宙中差不多所有普通物质的质量均源自纯粹的能量，有方程可依：

$$m = E/c^2$$

核子的质量来自禁闭夸克的动能和约束夸克的胶子的场能。利用扎根于对称的土壤而且纯概念化的QCD方程，我们直接得到了"没有物质的质量"。

世间万物是不是各种妙想的附体？你们可以拍着胸脯说：是。其实咱们自己就是这些妙想的附体。

第三部分：弱力

260

量子色动力学主导着构建质子、中子以及夸克和胶子生成的其他强子的基础动力学，它还描述了将原子核捆绑在一起的作用力——这个力就是所谓的强力。如前所述，量子电动力学则统治着光、原子和化学的世界。

然而这两个了不起的理论都没有涵盖质子向中子转换和中子向质子转换的过程，但这些转换却实实在在地发生着。我们对此该作何解释？为了解释这些现象，物理学家只能在引力、电磁力和强力之外再寻找一种作用力。

这个新成员，即第四种力，被称作"弱力"。我们目前为物理所描绘的图景，即核心理论，它现在终于完整了。

太阳只用了它释放的一小部分能量就将地球的生命照亮，这便是我们沐浴的阳光。通过将质子燃烧成中子，太阳获得了威力并在燃烧的过程中释放能量。在这种非常特殊的意义下，弱力使生命成为可能。

| 弱力的基础知识 |

要想完整地描述弱力需要介绍两批角色——一大堆令人费解的粒子和它们的发现者组成的一长串荣誉榜，其中的细节太多了，很容易扯远了而脱离我们的主题。我在这里只能限制自己，就其根本的利害关系和未来的利用挑选两个重点，做一个简单扼要的说明。我们的目的是对彩图 TT、UU 和彩图 RR、SS 进行概括，其中的内容为我们实现终极的统一提供了平台。此次路上，你们可能需要参考这些图里的内容。

夸克转换：前文所云，质子和中子是由更为基础的夸克和胶子组成的复杂的复合体，因此我们应当从更加基本的源头来追踪质子 ↔ 中子之间的转换。支撑这些交往的深层结构就是夸克的变味过程：

$$d \rightarrow u + e + \bar{\nu}$$

由于中子就是夸克的三元组合 udd（即由一个上夸克和两个下夸克构成），而质子的构成是 uud（即由两个上夸克和一个下夸克构成），夸克 $d \rightarrow u$ 的转换使一个中子转换为一个质子，转换的同时还伴随着电子 e 和反电子 $\bar{\nu}$ 的释放，这样夸克之间基本的相互作用在强子层面的实现就是：

$$n \rightarrow p + e + \bar{\nu}$$

自由中子的命运就是缓慢的衰变（寿命只有十五分钟）。（它们只有被困在原子核里才会稳定下来。）

量子力学的基本原则告诉我们，如果将一个粒子变成反粒子并把它移到反应的另一边，或者将反应箭头调转方向，那么这些反应过程同样有效。我们发现，将这些规则运用到我们的反应式 $d \rightarrow u + e + \bar{\nu}$，就出现了下面的可能：

$$d + u \rightarrow e + \bar{\nu}$$
$$d + e + \nu \leftarrow u$$

像这样的可能性还有很多。这些可能性导致了各种（放射性）核衰变，破坏了其他强子的稳定状态，促成了宇宙学和天体物理学中的诸多转换（包括从质子和中子的原始混合物中合成化学元素）。这里举一个例子说明这些可能性：上面的第一个过程 $d + u \rightarrow e + \bar{\nu}$ 直接导致 π^- 介子（其中的基础结构是一对夸克和反夸克 $d\bar{u}$）衰变为一个电子和一个反中微子。

手性和宇称不守恒：弱力有一个非常深刻的特点，叫作"宇称不守恒"，李政道和杨振宁于 1956 年在理论上发现了这个特点。要把这个理论解释清楚，我们必须先介绍一下粒子的手性。手性适用于运动的、有自旋的粒子。

如果一件物体围绕一个中心轴旋转，我们便可以沿着中心轴按如下方法指定一个旋转的方向：我们将自旋的物体想象成一个花样滑冰运动员，如果她在做旋转动作时右手挥到腹部我们就选择从脚到头的方向为旋转方向；如果她的右手反挥到了背部我们就选择从头到脚的方向为旋转方向。

我们感兴趣的粒子都在转动着小小的身躯做一个固有的很小的自旋，它们从始至终都在旋转，像一个不知疲倦的冰上舞者。运用相同的逻辑，我们可以推断出它们的自旋方向。如果粒子沿自旋方向运动，我们把这个粒子说成是右手的，如果它朝着自旋相反的方向运动它就是左手的。换句话说，粒子的手性指的是自旋方向和速度方向的关系。

李政道和杨振宁的观点是，左手的夸克、电子和中微子（还有介子和 τ 轻子）参与了弱相互作用，右手的反夸克、反电子（即正电子）和反中微子（以及反介子和 $-\tau$ 反轻子）同样参与其中，但是如果这些粒子的手性反转它们就不参与弱相互作用了。实验证实了他们的观点。

| 另一种颜色失真：原有的颜色是什么？怎么变成了这个色！ |

弱力的这种转换能力和其他几个更为具体的特征提醒了谢尔顿·格拉肖（Sheldon Glashow）以及阿卜杜斯·萨拉姆（Abdus Salam）和约翰·沃德（John Ward）：弱力也可以被看作局域对称的一个具体体现。

让我们运用前面发展的观点和图像来看看这是怎么一回事。我们要让基本的弱相互作用过程在一个特征空间里运动，为了明确起见，我们看看这个过程 $u + e \rightarrow d + v$ 。特征空间应该（至少）有两个维度，这样我们就可以让 u 和 d 成为处于不同位置的同一实体，e 和 v 亦然。然后我们就可以看到全过程了，至少从表面上看，在这个过程中随着位置的改变粒子的身份发生了改变。这就是"变色龙"的魔法！

建立在局域对称基础上的理论还进一步地提供了流体，驱动特征空间内的运动。这种流体中最基本的作用就是产生或湮灭一个最小单位，也就是它的量子。所以，在最基本的量子层面，我们想要的过程应该发生如下的情况：

u 发出弱子 W^+ 之后变成了 d，e 吸收了弱子 W^+ 之后变成了 v。

或者还有一种情况：

e 发出弱子 W^- 之后变成了 v，u 吸收了弱子 W^- 之后变成了 d。

弱子 W^+ 通常被称作"W^+ 玻色子"，上角标的加号表示它所携带的电荷。弱子 W^- 就是"W^- 玻色子"，它是弱子 W^+ 的反粒子。如果你们要完整介绍这个局域对称，那还有第三个粒子存在，它是不带电的 Z 弱子，也就是"Z 玻色子"。

在提出这个局域的理论时，格拉肖、萨拉姆和沃德都遵循了一个基督徒恪守的信条："求得宽恕要比得到应允还要蒙福。"因为他们战略性地忽略了杨振宁－米尔斯理论中的另一面。杨－米尔斯理论中的局域对称要求正、负 W 玻色子和 Z 玻色子完全不具备质量，据此相应预测出的结果——引力子、光子和色胶子的质量均为零——这样的结果都与实际相符，这些预测结果也标志着局域对称所取得的重大胜利。但是在弱力的理论中这个预测却失败了。如果弱子的质量为零，它们就会在加速器里发生的碰撞中很容易看得见；甚至像光子一样，在化学反应里也能被发现。如果这样，弱力就根本不会很弱！

简而言之，对于弱相互作用，局域对称似乎有那么一点儿过于完美了，让这个世界对它可遇却不可求。

264　　为了调和理想与真实之间的矛盾，我们需要采用一个新观点——它同样是一个非凡的妙想！这个新观点就是自发对称性破缺。它是罗伯特·布洛特（Robert Brout）和弗朗索瓦·恩格勒特（Francois Englert）针对这类系统提出的新想法，彼得·希格斯也独立地提出了这个观点（此外还有杰拉德·古拉尼克、卡尔·哈根和汤姆·基布尔也都提出过类似的想法），他们提出的观点让我们鱼和熊掌可以兼得。说得更具体一些：我们得以保留有局域对称的方程，用它们可爱的"变色龙"来说明弱力，同时允许方程有非零质量，以便符合观测结果。我们会回来细细地思量他们几个人提出的这个大胆而又了不起的想法。在这之前，我们用连环画式的历史来结束弱力的介绍。

史蒂文·温伯格（Steven Weinberg）将对称和对称破缺这两条思路合二为一，得到了现代核心理论中完全令人满意的弱力理论。但是，如果将量子涨落考虑在内，在一开始根本看不出这个理论能够得出正确的、哪怕是有限的答案。杰拉德·特·胡夫特（Gerard't Hooft）和马丁纽斯·韦尔特曼（Martinus Veltman）证明这个理论可以给出正确答案，他们在证明中提出了一些计算方法使得这个理论更加准确也更加有效了。早前，弗里曼·戴森（Freeman Dyson）曾经为量子电动力学做过类似的证明，那个证明要简单多了（但仍然相当难）。

希格斯流体、希格斯场和希格斯粒子

在很远很远的星系，有一个被水覆盖的星球，那里的鱼进化得非常聪明——有些鱼聪明到变成了物理学家，然后他们就开始研究东西都怎么运动。一开始，这些鱼类物理学家得出了非常复杂的运动规律，因为（我们都知道）物体在水里的运动相当复杂。有一天这些鱼里头冒出一个天才——牛顿鱼，他提出，运动的基本规律不那么复杂而且很美妙：其实，这就是牛顿运动定律。牛顿鱼提出，观察到的运动由于受到一种物质的影响看上去比运动本身更复杂——这种物质被叫作"水"；这个世界充满了"水"。做了好多工作之后，鱼类们终于通过孤立水分子而得以证实牛顿鱼的理论。

按照希格斯机制的说法，我们就像那些鱼类，但我们浸没在一个宇宙的海洋里；就是这个海洋使我们观察到的物理规律变得复杂了。

涵盖了麦克斯韦方程组、杨－米尔斯方程和爱因斯坦广义相对论方程在内的零质量的粒子方程尤为美妙。我们曾经讨论过，这些方程支撑了大量对称——即局域对称。光子以及量子色动力学中的色胶子和引力论中的引力子都不具备质量。为了获得具有美感的方程，也为了让我们对大自然的描述高度一致，我们想用这些零质量的构件搭造世界。

遗憾的是，有几种基本粒子拒绝让我们遂愿。具体来说就是调节弱相互作用的 Z 玻色子和 W 玻色子具备相当大的质量。（这就是弱相互作用是短程力的原因，也是弱相互作用在低能量条件下变得微弱的原因。）这些质量很棘手，因为我们刚才已经说过，W 和 Z 在其他方面看上去活脱就像光子。

有没有办法解决这个难题呢？想想光子，当它们穿过某种物质的时候，其运动行为就会受到媒介物质属性的影响。举个熟悉的例子，当光穿过玻璃或者水的时候，光速就会变慢，光比平常变得迟钝，这个现象大致很像光获得了惯性。再举个大家不怎么熟悉的例子，但这个例子对目前的讨论意义更深远——超导体中光子的反应，用方程式描述超导体中的光子，在数学上和有质量粒子的方程相同；在超导体中，光子实际上就变成了质量不为零的粒子。

希格斯机制的实质是这样的："真空"——既无粒子也无辐射的空间——实际上充满了一种物质媒介使 W 玻色子和 Z 玻色子具有质量。这个想法既保全了那些无质量粒子的美妙方程又为尊重事实留了面子。我们需要一种物质，它对于 W 玻色子和 Z 玻色子的作用就像超导体之于光子。我们推测的宇宙媒质事实上要产生非常大的质量：W 和 Z 在（非）真空里的质量大约是光子在超导体中质量的 10^{16} 倍。

多年来物理学者们一直都在援用希格斯机制并利用它使研究工作佳绩不断。使用无质量粒子和规范对称性的美妙方程，将推导的结果用一种填充空间的媒介物质加以调整，用这个方法可以预测 W 玻色子和 Z 玻色子之间的相互作用；包括质量在内，预测的结果在很多方面都非常准确。就这样，我们以一个令人信服的证据证明了我们自己也有一个"宇宙的海洋"存在。但这个证据终究不是直接的，这里有一个明显的问题却找不到明确的答案：宇宙的海洋是什么构成的？

并没有已知的物质可以形成这样的海洋，我们已知的夸克、轻子、胶子以及其他的粒子都不能结合成合适的属性来构成这样的海洋，这里面的物质必须是某种新的东西。

原则上，希格斯的宇宙海洋可能是几种物质组成的复合物，而这几种物质可能本身就很复杂。关于这种复合物的提案在理论粒子物理的文献里即便找不到上千条，起码也有几百条之多。在所有符合逻辑的可能性中有一个所谓的"极小模型"——它最简单也最经济。在这个最小的模型里，那个宇宙的材料只有一个成分。虽然这个课题中的术语非常混乱，也处于不断演化的过程中，但如果我在这里提及"希格斯粒子"，我指的就是那个极小模型里的独一无二的新粒子。

我们可以推断出希格斯粒子怎样和其他形式的物质产生相互作用的，因为我们毕竟置身于这片宇宙的海洋中，而且亘古以来我们都在观察大量希格斯粒子的属性。其实，一旦知道它的质量，我们就可以预测这种粒子的所有性质。譬如，这种粒子的自旋和电荷都必须为零，因为它必须看起来像一个"子虚乌有"的量子。既然我们已经知道想要找的东西，就有可能设计一个聪明的策略来搜寻希格斯粒子。发现希格斯粒子的关键过程就在图 36 中。 267

过程的第一步是要将它制造出来，主要的制造机制相当不同凡响。普通物质与希格斯粒子 H 结合的力度非常薄弱。（这就是电子和质子要比 W 和 Z 轻得多的原因——这两种粒子感受不到 H 带来的阻力。）事实上，起主导作用的耦合不是直接的，需要经过一个间接的过程——"胶子熔合"。这个过程是我在 1976 年的一次难忘的散步中发现的，我下面会详细讲述这个过程。它就是出现在图 36 最下方的画面。 268

胶子并不直接和希格斯粒子耦合，这种耦合是一种纯粹的量子效应。量子力学的一个特征就是允许自发性涨落或者产生"虚粒子"。通常这些涨落的出现和消失，除了会影响附近实粒子的行为并没有明显的迹象。胶子熔合的最重要的过程是胶子向一对由顶夸克 t 和反顶夸克 $\bar{t}$ 组成的虚粒子注入能量。正反夸克 t 和 $\bar{t}$ 与希格斯粒子的耦合很强，这是一个很重要的理由说明这对夸克为什么很重。这样，这对夸克在消失之前产生出那个神秘的粒子的概率就相当高。

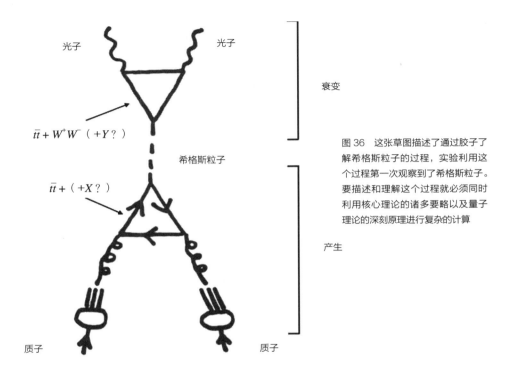

图 36　这张草图描述了通过胶子了解希格斯粒子的过程，实验利用这个过程第一次观察到了希格斯粒子。要描述和理解这个过程就必须同时利用核心理论的诸多要略以及量子理论的深刻原理进行复杂的计算

从质子的碰撞中获取希格斯粒子最有效的方法是让两个分别来自不同质子的胶子发生碰撞，而质子的剩余部分则物化为一个杂乱无章的背景；这个背景通常包含了几十个粒子。

我们现在往图 36 的顶部看，经过类似的动力学 H 衰变成两个光子——$H \to \gamma\gamma$。光子并不会直接与希格斯粒子耦合，而是通过虚粒子对 $t\,\bar{t}$ 和虚粒子对 W^+W^- 与希格斯粒子暗通款曲。虽然这个衰变的模式非常罕见，但它却是发现 H 的主要模式，因为从实验的角度看，它具有两大优势：

第一个优势是我们可以比较准确地测量高能光子的能量和动量。根据狭义相对论的运动学原理，结合能量和动量我们就能够确定一个光子对的"有效质量"。如果一个质量为 M 的粒子衰变成一对光子，那么这对光子的有效质量就会是 M。

第二个优势是普通的（非希格斯）过程很难产生高能的"光子对"，因此背景噪声很容易控制。

利用这两大优势实验学者们设计了一个搜索的策略：先对很多"光子对"进行有效质量的测量，找到一个明显高出附近其他"光子对"的特定质量值。　269

然后，就长话短说吧——成功了！

还有一个额外的惊喜：由于能够可靠地推算背景，相对于背景的增强度可以测量 H 的产生率乘以它转换成 $\gamma\gamma$ 的分支比然后再检查一下测出的增强值是否和最小限度 H 模型的预测值相符。特别有意思的是，这些率值为我们打开了一扇通向未知世界的窗。具体说就是可能存在其他种类的尚未被发现的重粒子，它们会以虚粒子的形式做贡献！目前为止，实验观察的结果和朴素的极小模型一致，更高的准确度不仅可以实现而且非常令人期待。

| 迷人的夜晚 |

（1976 年夏天）这一天直到晚上十点都乏善可陈，并没有任何迹象表明它会是我科学事业最有成果的一天。我女儿阿米蒂当时还很小，她的一只耳朵发炎了，一整天都在发热，人也变得烦躁，离不开大人的照顾。贝茜和我都缺乏育儿经验，而且我们刚刚抵达费米实验室安排的临时驻地，没有人可以求助，我俩只能疲于应付。中西部的夜色变深沉了，阿米蒂哭闹累了之后陷入沉睡，贝茜也睡着了。她俩的睡相都安详得像天使。

虽然麻烦都过去了，可是对付这一连串小事故的精神头儿还没过去，我反倒睡不着了。为了找个出口消磨一下多余的精力，我决定出去散散步，我经常会这样做。那天晚上的空气清新诱人，天上星光灿烂，远处的地平线轮廓如此这般清晰，在月光的照射下甚至连地面都变得缥缈了。心里想着我那两张人间天使的面孔，置身于宇宙奇观中，我感觉周围犹如极乐的梦境。人在这个时候最容易思潮狂涌。

在过去的几年里，基于局域对称的强、弱相互作用和电磁相互作用的理论
270 已经从大胆的冒险成长为成熟的共识。回顾这段历程，我突然想到，各种夸克、
轻子、胶子和弱子，更不用说光子啦，它们已经获得了大量的关注并且成为各
种考虑周祥的实验项目的焦点，而对称破缺相对少人涉足，甚至竟然没有人提
出一个可行的建议去测试我们前面说到的那个最简单的描述单个希格斯粒子的
"极小"模型。

基本问题很简单：在那个模型里，希格斯粒子喜欢和重粒子耦合，但是稳
定物质的粒子又很轻；可我们能够直接研究的或者可以放进加速器研究的却只
有稳定物质的粒子。色胶子没有质量，光子也没有质量，而 u 夸克和 $\bar{d}$ 夸克以及
电子的质量却又微不足道。

但近来（我指的是 1976 年）却有很多人对质量更重的夸克感兴趣。粲夸克
c 最近刚刚被发现，我们完全有理由怀疑尚有另外两个更重的夸克存在。（它们
确实存在。没过多久，底夸克 b 就在 1977 年被发现了，而顶夸克 t 直到 1995 年
才被发现。它们早就被起了名字，它们的属性——唯独抛开质量——甚至在它
们被实验观测之前就被计算出来了。）所以我们很自然地会想到，质量更重的
新夸克会不会为我们接近希格斯粒子打开门户。我马上意识到存在这样的可能。
用粲夸克制造介子的技巧可以被用来将 $b\bar{b}$ 或 $t\bar{t}$ 制造成介子。那些质量更重的夸
克会强烈地和希格斯粒子耦合。如果一切正好合适，简单地说，如果重夸克的
质量超过希格斯粒子质量的一半，那么希格斯粒子就会在这些介子的衰变中产
生出来。这就是我那天晚上产生的第一个顿悟。

现在重要的一步是考虑那些不涉及希格斯粒子的衰变，它们可能占主导地
位，让我刚才考虑的过程成为纸上谈兵。应该考虑的最重要的可能之一是让它
们衰变成色胶子。我当时不能凭心算得出准确的结果，虽然粗略估计的情形似
271 乎没问题。（我的估计确实没错。）更重要的是它诱导我继续思考：如果重夸克
既可以和希格斯粒子耦合也可以和胶子耦合，那么它们就在希格斯粒子和胶子
之间起到了牵线搭桥的作用！当时我的脑子里就酝酿出了你们在图 36 看到的下

半截那段基本过程。同样，尽管精确的计算很烦琐耗时，但我已经在脑子里做了粗略的估算，看到了令人鼓舞的结果。尤其当我意识到，那些没被发现的夸克即便非常重，它们仍然会有贡献——即便还存在更重的夸克，它们也会默默地贡献。我立刻感到豁然开朗：这是希格斯粒子和稳定物质耦合的主要方式，这个想法为我打开了一扇通向未知世界的大门。这是那个夜晚我获得的第二个重要的顿悟。

　　这时我已经走到了实验室所在地，但我决定调头回去。我已经通过思考最小希格斯模型得到了一些幸运的结果，现在我要考虑如何将这些想法运用到更复杂的模型中。想法在具体应用时都需要有所调整，这些调整都很容易做到，于是我开始考虑什么可能是最有意思的变化。如果有额外的对称并且自发性破缺了，这个可能性尤其有意思，因为这可能意味着存在新的无质量粒子——这个可能性太惊人了！这是那天晚上我的第三个顿悟。

　　当年我在普林斯顿大学教书，那个时候大家都在为一种叫"瞬子"的东西兴奋不已——我在此并不想在这方面耗费篇幅。瞬子会用一种特别有趣的方式打破对称，如果在研究中用上这个概念，想必会很有意思。我有了这样的话题，我的同事们一定会饶有兴致地倾听。根据我的第三个顿悟那个粒子没有质量，但我隐约地感到它会有些微不足道的质量，也一定具有其他有趣的属性。这是那个夜晚带给我的第四个顿悟。这时我恰好走到了家门口。

　　虽然同为顿悟，但这四个观点的命运却不尽相同。第一个想法由于运气太差而夭折。和希格斯粒子相比，b 夸克不够重，t 夸克由于太重而不够稳定以致于它的介子毫无用处。

　　第二个想法是一个最令我引以为豪的成就，30 年过去了，它仍然是实际发现希格斯粒子的核心观念。我们已经结合图 36 对我的这个想法做了很好的说明。

　　第三个想法尚未开花结果，但仍然是很有趣。我最终给这些无质量的粒子起了个名字叫"家子（familons）"，大家还在寻找它们。

　　第四个想法最有意思，可能也最重要。当我第二天回到实验室查询相关文献时发现了一篇论文让我不能释手，它的作者是罗伯托·派西（Roberto Peccei）和海伦·奎恩（Helen Quinn）。他俩观察了我一直都在摆弄的那类模型。他们指出，这类模型可以解决一个非常重要的问题——即所谓的 θ 问题。这个问题的实质是数字 θ，核心理论说，它可以是 $-\pi$ 和 π 之间的任意值，但我们观测到的数值却小之又小。这或许是一个巧合，或许表明核心理论并非完整。在派西-奎恩的模型里，这个"巧合"被解释为一个新的（自发破缺的）对称残留物。但派西和奎恩没有注意到，他们的模型里竟然隐含了一个质量很轻的粒子！我需要给这个粒子起个名字，几年前我就注意到，有个清洁剂的牌子叫"阿克森（Axion）"，这个名字听上去很像粒子的名称。我决定，如果有朝一日有机会命名一个粒子，我就用这个名字。

现在在解决 θ 问题的过程中牵扯到一个轴向流，这为我提供了一个借口，使得我避开了《物理评论快报》的编辑们那警觉而又保守的目光，偷偷地将这个名字塞进了论文。我做到了！（史蒂文·温伯格也独立地发现了这个新粒子，他起的名字是"小希格斯粒子（higglet）"。谢天谢地，我们达成了一致！我们都同意使用我起的名字，现在它叫"轴子"。[9]）

轴子的历史漫长曲折，而且至今是个悬而未决的悬案。我重新回到这个主题做了很多工作，这包括轴子在早期宇宙产生，有可能存在一个类似于著名的"宇宙微波背景辐射"的轴背景。根据这项工作，轴背景非常难以观测到，但绝非毫无可能，一群顽强而又杰出的实验物理学家们正在朝着这个方向努力探索。

273 在不久的将来，轴子绝对值得学者们独立地为它著书立说，因为它非常可能是一个叱咤风云的角色，为宇宙提供了暗物质。也可能它根本就不存在。就让时间来告诉我们吧。

第四部分：总结

| 基本力和基本粒子概览 |

基本力分为四种：引力、电磁力、强相互作用力和弱相互作用力。在理论上，这四种力均使用局域对称描述。引力理论即爱因斯坦的广义相对论，它的基础是时空的局域对称，而其他三种力的理论基础则是特征空间的局域对称。

广义相对论是一个丰富的理论，要想掌握它远非易事，但它的基础是普通的时空与动能量之间的相互作用，而时空和动能量都是通用的概念，无须详细地说明。因此，当我们在这里只用"引力"这一个词来形容这种相互作用时，也不算失礼吧。

由于物质对其他三种作用力的反应取决于特征空间内流体的流动，因此我们需要描述其所处的特征空间的几何结构以便对物质进行说明。我将这个工作分为两个阶段，彩图RR、SS和彩图TT、UU分别解释了这两个阶段。有些复杂的情况，我暂且在第一阶段将其忽略然后再在第二阶段将它们补上。

在彩图RR，SS中你们可以看到六个不同的区（由A、B、C、D、E、F标记），区里是粒子的名称：分别是三个颜色的u夸克和三个颜色的d夸克（红、绿、蓝三个颜色）以及e轻子和v轻子（即电子和中微子）。每个区都可能代表一个物质的特征空间，我们不久就会对此加以说明。这六个区就代表了六种占据不同特征空间的不同物质。有些区里包含了几个不同种类的粒子，那个最大的区（A）里有六种粒子。从我们的角度看——或者说得更确切些，从"力"的角度看——区内不同的粒子其实都是单个实体，只不过它们处于特征空间不同的位置。我们统计到十六个不同种类的粒子，组成世界的基本成分竟然有如此众多的种类实在令人忧心！如果我们更深入地看待这个问题就会发现，这十六种粒子其实只代表了六种独特存在的实体——数量明显减少了。（但我们仍然嫌多……我们在下一章将这个问题进行改进。）

水平方向代表强荷（或者说"色"）空间的三个维度。有三个具有三列的区A、B、C，它们代表的实体可以在三维强荷特征空间里移动。垂直方向代表弱荷特征空间的维度，有两个具有两行的区A、D，它们代表的实体可以在二维弱荷特征空间里移动。A区代表的实体可以独立在水平和垂直两个方向移动，因此它有 $3 \times 2 = 6$ 个特征维度。

括弧下标的数字代表其在一维电荷特征空间的大小。*

最后讲一下括弧右上角的标示L和R，它们分别代表左手性和右手性。李政道和杨振宁告诉我们，只有左手夸克和轻子才会参与弱相互作用。我们的表格里这种现象用括弧的上角标L表示，而这样的区里都含有两排粒子。每个粒子在不同的区里既可以是左手又可以是右手。

括弧F特别有意思，它只有一个实体：右手的中微子 ν_R。它既没有强荷也没有弱荷，更没有电磁荷，所以在非引力作用下根本看不见它。ν_R 不会进入特征空间，能够穿过普通的时空就让它很满意了。

就此我们结束了概览的第一阶段。

| 认亲结对 |

为了完成对核心理论的概览，如彩图TT，UU所示，我们需要进行两个额外的扩展。（我在图中也提到了引力）。

之一是添加一个新成员希格斯流体。在最简化的核心理论里——正如之前所论述的，这个理论是充分的——希格斯流体能够感受到弱作用力的影响，但它感受不到强作用力。因此彩图TT，UU显示它占据一个二维的特征空间。

之二是将前面描述的整个物质区段重复两次，得到一个神秘的三胞胎。我们第一阶段描述的夸克以及轻子共同组成了所谓的第一代，还有第二代和第三代呢。它们填写的区块结构完全一样，但是括弧里添的是新的粒子：

所以，除了上夸克 u，还存在粲夸克 c 和顶夸克 t；下夸克 d 之外还有奇夸

克 s 和底夸克 b。除了电子 e，还有缪子 μ 和陶子 τ；电子中微子 νe 之外还有缪子中微子 $\nu\mu$ 和陶子中微子 $\nu\tau$。（我们必须在 ν 字母旁边添加一个下角标以区分不同的中微子。）

第一代	第二代	第三代
u	c	t
d	s	b
e	μ	τ
ν_e	ν_μ	ν_τ

第二代和第三代的粒子对现在的自然世界所起的作用非常有限。但它们确确实实地存在，而且它们的存在为我们带来了理论上的挑战，目前还没有行之有效的办法应对这个挑战。例如，粒子的质量散布在一个广阔的区间内，未表现出明显的模式，这些粒子的弱衰变可以引起很多额外的复杂情况，需要引入十来个修正参数，这些参数值无法从理论计算得到。（如果某天有位物理学家在你们面前夸夸其谈他的"普世理论"，如果诸位觉得有必要杀杀他的气焰，就问问他卡比玻角是怎么回事。[10]）

在尾注中我用更多的细节说明了这几个代的复杂状况并且为想要深入学习的人提供了一些参考资料。在沉思余下的部分中我们将专注物理实相中美感更加显露的那些方面。

万事之开头先告一个段落。

现在我们就核心理论的方方面面进行论述：它们包括麦克斯韦的电动力学、量子色动力学、（相对概略的）弱力和引力以及对这些力发生作用的实体进行清点。

核心理论为亚原子粒子结合成原子、原子结合成分子、分子结合成材料的过程以及这些成分与光和辐射相互作用的过程提供了一个完整的数学解释，这个解释身经百战，经受了考验。核心理论的方程全面但不失经济；对称但不乏味，洋溢着充满趣味的细节。这个方程组看似简朴，却焕发着奇异的美感。核心理论还为天体物理学、材料学、化学和物理生物学奠定了稳固的基础。

就此我们深深地感到，我们的问题已经有了答案。仅据我们能说得出的化学、生物学、天体物理学、工程学以及我们每天生活的世界，这个世界确实具体地表达了很多奇思妙想。种种迹象已经向我们证明，主宰着这些领域的核心理论，它的根深植在对称和几何中。在量子理论里，通过音乐般优美的规律，核心理论将自己的意志付诸行动。对称确实支配着结构，一曲纯粹而完美的天体乐章具体地表达了实相所赋予的精神。柏拉图和毕达哥拉斯大神，我们深深地向您二位致敬！

然而我觉得，我们所及的答案仍然没有将我们带到探索的终点，从两个方面看，它只是我们开始万里之行的时候迈出去的第一步。

其一，还有悬而未决的问题。

我已经说过，我们仍然面临"代的问题"。天文学家发现了暗物质和暗能量，结结实实地让我们搞物理的人大跌颜面。（我们这个出色的理论只涵盖宇宙总质量的4%！重量虽然不能代表一切，不过还是应该说明点儿什么吧……）

在更深刻的意义上，那个奇妙的答案足以给我们力量，让我们发挥想象并提出更具雄心的新问题。其中首当其冲的问题就是：核心理论中迥然相异的部分是否源自更深层的统一？我们后面的沉思将要思考这个问题并且迈出（我认为）充满希望的第一步。

第二个原因是前景无限。

从实用的角度我们已经明白物质究竟是什么。我们就像一个刚刚学会象棋规则的孩子，或者像一个有抱负的音乐人刚刚知道他所演奏的乐器能够奏出什么样的声响。像这样的基础知识仅仅是学习过程的起始，远非达到精通的程度。

我们能否靠想象力和计算，而不是经验的尝试，就可以设计出未来的物质材料？我们能够接听到宇宙通过引力波、中微子和轴子传输给我们的信息吗？我们能够一个分子一个分子地了解人类思维并且系统地对它加以改善吗？我们能够设计和制造出量子计算机吗？能否通过量子计算机发掘出一种完全不同的智能吗？在一个成熟的黄金年代，问这些问题就是播下新问题的种子。

作者注释：

* 这三个概念密切相关，基本上是可以互换的，就像英文定语从句中使用的"that"和"which"。请参照《造物主的术语》里的条目，那里解释得更详尽。
* 更确切地说，这是所谓的"超荷"特征空间，请参照《艺术术语表》和尾注中更加细致入微的论述以了解超荷以及其他几个专业术语。

译者注释：

1. 托勒密王一世（Ptolemy I，前367—前282）：托勒密原本是马其顿帝国亚历山大大帝麾下的一位将军，公元前305年，托勒密宣布自己为国王，建都亚历山大港，开创托勒密王朝在埃及近300年的统治，史称托勒密一世。在他的邀请下，欧几里得来到亚历山大工作。历史上还有一位托勒密：克罗狄斯·托勒密（Claudius Ptolemaeus，90—168），他是罗马帝国的天文学家和地理学家。

2. 茹尔丹先生（Monsieur Jourdain）是法国剧作家莫里哀的作品《贵人迷》里的人物，他是一位巴黎富商，一心想当贵人，被别人玩弄却还自以为乐。

3. 库仑定律（Coulomb's law）：静止点电荷相互作用力的规律，它是在1785年由法国科学家库仑经实验得出的。它表明真空中两个静止的点电荷之间的相互作用力同它们的电荷量的乘积成正比，与它们的距离的二次方成反比，作用力的方向在它们的连线上，同极电荷相斥，异极电荷相吸。

4. 杨-米尔斯理论是现代规范场理论的基础，也是20世纪重要的物理突破，由物理学家杨振宁和米尔斯在1954年首先提出。这个当时没有被物理学界看重的理论，由许多学者在20世纪六七十年代引入对称性的观念发展成今天的标准模型。这一理论中出现的杨-米尔斯方程是一组数学上未曾考虑到的非线性偏微分方程。

5. 盖革和马斯登：盖革全名为汉斯·威廉·盖革（Hans Wilhelm Geiger，1882—1945），德国物理学家，他曾是卢瑟福得力的助手，在第二次世界大战期间一度参加过德国原子弹的研制。马斯登全名为恩斯特·马斯登（Sir Ernest Marsden，1888—1970），英国物理学家，他和盖革共同进行了 α 粒子散射实验（α-particle scattering experiment），又称金箔实验。

6.　布鲁克海文国家实验室（Brookhaven National Laboratory）：建于1947年，位于美国纽约长岛萨福尔克县，隶属美国能源部。历史上该实验室的科学发现曾经五次获得诺贝尔奖。

7.　喀巴拉：对《圣经》作神秘解释的古代犹太传统，起初通过口头流传，并使用包括暗号在内的奥秘方法；其影响在中世纪后期达到了顶峰，在哈西德教派中至今占有重要地位。

8.　　神断法（trial by ordeal）：中世纪的裁判法。被告要遭受赤足蹈火、手浸沸水等考验，如果不受伤即被判无罪。

9.　Axion：英文原义是轴的意思。

10.　卡比玻角（Cabibbo angle）：参与弱作用的 d 和 s 夸克以一种线性叠加（混合）态的形式出现，这里 θ 称作卡比玻角。

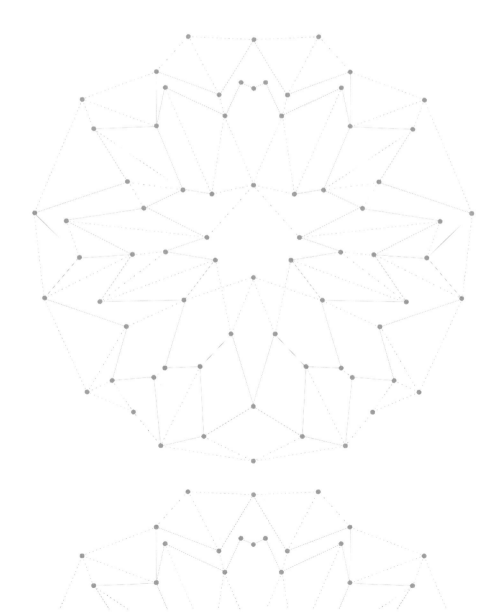

对称性 Ⅲ

埃米·诺特[1]——时间、能量和理智

一般来说，对称是一种"不变之变"。但神奇的埃米·诺特 279
在物理定律的数学对称和确定的不变物理量之间建立起了一种紧
密的联系。"X 不随时间而改变。"这句话说得很到位但也很消极，
因此我们通常只说"X 是守恒的"。在这种语境下，诺特定理的意
思是说：物理定律中的对称产生了守恒量。

就这样，埃米·诺特将极具远见的那种对应关系

理想 ↔ 真实

变成了一条数学定理。

至此最好举个实例说明诺特定理：

对称 ⇒ 守恒定律

我要举的例子是块珍贵的宝石，我个人认为，这是物理界意 280
义最为深远的结果。

这个范例中的对称被称为"时间平移对称"，这个术语听上去
挺吓人，但它的意思其实很简单：物理定律不随时间改变，它适
用于现在也适用于过去和未来。

物理定律始终适用，这个假设乍听上去不太像是一个关于对

称的假设，但它确实就是这样的一个假设。因为它表达的意思是，你们可以通过增加或者减少一个常数来改变物理定律中出现的时间，但你们并不会改变定律本身的内容。（在数学和物理术语中，一个常数的位移，无论位移发生在空间还是时间里，我们都称之为"平移"。）

《传道书》[2]深解时间平移对称之意：

> 已有的事后必再有，
> 已行的事后必再行，
> 日光之下并无新事。

莎士比亚也哀叹道：

> 如果阳光底下无新事，一切都是曾有过事
> 那我们的大脑岂不是受了欺骗
> 我们努力发明，辛苦劳作
> 只是一遍一遍重复以前

但《传道书》和莎士比亚的十四行诗说的可不是一回事。时间平移对称适用于连接事件的定律而并不适用于事件本身。正规的说法是：时间平移对称是动力学方程的一个特征，但它并没有向我们透露一丁点儿关于初始条件的信息。

在这段对称的插曲结束之前我还想就时间平移对称提出一些批判性的思考，但目前我们姑且信之。

281 时间和能量

诺特定理指出，定律中任何的对称性都意味着某个物理量守恒。时间平移对称也对应一个守恒的量——能量！

能量作为一个物理概念有一段非常离奇的历史，我想择其重点简短地讲述一下这段历史。首要的原因是这段历史特别有意思，在本书中这段历史凸显了诺特的理解和领悟有多么重要。

| 能量简史 |

我们今天认识到，能量是这个世界周而复始地运行的动力。我们寻找能量的来源，储藏能量，协商能量的价格，权衡各种获取能量方式的利弊……但我们对能量的熟悉并不能掩盖能量的古怪。

能量守恒作为基本原理到了 19 世纪中叶才得以出现，即便在当时，能量为什么守恒也仍然是个不解之谜；是诺特解开了这道谜题。即便在今天，我仍然认为我们尚未将这个问题弄得水落石出，我以后会解释我之所以这样认为的原因。

在牛顿澄清了运动原理之前，想要了解运动的科学家们一直在概念里纠结，他们一再发现，物体速度的平方值总会作为一项特别有用的标准出现，来衡量物体的运动。例如，伽利略就发现，在近地重力影响下的物体运动中，如扔出去的石头、发射出去炮弹以及（他仔细测量过的）沿斜面滚落的球和钟摆，在高度上发生一个固定的变化总会导致速度平方值的固定变化，并不依赖于其他的细节。

事后我们才明白，这个神奇的结果就是能量守恒的例证。物体的能量全依仗两个因素：动能和势能。动能（物体运动的能量）和物体速度的平方值成正比，而势能（物体因位置所具有的能量）由于近地重力，与物体的高度成正比。能量守恒意味着，动能发生的变化必须被势能的变化抵消；这其实是用另一种说法阐明了伽利略的探索发现。

然而伽利略的探索结果不是直接观测的结果，而是一种理想化的憧憬。他虽然用一个数学模型证明了他的发现是一个定理，但他的数学模型规避了阻力、摩擦等现实中永存的复杂情况。比如，使用分量很重的球而不是羽毛，再加上采取其他谨慎的措施，伽利略可以在他的实验里让上述的复杂情况的影响变得

282

很小，这样他的能量守恒模型也还算准确。但是严格地说，伽利略的能量守恒定律（当时尚未形成定律）从来都不能完全适用于任何真实的情境，他自己完全清楚这个状况。对于伽利略而言，能量守恒只是那个理想模型的一个令人好奇的事实。

在牛顿的经典力学中，能量守恒是一条更为普遍的定理，但它仍然是理想化的而非对实相的描述。牛顿的能量守恒定律适用于这样的粒子，其中各个粒子间的相互作用的大小只取决于它们之间的相对距离。在此框架里，这个定理告诉我们什么是能量——即出现在定理中的量并且它在时间上是恒定的！我们再一次发现，总体的能量是由动能和势能拼凑而成的。动能的形式一直都不变，对于每个质点，只需将它的质量乘以其速度的平方然后乘以二分之一，把每个质点的动能加起来就是系统的总动能。势能是一个相对位置的函数，势能的形式依赖于力的性质。到目前为止，尚未发现这个理论出现大的纰漏，但是牛顿力学中的摩擦力却破坏了能量守恒。这和牛顿的能量守恒定理并不冲突，因为摩擦力并不满足牛顿定理设定的条件——摩擦力并不只依赖于质点之间的相对距离，因此摩擦力限制了牛顿能量守恒定理在现实中的应用。

283　　当我们考虑到麦克斯韦的电磁理论时，事情就变得更加复杂了，但所得的基本结论却相差无几。虽然这个系统扩大了，但我们仍然在某些特定的条件下推导出一个数学的能量守恒定理，可是能量的含义却首先被修改了。具体说来，除了动能和势能之外，还必须将第三种能量包括其中。这个额外的能量叫场能，顾名思义，它取决于场的强度。只有总能量——动能＋势能＋场能才是守恒的。能量守恒的定律又复杂了一层，即便如此，这个定理也只有在忽略摩擦力和电阻的条件下才行得通，真可谓雪上加霜啊。

我还记得，当我第一次了解到这些情况的时候，我明显地感到不够信服和怀疑。在我看来，所谓的能量守恒"定律"只是一件东拼西凑、样子丑陋的杂牌货。每一次发现某种新的作用力或效应时，它都会违背现有的"定律"，所以人们总构想出某种新的能量来弥补不足；即便如此，还是会出现新的漏洞。无论是牛顿力学还是麦克斯韦电磁学都没有把能量守恒准确地设定为一个普遍的原理，能量守恒似乎就是一个实用但近似的结果，只在一些有限的情况下才有用。依我看，这条"定律"以前并没有深刻的概念做基础，再怎么说它也只是个近似，我们完全没有理由把能量守恒当成一个可靠的指南来指导全新的探索。

能量守恒应该是一条严格成立的基本原理，这个想法直到19世纪中后期才逐渐显露。人们对技术的需求推动了这个发现。

有史以来，人类为了让东西运动起来尝试了很多技术，目的是完成一些实用的作业，比如运送人员和货物、攻克堡垒、研磨谷物等功用。工业革命时期，机器占据了经济生活的核心位置，提高机器的效率成了巨大的商业活动，人们开始从实验和理论上重点研究如何驱动机器不停地运转。把能量及能量的转换方式作为思考的切入点变成了最行之有效的研究方法。说得具体一点，人们发现诸如摩擦力和电阻的影响会违反能量守恒定律并导致能量损失。（研究的实际意义则是呼吁人们关注能源价格并尽量减少损失，这里的能源包括所有形式的能源。）能源总是有减无增可以解释为什么工程师们造不出封闭的机器——即所谓的"永动机"。通俗地说，这其实解释了机器为何需要能源才会运转。人们还观察到，在能量损失的过程中总伴随着热量的产生。好几位科学家都明确地解释了这种现象，虽然他们的解释清晰程度各异，他们都指出能量守恒是一个普遍的真理，但是为了让它成立，人们必须认识到热量是另一种形式的能量。受这个观点的启发，詹姆斯·普雷斯科特·焦耳[3]做了一系列细致的实验，他让下降的重物带动叶片旋转，摩擦产生的热量使水加热。他通过实验定量论证了这个关键的想法：（从落体中产生的）一定数量的能量可以制造出一定比例的热量。

焦耳的实验取得成功之后科学界便将能量守恒视作公认的工作原理。大自然自己站出来说话了，她的意思很清楚——能量守恒确实有可取之处。

但由于除了"可行"之外就再也没有深层的论证，这条定律一直都很神秘玄妙和风雨飘摇。"可行"只是意味着到目前为止它行得通，人们总是有些担心会有什么新发现可能让它出漏洞。这种事又不是头一回发生。质量守衡是牛顿力学的基石，两百多年来，无论在天体力学领域还是各种各样的工程应用方面，这条定律确实一直是一个很管用的工作原理。质量守恒经过了严格的测试，被安托万·拉瓦锡[4] 运用在实验中，这标志着现代定量化学的开端。然而到了 20世纪，极端条件下的物理体系严重违背质量守恒定律，这已经是一件司空见惯的事了。在高能电子正电子对撞机里，两个质量非常轻的粒子（一个电子和一个正电子）相碰撞常常会产生几十个粒子，这些粒子的质量相加在一起的总和会是当初被输入的粒子质量总和的好几千倍！

285　　能量看着像个大杂烩，混杂着一长串种类不同的东西——动能（以运动衡量）、势能（以位置衡量）、场能（原则上以施加给电荷与电流的力来衡量）、热能（以温度变化衡量），还有很多东西我就不一一赘述了；未来增补的余地很大，甚至出现例外也不是不可能。

　　埃米·诺特让能量的概念一目了然。通过将能量守恒建筑在物理定律中时间的均匀性上，她向我们揭示自然的本质和真实面目，让我们看到她蕴藏的美。埃米·诺特使用数学这根魔棒让丑陋的青蛙变成了英俊的王子。

　　从技术中蜕变而出的现代能量守恒概念被诺特推向了巅峰，诺特将它的根源归结为对称，它也是

真实 → 理想

这个过程漂亮的范例。

　　能量守恒会重蹈质量守恒的覆辙吗？在科学界，唯有实相神圣。不管我们是否做好了思想准备，实相总会跳出来让我们大吃一惊。诺特的定理再次提高了赌注：如果能量守恒不成立，我们只能重新考虑建立物理定律时所使用过的那些基本概念，或者重新考虑时间的均匀性，再或者两者都需要重新考虑。我们大多数人都将这解读为一种提醒自己的警示，除非大自然给了提示，总想着违背能量守恒定律不太可能产生多么好的结果。我们何必自寻烦恼呢？

| 诺特还教会了我们什么？ |

和时间的均匀性一样，物理定律在空间中也存在均匀性。这种均匀性表现为一种对称，人们称之为空间平移对称。根据诺特定理推断，这种对称也应该存在着相应的守恒量，这就是动量。物理定律从不同的方向看也应该一样，这是另一种对称原则，被称为旋转对称。按照诺特定理，这里也应该存在着一个守恒量：角动量。和能量守恒定律一样，在诺特之前，这些了不起的守恒定律也经历了一段漫长而又辉煌的历史，它们都是在特殊的案例中、在更为局限的条件下推导而成的。事实上，开普勒三大定律其中的一条——即行星和太阳的连线在相等的时间间隔内扫过相同的面积，就反映了角动量守恒的原理，因为扫过的速度和角动量成正比。通过将这些守恒量同物理实相中简单的定性特征相关联，诺特定理为解答那些守恒定律为何存在的原因提供了真知卓见。

我们马上会看到，诺特定理在现代物理的前沿领域已经成为研究发现必不可少的工具。运用这个工具，我们得以将以下两个方面联系起来了。一面是可能的对称性的理论美，我们要扪心自问：

我的方程美不美？

另一面是物理测量的严酷现实，我们要反躬自问：

我的方程对不对？

形势是那么成功也非常鼓舞人心，但我仍然觉得缺了某种重要的东西。并非只有我一人心生这样的想法：尼尔斯·玻尔这样的科学家早在 20 世纪 20 年代为了解释一些令人费解的放射性实验就半认真地思考过能量不守恒的观念。后来，列夫·朗道（Lev Landau），另一位被物理学家崇拜的大神级的人物，提出恒星违背了能量守恒定律。（恒星的能量来源是核燃烧——这个能量源直到

286

20世纪中叶才被搞清楚。）

所有的推论都要依据假设，诺特定理也不例外。事实上，诺特定理中假设的条件相当抽象，很专业而且极难界定。（用行家的话讲：这个定理只对这类体系成立，它们的运动方程是通过朗格拉日量变分而得出的。我们有很多很好的理由对能够用这个方式描述的体系肃然起敬，但是这理由却让人五味杂陈，至少对我来说，我们甚至说不清楚，为什么或者是否所有的体系都必须这样。）我觉得这样重要又容易表述的结果应该有一个更加直接和直观的解释。要是我能做出这样一个解释，我一定特别乐意和别人分享。但目前我只能说：我仍然在搜寻！

埃米·诺特其人

我们上面讨论了埃米·诺特在数学物理方面取得的伟大成就象征了蓬勃的生命力。她毕生的大部分工作都属于纯数学领域，实际上她的专长就是净化数学。她让代数变得更抽象也更灵活以便适应更加繁丽的构架，富有创造力的数学家都梦想着在代数几何和数论里运用这种复杂的结构。她通过简化基础的方式提出了发展这些基础的创新方法。为了在自己酷爱的事业里不断探索，她克服了严峻的挑战和性别歧视。大卫·希尔伯特[5]想吸纳埃米·诺特成为自己在哥廷根大学的同事，当时的哥廷根大学拥有世界顶级的数学系。他写道："我无法想象候选人的性别竟成了反对她的理由……我们这里是大学，又不是洗澡堂。"但是他的这种观点在当时没有成功。埃米·诺特在一个时期里一直都是位没有薪水的代课老师。她不仅是一位知识女性，她还是犹太人，随着纳粹的崛起，这个双重身份迫使她逃离了德国。赫尔曼·外尔后来为了向她在那个磨难时期表现出的勇气表示敬意，写了下面的文字：

埃米·诺特——她的勇气、她的坦率、她的奋不顾身以及她的淡定自若——让我们身处仇恨、卑鄙、绝望和悲伤之中的时候感到一种道德上的慰藉。

图 37 埃米·诺特——她是数学家，更是一位高尚的人

她的无私、慷慨，特别是她对于数学的热爱和奉献得到了许多人的证明。据她的学生奥尔加·陶斯基（Olga Taussky）回忆，她常常很忘我，"发狂地用手比划"，以至于发卡脱落了，长长的头发蓬乱成一团，她都没有发觉。[288]想想埃米·诺特所致力的工作，再粗略地了解她的生平，我不禁想到诺瓦利斯[6]把斯宾诺莎[7]形容为"醉心于神的人"；埃米·诺特就是一个"醉心于数学的女人"。

图 37 是二十岁的埃米·诺特，此照多少能够传递出她的神韵。

289 对称和理智以及世界的构造

鲍斯威尔[8]在他的著作《约翰逊传》[9]中讲述了这样一个故事：

> 我们从教堂出来之后，站在那聊了一会儿，我们聊起了伯克利主教[10]那巧舌如簧的诡辩，他竟然说物质根本不存在，宇宙中的一切仅仅是完美的理想。我察觉到，虽然我们都认为他的教义并不正确，却无法反驳他。我忘不了约翰逊那干脆的回答，他用脚朝着一块大石头狠狠地踢了一下，整个人被弹了个趔趄，他说："这就是我的反驳。"

大卫·休谟[11]深受伯克利的影响，他为彻底的怀疑论提出了更为精致的论点。休谟认为，根本没有办法证明物理行为的时间均匀性是合理的。但是，如果不这样假设就根本无法预测——甚至不能预测太阳明天照常升起。休谟还认为，行为的均匀性其实是人的信仰的非理性飞跃。伯特兰·罗素用一个令人难忘的笑话囊括了休谟的分析：

> 有个人在鸡的有生之年每天都给它喂食，最后还是把鸡的脖子拧断了，这显示出对大自然的均匀性的更精致的看法对鸡是有用的。

罗素还说：

> 因此有必要看看在一个完全的经验主义或大体上以经验主义为主的哲学框架内是否存在对休谟的回应。如果不存在回应，那么在理智和疯狂之间就无经得起推敲的差别可言了。

290

受约翰逊的启发和鼓舞，在这一章节里，我就来挑战一下这个问题。

为了让这个世界成为理智的乐园，让我们追根溯源，想一想证明一个信念到底意味着什么。亚里士多德那著名的三段论[12]开创了逻辑学的先河，它使得逻辑变成了一门独立存在的学科。先看一个经典的三段论：

> 人终有一死
> 苏格拉底是人
> 苏格拉底也不免一死。

乍一看，这段话给人很深刻的印象而且逻辑性极强。人们可以从旧的经验里很确定地推导出新的结论。

然而，如果我们再仔细想想，这句话就变得没有多大意义了。我们只有知道苏格拉底这个人会死，才能推断出"人终有一死"的结论。像这样的推理似乎全然陷入了一种深藏的循环之中。

但又不可否认一种隐约的感觉，认为这里面有些道理非常实用而且意义重大。我认为，其中的深刻之处在于我们对"人终有一死"的这个说法以及"苏格拉底是人"的这个身份认证更有把握，而对"苏格拉底也不免一死"这个特定的独立的推断则没有那么肯定。

"人终有一死"，如此断言的底气肯定不能从全人类大普查中得来，那样必须对每个个案进行考证，核实每个普查的成员都已经死了才行。这件事，我们基本做不到！我们的断言取决于对人的总体了解——对死亡的了解尤其包括人类身体的脆弱以及衰老的生理机能的了解。不朽的生命和我们普遍认同接受的"人类"概念天差地别，以至于我们把不朽定义成了非人类的。苏格拉底显然非比寻常，即便如此，他有生身的父母可寻也拥有和其他人一样的肉身，他的肉身也会在战争中受伤，也会和其他人类一样有着类似的生命周期而弱冠耄耋、生老病死……简而言之，苏格拉底本人很自在地做着"人类"。所以，三段论是成立的，它甚至在苏格拉底没死之前就是成立的——当然，他最终确实死了。

顺便问一句：亚里士多德如果拿自己当例子岂不更加印象深刻和有教义？

人终有一死

亚里士多德是人

所以，亚里士多德也不免一死。

他要是这样说就更通人情了。另外，亚里士多德在给他那位大名鼎鼎的学生亚历山大大帝答疑解惑的时候本可以也这么说：

人终有一死

亚历山大是人

所以，亚历山大也不免一死。

如果他真的这么说的话，说不定能够规劝亚历山大大帝更加爱惜龙体，也说不定还能改写了那段历史。[13] 亚里士多德被解雇倒是更有可能发生的事，也说不定事情还会更糟。

将来有一天，也许这一天很快就会到来，随着医疗科技的进步，人类智慧可以移植出人体，我们也许要重新回顾一下"人终有一死"这个命题，如果说：

人终有一死

雷·库兹韦尔[14]是人

所以，雷·库兹韦尔也不免一死。

这样的三段论可能就值得怀疑了。

但是如果那个幸福的时刻真的来临了，人们又会提出一些"原生态人类终有一死"之类的命题，然后又和以前一样翻来覆去地推断，但是这时候还得考虑更加微妙的差异。无论如何，并没有人严肃地质疑苏格拉底、亚里士多德和亚历山大大帝生命是否有限，甚至在他们去世之前也没有人这样做。确切的原因已经在三段论中表达得很清楚了，只要能合理地理解三段论就行啦。

292

目前总体的要务是建立广泛而又牢固的基础从而更有把握地进行推理。一般的推断很有用，它们可以为特定的推断提供基础，即使后者似乎应该严格地小于前者。

那么罗素的老母鸡该怎么推理呢？它的三段论应该是这样的：

> 每天好心的主人都给我喂食
> 明天是每天中的另一天
> 好心的主人明天还给我喂食。

母鸡的推理看上去很像前面所说的亚里士多德的三段论啊！但是"看上去像"不代表它们真的就像。虽然母鸡三段论的逻辑形式相同，但其中有效的内容却截然不同。如果这只母鸡足够聪明，它就会注意到好心的主人每天并不会准确地按照同一种方式、在同一个时间提供饲料。它还应该注意到，好心的主人还做了很多其他的事情。它如果真的足够聪明就应该发展出一套理论来解释好心的主人的行为举止，如果这只鸡特别具有洞察力，它还会由此把那个好心的主人想成是一个有动机而且利己的生命。母鸡可能还注意到，好心的主人全家吃生物产品，种了地就会收获作物，农场里的动物会时不时地神秘消失，等等。这时母鸡就应该怀疑"最后的审判日"将会降临，那天好心的主人不再像三段论中第一段所假设的那样给它喂食。"人终有一死"这句话却经得起反复琢磨，它是一个全方位而又清晰的世界观的一部分；而"好心的主人每天给我喂食"则不然。

为了应对罗素的挑战并回答休谟的问题以捍卫理智，我们必须说明"自然均匀性"这个假说的合理性。我刚刚说过，我们可以建立一个更加广泛牢固的基础使得那个假设更牢靠；将时间的均匀性构想成物理定律中的对称在诸多方面帮助了我们，我们可以从中得出很多结果，但它们绝非显而易见的结果，它们正是实体世界的真实面貌。简单地说，我们可以在不同的时间段重复地进行精密的测量并核查所得的结果是否相符。因为光的传播是匀速的，通过观测遥远的恒星及星系，我们得以更加深入地观察过去，我们于是能确认它们过去的

293

光谱线和我们现今所见的是一样的。通过这种方法，我们观察到原子物理无论在过去还是现在都遵循着同样的规律。在诺特的启发下，我们竟然可以核查能量守恒定律了！这可不是画蛇添足的举动，因为分析基本粒子反应的过程中，能量守恒定律可谓功劳卓著，这些分析工作需要在极端的条件下进行探测。

现在所有的验证和研究工作都进行得相当谨慎而且精确，为理性辩护的理由确实很强大。

为了让我的这段论述圆满结束，我们还应当注意到物理定律中其他两个均匀性，这两种均匀性在世界的构造中几乎同样重要：除了时间的均匀性之外还存在空间的均匀性和物质的均匀性。我们之前曾经接触过空间的均匀性，所有测试时间均匀性的实验和天文观测都可用来核查空间的均匀性，而且我们在诺特的指点下又具有了另一种检验的方法——核查动量守恒！这可不是多此一举，因为动量守恒定律在极端的条件下分析基本粒子的反应，其效果也可谓屡试屡验。

最后说一说物质的均匀性——即在观察到的现象里，（诸如）所有的电子都具有完全相同的属性，这个假设隐含在现代原子物理、电子学和化学的每一个应用中，虽然大家普遍接受了这个概念，常常认为它是显而易见的，但事实却恰恰相反。

人类在生产制造中使用可互换的零件是一项革命性的创新，也是辛苦努力得来的成果。然而大自然这位超级大工匠抢在了塞缪尔·柯尔特[15]和亨利·福特[16]之前就提早注意到了可互换零件的优点。在今天的核心理论里，（譬如）所有的电子都是一种普通的漫布世界的电子流体的最小激发态——量子，而这种流体的属性在时间和空间里是均匀的，由此推论出电子具有可互换性。因此在量子理论范畴，物质的均匀性无须单独地假设。物质的均匀性来自时间的均匀性和空间的均匀性，或者如埃米·诺特教导我们的：（它）还可以由对称产生。

译者注释:

1. 埃米·诺特(Emmy Noether, 1882 —1935):德国数学家,她的研究领域为抽象代数和理论物理学。诺特定理解释了对称性和守恒定律之间的根本联系。诺特还被称为"现代数学之母"。

2. 《传道书》(*Ecclesiastes*):《圣经·旧约》中的一卷,传说作者是耶路撒冷王、大卫的后代所罗门,它的主题是感叹人生的虚空。

3. 詹姆斯·普雷斯科特·焦耳(James Prescott Joule, 1818 —1889):英国物理学家,他在热学、热力学和电学方面都做出过杰出贡献,后人为了纪念他,把能量或功的单位命名为"焦耳"。

4. 安托万·拉瓦锡(Antoine de Lavoisier, 1743—1794):法国化学家及生物学家,他被后世尊为"现代化 学之父"。他使化学由定性改为定量并使用定量分析法验证了质量守恒定律。

5. 大卫·希尔伯特(David Hilbert, 1862—1943):德国数学家,他的研究有力地推动了20世纪数学的发展,他被誉为"数学界的无冕之王"。

6. 诺瓦利斯(Novalis, 1772 —1801):德国浪漫主义诗人。

7. 斯宾诺莎:全名为巴鲁赫·德·斯宾诺莎(Baruch de Spinoza, 1632 —1677):荷兰哲学家,他是近代西方哲学公认的三大理性主义者之一,与笛卡儿和莱布尼茨齐名。

8. 鲍斯威尔(James Boswell, 1740 —1795):苏格兰作家,现代传记文学的开创者。他与约翰逊友谊深厚,所著《约翰逊传》详细记述了约翰逊的日常言行并且描写了周边人物,对后世的传记文学影响深远。

9. 塞缪尔·约翰逊(Samuel Johnson, 1709—1784):英国作家、文学评论家和诗人。

10. 伯克利主教即乔治·伯克莱(George Berkeley, 1685—1753):爱尔兰/英国哲学家,他是近代经验主义的重要代表之一,开创了主观唯心主义,对后世的经验主义的发展起到了重要影响。为了纪念他,加州大学的创始校区定名为加州大学伯克利分校。伯克利是一位虔诚的基督徒,曾经担任了18年主教。

11 大卫·休谟(David Hume, 1711—1776):苏格兰哲学家和史学家,他被视为苏格兰启蒙运动以及西方哲学历史中最重要的人物之一。休谟的哲学受到经验主义者约翰·洛克和乔治·伯克利的深刻影响,一般被归为彻底的怀疑主义。

12 三段论(syllogism):演绎推理中一种简单的推理判断。它包含一个一般性的原则(大前提)、一个附属于大前提的小前提以及由此引申出的特殊化陈述符合一般性原则的结论。

13 亚历山大大帝(Alexander the Great, 前356—前323):亚历山大帝国的国王,天才军事家。其帝国是当时世界上领土面积最大的国家,但他英年早逝,去世时还不满33岁。

14 雷·库兹韦尔(Ray Kurzweil, 1948—):天才的发明家,谷歌公司技术总监,他在人工智能、机器人和深度学习等领域都有杰出的发明。

15 塞缪尔·柯尔特(Samuel Colt, 1814—1862):左轮手枪的发明者。

16 亨利·福特(Henry Ford, 1863 —1947):美国汽车工程师与企业家,福特汽车公司的建立者。他也是世界上第一位使用流水线大批量生产汽车的人。

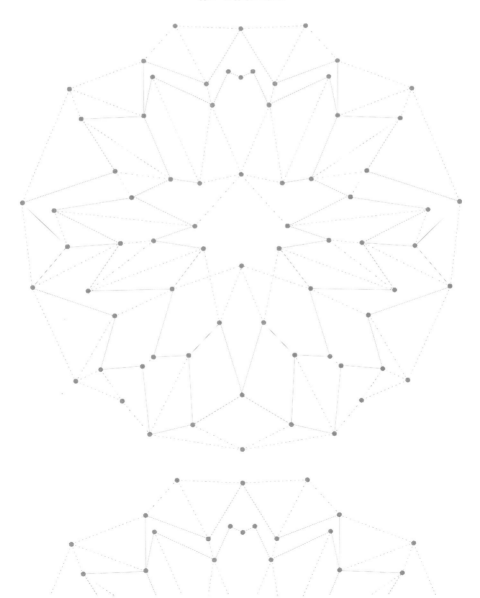

量子之美IV

惟笃信大美

一个藏在十二面体里的寓言 ²⁹⁵

正十二面体属于五种柏拉图多面体中的一种，这个多面体包含了大量的几何对称而且已经多次出现在我们的沉思中。柏拉图本人曾说，宇宙整体的形状就是一个正十二面体。萨尔瓦多·达利在他的画作里使用了十二面体的这个象征意义以表达冥冥之中的宇宙，除此形之外恐怕很难在油画布上呈现一个宇宙。富勒烯的种类繁多，但每一个富勒烯结构里都能看到正十二面体的影子，其中十二个五边形就像十二个铰链让石墨烯结构中的六边形们闭合成一个表面。

正十二面体还特别适合做成台历，因为有十二个面而且每个面都正好相同，每个月用一个面，正好十二个月，这样做出来的台历特别雅致。在网上能够很容易找到制作这种台历的说明书，将硬纸壳或纸板进行剪裁粘贴即成。

正十二面体已经成为美的象征，它已然成了我们的老朋友。

如果有谁"玩性大发"想展示一下身手，或者有兴趣玩一个 ²⁹⁶ 解闷儿的拼图游戏，就可以将这个图形的某些部分沿边线剪开，打乱边的秩序，这样就制成了一个拼图的谜题。

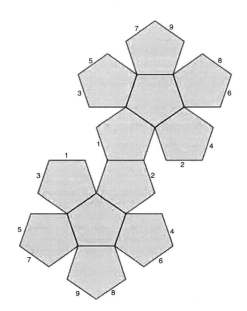

图 38　这个很可爱的图形就能让你们做成一个正十二面体，你们可以在硬纸壳或纸板上画出这样一个图形，然后沿着外边线剪裁，再沿着内里的粗实线折叠，再依据编号将编号相同的边合在一起

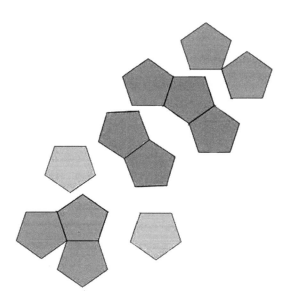

图 39　图形被分解之后就变得难以辨认了，但仍然留有蛛丝马迹的线索可以使它复原。如果我们了解十二面体就能将这一堆看似杂乱的零碎图形拼凑回图 38 的原形，进而让我们再将它们组合成一个正十二面体

在这里用只言片语很难解释我们眼前的现象，大多数人不大熟悉正十二面 ²⁹⁷
体，因此也就不会明白这些零碎的图形到底能够组成什么形状。但是对于我们
这些一直都在思索美以及它的体现的人，我们已经准备好应对这个挑战。十二
个正五边形，有些成对而共享同一条边，有些三足鼎立而共享同一个顶点。我
们脑中火花四射！我们看出了潜藏在这个图形中的实质，不仅如此，我们还能
把它拼成一个美丽物体。

让我们记住这次拼图的成功经验并回过头来审视核心理论。这个理论用一
组非常紧凑的方程诠释了大量丰富的事实——那是经历了艰苦卓绝的努力才获
得的对实体世界确定而又定量的观察结果。前面的文字已经提过，这个理论为
化学、各种各样的工程学、（也许还有）生物学、天体物理学和宇宙学奠定了足
够牢固的基础。核心理论很优美，它的方程都含有深刻的对称性。正是因为如
此，只要知道不同粒子属于什么特征空间，能让这些空间支撑我们所愿的（局
部）对称性，我们就可以重新构造出整个核心理论。我们可以用一张相当简单
的图表总结所有必要的数据，请看彩图 TT 和 UU。

核心理论是对大自然的一个漂亮的描述。要想夸大这个理论的精度、美感
和威力都不是一件易事。然而，至美的鉴赏者并不满意。恰恰因为核心理论太
接近大自然的真相，我们才应该尽量用最高的审美标准来衡量它。当我们用这
种吹毛求疵的态度仔细端详这个理论的时候发现它确实显露了瑕疵。

*　首先，这个理论包含了三种在数学上很相似的作用力：强力、弱力和电
磁力。这三种力表达了一个共同的原理：特征空间的局域对称。引力是第四种
作用力，引力的基础也是局部对称，尽管那是一种不同的对称：局部伽利略对
称。引力比其他三种作用力弱得多。要是存在一种整体的对称和支配一切的作
用力就会更令人满意，因为这样能够为大自然提供一个贯穿始终的描述！三
（四）种意味着绝不止一种，我们目前尚未达到那样的境界。

*　更糟糕的是，即便我们认识到许多粒子"本质上"是相同的实体，区别 ²⁹⁸
在于它们在其所属特征空间所处的位置不同，我们仍然发现有六种彼此不相干

的实体。六种更意味着不止一种了。

　　* 此外还存在着三个代，听上去更没道理了。

　　* 希格斯流体在核心理论里发挥着独特而又重要的作用，但这种流体似乎是一种独立的流动成分。引进希格斯流体这个概念是为了修补之用（在这方面它不负使命）而非美化之效（在这方面它便无能为力了）。

　　总之，核心理论确实就是一个东拼西凑的大杂烩，如果对这个理论批评得再严厉一些，也可以把它说成是一团乱麻。

　　或许那位造物的大工匠辛勤工作一周，造出了一件粗凿的毛坯件，也就是我们的核心理论，然后就此歇手休息去了？

　　我们最好把这个恼人的想法丢开，先回头看看从正十二面体学到的教训。在那里，面对一堆凌乱的图片，我们看到了美感，特别是对称，它提示我们正十二面体和对称不是造物主信手乱画的涂鸦。由于了解了物体在空间可能存在的对称，我们意识到只存在几种柏拉图多面体。由于具备了这样的知识，我们得以从局部零星而歪曲的线索中推断出了一个潜藏的十二面体。

　　核心理论涉及的多种形式的对称远比普通的三维空间的旋转复杂周密。同时，它涉及的对象（即特征空间）也不像大家对正十二面体那般熟悉。尽管如此，我们仍然可以尝试用类似的观念思考问题。或许有一个更大的对称，它作用在一个更大的隐蔽的对象上，而核心理论零碎的对称以及它明显倾斜和散乱的作用对象只是其中的一部分。

　　如果我们能够为上述问题在数学上找到肯定的答案，那就意味着出现某些全新的物理理论，它们能够超越核心理论并为其弥补不足。一旦给定对称和它作用的特征空间，杨振宁和米尔斯已经向我们提供了如何去构建一个相应的作用力和粒子的理论。在这样的构造中，规范粒子（如色胶子、微子、光子等）是对称的化身并且传递作用力。我们假设的大型对称不但会给出核心理论中所有的作用力，甚至还会给出更多新的力。

　　多亏了19世纪末和20世纪初的数学家们——索菲斯·李[2]及其后继者——

299

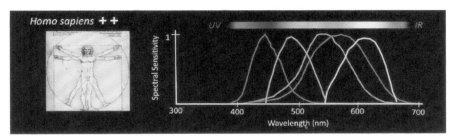

彩图 AA

利用时变我们就增加了新的接收频道，例如，我们可以增加两个人工频道使色彩空间变成五维的

R1	R2	R1	R2	R1	R2	R1	R2	R1	R2	R1	R2
R3	R4	R3	R4	R3	R4	R3	R4	R3	R4	R3	R4
R1	R2	R1	R2	R1	R2	R1	R2	R1	R2	R1	R2
R3	R4	R3	R4	R3	R4	R3	R4	R3	R4	R3	R4
R1	R2	R1	R2	R1	R2	R1	R2	R1	R2	R1	R2
R3	R4	R3	R4	R3	R4	R3	R4	R3	R4	R3	R4
R1	R2	R1	R2	R1	R2	R1	R2	R1	R2	R1	R2
R3	R4	R3	R4	R3	R4	R3	R4	R3	R4	R3	R4
R1	R2	R1	R2	R1	R2	R1	R2	R1	R2	R1	R2
R3	R4	R3	R4	R3	R4	R3	R4	R3	R4	R3	R4
R1	R2	R1	R2	R1	R2	R1	R2	R1	R2	R1	R2
R3	R4	R3	R4	R3	R4	R3	R4	R3	R4	R3	R4

彩图 BB

由四种不同颜色受体组成的紧致而规则阵列。它可以用来显示具有四维颜色的精致
图象。如果其中一维利用的是时变，那么我们就能看见这种陈列显示的所有信息

彩图 CC　数学描述的物理原子是一个三维的实物，它们具有艺术家的气质，可以创作出异常美丽的图像。我们在图中看到的是处于一个特定激发态的氢原子的电子云（专家称之为(n, l, m) = (4, 2, 1) 态），其中的面是等概率面，不同的颜色代表不同的相位

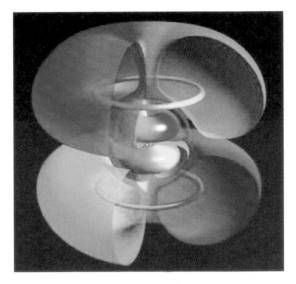

彩图 DD　一束光的颜色会由于观察者的相对快速运动而发生变化。图中的光由一个向右以七分之一光速运动的光源发出。如果你在右边，这样光是向你而来，你会感觉光是蓝色的，如果你在左边，这样光离你而去，光看起来是红色的。

彩图 EE
变形艺术不仅支持视角的变化还支持更一般性的变化，它表现一个给定对象的图像范围非常广，也包括一些特别
扭曲的外观

彩图 FF
用不同的方式可以将一张石墨烯卷成各种各
样一维的线状分子，它们就是纳米管

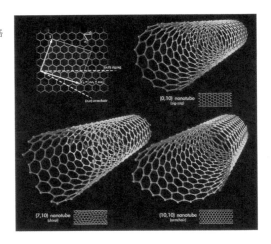

彩图 GG
颜色空间里转换的演示。左上角是一张在巴塞罗那街边拍摄的糖果摊的原版照片，右上角的图是
颜色空间发生了刚性变化后的效果，左下角和右下角的两张图是发生了两种不同的局域变化后的
效果，其中一个变换效果相对温和而另一个的变换幅度比较剧烈

彩图 HH

几何、色彩、对称和变色让美变得更加绚丽多姿

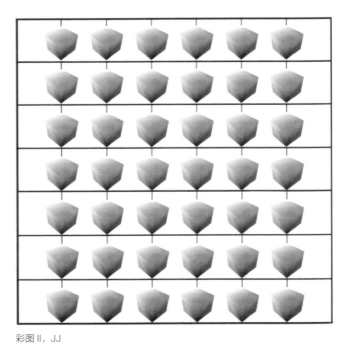

彩图 II, JJ

RGB 色方块为我们给空间每个图像单元（像素）着色提供了各种选择。通过色觉我们就可进入额外的三个维度

电磁作用　　　　　　　　　　　　　弱作用

强作用

彩图 KK

颜色特征空间维度变化带来的变化。左上：一维；右上：二维；下：三维。图下方的标签指出，核心理论中电磁作用、弱作用和强作用的特征空间正好分别是一维、二维和三维。

彩图 LL

这张照片呈现的是一座现代清真寺的内部景象，使用鱼眼镜头相当于为这个壮观的景象再添一层"变色"效果

彩图 MM
夸克间的力非常像弹簧或橡皮筋，拉得越长力越强

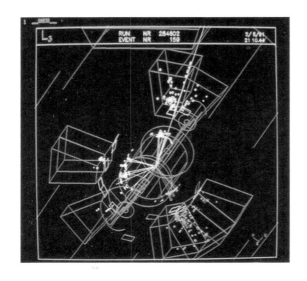

彩图 NN
这张照片拍到的是一对正负电子高速碰撞湮灭后的景象。不难看出粒子群在移动，而且运动的速度很快，它们朝着三个明显不同的方向移动。这三个喷注就是一个夸克、一个反夸克和一个色胶子的化身

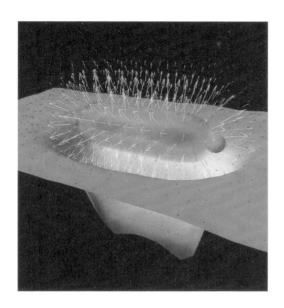

彩图 OO
法拉第概念中的"力线"在连接一个夸克和一个反夸克时集中成细管，这条管代表色电场从源夸克流到接收的反夸克的通量，由胶子组成的色电场具有自粘性，它们都挤在一起，这个现象是夸克禁闭的关键点

彩图 PP
这张图是彩图 OO 的变体，这里面的通量分布连接三个夸克，形成重子的骨架，我们日常所见物质的重要组成部分，质子，就是一种重子。汝即彼——梵我如一

彩图 QQ
三条通量管可能会连接到一个结合点，这是三色的量子色动力学（QCD）的一个特征，而正文中已经解释了"漂白规则"。彩图 MM 来自纪念我诺贝尔奖的海报，它有些不对（参考彩图 PP）。但是这张出现在我诺贝尔奖证书里的图则是切中要害，完全正确

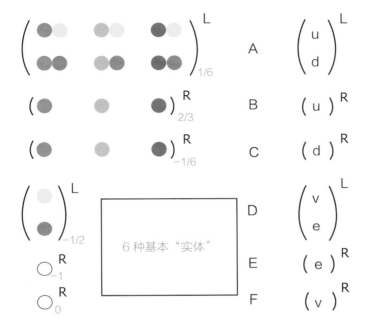

A $\quad \begin{pmatrix} u \\ d \end{pmatrix}^{L}$

B $\quad \begin{pmatrix} u \end{pmatrix}^{R}$

C $\quad \begin{pmatrix} d \end{pmatrix}^{R}$

6 种基本"实体"

D $\quad \begin{pmatrix} v \\ e \end{pmatrix}^{L}$

E $\quad \begin{pmatrix} e \end{pmatrix}^{R}$

F $\quad \begin{pmatrix} v \end{pmatrix}^{R}$

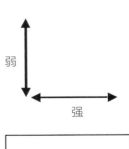

弱

强

3 种基本力

彩图 RR，SS
简要说明核心理论 - 步骤 1

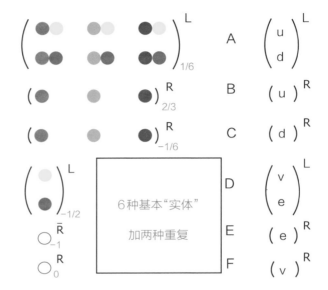

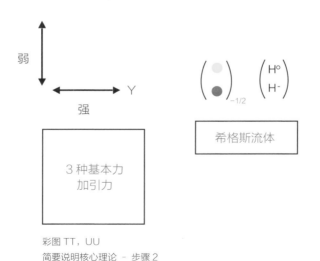

彩图 TT，UU
简要说明核心理论 – 步骤 2

+	−	−	+	−	1/6
−	+	−	+	+	1/6
−	−	+	+	−	1/6
+	−	−	−	+	1/6
−	+	−	−	+	1/6
−	−	+	−	+	1/6
−	+	+	−	+	−2/3
−	−	+	+	−	−2/3
−	+	+	−		−2/3
+	+	−	+		1/3
+	+	−	+		1/3
+	+	+	+		−1/2
+	+	+	+	+	−1/2
+		+	−	+	1
−	−		+	+	0

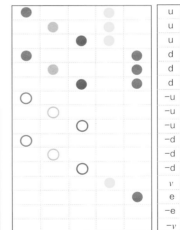

$$Y = -\frac{1}{3}\,(\text{红} + \text{绿} + \text{蓝}) + \frac{1}{2}\,(\text{黄} + \text{紫})$$

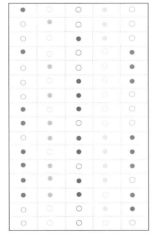

	1/6				u
	1/6				u
	1/6				u
	1/6				d
	1/6				d
	1/6				d
	−2/3				−u
	−2/3				−u
	−2/3				−u
	1/3				−d
	1/3				−d
	1/3				−d
	−1/2				v
	−1/2				e
	1				−e
	0				−v

一个实体，一种力

彩图 VV，WW

如果我们假设更大的对称就能让在彩图 RR 和 SS 介绍过的核心理论的面目更加清晰，这样我们就能实现那个真实和理想统一的壮丽蓝图，正文中已经对此做过文字上的交代了

彩图 XX
这是一张放大了的真空的图像，它的空间和时间的分辨率都非常高

彩图 YY
卡拉瓦乔的画作《圣徒多马的怀疑》，多马是一位执着的询问者，耶稣鼓励他检查自己的伤口

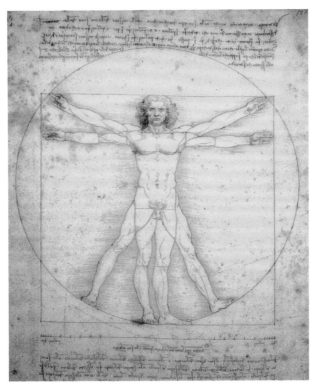

彩图 ZZ

达·芬奇标志性的杰作《维特鲁威人》，这件作品的画面像开普勒的太阳系模型，画家的灵感来自于他对深层实相的妙想，但他的想法却是错误的（难道他真的想错了吗？）

彩图 AAA

这张图显示的是经过精心处理过的宇宙微波背景辐射，它揭示了宇宙结构的种子

我们现在有一个所有备选的对称和空间的完整清单；我们能够看一下哪个对称和空间能满足我们的需求。就像柏拉图多面体只有区区几种形式，我们发现只有几种对称可能统一核心理论中的各种对称（像正十二面体的旋转），能将核心理论中的各种特征空间（像正十二面体的各个面）变成统一的特征空间的就更少了。

　　在可能性如此有限的情况下，成功不可能十拿九稳。如果在图 38 中那些被拆解而失去对称的图形以另外的方式被断开和拆解——比如说，三个五边形围绕一个三角形的空缺，或者出现了十三个五边形，甚至出现大小不同的五边形或者五边形里混杂了正方形——这时我们就会找不到那个潜藏的对称[3]。同理，核心理论中那些倾斜而不对称的结构必须倾斜和不对称得恰如其分才能被嵌入一个更大的对称性。如果我们确实发现了一个符合的对称模式，那不太可能是个巧合，很可能言之有物！

　　值得欣慰的是，我们发现有一种李群对称，通过作用在一个漂亮的特征空间上，可以将实相妥帖地容纳其中。这个统一的对称包含了核心理论中的强力、弱力和电磁力，它所作用的特征空间其大小和形状正好容纳了我们已知的夸克和轻子；除此之外它不包含其他成分，这一点最为重要。（用行家们的话说：这个对称的基础是一个十维的旋转群，用符号 SO(10) 表示；特征空间的基础则是用那个旋转群的十六维的旋量表示。发现它的功臣是哈沃德·乔吉和谢尔顿·格拉肖[3]）

　　我请大家现在停下来好好看一看彩图 VV 和彩图 WW，这张图记录了乔吉和格拉肖的发现。接下来的讨论可被看作是一种扩展的图片说明以详细介绍和解释这张彩图。在讨论中你们会有机会理解和欣赏前一章中的彩图 RR 和彩图 SS 的内容是如何被融入彩图 VV，WW 的，而彩图 RR，SS 正是对核心理论的概括。我们进行沉思的主要思路将仅仅依据正文中宽泛的描述。尾注里有更加细致的描述，内容同样趣味盎然，我认为有必要将这个非凡的结果详实地加以介绍以供你们查阅，请读者自行决定到底想了解到多深的程度。

　　如前一章所述，在核心理论的范畴里，粒子栖居在六个单独的、形状不同

300

的特征空间。我们也可以说，它们形成了六个不同的实体。

　　在我们的统一理论里，更大型的对称将这些特征空间连在了一起，让所有的粒子变成单一的实体，或者多重态。对于彩图RR，彩图SS里的谜题，我们一旦发现它符合十二面体的构造就能够从那些断开的、不对称的碎片中发现统一；物质的统一和这个拼图谜题不谋而合。通过适当的旋转，十二面体的各边之间便产生了联系。同理，通过数学的对称性，也可以通过具体的物理转换，所有的粒子都是相互关联的！

　　我们看到，彩图VV，WW左上角是一个相当抽象的图表，里面只标了正、负号，这个图表一共有五列十六行，每一行是五个正、负号中的一种可能的排列状况，由于要受到一个条件的约束：即正号的数量必须是偶数，所以共有十六种可能。右上角的图表则给这个抽象的模式赋予了具体的物理实相。左右两个图表的结构是相同的，但右图中的列现在被解读为不同的强荷和弱荷（这里的行还将代表不同的物质粒子）。表格的头三列依次代表红、绿、蓝三种强色荷，后两列代表黄色和紫色这两个弱色荷。我们把左边图表里的正、负号转化成一种新的格式，对应正号画一个实心的小圆圈，对应负号画一个空心的小圆圈。

　　（正号派生出来的）实心圆代表二分之一个单位的色荷，这样红色的实心圆就代表二分之一个单位的红色荷并依此类推（这个二分之一因子的绝妙之处马上就要显现了）；（从负号派生出来的）空心圆就代表负二分之一个单位的色荷。

301

　　在这两个表格的下方有一道非常简单的数学公式，它通过各颜色的一个简单数字组合定义一个量Y。回顾我们在彩图RR，SS里看到的核心理论中物质的全家福，那里也出现过反映电荷的莫名其妙的数字。在核心理论里，那些莫名其妙的电荷与强色和弱色都无关，仅仅用它们去拟合实验的结果。你们很快就会看到，核心理论这只丑小鸭如何被我们的统一理论变成了美丽的白天鹅。但是目前我只想请你们注意，我运用公式为不同的行计算了Y值并且记录了下来，这些数值被列在了图上方的两个表格之间。

　　左下角的图表仅仅复制了右上角的图表，目的是方便阅读。中间那一列数字同样是从上面复制的。

右下角的图表是我们运用强、弱漂白规则进行简化之后对左边那个图表的重写。让我带领你们拿第一行作例子捋一捋这个全过程，余下的几行都是类似的过程。按照强漂白规则，等量的红、绿、蓝色荷混合在一起之后在强相互作用中不发挥任何作用。因此，就强相互作用而言，我们只需分别添加半个单位的红、绿、蓝色荷就可以简化第一行粒子的强色荷的描述。这个操作将原先存在的负二分之一单位的绿色和蓝色抹掉了，同时还将红色增加到完整的一个单位。我们将这个结果记录在右下角的图表里：代表一个整单位的大红圆圈，而绿色和蓝色的圆圈则消失了。我们再看看弱荷，添加了半个单位的黄色和紫色之后，鉴于弱漂白规则，图表中只剩下一个整单位的黄色，紫色就不复存在了。

这时奇迹出现了。从（左上角）最初的那个抽象的图表出发，我们得到了一个粒子及其属性的列表，而这个列表又和物质的全家福（彩图 RR，SS）匹配得严丝合缝！例如第一行与左上角的实体 A 相吻合。彩图 VV，WW 右下角图表的最后一列标明了粒子惯用的名称，有助于你们进行查询。这是一种令人愉悦的智力练习，我强烈推荐大家一试身手，把十六行照样全部过一下。但在你们动手尝试之前，还有最后的一个微妙之处我不得不跟你们说说。核心理论中的右手粒子在这个图表里由它们的左手反粒子代表，所以如果你们看到一个名称前面带一个负号，就必须将所有色荷的符号颠倒过来（包括 Y 值）才能找到相配的右手粒子。

图片说明到此为止，现在言归正传。

将上述的文字总结一下：扫视过标志性的大统一彩图 VV 和彩图 WW 中的所有条目后，我们发现它们和彩图 RR，SS 所显示的核心理论物质粒子全家福完全吻合！在那里我们细察了这个世界——即世界的实相，并且对组成世界的粒子进行了分类。我们的出发点非常不同，这个全新的起点是一个理想，一个高度对称的空间，将它作为一个备选的特征空间并由此在数学上推断出相应的局域对称理论（杨 - 米尔斯理论）所包含的粒子的属性。沿着这两条极为不同的路径我们殊途同归了。新的路径为我们描绘了一个更加统一也更有条理的世界，通过纯粹的思维构建，它抓住了我们对物质世界的认知。它是下面这个关

302

系的一个宏大的例证：

$$真实 \longleftrightarrow 理想$$

与实相核对

如果这个路径是对的，那么……

关于对称性的数学为我们展现了一幅诱人的前景，它也为我们指明了一条出路，引领我们从奇思妙想出发进而抵达主宰世界的核心理论，这条路还将延伸到更远的远方。我们所憧憬的美学观念和胆识都让我们想到了柏拉图的原子论，但其复杂性和精确性又是柏拉图不可比拟的。

当我们试着将这幅粗略的草图进行精加工从而使它更加写实的时候却冒出了两个问题，其中一个问题相对容易解决；另一个问题则比较棘手，它诱惑我们踏上了一段特别有意思的冒险征程，然而前方的终点依然扑朔迷离。

我们先来看看那个较为容易解决的问题。扩展后的理论远比核心理论包含了更多的规范粒子，因此也就包含了更多有变换作用的力。说得更具体些，我们不仅有色胶子将一种强色荷变成另一种强色荷，以及弱子将一种弱荷变为另一种弱荷；我们还有突变子（mutatrons），它可以将一个单位的强色荷转变为一个单位的弱色荷。（在物理文献里，这些粒子尚没有标准的名称，于是我就随口编了一个名字，只是开句玩笑而已：突变子产生突变嘛。）打个比方，一个突变子可以将一个单位的红荷变成了一个单位的紫荷，你们可以查对一下彩图 VV，WW，这个操作就会把第一行变成了第十五行。所以一旦接触到这个特定的突变子，红夸克就会变成了一个正电子。这个过程目前尚无人观测过。如果突变子真的存在，那我们为什么看不到它发挥作用呢？

幸运的是，我们以前在弱力的理论里遇到过类似的问题并且解决了这个问题。你们还记得那个最初的局域对称吧，它预言，和光子及色胶子一样，弱子是没有质量的。但是倘若它们真没有质量，那它们的作用力就会比实际观测到的强劲很多。希格斯机制就是解决这个问题的。理论学家用一种适合的材料填充了空间，于是弱子变重了，真实和理想之间的关系也调和了。在希格斯粒子被发现之前，很多物理学家都对这个大胆的想法 * 心存疑义。现在大自然站出来为自己作证，她的证据是无可辩驳的。

我们将同样的基本概念加以扩展便可以让统一理论中的突变子这个不速之客拥有很大的质量，因而抑制了它们产生不必要的异常影响。我们只要（选择性地）用一种能够带来质量的材料填充了世界——更谦卑（也更准确）的说法是我们认识到了世界充满了这种材料。

现在我们来看看那个更难解决的问题。如果我们想让不同的力之间存在对称，那么这些力必须都具备同样的强度；这是假定它们等价的直接后果。但事不遂人愿——各种力的强度不一，强力实际上比其他的作用力都强劲，三种基础作用力的力度绝对不均等（从表面上看，引力太微弱了，连和它们比的资格都没有）。

[这段题外话很重要，是一段略带技术性的说明：我必须在此打断一下来解释比较的方法，它的基本思路说起来也很简单。规范理论中的作用力都在带荷粒子之间发生作用，描述它们的方程和麦克斯韦方程组很像。在电磁力之间起作用的是电荷，在强力之间起作用的是色荷，在弱力之间起作用的是弱色荷。每一种力里都对应有一个单位的（量子的）荷。如果想比较这些作用力，只需简单地比较它们在单位荷之间如何作用。 说来简单，但具体的实践却有一点点复杂，原因有二：其一，弱力的作用被限制在 10^{-16} 厘米以内的距离，而强力的作用被限制在 10^{-14} 厘米以内的距离，发生这些短程作用的原因很复杂却也很有意思，我们早些时候(分别在希格斯机制和夸克禁闭里)都涉及过，要想公平地比较，就必须在比上述更短的距离对作用力进行比较；其二：在这么精小的空间里操纵粒子是不实际的，为了了解这么短距离上发生的物理，实验人员实际做的是让粒子们彼此互射并研究这些粒子发生（相对的）大角度偏转的概率，然后从粒子的偏转反推出引起偏转的作用力。你们或许还记得，这是卢瑟福、盖革和马斯登的研究策略，大约在1912年他们就利用这个策略探测了原子的内部。其中潜在的原理虽然不曾改变，但今天我们利用了更高的能量让粒子发生

304

碰撞，这样我们就能够了解更短距离上的物理。拿其他三种作用力和引力作比较，这件事就不那么好办了。一方面，据我们所知，针对引力目前还不存在一种量子化的对能量发生反应的基本荷。另一方面，我们目前的探测器在比较不同距离的作用力上使用不同的能量值，所以在评估那些距离内引力的相对强度时我们只需替换上适合那个距离的能量值并且计算出这个能量值施加的引力即可。题外话就说这么多吧，现在让我们言归正传。]

305

| 重新描绘渐近自由 |

既然已经走了这么远，我们就不该轻易地就此打住。事实上，核心理论重要的一课——渐近自由——给我们提供了一个解决问题的办法。我们在前一章里理解强力的时候已经认识到了距离的变化影响作用力强度的重要性，距离越长作用力越强，距离越短作用力越弱。这种变化让我们解决了夸克禁闭和夸克独立性之间的矛盾：夸克禁闭显示一股强大的力量在对抗大间距的分离；而夸克独立性又表明了当夸克分隔的距离很近的时候它们之间只存在着微弱的作用力。

渐近自由让我们看到了希望。由于距离越近强力越弱，强力和其他三种作用力之间的差异就缩小了。

这四种力有可能一下子合在一起吗？

从希望到蓝图，再从蓝图到计算，如果能用普适的图像和概念而不要局限于强作用力，甚至不要局限于核心理论，重新描绘渐近自由将会非常有帮助。

让我们有一双更加灵活敏锐的慧眼吧。

如果我们的眼睛能够分辨短至 10^{-24} 秒的时间和小到 10^{-14} 厘米大小的物体，我们就能看到"虚空的空间"，它大致是彩图 XX 中的景象。

准确地讲，这个图像抓拍了一个典型的由胶子场涨落引起的能量密度的分布状况。这些涨落由于量子力学的缘故在空间随时随处自发地消涨。（这些涨落有时被称为虚粒子或者零点运动。）我们已经讨论过，胶子流体自发的运动是引发渐近自由和禁闭的原因并产生了大量的质量；你们应该还记得我曾说过某些粒子的质量莫名其妙地增加了。这些涨落是我们计算的核心部分，因为我们的计算已经通过多种方式和实相进行了核对，这些涨落的存在和科学上任何事物的存在一样都是确定的。在这张"被计算出来的"图像里，能量密度最集中的地方用最"热烈的"颜色——鲜红色和鲜黄色表示，而密度不那么强的区域则用不那么鲜亮的浅黄色和绿色表示，最后清淡至浅蓝色。能量低于某个截断值的地方就没有颜色了，这时就会露出黑色的背景。这张图像将实际情况放大了约 10^{27} 倍，它所描绘的区域大小之于人类相当于人类之于可见的宇宙。涨落大约每隔 10^{-24} 秒反复一回，这个时间间隔和秒比起来恐怕比一秒相对于宇宙大爆炸以来的历史还要更短暂。

306

　　由于量子色动力学经受了几乎令人难以置信的严格测试，这张图像也和科学上任何确定的事物一样，准确地描述了一个现象。这种现象过去发生过，现在发生着，将来还会继续发生，它无时不刻、无所不在地发生着。

　　但现实远不止于此！胶子流体无论如何不能算是唯一的量子流体。我们的计算表明光子（电磁）流体会涨落，弱子流体也会涨落，和构物粒子——夸克和轻子——的生成与湮灭有关系的流体同样会涨落；电子流体的涨落和上夸克流体的涨落等都诸如此类。但其他流体的涨落在物理上所造成的影响都没有胶子流体的涨落那么明显，因为胶子的数量多（它们一共有八个呐！）而且相互作用很强。量子论的基本原理预言所有量子流体都有涨落，精确的测量给出了确凿的证据，证明这些涨落确实会发生。我们必须考虑到所有的涨落，修改我们的蓝图。

　　水歪曲了鱼儿眼中的世界，空间里的媒质也歪曲了我们眼中的世界——特别是其中量子流体的活动歪曲了我们对极短距离的认知。要想理解其中蕴含的基本原理，我们必须把被歪曲的现象纠正过来，这是我们成功的希望。不同种类的作用力似乎具有不同的强度，一旦我们都矫正了视力，这些作用力有可能就会看上去有相同的强度。

307

| 功败垂成 |

图40所显示的就是我们进行纠正之后发生的结果。很显然，这个纠正几乎就成功了——代表不同作用力强度的三条直线差不多就要交汇在一个点上了。但是还差那么一点儿。

下面是关于图40的补充信息，以便你们在技术细节上看懂这张图：为了尽量让结果看上去简单，我用三条直线表达！在定义两个坐标轴时我不得不做了两个稍显怪异的选择，我让数据点的高度代表强度的倒数，这样力越强高度越低。（这个一反常理的选择有一个好处，你们会在下面这张图里看到。）我在水平方向使用了对数刻度，这样每向右移动一个刻度，距离就会缩短十倍而用以探测这个距离的能量就会相应增加十倍！我们的计算尽管看似普通，却能远远超越现代加速器所能达到的能量。那些直线的粗细表示实验上和理论上的不确定性。

当基本作用力在短距离或高能量下被测量的时候，我们原来希望看到它们的强度变成相等。我们利用目前最强大的加速器在能力所及的距离（或者能量

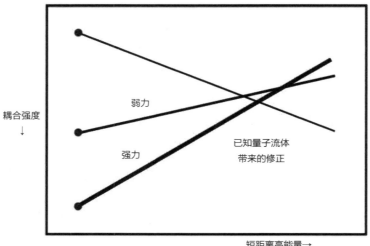

图40　一旦我们纠正了已知的量子流体的影响，我们就看到了统一的曙光

下）测得的这些力的强度，然后通过理论和计算来估计在更短的距离（或更高的能量状态下）的情况。出现在图左方的点是代表测量值的基准点，用大的圆点标出的目的是为了醒目。通过计算可以"达到"更短的距离，越向右边延伸距离越短。你们也看到了，我们几乎就要成功了——三条直线差不多就要交汇在一个点上了，但是就差那么一点儿。

在这个节骨眼儿上我们或许可以从著名的哲学家卡尔·波普尔[4]的思想里寻求安慰。波普尔教导我们，科学的目的就是提供可以被证伪的理论。我们现在产生了一个理论，它不仅可以被证伪，它本身就是伪论。使命完成了！

这样的安慰一听就是句空话。我们已经产生了那么美妙的想法，也似乎看到了希望，它几乎就要实现了。美就应该是来之不易的，我们不能这么轻言放弃。

现在我想给你们讲讲我和几个朋友的经历，讲讲我们怎么找到了一个可行的解决方案。但首先我得给你们介绍一个新朋友：它的名字叫"超对称"。

超对称略传

超对称的英文缩写是SUSY，它是一种新型的对称。作为一种数学上的可能性，超对称为物理学家带来了大大的惊喜。1974年尤里乌斯·韦斯（Julius Wess）和布鲁诺·朱米诺（Bruno Zumino）首次提出了超对称的成熟理论。

一般而言，对称就是不变之变。如果一组方程具有对称，那么我们可以变换方程里面的量而不使方程的结果发生改变。超对称就是这个概念里一个特殊的例子，其中涉及了一种特别奇怪的变换。

我们已经讨论过很多物理上对称的例子，时间平移对称让我们所说的时间添加或减少一个常数。狭义相对论的核心概念伽利略对称就是给宇宙——即时空——加上或者减去一个匀速，把时空"推"了一下。

超对称将狭义相对论扩展了，实现了一种新型的对称。超对称就是把速度"推"了一把的伽利略变换的量子版。和普通的伽利略变换类似，它的量子版也涉及运动，但这是一种在一些奇怪的新维度的运动；这些超对称的新维度和普通的几何维度很不同，我们称它们为"量子维度"。

我们曾经探讨过特征空间，那里的粒子都是"变色龙"。同一个实体处在特征空间的不同位置就表现得像是"不同"的粒子。我们说得更确切一点儿，胶子、弱子和光子对这个实体的响应会随该实体在特征空间的不同位置而变化。你们可以想象一下粒子穿过特征空间的情景——沿途它会从一种粒子变换成另一种粒子。

超对称的量子维度也是如此。但不同以往的是，当粒子在量子维度里移动时粒子的性质会发生非常彻底的变化。

核心理论可分为两个部分，我们分别称它们为物质和作用力（阴阳是更诗意的叫法）。夸克和轻子组成了"物质"部分，其中的粒子具有一定的持久性和韧性：它们的特征会让我们联想到地球上常见的物质，它们也很有内容。有个准确的技术性概念抓住了这些粒子的共同点：它们都是费米子。费米子这个命名是为了纪念恩里科·费米。[5]

* 费米子总是成双成对地产生和湮灭。因此，如果有一个费米子，就不可能把它完全消灭。它可以变成另一种、三种或五种费米子再加上任意数量的非费米子（即玻色子——详见下文），但它绝不可能完全消失而不留下一丝痕迹。

* 费米子都遵守泡利不相容原理。大致说来，这意味着两个同样的费米子不愿意做同样的事情。电子就是费米子，电子的不相容原理在物质的结构里起着至关重要的作用，我们在探索丰沛繁茂的碳世界的时候已经见识了电子之间的不相容。

"作用力"部分由色胶子、光子和弱子组成，其成分中还包括希格斯粒子和引力子。这些粒子喜欢来去匆匆——用行话讲就是喜欢被辐射和吸收——而且经常成群结队；还有个准确的技术概念也抓住了这些粒子的一个共同点：它们都是玻色子。玻色子这个命名是为了纪念萨特延德拉·玻色[6]。

* 玻色子可以单独地产生和湮灭。

* 玻色子都遵守玻色的"相容原理"。大致地说就是两个同样的玻色子特别喜欢做同样的事情。光子就是玻色子，光子的相容原理使激光成为可能。一群光子一有机会就会步调一致地凑在一起，形成一道窄窄的光谱单纯的光束。

形成物质的粒子和传递作用力的粒子——费米子和玻色子——形成了鲜明的反差。要想超越这个反差需要极大的想象力和胆量，量子维度恰恰实现了这个超越。当构物粒子步入量子维度的时候，这个粒子就变成了传力粒子；当传力粒子步入量子维度时，它就变成了一个构物粒子。这是一种数学的魔法，我在这里没法准确地介绍和描述，但我会简要地说明一下它主要的古怪之处。这个古怪有些娱乐性。

普通的维度可以被对应成普通的所谓"实"数。我们选择一个参照点，这个点通常被称为"原点"，任意一点都用"实"数标明，代表从原点出发需要经过的距离。总之，实数特别适合测量距离以及代表连续，它们满足乘法运算规则

$$xy = yx$$

量子维度却使用了和实数完全不同的数字，人称"格拉斯曼数"[7]。这些数字满足的乘法运算规则是

$$xy = -yx$$

别小看这个小小的负号，失之毫厘而谬以千里！尤其是，如果我们设定 $x = y$，便得出 $x^2 = -x^2$，于是得出的结论就是 $x^2 = 0$。在量子维度的物理解释里，这条奇怪的规则意味着泡利的不相容原理——同一个（量子）位置容不下两个东西。

做了这些准备之后，我们该会一会超对称了。超对称宣称，我们这个世界具有量子维度，而且存在这样的变换让普通的维度和量子维度互换（变化），而物理规律却不会随之改变（不变）。

如果超对称的概念是正确的，它将以新的方式更加深刻地体现世间万物的大美，因为超对称变换可以将构物粒子变为传力粒子，反过来也是一样。超对

称还能在对称的基础上解释为什么那些东西都形影相依：它们是同一件事物，只不过我们看待的角度不同。超对称汲取了阴阳的精髓，调和了明显的对立。

| 从"不出错"到（也许）完全对 |

萨瓦斯·迪莫普洛斯（Savas Dimopoulos）这个人一旦对什么事情上了心就特别有热情。1981年春天，让他上心的事情就是超对称。当时萨瓦斯正在加州大学圣芭芭拉分校的卡维利理论物理研究所做访问学者，而我则刚刚成为这个研究所的一员，我们立刻就有种相见恨晚的感觉。萨瓦斯满脑子都是疯狂的想法，而我则愿意敞开心胸认真地考虑这些想法。

超对称曾经是一条美妙的数学理论（现在依然如故）。在应用上，超对称的问题在于它过分完美了，和这个世界有点不般配。超对称预言了新粒子，不是几个而是很多；至今我们仍看不见那些被预言的粒子。譬如，我们仍然没看到具有和电子相同的电荷和质量的粒子，但这个粒子是玻色子而不是费米子。

可是超对称却希望这样的玻色子存在。当电子步入量子维度的时候就会变成这样的粒子。

在其他形式的对称上获得的经验告诉我们，有个叫"自发对称性破缺"的东西给我们留了一条退路，这条退路假设描述我们感兴趣的对象——对基本物理来说这就是整个世界——的方程具有对称性，这些方程的稳态解却不具备对称性。

一块磁铁就可被当作这种现象的典型例子。在描述一块天然磁石的基本方程里，任一方向都和其余的方向等价。但当这块磁石变作磁铁之后，磁铁里所有的方向就不等价了。每块磁铁都有两极，利用这个原理就可以制作指南针。这种方向性何以同无方向性的方程保持一致？要点是磁铁里的作用力试图让电子的自旋都朝同一个方向整齐排列。为了顺应力的作用，所有电子都必须为它们的自旋选择一个共同的大方向，任意方向都同样满足作用力以及描述作用力的方程，但磁铁必须选择一个方向。因此，方程本身是对称的，但方程的稳态解就不那么对称了。

自发对称性破缺是让我们的超对称两全其美的策略。如果一帆风顺，我们 313
就能运用极美的（超对称）方程来描述不那么美的（非对称的——或者我们干
脆就称之为亚超对称的？）实相。

具体来说，当电子步入量子维度时，其质量将有所改变。如果它变成的新
粒子，即所谓的"超电子（selectron）"，而且足够重，我们看不见它就不奇
怪了。它将是个不稳定的粒子，在（极）高能的加速器里被制造出来之后只能
短暂地存留。

在探索未知的前沿，自发对称性破缺的应用需要进行无畏的创新性的猜测。
你们必须猜测一个在这个世界看不见的对称，然后把这种对称放进方程里。这
时，你们想努力描述的世界——更切实际地说，世界的某个方面——就会从稳
态解中自己冒出头来。

我们能为超对称准备这样的退路吗？用自发破缺的超对称构建一统世界的
模型，而且还要让这个模型和我们已知的事物一致，这实在是太难了。20 世纪
70 年代中期，超对称的概念刚刚出现的时候，我曾经想在这方面一试身手，在几
次简单的尝试惨遭失败之后我就很快放弃了。萨瓦斯是一个天才禀赋的建模能手，
他的天赋体现在两个关键的地方：他坚决地捍卫简单，他还坚决地不言放弃。

我们之间的合作很有意思，让人联想到了《单身公寓》[8]。如果我发现了他
模型里没有解决的一个特定的困难（我们权且称它为 A），这时他会说："这不
是一个真正的问题，我肯定能把它解决掉。"第二天下午，他就带着一个更复
杂的模型过来，把困难 A 给解决了。随后又出现了困难 B，我们就开始再讨论困
难 B，他会用一个完全不同的复杂模型再把 B 给解决掉。为了让 A 和 B 同时得到
解决，我们还得把这两个模型结合在一起，这时又冒出了新的问题。就像打上肥
皂然后冲洗泡沫，又打肥皂然后再冲洗，不断重复，结果事情变得极为复杂。

最终我们使用穷竭法成功地全部进行了修补。所有人（包括我们自己）在
为这个模型检查纰漏的时候，都因为复杂而被弄得精疲力竭了，我们无法确定
任何潜在的问题。当我试着把这个工作写成文章发表的时候，我发觉自己被一
种说不出来的窘迫情绪所占据，我为模型的任意和复杂而感到特别尴尬。 314

如前所述，萨瓦斯则陶醉在复杂里。为了其他目的，他已经开始和斯图尔特·拉比（Stuart Raby），我们的另外一名同事，讨论在统一作用力的模型里加入超对称，但这些模型本身就相当复杂。

我陷在这层层堆积的猜测里无心恋战，说句实话，我想证明这件事行不通，这样我就可以洗手不干了，心安理得地甩掉这一团乱麻。我计划去发现一些明确的普遍结果而不用依靠拼凑补救的细节。假如结果是错误的，那就此打住：谢天谢地！我该庆幸这件事总算被我打发了。

为了理清头绪并做出明确的计算，我提议我们最先要做一个最粗略的计算，也就是完全忽略（自发）对称性破缺，因为这是多数的复杂性和所有不确定因素的源头。这样做让我们将精力集中在美好而又简单的对称模型上，其代价就是放弃现实。我们可以计算出，在这些模型里，力是否会聚在一起。（我们当时并没有意识到我们其实是追随毕达哥拉斯和柏拉图的脚步。当然，我们也听从了马利神父的忠告。）

结果却是个意外的大惊喜，至少我这样认为。在最初的日子里，相关的测量数据都很粗略，存在了更多的不确定因素，所以图40里的那些直线比现在还粗；这些更粗的线确实在某处重合。换言之，如果考虑到这些不确定性，不同作用力的强度在短距离内似乎有可能统一。这个诱人的事实在研究场论的理论学家那里特别出名。我们的计算结果表明，尽管包含了更多涨落起伏的流体，超对称模型也是行得通的！这样的结果似乎连我自己都感到不可思议。答案的细节是不同的（取决于是否将超对称考虑在内），但两个答案都和当时的实验结果一致。

这标志着一个转折。我们撇开了那个"不出错"的试图面面俱到地适应实相的复杂模型。萨瓦斯、斯图尔特和我写了一篇简短的论文，从表面看，这篇
315 论文显然不切实际（也就是说：错了）。由于超对称没有破缺，我们提出的方案有些过于完美，和实际世界不符；但它给出的结果却是那么直接和成功，让人想到统一之上还可以统一——也就是力的统一：

强力 ＋ 弱力 ＋ 电磁力

再加上超对称的统一：

物质 ＋ 作用力

……一切看似正确（也很可能正确）。我们将超对称如何破缺这个问题留着日后再议。

有时，人理解某种事物最重要的步骤就是意识到自己应该无所顾忌。有时，与其凡事都提防着"不出错"，还不如肯定某些事情（很可能）就是对的。

| 冠冕上的明珠？ |

图 41 显示了我们的计算所发现的现象。

超对称为空间增添了新的活力——多种新的量子涨落，或者虚粒子。我们必须重新审视一下图 40 里修正新量子涨落带来的扭曲。当然，我们还将使用现有的最佳实验结果使得那些直线也同样地变细。

这样做居然奏效了！ 强力、弱力和电磁力——不同的作用力的强度居然凑到了一起，而且结合得极为精确。

结果远不止这些。目前，我们在讨论力的统一时遗漏掉了第四种力，也就是引力。遗漏是一种战略性的决定，因为其他三种力的统一是一个更简单也更成熟的问题。描述强力、弱力和电磁力的理论在深层的根源上很相似，每一种力都体现了局域特征空间对称。如图 40 和图 41 中散开的三个点显示的，虽然实验上观测到的这三种力的强度各有不同，它们之间的差异并没有离谱到不合情理。事实上，它们之间的差距不足十倍。

引力在上述的两方面都和其他三者不同。支配引力的理论是爱因斯坦的广义相对论，它也体现了局域对称，但那种对称（局域伽利略对称）属于不同类

316

型的对称。更令人气馁的是，这个力的强度相差太悬殊。在我们目前能够达到的能量水平上，引力在基本粒子之间的作用力要比其他三种力微弱得多得多得多。如果每一个"多"字都代表十倍，那我们得重复地说四十回才能充分表达"多得多"的意思！所以在图41里我们看不到代表观测到的引力强度的小圆点，因为那个小圆点处在宇宙可见范围之外很远很远很远的地方。将我们这张图每十倍地放大一次，大概要放大二十七次才能达到可见宇宙的大小，还要将它放大十三次才能看到那个代表引力的小圆点。

317　　　　不过我们还是要给引力机会。而且，只要坚持就会有回报。

引力直接对能量做出反应，因此当我们（用我们的头脑和手中的铅笔）在更高的能量状态下探测引力时，引力的强度则按比例上升。其他三者在力的强度上的变化是由量子涨落造成的，相对于它们，引力在强度上这么直截了当的增长在数量上效果更为明显。图41中的弧线代表引力强度的倒数，呈大幅跌落状。这样引力又重新回到了可见宇宙的范围，当引力和其他三种力汇聚在一起的时候，它也几乎和它们完全交于一点。

从力的耦合强度看，我们让四种基本作用力实现了完整的统一：

强力＋弱力＋电磁力＋引力

这个成就本身并不代表一个完整的统一理论。你们也许注意到了，在图41中，如果让直线继续向右延伸，这几种力又会变得"不统一"了！就强力、弱力和电磁力而论，我们可以把它们之间的统一变得更充实、更具体。但我们却形成不了一个完全独特的理论（在这方面没有足够的信息），不过几种可能的理论却具有许多共同之处，尤其它们都需要一些全新的、质量非常重的粒子，譬如我们前面所说的突变子。这些粒子的涨落在图41的考虑范围之外，但它们会使几种力的耦合强度一旦统一便一直保持下去。（在此之前它们的涨落并不发挥多大的作用。）如果试图将引力也纳入，就会发现不确定的因素增加了很多。弦论的主要目标就是要说明引力如何与其他三种力实现统一，但到目前为止，事实证明这个目标很难实现。

尽管存在着诸多的局限性，力的强度的统一仍然不失为一个了不起的成果。当我们向天地发问，寻找大美的答案时，这个"大统一"就是我们探索之旅一路的风景，也为这段旅途画上了完美的句号。这个统一以惊人的精度和准度证实了万物之大美用深层对称这种具体的形式呈现于我们这个世界。

若不如此，或许何为？

为了实现我们的蓝图，我们只好来乞求超对称的保佑。由于我们至今仍然没有为超对称找出直接的证据，因此对它的假设也值得怀疑。（就我个人而论，我们仨的计算获得的成果乃是有力的间接证据！）

318

庆幸的是，我们可以对超对称进行测试。如果超对称所预言的新粒子可以完成我们分配给它们的任务，那么这些粒子就不可能太重。大质量会抑制它们的量子涨落，这样图41就会退步成图40了。在接下来的几年里，大型强子对撞机应该很快能够聚集足够的能量以产生某些这样的粒子。我又和别人打赌了，这次我可把宝押在这上面了！

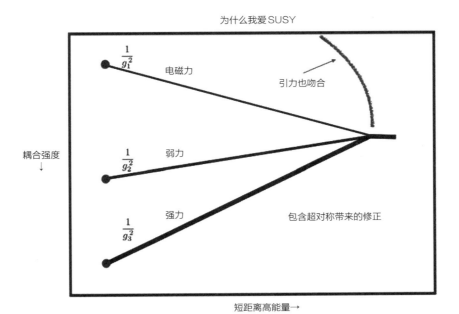

图41　加入了超对称要求的新的量子流体之后出现了准确的统一

惟笃信天地大美

> 我们只信上帝：余者都得现付。
> ——《让·谢波德》（这是一本书的书名而不是人名）[9]

当我们提出理论的时候，我们只信美；但理论的"现金价值"却取决于其他因素。真理值得追求，但它不是唯一的标准，甚至不是最重要的标准。拿（以质量守恒为中心的）牛顿力学和（以光谱不变为中心的）牛顿色彩理论做例子，严格来说，这两个理论并不完全正确，但它们却是非常有价值的理论。创造力，即一个理论预测新现象的能力以及赋予我们征服大自然的力量，是一个方程非常重要的部分。

过去，对美的信仰总会带来好结果。牛顿的引力论曾经受到天王星的挑战，因为天王星的运行轨迹不符合它的预测。[10] 抱着对牛顿理论中美的信仰，奥本·勒维耶[11]和约翰·柯西·亚当斯[12]提出应该存在一个尚未被观察到的新行星，是它影响了天王星的轨迹。勒维耶和亚当斯的计算结果告诉天文学家该朝哪个方向去观测，最后导致了海王星的发现。我们也看到了，麦克斯韦在理论上对电磁的统一预测了光线中我们看不见的、当时也未被观测到的新色彩。由于相信这个理论的美，赫兹不仅制造了也观察到了无线电波。更晚近的例子是保罗·狄拉克[13]，他通过一个奇异而又美丽的方程预测了反粒子的存在；反粒子在当时也没有被观察到，但随后不久就被实验观测证实了。立足于对称的核心理论为我们带来了色胶子、W粒子、Z粒子、希格斯粒子、粲夸克以及第三代的所有粒子，这些粒子都是在尚未观察之前就被预测出了。

但失败在所难免。柏拉图的原子论和开普勒的太阳系模型都是具有美感的理论，但在描述大自然的时候却彻底失败了。开尔文[14]的原子论是另一个失败的例子，开氏提出：原子是以太活动时形成的结节。（结节的形式多种多样，它们易结不易解，所以这东西似乎含有合适的成分以形成原子。）这些"失败"并非一无所获：柏拉图的理论促使人们更深入地研究几何和对称；开普勒的模型激励了他自己在天文学上获得伟大的成就；开尔文的模型启发彼得·泰特（Peter Tait）提出了数学结的理论（the theory of mathematical knots），这个学科到今天都生机勃勃，但作为描述实体世界的理论，它们确实错得一塌糊涂。

超对称的命运未卜。如我所言，发现它将奖励我们对美的信仰，相信它会指引我们找到深层的实相。我们有充分的理由认为，发现的时刻也许即将来临；我们也有美好的理由觉得这一天指日可待，但这一天毕竟尚未到来。

让我们一起期待吧。

｜加倍的幸福感｜

"多疑的多马"讲了使徒多马[15]的故事，多马怀疑耶稣是否真地复活了，他对此事持有"眼见为实"的态度，他说：

除非我亲眼看见他手上有钉过钉子的伤口，我的手指能捅进那伤口，我的手指还要捅进他肋下的伤口，否则我就是不信。

耶稣果然出现在多马面前，他让多马检查了自己的伤口，多马才相信（他复活）了。耶稣说：

320

多马，你看见了我才相信（我复活了），那些没有看着就信我的人更有福。

这个故事激发了很多艺术创作，包括彩图YY中卡拉瓦乔[16]的画作，这个画作引起了我的共鸣。在我看来，卡拉瓦乔的笔触传递了两条深刻的信息，这些信息溢于言表，是福音里的文字所不能详尽表述的。我们首先看到，耶稣非但不抗拒多马因为好奇而去检查自己的伤口，反而高兴地接受检查。我们还看到，当多马发现真实的情况符合自己最深切的愿望时表现出的陶醉和兴奋。多疑的多马是一位勇者，他是个幸福的人。

那些没看见就相信的人，因为确信而获得喜乐，他们虽然有福，但那种确信却不充分，所以那种喜乐也是空洞的。

有些人并不盲从轻信，而是据实而信，他们像多马那样体验信仰和经验的和谐一致并获得更大的满足。坚信眼见为实的人才是有福之人。

作者注释：

* 我利用这种错误的怀疑态度和好几个人打赌都赌赢了。

译者注释：

1. 据《圣经》记载，祂六天创造人、天地、万物，第七日就安息了（《创世记》二，1—3）。还有一种说法，人类是上帝在工作了一周已经疲劳的时候创造出来的，寓指人类有很多缺陷。此处的意思是，核心理论应该是完美的终结理论。
2. 索菲斯·李（Sophus Lie，1842—1899）：挪威数学家，李群和李代数的创始人。
3. 哈沃德·乔吉（Howard Georgi，1947—）和谢尔顿·格拉肖（Sheldon Glashow，1932—）都是美国的理论物理学家，因共同提出大统一理论而闻名。大统一理论是关于强相互作用和电弱相互作用的统一理论，希望能借单个理论来解释强相互作用、弱相互作用和电磁相互作用导致的物理现象。现有的研究成果和观测发现，这个理论可以阐释强相互作用、弱相互作用、电磁相互作用的统一，但仍然无法将引力纳入该系统中。
4. 卡尔·波普尔（Karl Popper，1902—1994）：当代西方最有影响的哲学家之一，原籍奥利地，后籍属英国。他1934年完成的《科学发现的逻辑》一书标志着西方科学哲学最重要的学派——批判理性主义的形成。
5. 恩里科·费米（Enrico Fermi，1901—1954）：美籍意大利物理学家，也被誉为"原子能之父"。费米在理论和实验方面都有一流的建树，在现代物理学家中屈指可数。

6. 萨特延德拉·纳特·玻色（Satyendra Nath Bose，1894—1974）：印度物理学家，量子理论的先驱之一。

7. 格拉斯曼数字即格拉斯曼代数，德国数学家赫尔曼·格拉斯曼（Hermann Grassmann，1809 — 1877）在其著作《线性外代数，数学的新分支》中提出，一旦几何被置入代数形式中，3这个数字就不再是空间维数特有的数字；代表维数的数字可能是无限的。

8. 《单身公寓》（*The Odd Couple*）：是美国20世纪60年代的一部喜剧电影，片中两位男主人公虽然是多年的朋友但他们的生活习惯和个性截然不同，只要呆在一起就会发生争吵，然而两人却乐此不疲。

9. 让·谢波德（Jean Shepherd，1921—1999）：美国电台主持人，他以风趣幽默的语言评论时事。本文所提及的应为《谢波德传》，亚马逊网有售。

10. 天王星的自转轴可以说是躺在轨道平面上的，倾斜的角度高达98°，这使得它的季节变化完全不同于其他行星。当天王星在至日前后时，一个极点会持续的指向太阳，另一个极点则背向太阳，只有在赤道附近狭窄的区域内可以体会到迅速的日夜交替，其余地区则是长昼或长夜，没有日夜交替。

11. 奥本·勒维耶（Urbain Le Verrier，1811—1877）：法国数学家及天文学家，他计算出了海王星的轨道。

12. 柯西·亚当斯（Couch Adams，1819 —1892）：英国数学家及天文学家，他也是海王星的发现者之一。

13. 保罗·狄拉克（Paul Dirac，1902 —1984）：英国理论物理学家，量子力学的奠基者之一，他对量子电动力学早期的发展做出重要贡献。他的狄拉克方程可以描述费米子的物理行为并且预测了反物质的存在。

14. 洛德·开尔文（Lord Kelvin，1824—1907）：英国物理学家及发明家，他对物理学的主要贡献是在电磁学和热力学方面，是热力学主要奠基者之一。

15. 圣徒多马（the Apostle Thomas）：耶稣召选的十二门徒之一，因他对主的复活采取"非见不信"的态度，人们称他为"多疑的多马"。《若望福音》多次提到多马的故事。

16. 卡拉瓦乔全名为米开朗基罗·梅里西·达·卡拉瓦乔（Michelangelo Merisi da Caravaggio，1571—1610）：巴洛克时期的意大利画家。他善于在画面上运用光影，他的绘画对后来的电影摄影影响深远。

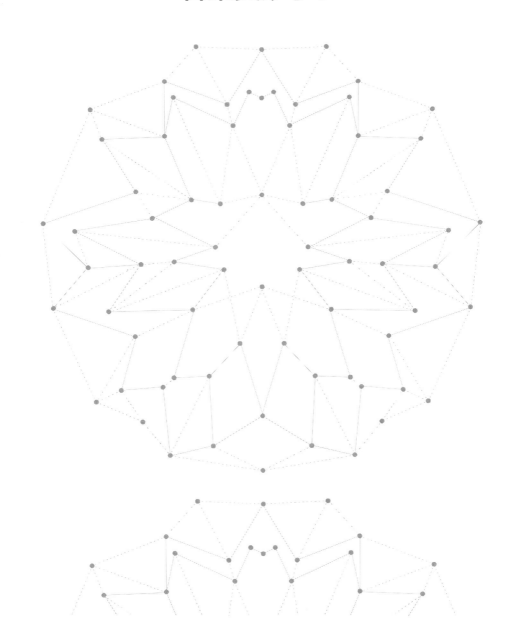

答案美妙乎?

不是所有关于世界深层实相的美妙想法都是对的。柏拉图关 ₃₂₁
于原子具有理想的几何形状的想法和开普勒的几何太阳系模型都
是我们讨论的失败例子。达·芬奇画的一张素描堪称杰作，题为
《维特鲁威人》（彩图ZZ）。这张素描乃是另外一种错误的例子，
它暗示了几何与（理想的）人体比例之间存在着某些基本关联。
与这个概念相关的哲学和神秘的传说甚至比我们所尊崇的毕达哥
拉斯思想还要古老，而且在民间广为流传：人体反映了宇宙的结
构，反过来说亦是如此。遗憾的是，在科学考察中展现出的世界
图景里，我们人类以及我们的身体可能完全不重要。

实相显露出的真实面貌也并非全都美妙。核心理论尚有许多
问题待解，而且这些问题被全部解决的前景十分渺茫。即便我所
梦想的轴子、超对称和统一都成为了现实，在可预见的将来，人
们还会为夸克和轻子混乱而毫无规则的质量以及在概念上模糊的
暗物质所困惑。

尽管如此，在我们结束这段思索之际，针对那个一直萦绕在
我们心头的问题，即：

世间万物是否就是各种妙想的附体？

₃₂₂

我希望你们能够响亮地说出唯一适合这个问题的答案：

是的，没错！

　　答案出现了，而且每翻过一页这个答案都更加地有说服力也更加清晰。毕达哥拉斯和柏拉图雄心勃勃地希望在创世核心中寻找概念的纯洁、秩序与和谐，而实相早已将他们的雄心远远地甩在了身后。天体乐章真的存在，这样的音乐就隐藏在原子和现代概念下的虚空中，它和一般意义上的音乐也丝丝相连，而且别有一番独特的奇异和丰富。太阳系并不如开普勒最初的想象，但开普勒本人却发现了太阳系精确的运动规律，从而也使得牛顿天体力学中的卓越之美为世人所见。我们神奇的视觉只捕捉了很少的一部分光，我们的想象，当然不只是想象！为我们新开辟出了一条条通向感知的道路。大自然的基本作用力体现了对称，这些力通过它们具体的化身来行使对称的威力。

　　如果我们更广义地解读达·芬奇，就会发现他并非完全错了。（人体 ↔ 宇宙）这种联系似乎不再是主要的纽带关联，但这种联系的近亲：

微观世界 ↔ 宏观世界

的联系正在日益兴旺繁荣。

　　在这段沉思之旅中我们主要探索了箭头左边的世界，现在让我们通过彩图ＡＡＡ来展望一下。这是一张天空的图像，如果那个望天者的眼睛能够感应微波辐射而不是可见光，那他眼中的天空就会是这番景象。当然，我们已经进行了一些图像处理使得信息以一种人类可以感知的形式呈现。辐射的强度用光的颜色来表现，深蓝色对应的强度最弱，而鲜红色对应的强度最高；你们还可以看到一系列颜色穿插在这两个极端之间。此外，还有一个至关重要的细节——已经减掉了一个常数平均值，图像的对比度也增大了大约一万倍。原始的图像本来是一片平淡无奇的朦胧，你们看到的图像则是相对平均值的偏离。

　　这幅图片最主要的释义在微观世界和宏观世界之间建立了一条条令人赞叹

的连接。这幅微波的天空是宇宙早期历史的一个掠影，大约发生在130亿年前，也就是宇宙大爆炸10年之后。那个时期辐射而来的光到现在才到达我们这里，这些光经历了相当漫长的旅程。这幅图片带给我们的信息是：130亿年前，宇宙几乎是完美均匀的，但离完美还差一点儿。这幅照片描绘的是相对完美均匀性的万分之几的偏离。

引力不稳定会促使这些偏离增长（密度高的区域从周边密度较低的区域吸走物质，使反差变大），最终这些偏离产生了我们今天所知的星系、恒星和行星。一旦有了些不均匀性作为种子，天体物理学就会相当简单明了地预见这些结果。所以重要的问题是：当初这些种子又是怎么出现的呢？

我们需要更多的证据才能确定，但从目前仅有的证据来看，这些起源似乎始于量子涨落，类似于《量子之美Ⅳ》一章中彩图ⅩⅩ中的涨落景象。在目前的条件下，量子涨落只在超短距离才变得显著。但是宇宙早期曾有过一个迅疾扩张的阶段，通过这个被称为宇宙暴胀的过程，量子涨落扩张到了整个宇宙。

我们人类泰然自若于微观和宏观这两个世界之间。现实中，我们包含一个世界，感知另一个世界；思想中，我们融汇这两个世界。

回到现实

在这本书的写作接近尾声之际，一件不幸的事发生了，这件事将我拉回到现实——我的笔记本电脑被盗了。电脑就像我大脑的一个附件，失去它让我整个人都崩溃了。

然后发生了一个奇迹。我早就将全部的数据做了备份，几天之内我买了一台新的电脑，旧电脑里全部的内容——图片、文字、计算和音乐，等等——都被恢复了。所有东西都被忠实地编码在了一串数字里——所谓编码就是0和1组成的数字串——以至于它们能被毫无差错地重现或拷贝，这让我突然想到毕达哥拉斯的远见卓识：

万物皆数

要证明毕大师说的话没错，还有比这件事更具体、更直接也更让人信服的实证吗！

这是一个美丽的"实相"；我为此感恩，而且至今心存感念。

互补性是一种智慧

我自相矛盾吗？好吧，我是自相矛盾。

我辽阔博大，我海纳百川。

——沃尔特·惠特曼，《草叶集》

我们对大自然的探索赋予了我们太多的新视野；让这些新视野符合我们日常的体验或者让它们自己相互调和并非一件易事。在量子的世界里矛盾和真相是一衣带水的关系，一生沉浸于量子世界的尼尔斯·玻尔从中吸取了一条关于互补性的教训：没有一个单一的视角能够道尽世界的实相，不同的角度可以各具价值但又相互排斥。

图 42　尼尔斯·玻尔设计的袖章

用阴阳的符号来象征互补性再适合不过了。这个符号被尼尔斯·玻尔采用了。阴、阳二元相等却不相同；你中有我，我中有你。尼尔斯·玻尔的婚姻生活十分幸福，这或许不是偶然吧。 ₃₂₅

一旦认识到了互补性，我们在物理领域及其他领域里就会不断重新发现并证实"互补性"是一种智慧。我信奉这种智慧同时也想将这种智慧传递给你们。现在让我们考虑几个具有互补性的对立体：

| 丰与简 |

* 大自然的基本构件只有几种而且非常简单，它们的性质可以被高度对称的方程完全确定。

* 由物体构成的世界非常广阔，千差万别而且无穷无尽。

透彻地理解这些基本知识无碍于丰富的体验，相反会让我们在体验中受到启发并获得力量，从而让体验进一步丰富。

| 一个世界与多个世界 |

* 我们每个人的大脑都是人类思想最终的储藏室，而人脑又都安然地装在每个人的头骨内、藏在每个人的身体里，存在于这个星球上。大多数人在大多数时间里不思考哲学问题也不进行天文学研究，他们所关心的问题都是发生在地球表面小范围的事件，这些事件组成了人类历史——世界大战、伟大的艺术品以及数以亿计趣味横生的"平凡"生活——一幕幕地在地球表面不断地上演。

* 即便从并不遥远的远方回望，地球都仅仅只是一个小小的反光点。

宇宙学研究所取得的最新进展表明，即便使用了最强大的仪器，我们目前可以探测到的那部分宇宙也只是一个多重宇宙里很微小的部分，而宇宙遥远的那边可能是一番完全不同的景象。如果确实是这样，一个在从前已然被反复提 ₃₂₆

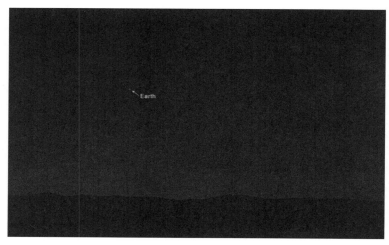

图 43 从火星遥望地球

及的主题又被扩展了：每一个人体验的"世界"只是数十亿计的这种"世界"中的一种（每一个人类至少有一种体验），而地球不过是围绕太阳旋转的几个行星中的一分子，我们头顶上空的太阳只是银河系数十亿颗恒星中的一员，而银河系不过是可见宇宙的数十亿分之一。

置身于茫茫浩瀚之中并不会让你我或者整个人类变得渺小，这件事相反会开拓我们的想象力。

| 物与人 |

* 你我都是一堆夸克、胶子、电子和光子。
* 你我都是能思考的人。

327

| 被规定以及无约束 |

* 你我都是有形的实物，遵循着物理规律。

* 你我都有能力做出选择，你我也都要为各自的选择负责。

| 短暂与永恒 |

* 世界的状态是运动不息的，其中的每一件东西也都在改变。
* 概念超越了时间也让我们摆脱了时间的束缚，因为万物皆数。

在物理学和宇宙学研究的前沿，互补性发挥了很多作用。我们现在总是把物理规律和初始条件区分开来，这种区分令人焦虑，有待被后续的观点超越。任何有限的人类观察者观察世界的角度都在不断演化，但作为一个整体的时空却没有演化，时空是展现世界最天然的舞台。量子力学中的波函数作为一个整体的系统在时间上可以是常定的，但其组成部分如若被分别对待则经历了相对的变化。（对于行家而言，这种现象在复杂系统的能量本征函数中时有发生。）整体的世界很可能就是这么一回事儿，以不变应万变，对称这条富有成效的伟大原则就会得到充分的体现，正像巴门尼德的悖论所强调的：

历史只会沿着一条道路延续，
无他路可选。在路上出现了很多迹象说
生命，无生无灭
它是一个整体，本同末离；肖然不动，完整纯粹。[1]

最后我再拿一对互补的事物来结束我们的沉思：

| 美与不美 |

* 实体世界让美变得具体了。
* 实体世界也为肮脏、痛苦和冲突提供了家园。

永远记住，凡事总是一分为二的。

译者注释:

1. 这段话的原文是:

    One story, one road, now

    is left: that it is. And on this there are signs

    in plenty that, being, it is ungenerated and indestructible,

    whole, of one kind and unwavering, and complete.

    网络上可查到现存的翻译版本为:

    所以只剩下一条途径可说,就是:存在物存在。在这条途径上有许多标志标明:因为它不是产生出来的,所以也不会消灭,完整、唯一、不动、无限。

我的感谢

　　撰写本书的计划早在2010年就播下了种子，当时我受剑桥大学达尔文学院之邀做了一次题为《量子之美》的讲座。我要感谢克里斯托弗·约翰逊（Christopher Johnson）和3Play Media公司，他们为讲座准备的讲演资料非常有用。我还要感谢佐伊·莱因哈特（Zoe Leinhardt）、菲利普·戴维（Philip Dawid），特别是罗兰·阿灵顿（Lauren Arrington）的建议和帮助，在他们的帮助下我的讲演稿汇成集成为"之美"的一个章节。

　　感谢约翰·布洛克曼（John Brockman），他鼓励了我将讲座上表达的观点进行发展和扩充并联系企鹅出版社。可以说此书处于萌芽状态时就得到了此君的滋养才得以成长。

　　来自企鹅出版社的斯科特·莫耶斯（Scott Moyers）和马利·安德森（Mally Anderson）从一开始就慷慨支持，他们明智地为我提供了热情而富有建设性的审评，还提出了创造性的建议，促使我改写了一些内容也添加了更多的内容。马利是写作过程后期的见证者，他沉着镇定地呵护着这棵嫩芽走向成熟。我还对企鹅出版社的设计师和技术人员深表感激，感谢他们为了做出精致的产品而表现出的专业精神与奉献精神。

　　艾尔·夏佩尔（Al Shapere）为本书的初稿提出的意见让我受益良多。

　　我太太贝茜·迪瓦恩（Betsy Devine）是我生命的伴侣；她通读了全部文稿并提出了很多建议，使得书中的文字变得更简单易懂也更加有说服力。她还提议书后增设《造物主的术语》并帮助逐条输入，没有她的贡献，那一部分文字根本不会像现在这样出现在书里。像写书这样一项繁重的工作不可避免地要经历一些起起伏伏，每当这时我都会在贝茜那里得到纾解。

　　我还要感谢我的工作单位麻省理工学院给予的强有力支持，在这个单位里，类似的冒险行为总会得到支持。要感谢的还有亚利桑那州立大学，他们在本书的收尾阶段给予了支持。这本书一个关键的部分是我在访问中国杭州期间写就的，尤其是在西湖边度过的那神奇的一个礼拜对我真是至关重要。你们在标题页乃至书里很多地方都会感受到那一个礼拜对我的影响。我感谢刘文胜、吴飙和熊宏伟几位先生，是他们的精心安排才让我有幸游览这处人间美景。

330

探索大事记

Ⅰ 先量子时代

约公元前525年　毕达哥拉斯（Pythagoras，公元前570—前495）提出了几何与音乐和弦之间的数字规律。

约公元前369年　柏拉图（Plato，公元前429—前347）在对话录《泰阿泰德》（*Theaetetus*）里提出了柏拉图多面体的理论。

约公元前360年　柏拉图在对话录《蒂迈欧篇》中讨论了自己的原子论以及对宇宙的推测。

约公元前300年　欧几里得（Euclid，公元前323—前283）的《几何原本》将几何发展成一种推理体系。

约1400年　菲利波·布鲁内列斯基（Filippo Brunelleschi，1377—1446）发展了射影几何并使之成为美术创作中透视法的基础。

约1500年　利奥纳多·达·芬奇（Leonardo da Vinci，1452—1519）开创了艺术和工程学及科学的融合。

1543年　尼古拉·哥白尼（Nicolaus Copernicus，1473—1543）在《天演论》中基于数学审美提出了日心说。

1596年　约翰尼斯·开普勒（Johannes Kepler，1571—1630）在《宇宙的奥妙》一书中利用柏拉图多面体建立了哥白尼太阳系的模型。他之后的研究发现了行星运行的经验定律。

1610年　伽利略（Galileo Galilei，1564 — 1642）在《星际信使》中宣称，卫星围绕木星旋转形成了一个"迷你哥白尼"的体系以及月亮表面与地球类似。这是他使用自己首创的望远镜发现的。

1666年　伊萨克·牛顿（Isaac Newton，1642 — 1727）在微积分、力学和光学方面提出了划时代的理论。

1687年　牛顿的著作《原理》根据数学原理发现了地球以及天体的引力定律。

1704年　牛顿的著作《光学》记述了他在研究光的性质时做出的实验与推测。

1831年　迈克尔·法拉第（Michael Faraday，1791— 1867）发现了电磁感应。

1850 —1860年　詹姆斯·克拉克·麦克斯韦（James Clerk Maxwell，1831— 1879）从1855年开始发表色觉方面的论文。他在电磁学方面的主要论文包括：《论法拉第的力线》（1855年）、《论物理的力线》（1861年）和《电磁场的动力学原理》（1864年）。

1887年　海因里希·赫兹（Heinrich Hertz，1857 —1899）制造并探测到电磁波，从而验证了麦克斯韦的理论，为无线电以及其他远程通信奠定了理论基础。

II 量子物理、对称及核心理论

1871年　索菲斯·李（Sophus Lie，1842 —1899）的论文介绍了连续变换和对称的概念并在之后的研究中对这些概念进行了发展和改进。

333　1899年　欧内斯特·卢瑟福（Ernest Rutherford，1871 — 1937）确认了核衰变中的电子发射（β衰变）为一种特殊形式的放射现象，此举开启了对弱力的实验研究。

1900年　马克斯·普朗克（Max Planck，1859 — 1974）提出了物质与光之间能量交换的量子化概念。

1905年　阿尔伯特·爱因斯坦（Albert Einstein，1879 — 1955）提出，光自身呈不连续的单元（光子）。

1905年　爱因斯坦的狭义相对论和广义相对论（1915年）是建立在对称的基础上的强大理论。这两个理论为后来的刚性对称（总体对称）和变形对称（局域对称）的研究定下了基调。

1913年　汉斯·盖格（Hans Geiger，1882—1945）和欧内斯特·马斯登（Ernest Marsden，1889 — 1970）在欧内斯特·卢瑟福的建议下使用散射实验证明了原子核的存在。

尼尔斯·玻尔（Niels Bohr，1885 — 1962）利用量子的概念为原子提出了一个成功的模型。

1918年　埃米·诺特（Emmy Noether，1882— 1935）提出的定理在连续对称和守恒定律之间搭建了桥梁。

1924年　萨特延德拉·玻色（Satyendra Bose，1894 — 1974）提出了玻色子概念，光子是一种玻色子。

1925年　沃尔夫冈·泡利（Wolfgang Pauli，1900 — 1958）提出了不相容原理。恩里科·费米（Enrico Fermi，1901 — 1954）和保罗·狄拉克（Paul Dirac，1902 — 1984）提出了费米子，电子是一种费米子。

维尔纳·海森伯（Werner Heisenberg，1901 — 1976）提出了现代量子理论，将玻尔的理念置于一个统一的数学框架中。

1926年　埃尔文·薛定谔（Erwin Schrödinger，1887 — 1961）提出了薛定谔方程，这个方程和海森伯提出的理论异曲同工，但后者则更加抽象。

1925 — 1930年　保罗·狄拉克在一系列精彩的论文中为电子提出了狄拉克方程，建立了量子化的麦克斯韦方程组，他的工作开创了量子电动力学（QED）这一丰富的物理理论体系。

1928年　赫尔曼·外尔（Hermann Weyl，1885 — 1955）表示，量子化的麦克斯韦理论（量子电动力学或称QED）具有变形对称。

1930年　沃尔夫冈·泡利为了保证弱衰变的过程中动能量守恒，预言了中微子的存在。

1931年　尤金·魏格纳（Eugene Wigner，1902 — 1995）显示了刚性对称在量子力学中的力量。

1932年　恩里科·费米将狭义相对论和量子力学的一般原理运用于弱衰变，从而将它们的有效性推广到一个全新的领域。

1947 — 1948年　测量到的结果与简明的狄拉克理论并不完全吻合：威利斯·兰姆（Willis Lamb，1913 — 2008）观察到氢原子能量级的一个移动（兰姆位移）；波利卡普·库施（Polykarp Kusch，1911 — 1993）观察到一个"异常的"电子磁矩。这两项发现表明量子涨落的重要性。

1948年　理查德·费恩曼（Richard Feynman，1918 — 1988）、朱利安·施温格（Julian Schwinger，1918 — 1994）和朝永振一郎（Sin-Itiro Tomonaga，1906 — 1979）指出，狄拉克的量子电动力学的进一步精确求解必须包含量子涨落（虚拟粒子）。

1950年　弗里曼·戴森（Freeman Dyson，1923 — 　）将上述三人的理论建立在稳固的数学基础上并证明了他们三人各自的理论是一致的。

334

335

<u>1954年</u>　杨振宁（C. N. Yang, 1922 — ）和罗伯特·米尔斯（Robert Mills, 1927 — 1999）将索菲斯·李提出的概念和麦克斯韦/外尔的理念相结合，找到了体现更复杂的变形对称的方程组，杨-米尔斯方程组是我们现代核心理论之核心。

<u>1956年</u>　弗里德里克·莱茵斯（Frederick Reines, 1918 — 1998）和克莱德·科温（Clyde Cowan, 1919 — 1974）观测到中微子的相互作用，证实了中微子的存在。

<u>1956年</u>　李政道（Tsung-Dao Lee, 1926— ）和杨振宁提出，弱力中左、右手定则的根本区别（宇称不守恒）。此后不久，宇称不守恒就被实验证实了。

<u>1957年</u>　约翰·巴丁（John Bardeen, 1908 — 1991）、莱昂·库珀（Leon Cooper, 1930— ）和约翰·罗伯特·施礼弗（J. R. Schrieffer, 1931 — ）提出了里程碑式的"巴丁-库珀-施礼弗（BCS）超导理论"，强大的自发对称性破缺和希格斯机制都隐含在这个理论里。

<u>1961年</u>　谢尔顿·格拉肖（Sheldon Glashow, 1932 — ）提出统一弱力和电磁力的变形理论。

<u>1961 — 1962年</u>　南部阳一郎（Yoichiro Nambu, 1921 — 2015）和乔瓦尼·约纳-拉西尼奥（Giovanni Jona-Lasinio, 1932 — ）将自发对称性破缺引入基本粒子相互作用的一个具体的理论。杰弗里·戈德斯通（Jeffrey Goldstone, 1933 — ）将前面二位的理论加以简化和推广。

<u>1963年</u>　菲利普·安德森（Philip Anderson, 1923 — ）意识到超导理论中有质量光子的方程对粒子物理非常重要。这个方程是伦敦兄弟——弗里茨·伦敦（Fritz London, 1900 — 1954）和海因茨·伦敦（Heinz London, 1907 — 1970）在1935年、列夫·朗道（Lev Landau, 1908 — 1968）和维塔利·金茨堡（Vitaly Ginzburg, 1916 — 2009）在1950年先后提出的。

<u>1964年</u>　罗伯特·布洛特（Robert Brout, 1928 — 2011）和弗朗索瓦·恩格勒（François Englert, 1932 — ）、彼得·希格斯（Peter Higgs, 1929 — 2016）、杰拉德·古拉尼克（Gerald Guralnik, 1936 — 2014）、卡尔·黑根（Carl Hagen, 1935 — ）和汤姆·基布尔（Tom Kibble, 1932 — ）都制定了具体的理论模型以协调有质量粒子与变形对称的关系。

<u>1964年</u>　默里·盖尔曼（Murray Gell-Mann, 1929 — ）和乔治·茨威格分别提出强子是由夸克组成的。

<u>1964年</u>　阿卜杜斯·萨拉姆（Abdus Salam, 1926 — 1996）和约翰·沃德（John

Ward，1924 — 2000）澄清了弱电的变形理论。

<u>1967年</u>　史蒂文·温伯格（Steven Weinberg，1933 — ）将自发对称性破缺合并进变形理论，建立了核心理论中成熟的弱电统一理论。

<u>1970年</u>　赫拉尔·霍夫特（Gerard 't Hooft，1946 — ）和马丁纽斯·韦尔特曼（Martinus Veltman，1931 — ）将上面的工作成果建筑在一个稳固的数学基础上并证明电弱理论是自洽的。

<u>1970年</u>　杰罗姆·弗里德曼（Jerome Friedman，1930 — ）、亨利·肯德尔（Henry Kendall，1926 — 1999）和理查德·泰勒（Richard Taylor，1929 — ）抓拍到了质子的内部，他们发现了近自由夸克以及一种未知的不带电物质。

<u>1971年</u>　谢尔顿·格拉肖、约翰·李尔普罗斯和卢奇亚诺·马伊阿尼在变形的弱电理论中加入了夸克并预测了粲夸克的存在。

<u>1973年</u>　大卫·格罗斯（David Gross，1941 — ）、弗兰克·维尔切克（Frank Wilczek，1951 — ）和大卫·波利特尔（David Politzer，1949 — ）建立了渐近自由理论。格罗斯和维尔切克提出了精确的强力理论：量子色动力学（QCD）。

<u>1974年</u>　实验发现的重夸克介子为渐近自由和量子色动力学提供了半定量的证据。

<u>1974年</u>　乔吉诗·帕蒂（Jogesh Pati，1937 — ）和阿卜杜斯·萨拉姆以及霍华德·乔吉（Howard Georgi，1947 — ）和谢尔顿·格拉肖提出了统一的核心理论。

<u>1974年</u>　霍华德·乔吉、海伦·奎恩（Helen Quinn，1943 — ）和史蒂文·温伯格利用渐近自由研究不同基本作用力的相对强度。

<u>1974年</u>　尤里乌斯·韦斯（Julius Wess，1934 — 2000）和布鲁诺·朱米诺（Bruno Zumino，1923 – 2014）构想了超对称的概念。

<u>1977年</u>　罗伯托·皮塞（Roberto Peccei，1942 — ）和海伦·奎恩为解决"θ问题"提出了一种全新的对称。

<u>1977年</u>　维尔切克通过色胶子发现了希格斯粒子和普通物质占主导地位的耦合。

<u>1978年</u>　维尔切克和温伯格指出，皮塞－奎恩对称意味着轴子的存在，轴子是一种全新的、质量轻的神奇粒子。

<u>1981年</u>　萨瓦斯·迪莫普洛斯（Savas Dimopoulos，1952 — ）、斯图尔特·拉比（Stuart Raby，1947— ）和维尔切克定量地展示了将超对称纳入统一理论的优势。

<u>1983年</u>　多位作者都在他们的论文中提出轴子是提供天文暗物质的候选对象。

<u>1983年</u>　卡罗·鲁比亚（Carlo Rubbia，1934 — ）率领欧洲核子研究中心的实验团队

观测到了弱子（W粒子和Z粒子），从而确立了变形电弱理论。

<u>1990年</u>　在大型电子－正电子对撞机里进行的实验观察到清晰的喷射结构，为渐近自由和量子色动力学提供了定量的证据。

<u>2005年</u>　在肯尼斯·约翰逊（Kenneth Wilson，1936 — 2013）、亚历山大·波利亚科夫（Alexander Polyakov，1945 — ）和迈克尔·科鲁兹（Michael Creutz，1944 — ）观点的基础上，大型计算的火力聚焦在量子色动力学上，强子的质量得以被精确地计算出来，其中包括质子和中子的质量。

<u>2012年</u>　大型强子对撞机（LHC）发现了希格斯粒子。

<u>2020年</u>　我打赌大型强子对撞机（LHC）将发现超对称，这个赌局的结果将于12月31日午夜揭晓。

造物主的术语

　　这个附录包含了一些普通读者并不熟悉的名词，而它们又是对书中所用的科学概念的解释与简单的说明。有些名词（如能量、对称等）虽然是日常的词汇，但我们对这些词汇的使用方式确实有些特殊，一般比日常的用法更狭义也更具体。我想通过在注释中应用正文中的例子和内容，尽可能努力地让这一补充资料变成全书的一个有机的组成部分。此处你们还会发现有些观点，包括一些很美妙的想法，是我本来试图糅进正文的，但最终我没能找到办法使其顺畅地融合。很多时候，为了做到简单明了和亲近读者，我不得不牺牲一些精确度和数学的严格性。

吸收（Absorption）

　　当我们说一个粒子被吸收了，就是说，这个粒子不独立存在了。由于总体能量是守恒的，这个粒子的能量变成了另外一种形式。举个例子：当一个光的粒子（光子）冲击你们的视网膜时，蛋白质（视紫红质）可能将这个粒子吸收并变得弯曲。这种弯曲现象转而触发了电子信号，我们的大脑再将这些信号解读为视觉的体验。

加速度（Acceleration）

　　速度是位置随时间变化的速率——（详见速度的注释）。加速度是速度随时间变化的速率。牛顿的伟大成就之一就是指出了物体的加速度关乎施加于物体的作用力。（他在充分披露这个观点之前，在一个字谜游戏里预示了他的想法，《牛顿之三》一章中对此事有所记述。）经典力学早期的课本里其实现在很多教科书里还是这样表述牛顿第二定律常会出现牛顿的第二定律：作用力等于质量乘以加速度。在缺乏关于作用力的独立信息的情况下，这个表述是毫无意义的，它其实应该被解释为一种许诺或者希望：研究加速度大有裨益！

对于力，牛顿提供了一些一般性的说明。值得注意的是，他的第一定律说，"自由"物体的加速度为零，即自由物体的速度是恒定的。隐含在这个定律里的许诺是：当物体远离其他物体时，它近乎是自由的。换言之，距离增大而作用力随之减小。

牛顿还就一种力——重力，提出过详细的理论。利用这个理论，你们还会注意到一个有意思的现象，那就是物体受到的重力与该物体的质量成正比，因此重力加速度并不受物体质量的影响！伽利略从比萨斜塔上扔下落体这个古今闻名的实验就是为了证明地球引力具有这个性质。爱因斯坦的引力论即广义相对论，用加速度直接表示运动的规律，并没有单独提及作用力。

和速度一样，加速度也是一个矢量。

加速器（Accelerator）

粒子加速器就是一部机器，它产生快速移动的高能粒子束。在历史上，乃至今日，加速器一直是用来揭示大自然基本过程的工具。通过研究高速运动的粒子之间发生的碰撞，我们得以窥见在高能、近距和瞬时的极端状态下粒子的行为，这些行为用其他的方法根本无从观察到。

超距作用（Action at a distance）

超距作用是牛顿引力论的一个特性：物体向其他物体甚至向遥远的物体通过绝对真空瞬时地施加引力。牛顿本身并不喜欢自己理论的这个特性，是数学让他得出了这样的结论。以超距作用为基础，牛顿的理论大获全胜，以至于这个观点得到了早期电磁学研究者的默认。

法拉第提出了一个另类的观点，他认为填充空间的流体压力传输了电磁力。麦克斯韦在数学上将法拉第的直觉进一步地发展，因此才有了我们至今尚在使用的电磁学中的流体（即场）的概念。

占星术就假设了强大的超距作用，但退一步说，尚无严格的证据证明占星术的有效性。

阿尔法粒子（Alpha particle）

在早期的研究辐射的实验中，欧内斯特·卢瑟福将发射的物质分成阿尔法射线、贝塔射线和伽马射线；根据其穿透物质的能力、被磁场弯曲的难易程度以及其他性能对这些射线加以区分。进一步的研究表明，阿尔法射线是氦4原子核——也就是说，由两个质子和两个中子组成。我们称这样的原子核为阿尔法粒子。

安培定律/安培—麦克斯韦定律（Ampere's law / Ampere—Maxwell's law）

安培定律现在被视为麦克斯韦方程组中一个方程的一部分，尽管在历史上发现安培定律的时间要早于麦克斯韦方程组。安培定律本来是说，磁场沿一条闭合曲线的环量等于电流通过该曲线所围表面的通量。要进一步理解这个定律还需查阅对于环量、通量和电流的解释。你们还会发现，彩图N对理解非常有帮助。

麦克斯韦出于对数学的自洽性以及美感的考虑修改了安培定律，为它加上了一个额外的项。根据完整的安培－麦克斯韦定律，磁场沿曲线的环量等于电流通过该曲线圈所围表面的通量加上电通量通过该表面的变化率。

麦克斯韦添加的新项正好和法拉第的定律形成对偶。法拉第定律说，磁场的改变能够产生电场；麦克斯韦的添加项说，电场的改变也能产生磁场。

模拟（Analog）

如果一个量可以平稳地变化，或者像我们经常说的，连续地变化，那么我们就称这个量为模拟量。模拟量是相对数字量而言的，数字量只能是一系列离散的数值，因此它们的变化是不连续的。就目前物理的基本原则而言，长度和时间的延续都是模拟量。

如果对毕达哥拉斯的信条"万物皆数"做一种极端的解读，那么所有的量从根本上就该都是数字量。但不可能让正方形的边和对角线同时成为同一个单位量的整数倍，芝诺提出的运动悖论很早就对这个观点提出了警告。

数字量在计算与信息通信上具有很大的优势，因为它们可以对小的错误进行纠正。譬如，如果正确的计算结果只可能非1即2，而你们近似计算的结果是1.0023，那么除非你们的近似太差，你们可以推断出正确的答案会是1。

如果离散的单位足够小，数字量也可以代表一个本质上是模拟的量。例如，数码照片可以由一片黑点儿组成，但这些黑点儿排列得特别精细，以人的肉眼那么低的分辨率，它们看上去就是一种平稳变化的灰色，灰色的深浅则代表黑点儿的密度。

对于模拟量的数学描述通常涉及实数，而最简单的数字量都用自然数表述。

341

分析（Analysis）

分析这个词在物理、化学和数学里通常指将事物拆成部分进行研究的过程，通过研究事物的组成部分来达到研究事物本身。按照这种用法，"全盘分析"就是一种逆喻了，而精神分析则更是另外一码事了。

分析中有两个例子特别有意思：一则是将光解析成不同的光谱颜色，另一则是在微积分里分析函数在小范围内的变化。

分析与综合（Analysis and Synthesis）

"分析与综合"是牛顿的说法，它是一种为了达到对某类事物完整而又透彻的了解所采取的策略，即精确地理解事物最简单部分的行为（分析）然后再理解整体（综合）。牛顿本人运用这个策略在光学、运动和数学函数等研究上获得了相当可观的成功。

"分析与综合"就是通常所说的"还原论"，但前者的表述更雅致也更恰当，更符合历史的发展，除了论证法，首选的方法都应该是"分析与综合"。

角动量（Angular momentum）

角动量和能量与动量（也就是普通或线性动量）并称经典物理的三大守恒量，这三种守恒量都已经发展成为现代物理的支柱。在这三种量里，角动量最复杂，定义和理解它都要费些周章，在没付出巨大的努力之前就别奢望能够领会它的复杂性。例如，陀螺和陀螺仪非常有趣而经常有反直觉的表现就是它们的角动量导致的结果。因此，我们在沉思的过程中并不过分依仗这个概念！

一个物体的角动量是一种对该物体围绕一个指定的中心作角向运动的定量描述，在数量值上它等于物体和中心的连线扫过面积速率的两倍再乘以物体的质量。（这是一个非相对论的公式，在小速度的情况下非常准确。狭义相对论里的公式与之类似但更加复杂。）

角动量具有方向也具有大小。（因此它是一个矢量，其实是一个轴向矢量。）为了确定方向，我们首先要确定旋转的瞬时轴——即与增加的面积成垂直的方向——然后使用右手定则确定轴的方向。参见"旋向性"。

多个物体的角动量是单个物体角动量的总和。

在很多情况下，角动量都会守恒。运用诺特的一般定理最容易理解这个结果。诺特定理让守恒定律与对称相关联，在这个框架之下，围绕一个中心的角动量的守恒体现了空间围绕中心旋转时物理定律的对称性（即不变性）。换言之，当物理规律不依赖任何外部固定的方向时，角动量就会守恒。

根据开普勒行星运动第二定律，行星与太阳之间的连线在相等的单位时间内扫过相等的面积，这个定律就是角动量守恒的一个实例。

在量子世界里，角动量仍然是一个有效的概念，而且它还呈现出更多极其微妙而又美丽的特征。当我作为一个学生要做职业选择时，正是角动量在量子理论中的数学之美把我引向了物理。如果你们想在这方面做进一步的探讨，可以参考《推荐书单》。在这里我只想提一句，量子粒子常常会有一种不能约化的旋转运动或者自旋，这种运动和零点运动（参加量子涨落）或者量子流体的自发活动非常神似。

342

人存论据 / 人存原理（Anthropic argument /Anthropic principle）

粗略地讲，人存论据所采取的形式就是：为了我的生存，世界必须是这个样子。

在我们讨论更加复杂的细节之前，先在这样的基本形式下考虑人存原理。

有必要对这一基本的人存论据的两个方面加以区分：它的真实性和解释力。（请参阅自洽性的条目下的相关讨论。）在人存论据里可能存在着大量的真相，就看人们对"本我"的定义有多狭隘了。如果"本我"就是指一个具有人类生理特征而且能和我一样体验生活（其中包括阅读对自然世界提出具体断言的科学书籍）的碳基生命体，那么在摒弃"我"的存在之前，我们所知的物理定律不可能有什么不同，更不用说地球的方方面面、欧洲历史、我孩子眼球的颜色诸如此类的事情了。所以，人存论据从字面解读是正确的，但这个正确的论据却没有多少解释力，主要因为"本我"的存在是一个包罗万象的假设，它涵盖了一切我所要体验和我将要体验的一切，故而一切皆无须解释了！

更复杂的人存论据势必取决于对"本我"这个字更为宽泛的定义。譬如，我们可以要求这个世界的基本规律和发展历史必然导致某种智慧的或有意识的观察者出现，否则将无人观察这个世界——真是无法理喻的诡辩！谁都说不清楚，智慧的观察者到底是什么意思；而且一旦你们下了一个定义，就很难评判什么样的规律和历史可以产生出智慧的观察者。我个人难以想象这种模糊的诡辩可以让我们获得什么显著的解释力。

然而值得注意的是，我们对世界已经获得的最深刻的理解是核心理论，它涉及了诸如相对论和局域对称的理念以及量子理论这样的在形式上抽象而具有普遍意义的理论框架。这些原理看上去一点儿都不像人存论据！显然，在生生不息、变化万千的世间万物面前，制造一个"本我"的愿望就显得太渺小了。

总之，人存论据就其性质而言转移了讨论的焦点，将议题从解释转移到了假设。由于人存论据折损了解释力，在原则上我们最好避而远之。但是在极其特殊而又适当的情况下，带有人存意味的论证不仅有效而且有用。请参阅对暗能量/暗物质的注释，暗能量/暗物质可能就是人存论据的一个蛮有意思的例子。

反物质/反粒子（Antimatter / Antiparticle）

1928年，保罗·狄拉克提出了一个新的方程，描述了量子力学中电子的行为；今天我们称这个方程为"狄拉克方程"。这个方程很重要，它预测了一种粒子，即正电子的存在。正电子具有和电子相同的质量和自旋，却携带相反的电荷。正电子也被称为反电子，即电子的反粒子。后来的研究显示，这种现象是量子力学和狭义相对论普遍的结果：针对每一个粒子都存在一个与之对应的反粒子，反粒子具有相同的质量和自旋，电荷、强弱色荷和手征性却都是相反的。

反电子或正电子在1932年被实验发现，反质子也在1955年被首次观察到。如果哪天我们发现某种粒子不具备反粒子，想必会让全世界震惊。光子的反粒子就是其本身。（因为光子不带电也不携带其他的荷，所以这种现象是可能的。）

当一个粒子和它的反粒子聚在一起的时候就会湮灭为"纯粹的能量"——也就是说，事实上，它们可以形成多种多样的粒子和反粒子的组合。比如说，任何粒子及其反粒子都可以湮灭成两个光子或者一对中微子和反中微子，尽管通常不大可能会出现这样的结果。欧洲核子研究中心的大型正负电子对撞机就是大型强子对撞机的前身，它盘踞在同样庞大的隧道内，这种对撞机就是专门用来研究快速相向运动的电子和正电子碰撞而产生的湮灭。

尽管"反粒子"一词具有明晰而准确的科学含义，但"反物质"这个词虽然偶尔有实际使用的价值，却还是个存有质疑的名词，我或许还会说这个词显示了使用者的无知。为了了解如何使用这个词汇，我们应该从它的反面即"物质"的定义讲起。根据定义，我们说，组成我们身体的粒子和我们日常遭遇的粒子，也就是上夸克、下夸克和电子，都是"物质"。根据这个定义，我们还可以将它们的近亲包括在内——即各种各样的夸克和各种各样的轻子（u, d, c, s, t, b 夸克，和电子及 μ, τ, νe, $\nu \mu$, $\nu \tau$）也是物质，而它们的反粒子则被称为反物质。光子由于是自己的反粒子，于是既不是"物质"也不是"反物质"。在这层意义上，"物质"与其"反物质"的唯一区别就是前者较后者要常见得多，至少在我们这部分宇宙，前者比较常见。如果我们猛地把世界上所有的粒子都变成了它们的反粒子（还让它们同时发生宇称变换，即左右交换），我们几乎察觉不到任何变化！我认为，"反物质"一词，不但不能启迪还会造成困惑，我在这本书的写作上规避了这个词。当我说起"物质"时，在没有限定的情况下，我指的就是所有形式的物质，包括（例如）反夸克、光子和胶子。

反对称（Antisymmetric）

当一个量在一个变换的作用下不发生改变，则在这个变换下这个量是对称的或显示出对称。当一个量的正负符号在一个变换的作用下发生了改变，我们说在这个变化下这个量是反对称的。这个概念可以用在标量上，也可以用在矢量和函数上，因为这些量的正负号的变化是有意义的。

举例说明：如果一条直线围绕原点旋转180度，那么这条线上的点坐标就是反对称的；在将粒子变为反粒子的变换下电荷是反对称的（请参见反物质）。

费米子的一个基本特征是，全同费米子的量子波函数在任意两个费米子相互交换的作用下是反对称的。

渐近自由（Asymptotic freedom）

两个夸克之间的强作用力可以被渗透在空间的量子流体自发的、不间断的活动所改变：当夸克相互靠近的时候力就会减弱，而当它们分开的时候力就会增强。这个现象就叫作"渐近自由"。

渐近自由具有很多含义和用途，正文对此进行了长篇描述。

你们也可以参阅对禁闭和重整化/重整化群的注释。

原子序数（Atomic number）

原子核的是其包含的质子数量。原子核的原子数决定了原子核的电荷，因而就影响了电子，它们在原子化学和分子化学中是十分重要的角色。原子数相同而中子数量不同的原子核就是人们常说的化学元素的同位素。

举例说明：碳12（C^{12}）的原子核包含六个质子和六个中子，而碳14（C^{14}）的原子核包含六个质子和八个中子。它们具有几乎相同的化学性质——所以才都叫"碳"——却具有不同的质量。碳14的核不稳定，可以利用它的核衰变为生物样本断代。（生物体死亡之后就会停止吸入新的碳，于是尸体中碳14相对碳12的比值就会逐渐减少。大气中的碳14通过宇宙射线的撞击得以更新补充。）

轴向流（Axial current）

轴向流是一种特殊的流，它在空间宇称变换下并不改变正、负号，因此轴向流可以

344

定义轴矢量的场。当年为了让"轴子"一词通过《物理评论快报》编辑的审查，我用了这个相当晦涩难懂的概念为它铺垫。

轴矢量（Axial vector）

参见"宇称"的注释，那里这个概念会很自然地出现。

轴子（Axion）

轴子是一个假想的粒子，如果它真的存在，它将使核心理论的美感大有改善。轴子同时也是宇宙暗物质最佳候选者之一。

核心理论有很多优点，但也显示出一些美学上的缺陷，后者包括下列诸项：

我们的实验观察表明，在一个很好的近似下（虽然并不完全准确）物理规律在改变时间的变化方向时保持不变。简而言之：如果你们把任何的物理实验拍成电影，然后把电影倒着放，那么你们看到的图像描绘的事件依然遵循那些物理基本规律。当然，如果你们把日常生活拍成电影，然后将它倒着放，那么你们所看到的景象就不太像日常生活了。但是在基本规律运行最为清晰的亚原子世界里，时间正、反向的区别就不复存在了。因此可以说在时间倒流时，物理的基本规律几乎不变；换种说法，这些规律有时间反演对称性（T对称）。

物理规律遵循T对称的这个性质与核心理论是一致的，却不是核心理论所要求的。色胶子之间存在着一种相互作用符合所有已知的物理通则，包括量子理论、相对论和局域对称。因此，根据核心理论，这个相互作用是"可能的"但这种相互作用的存在违背了T对称。

简单地断言这种相互作用根本没有发生，在理论上是自洽的，但没有说服力。罗伯托·佩西和海伦·奎恩主张扩展核心理论以容纳额外的对称，借此解释这个"巧合"；他们的主张不失为一种更加恰当的回应。这样做还不失为一种合适的方式，它解释了T破坏问题为什么那么小。（有人提出过其他可能的解释，但这些解释没有一个能够经受时间的考验。）像这样扩展核心理论并非毫无后果：我和史蒂文·温伯格指出，这意味着有一种很轻的新粒子存在，这种粒子有一些显著的特性，它就是轴子。

轴子还没有被实验检测出来，但是不能就此下结论说轴子不存在，因为根据理论预测，轴子应该与普通的物质发生微弱的相互作用，但目前的实验还没有足够的灵敏度。在写作这本书期间，世界上有好几个实验小组都在积极地工作，努力地寻找轴子的迹象或者找出有力的证据排除它的存在。

我们可以计算大爆炸时轴子的产生，根据这些计算宇宙里应该弥漫着由轴子组成的气体，这种气体很可能就是宇宙暗物质。

重子（Baryon）

请参考"强子"的注释。

递升（Boost）

想象着从一个系统的各分部的运动中增加或者减少一个匀速度。在主要的科学文献里越来越普遍地把这个变换叫做递升。我想，这个词的灵感来自于火箭的助推器，而助推器的作用就是把火箭的负载速度递升。我在书中把这种变换叫作伽利略变换，目的是向伽利略致敬。伽利略值得我们缅怀，他以优雅的思维实验强调了这种变换的重要性；在这场思维实验中他让我们登上了一艘航船，走进了一个隔舱（已在正文中引用）。请参阅"伽利略变换"。

玻色子/费米子（Boson / Fermion）

基本粒子分为两大类：玻色子和费米子。

在核心理论中，光子、弱子、色胶子、引力子和希格斯粒子都是玻色子，在文中我 ³⁴⁵常把它们称为导力的粒子。玻色子可以单个地被产生或被消灭。

玻色子遵循玻色的包容原理。大致说来，两个同类的玻色子特别乐意做同样的事情。光子就是玻色子，有了光子的相容原理才可能产生激光。一旦有机会，一群光子都想做同一件事，形成了一道谱线非常窄的纯光束。

在核心理论中，夸克和轻子都是 费米子；我常在文中称它们为构物粒子。

费米子总是成双结对地或生或灭，结果一旦有一个费米子到手就永远也甩不掉它了，一种费米子可转换成另一种费米子，还可以变成三个、五个费米子或任意数量的非费米子（即玻色子，请看上文）。——但它就是不能化为乌有，痕迹无留。

费米子遵循泡利的不相容原理。大致说来，这意味着两个全同的费米子不乐意做同样的事情。电子就是费米子，电子的不相容原理在物质材料的结构中起着至关重要的作用。在《量子之美Ⅱ》那一章里，这个原理引导着我们探索了繁茂的碳世界。

分支比（Branching ratio）

当一个粒子可以用几种不同的方式进行衰变的时候，我们称这个粒子有几个衰变通道或者几个衰变分支。一个特定的衰变通道发生衰变的相对概率就叫作它的分支比。因此，如果A粒子90%的时间衰变成B+C粒子，而10%的时间衰变成D+E粒子，那么我们就称A变成B+C的分支比为0.90，而它变成D+E的分支比为0.10。

富勒烯/巴基球（Buckminsterfullerene /Buckyball）

富勒烯是一种类纯碳分子。

它们的形状类似准球形多面体的表面，其中每个碳核的化学键都伸展到其他三个最邻近的碳核。这个多面体的各面总含有十二个五边形外加数量不等（通常比十二个更多）的六边形。富勒烯C_{60}特别常见，它包含六十个碳核。C_{60}的分子常被叫作巴基球，因为它和一个（微观的）足球离奇地相像（还可以参考多边形的注释）。

卡比波角（Cabibbo angle）

参见"代"注释。

微积分（Calculus）

"微积分"这个词源自拉丁语，本意为"卵石"或者"石头"。在数学中，微积分在现代的用法可以回溯到用石头数数和记账。（就像很多人直到今天还在使用算盘一样）这个起源也反映在"计算"这个词语上，计算现在泛指信息处理中许多不同的过程和操作。

数学里有好几种类型的微积分（如命题演算、λ-演算和变分法等），但常见的微积分是一种特别重要的处理数学信息的方法，它对科学家的思想影响太大了，以至于每当人们说起微积分的时候都不加斟酌地默认它就是全部的微积分。

常见的微积分是一种"分析与综合"的方法，用于研究光滑变化的过程或函数。微积分的两大分支：微分和积分正好体现了这个方法的精髓。微分为分析在极小间隔上的行为提供了概念和方法；积分则提供了将这些局部信息整合成整体的概念和方法。

微积分有一个重要的用途，即对运动的描述。其实牛顿创立微积分就是为了描述运动。人们会用速度和加速度这样的概念来描述短暂时间间隔的运动特征（微分）；或者与之相反，使用速度和加速度的信息构建运动的轨迹（积分）。在经典力学中，作用力的规律提供了一个物体加速度的信息，经典物理里最重要的问题就是如何使用这样的信息：利用已知的加速度构建这个物体的运动，这其实是一个积分问题——利用局部信息构建整体，窥一斑而知全豹。

天体力学（Celestial mechanics）

天体力学本来的意思是利用经典力学和牛顿的引力论描述主要天体的运动——特别

是行星、卫星和彗星在太阳系的运动。如今，"天体力学"这个术语更加广泛，包括力学在各类天文物体以及火箭和卫星中的运用。由于相关的物理规律放之四海而皆准，天体力学其实是力学的一个专门的分支而不是一个独立学科。

粲夸克（Charmed quark）

粲夸克用符号C代表，它是构物粒子第二代的成员。粲夸克极其不稳定，它们在当今的自然世界里扮演着非常次要的角色。粲夸克在1974年被发现，针对粲夸克的实验研究是建立核心理论的重要一步。

环量（Circulation）

无论其本质如何，任何矢量场都可以被想象成诸如空气和水这样的普通流体的流动。（想象中的流体在每一个点上流动的速度与该点矢量场的值成正比。）在这个模型中，在某一点上矢量场的环量就是对流体角向运动的测量。譬如，环绕龙卷风中心的曲线上有特别大的空气环流。

我们来下个更精确的定义。假设那条曲线是一个细圆管的中心，然后我们计算出在单位时间圆管里空气的流量，然后除以圆管的横截面，（从这个想象中的圆管流进和流出的气流可以被我们完全忽略）这样就计算了沿该曲线的环量了。

利用和流体的类比，也就是将电场视作速度场，我们同样也能定义电场沿曲线的环量，或者磁场沿曲线的环量。这些物理量在麦克斯韦方程组里就像球队里的球星一样表现突出。请参考安培定律/安培——麦克斯韦定律和法拉第定律。

在这里我个人还想加上一段交织英雄崇拜和美学观点的尾声。法拉第和麦克斯韦的论文开创性地提出了电磁学中场的概念，但论文里没有充斥常见的数学方程，而是大篇幅的文字定义和图像描述，非常接近我此处对于环量的解释，以及下面对于通量的解释。要将这些复杂的画面清晰地印在脑海里并在这些画面之间建立联系，需要惊人的图像想象力。我深受启迪，被其中的美所感动，试图在自己的脑海里建立这些图像。人类喜欢享受图像，将方程想象成画面，就能让人更好地享受方程之美。

（光的）色彩/光谱颜色（Color (of light) / Spectral color）

在考虑光的时候有必要区分物理学中的色彩和感觉中的色彩。

光谱颜色是一种物理概念，并不受人类感知的支配。在原则上，全部使用物理工具如透镜、棱镜、感光片等，就能确定和探测光谱颜色。如正文所述，让一束白光透过棱镜会形成"彩虹"，选择其中的一小部分我们就能够得到一束单色的光。我们现在明白了，纯的光谱颜色对应着按照一定的频率做周期性振动的电磁波，光谱中不同的颜色准确地对应着不同的频率。根据久经考验的麦克斯韦理论，电磁波可以有任何频率，这样纯光谱中的颜色就形成了一个连续谱。人眼只对频率范围很窄的电磁波敏感，当我们泛泛地说到"光"时，常常很自然地将无线电波、微波、红外线、紫外线、X射线和伽马射线都纳入其中。所有可能的频率构成电磁波谱。

光谱色类似于音乐中的纯音；事实上，纯音也是振动，是具有一定频率的声波。如果这样类比，白光对应的就是一个不和谐的音调，"白噪声"这个词就是这么产生的。

感知色这个概念既有物理因素也有心理因素。我们最丰富的色彩体验，比如在美术方面获得的体验，是极其复杂的体验，它涉及了高级的大脑活动，而我们至今对此知之甚少。我们已经知道视觉形成的初始阶段的一些基本事实，但它们却凸显了下面二者之间的一道巨大的鸿沟，即根据基本的物理原理对光可能的分析以及对色觉的分析。最深刻的问题在于光谱颜色是一个连续谱，对照射来的光进行全面的分析可以得出每种颜色的强度，但是人眼只对这些强度提取三个平均值。

这个话题是我们沉思的核心，若要在这方面了解更多请查阅正文！

色荷/强色荷/弱色荷（Color charge / Strong color charge / Weak color charge）

我们关于强力和弱力的核心理论进一步发展了电动力学里的理念，特别值得一提的是，色荷是对电荷的发展。所有的荷都是守恒量，它们控制着类光子粒子的行为——电荷控制光子，强色荷控制色胶子，*弱色荷*控制弱子。

强色荷分为三种，在正文中它们分别被称作红、绿、蓝三色。八个色胶子会和这些色荷耦合诱导它们相互转换。

弱色荷有两种，在正文里它们被称为黄色和紫色。

不用说但是还得说：色荷里使用的"颜色"和光里的"颜色"是完全不同的概念。

互补理论/互补性（Complementary /Complementarity）

我们说关于一件事情的两种说法说是"互补"的，也就是如果每一种说法都有道理，每一种说法也自成一体，但是两种说法不能同时放在一起使用，因为一方会对另一方造成干扰。这在量子理论中是一种常见的情况。比方说，我们可以选择测量粒子的位置或者测量粒子的动量，但是不能同时测量这两个量，因为测量了这个量就会干扰到对另一个量的测量。尼尔斯·玻尔提出，更广泛地使用*互补性*概念是一个明智之举，这可以成为一个富有想象力的方法以解决难题并调和剧烈的冲突。上述量子理论的例子或多或少启发了玻尔，但他更多地是从丰富的生活经验中获得了这样的智慧。更广义的互补性概念非常有价值并且解放了我的思想，人们最好通过实际的案例来最充分地理解互补性的精神。在本书的结束语《答案》一章中你们会看到其中的几个实例。

复数维（Complex dimension）

普通的（"实的"）维度只需利用数字就可以轻而易举地加以描述——这些数字即坐标值——它们都是实数。因此，电脑屏幕上一个点的位置是由两个实数坐标来确定的，它们分别代表了垂直和水平的位置，而普通空间中的一点是由三个坐标确定。就数学和物理而言，在很多情况下，将空间的坐标想成复数是一件很自然的事情，这时我们会说，我们身处于一个复杂的空间，坐标参数的个数必须是那个空间的复维数。由于两个实数便可以确定一个复数，也就是它的实部和虚部，一个复空间也可以被看作一个实空间（具有额外的结构）。按这种看法，空间的实维数就是其复维数的两倍。

复数（Complex number）

虚数单位，用字母 i 表示，当它和自身相乘时所得的结果是 -1，因此得出一个方程：$i^2 = -1$。复数 z 的形式为 $z = x + iy$，此处的 x 和 y 都是实数，x 被称为 z 的实部，而 y 则是它的虚部。

复数可以进行加减乘除，这一点很像实数。

在数学中引入复数是为了让涉及幂次求和的一般方程，也就是所谓的多项式方程总有解，如方程式 $z^2 = -4$ 本来用实数求不出解，但如果 $z = 2i$（或 $z = -2i$），这个方程就有解了。我们可以证明这样定义的复数完全胜任这项任务（其结果也就是所谓的"代数基本定理"，它不是显然的证明却是数学的一大成就。）

虚数这种叫法（与实数形成鲜明对照）显示人类的数学家是费了好大劲儿才甘心接受的，这类数字的"存在"无论如何都让人觉得不那么靠谱，但有几颗勇敢的心明智地聆听了马利神父的教诲——"能求得宽恕要比得到应许还要蒙福"——用了这些数。人们对复数越来熟悉并连续地通过它们取得了成功，复数最终得到了高度的重视。19世纪的数学在很大程度上就是在探索复数在微积分和几何中令人眼花缭乱的应用。

由于在复数里的成功，下面这个过程在20世纪成为一种标准研究模式：引入新的对象，赋予它一组你想要的性质，最后宣布它确实存在。埃米·诺特是推进这种思维方式的主力军。如果柏拉图地下有知，了解到这些发展，看到数学家们已经完全接受了他的哲学并且在理想中找到了快乐，他一定为自己的远见而感到骄傲。

348

（这里我说点儿放纵的题外话，你们就权当念诗好了：理想（ideals），虽然叫这么个名字，但它其实是一种重要的数学对象。或许埃米·诺特在数学上的代表作应该是诺特环的概念，这个成就在深度和意义上都可以和我在正文中颂扬的守恒定律比肩。那么诺特环又是什么呢？这当然是一个环，环中的理想链随着理想膨胀后终止。下面还是言归正传吧。）

描述复数还有一种有效的方法，那就是将它们写成 $z = r\cos\theta + ir\sin\theta$，其中 r 是一个正实数或零而 θ 是一个角，r 被称为复数的大小而 θ 被称为复数的相位。因此无论 (x, y) 或 (r, θ) 都可以作为复数的坐标。

在量子理论中复数无处不在。

复数是上帝使用的数字。

禁闭（Confinement）

量子色动力学（QCD）是关于强力的理论，其基本成分就是夸克和胶子。非常明确的证据表明这个理论是正确的。（《量子之美Ⅲ》一章中对部分证据有所描述。）但是夸克和胶子都没有作为单独的粒子被发现，只发现它们是更为复杂的对象——强子的组分。我们将这种情况说成是夸克和胶子遭到了禁闭。

我们可以想象去尝试着将夸克从质子那里解放出来（也就是"解除禁闭"），要么用镊子慢慢地将质子分开，要么用高能粒子轰炸质子并把它炸碎，将质子分解成其组成的要素。每种尝试都失败了，但失败的方式很有趣，按我的说法，也很美妙。

如果我们试着慢慢来，就会发现有一股不可抗拒的力量将夸克往回拽；如果我们想来点儿干脆的，就会发生喷射。

如果在这个话题上想要了解更多的内容，还是请你们读一读《量子之美Ⅲ》吧，特别是其中的第二部分。

守恒定律/守恒量（Conservation law /Conserved quantity）

如果一个量不随时间而改变，那么我们就说这个量是守恒的；守恒定律就是对某种守恒的量做一个陈述，我们对世界的很多最基本的见解都可以用守恒定律来表达。埃米·诺特证明了一个重要的定理，在守恒定律和对称或不变性之间建立了密切的联系；我在正文中对这个定理进行了很长的详述。

能量守恒、动量守恒、角动量守恒和电荷守恒都是守恒定律，而能量、动量、角动量和电荷就是守恒量。

349

"能量守恒"这个词值得拿出来单独说说，因为这个词在科学上的用法和普通的用法不同。我们常常鼓励节省能源，如在夜里随手关灯，或者关掉温度调节器，或者以步代车。世界真的需要我们帮助它强制执行它的基本法则吗？问题在于，当我们鼓励节省能源的时候，我们其实是在鼓励将能源保持在我们今后可以使用的形式以备有效利用，而不是让它流逝为一种无用的形式（热量）或者有害的形式（化学反应释放的有毒物质）。热力学里的自由能概念多少捕捉到了这个区别；自由能，一般来说是有用的那种能量，并不守恒，也就是我们常说的，它随着时间的流逝被浪费了。

自洽/矛盾（Consistency /Contradiction）

如果一个体系不能用来产生矛盾，那我们就说这个由假设和观察组成的体系是自洽的。如果正说和反说都是正确的，那么矛盾就产生了。

对于脱离具体物理现象的纯推测性的理论观察也不会导致矛盾，这种"矛盾豁免权"让这些理论具有了自洽性，却不能使它们成为好的理论。牛顿在他的《原理》中很强烈地表达了这个观点：

任何现象推导不出来的想法都只能叫作"臆断"，无论它是形而上的还是形而下的，无论它是超自然的还是机械的；臆断在实验科学里是行不通的。

在评价物理理论的时候，我们不仅要考虑自洽性，还有评估它们是否强大、是否简约。如果想要深入了解这一话题，请参考可证伪/强大并简约的（想法）

连续群（Continuous group）

参见群的注释。

连续对称（Continuous symmetry）

如果结构允许发生一组连续的变化而仍然未曾改变或者不变——换言之，如果结构允许发生一系列平稳的变化，那我们就说这个结构具有连续对称，或者这个结构允许一个对称变换的连续群。

举个例子：一个圆可以围绕圆心旋转任意角度，旋转之后仍然还是同样的圆。圆在一系列平稳的旋转之后保持不变。但是一个等边三角形只有当它围绕中心旋转120度的整数倍时才能保持不变，因此，等边三角形允许发生不连续对称而不是连续对称。

另请参考模拟和数字的注释。

坐标（Coordinate）

当我们用一组数字来确定空间中的点时，我们称这些数字为*坐标*。坐标可以把我们

"左脑"中计算和数量的概念和我们"右脑"中形状和形态的概念连接。虽然这里面潜在的心理细节含混不清，但使用坐标的方法毫无疑问地有助于我们大脑不同的模块之间相互沟通，同时利用它们各自的优势各取其利。

了解坐标最简单、最基本的例子就是用实数描述一条直线。要想做到这一点，我们需要三个步骤：

* 在直线上选一个点。（任何一点即可）这个被选中的点称为原点。

* 选中一段长度。（可以选择米、厘米、英寸、英尺、弗隆、光年等作为单位）这个被选定的长度被当作长度单位。为了明确起见，我们选用米作单位。

* 沿着直线选择一个方向。（只有两种可能的选择）被选中的方向称为正向。

现在来确定点 P 的坐标。我们以米为单位测量点 P 至原点的距离，这应该是一个正 350 实数。如果从原点到 P 点的方向为正向，那么这个数即是 P 点的坐标参数。如果原点到 P 点的方向与正向相反，这个数前面必须加上一个减号才能是 P 点的坐标参数。原点的坐标为零。

这样我们便在实数和直线上的点之间形成了一个完美的对应：每个点都只有一个实数坐标，而每个实数都只是一个点的坐标。

用类似的方法，使用一对实数，我们还能确定平面上的点；使用三个一组的实数，我们还能确定三维空间中的点。我们说这些实数是点的坐标，我们也可以使用复数作为坐标来描绘一个平面。事实上，$z = x + \mathrm{i}\,y$ 里含有两个实数 x 和 y ——它们就代表了平面上的一个点——却只用了一个复数 z。

当然，如果我们只有一段直线，我们仍然可以用实数确定线上的点，这样就用不上所有的实数了；对其他维度，结果都是类似的。

我们都用过地图，这个经历告诉我们，通过适当的投影，如何在一个平面上（如平摊的一张纸上）描绘曲面，这样我们就可以用坐标描述曲面上的点了。

坐标的基本概念就是允许变通和推广：

* 我们可以使用更多的数字！虽然很难想象超出三维的空间该是什么样子，但五个一组的坐标，甚至更大的实数组也不会比三个一组的坐标难到哪里去。就这样，更高维度的空间也被我们的智慧征服了。参见"维度"。

* 我们还可以把这个程序颠倒过来！坐标让我们利用实数组描绘几何对象；反过来，我们也可以把实数组想象成空间。在人类对色彩的感知上，虽然红、绿、蓝三个基色是独一无二的，但我们发现任何感知色都可以由这三个基色混合着配出来。红、绿、

蓝的不同强度也可以用三个正实数描述，而各种强度混合在一起就可以对应着不同的感知色。我们可以把这个三元组理解为特征空间的坐标；这个特征空间即是感知色彩的空间。这样的例子比比皆是。建立在色荷基础上的空间是核心理论的中枢。

　　* 我们可以解释弯曲的三维（或多维）空间到底意味着什么！这些概念同样很难直观地想象。但是我们在地图上表现距离的手段，也就是在平面上表现曲面的手段，就可以通过度规代数表达出来，这个方法很容易推广。

　　* 我们还可以定义时空，让时间和空间占据同等的地位！为了做到这一点，我们只需把事件发生的时间和发生的地点放在一起考虑，将时间作为一个额外的坐标。[公元纪年法里其实隐含了负数，公元前5年可以记成公元−5年（−5CE）。]在广义相对论中，我们将这个想法结合了上一个想法定义了弯曲的时空。

　　* 我们还可以使用不同种类的数！复数坐标已被量子理论广泛使用；以格拉斯曼数字为基础的坐标已经使得我们可以去描述前景广大的超对称。

核心理论（Core Theory）

　　书中出现的"核心理论"指的是关于强力、弱力、电磁力和引力最受公认的理论，这个理论体现了量子理论和局域对称（包括广义相对论和局域化的伽利略对称）的基本原理。

　　核心理论不包括引力的子理论时常被称作"标准模型"，但我认为核心理论是更恰当的名字，其中的理由已经在正文中解释清楚了。

　　（在定义核心理论的时候，人们甚至考虑将引力排除在理论之外。这是为什么呢？经常有人说，量子力学和广义相对论之间存在着根本的冲突。有时还有人说，这个冲突可以导致让物理学陷入瘫痪的危机。这两种说法都有些夸大其词，第二种说法更是在有意地误导。比如，天体物理学家就经常在工作中将广义相对论和量子力学结合，但是他们并没有遇到严重的问题。

　　人们可以用一种独特的方式令人信服地将广义相对论纳入核心理论的方程中：就像征服其他力一样，我们使用的原理是一样的——即深刻的局域对称。这时量子理论的规则仍然继续适用。

　　如此定义的核心理论仍然不能令人信服地解释关于黑洞的一些思想实验；当我们推演到宇宙大爆炸的起源时，这样的核心理论方程会出现奇点因而变得无用。所以说，核心理论不是万有理论。多亏了夸克、暗能量和暗物质，我们对它的局限性早就心中有数。但它仍不失为一个有条理的、可以证伪的、强大而且简约的理论。把广义相对论纳

351

入核心理论是完全恰当的，我本人就是这么做的。）

宇宙射线（Cosmic ray）

我们说"看到了"宇宙，也就是看到了星星、星云、星系等，我们其实是在对这些天体降落在地球上的电磁辐射进行采样而已[请参阅（光的）颜色、电磁波谱的注释]。换作量子理论的语言，我们说通过光子看到了宇宙。光子在空旷的空间里自在遨游，我们知道该怎么巧妙地利用透镜还原出它们源的图像。这里的"空旷"指的是不存在普通物质，因为普通物质基本上是那种可以干扰光子的物质，这里有些循环定义，但问题的重点是确实存在这样的区域。正如我在真空的注释里所讲的，从这层意义上说，这样"空旷的"空间即便是"空的"也仍然存有暗能量，也常常会有暗物质出现，还存在一个或多个的希格斯场以及永不停止的自发性量子活动（请参阅量子涨落的注释）。

除了光子以外，天体还经常发射其他粒子：电子、正电子、质子以及各种质量更重的原子核，尤其是铁。其中有些粒子携带着巨大的能量——比大型强子对撞机所能达到的能量都大得多，有些跑向了地球。这些粒子还有携带极高能量的光子，它们（伽马射线）就是我们所说的宇宙射线。受星系磁场的影响，由带电粒子构成的宇宙射线的运行轨迹是弯曲的，因为轨迹受星系磁场的影响会发生偏移。这使得我们很难推断这些宇宙射线的源头。

在高能物理最初的开拓时代，强大的加速器和对撞机还未出现，宇宙射线是高能粒子的最佳来源，一些基本的发现，其中包括发现了正电子、渺子（μ介子）和π介子的存在，都是通过研究宇宙射线获得的成果。暗物质粒子之间近距离的接触可能使这些粒子湮灭成能量喷雾，形成一些有趣的宇宙射线。目前进行的几个实验就是在探寻这样的可能性。

（电）流（Current）

电流是对电荷从一个地点运动到另一个地点的定量描述。单个运动的电子是最简单也是最理想化的电流。我们让电流等于电子的电荷乘以该电子瞬时位置的速度；其他位置的电流则为零。如果电子移动的速度是恒定的，则电流的大小也保持不变，但电流的位置会随着电子而移动。

在存在很多电子和其他带电粒子的情况下，电流总量则是每个粒子分别产生的电流之和（针对所有的粒子都是电荷乘以速度）。在空间的任何一点和任何时间上，我们都可以定义这个基本的、"微观的"电流。换言之，电流是一个矢量场。

在没有运动电荷的空间里这样定义的电流的大小等于零。在实际应用中，如果一个空间区域容纳了很多电子，常常为了便利起见对这个空间区域中的物理量取平均值，这样的平均电流就会随时间和空间平稳地变化。讨论电路或电器内部的电流时，人们会不经意地用上这种平均的做法。 352

同样，其他种类的荷在转移时也会产生流，比如弱力中的两种弱色荷以及强力中的三种强色荷。此外还有关于质量转移的质量流（顾名思义，只需把"荷"换成"质量"），关于能量转移的能量流，如此等等。我们的日常用语中的"流"字最频繁地用于描述水的流动，这说明古人造词的时候考虑到了质量流的概念。

暗能量/暗物质（Dark energy / Dark matter）

核心理论让我们能详细而又深入地理解地球上及其周边基本上所有的物质。这种"正常的"或者说"普通的"物质是由上夸克、下夸克、色胶子、光子和电子组成的，间或穿插着稀稀拉拉的中微子流。天文观测显示，宇宙作为一个整体其实还容纳了其他种类的物质，它们占去了宇宙大部分的质量。这些额外物质究竟有何本质我们目前尚不清楚，但我们可以用一种简单且具有启发性的方式将一些已知的事实整理一下：

* 普通物质大约占宇宙总质量的5%。非常不均匀地以星系的形式分布着（星系还可进一步分解成气体云、恒星和行星），星系被大片几乎没有普通物质的区域隔开。

* 暗物质大约占宇宙总质量的27%。暗物质的密度也不均匀，但程度不及普通物质。天文学家常说，星系被更加弥散的暗物质晕轮包围着。但是从它们的相对质量来看，如果说星系是混杂在暗物质云中浓缩的杂质恐怕更加恰当。暗物质和包括光在内的普通物质之间的相互作用非常微弱，因此按照通常的说法它们并不暗，它们其实是透明的。

* 暗能量大约占宇宙总质量的68%。它的分布很均匀，好像它是一个无处不在的空间本身的质量。有证据表明，这个密度也不随时间而变化，这个常态已经维持了几十亿年了。和暗物质一样，暗能量与普通物质之间的相互作用也很微弱。所以它是透明的，也根本不暗。

暗物质和暗能量，以及它们在空间中的分布，都是从对普通物质的观察中推断而来的。在许多天体物理学和宇宙学的现象中我们发现，如果假设在普通物质之外还存在额外的物质，我们就能够利用已知的物理规律（比如核心理论）解释普通物质的运动。换句话说，如果只考虑其自身重力的作用，我们为普通物质计算出的运动状态并不符合其被观测到的运动。

原则上，这其中的差异可能是广义相对论的一个败笔，但经过许多人的努力尝试，仍没有出现一个值得注意的替代理论（我们把"值得注意"的门槛已经降得很低了）。

另一方面，人们从不同的出发点提出了改进核心理论的想法：一些新形式的物质或许可以解释暗物质的存在。轴子和超对称理论所预言的新型粒子都符合条件：它们都足够稳定，和普通物质之间的相互作用都很微弱。此外，计算结果表明，它们产生于大爆炸期间，在数量上也大致符合要求；同时它们还按照观察到的模式凝聚成团。这些可能性在目前都是实验研究中非常活跃的课题。

爱因斯坦的"宇宙项"、希格斯场相关的能量密度、量子流体的自发活动以及其他一些大致合理的起源都和暗能量的特性吻合，结果很可能是其中的好几个因素都独立地对暗能量有所贡献，有的是正贡献有的是负贡献。对比暗物质的情形，关于暗能量现存的理论观点相当含混而且难以证伪。

在这里值得一提的是现代的暗物质／暗能量问题有两个杰出的历史先例。在牛顿引力论的基础上，经过辛勤的努力，到了 19 世纪中叶，天体力学发现了观察和计算之间的两个细微的差异。其中一个差异与天王星的运动有关，而另一个则与水星的运动相关。天王星的难题就是用一种"暗物质"给解决了，奥本·勒维耶和约翰·柯西·亚当斯都提出，一个新的、迄今未知的行星发出的引力造成了天王星在加速度上的差异；他们的计算预言了这颗新行星的位置。所需的行星就是海王星，它当然适时地被找到了！爱因斯坦的广义相对论替代了牛顿的引力论以后，水星的难题也被解决了。虽然这个新理论提出的原因非常深刻，根本不是为了解决水星的问题，但它对水星运行轨道的预测确实与之前略有不同，这个预测与实际观测相符。

针对暗物质／暗能量问题，有一套充满了"人存"味道的论据。对于这两个问题，论据的结构是相似的：

＊ 我们目前所能观察到的宇宙只是更大的宇宙结构的一部分，这个更大的宇宙有时被称作多重宇宙。（请注意：由于光速是有限的，随着时间的推移，能够观察到的空间范围会不断扩大。）

＊ 在多重宇宙遥远的另一边，物理条件可能极为不同，尤其是暗物质或者暗能量的密度可能有所变化。

＊ 如果在宇宙的某些区域的暗物质或者暗能量的密度与我们所在的这部分宇宙所观察到的密度彻底不同，那么在那部分宇宙里就不会出现智能生命体。

＊ 因此，我们能够观察到的密度必须非常近似我们这边所观察到的数值。

上述第二步和第三步在目前都存有争议，因此这些观点尚属理论性的推测。但是随着我们对基本规律的认识以及我们评估其结果的能力在不断提高，从逻辑上讲，这些观点可能会被普遍接受。到那时，在我看来，这一连串的推论过程将会特别令人叹服。如果真的有那么一天，我们就会发现我们所观察的这个世界的主要特征——也就是暗物质/暗能量的密度——根本不取决于动力学或者对称那样的抽象原理，而是像生物学那样"物竞天择"。

数字（Digital）

如果一个量不能平稳地变化，我们就称这个量为数字量。在关于模拟的注释中对这个概念有更多的解释。

维度（Dimension）

直观地讲，一个维度就是一个可能的运动方向，因此我们说一条直线或者一条曲线有一个维度。一个平面或者一个曲面有两个维度，因为从它上面的任易一点到任易的另一点的运动需要朝两个独立的方向进行；我们既可以称这两个方向为"垂直与水平"，也可以称之为"南北"或"东西"。日常的空间和物体都具有三个维度。

引入坐标后，空间和维度的概念自然而然地变得更灵活了。讨论空间和维度应该参考对坐标的注释。用坐标来描述时，空间的维度就是简单的坐标参数，对于简单、光滑的几何对象，当这个概念和前述的直观想法是一致的。

数学家将这个或多或少有些直观的概念进行了多方面的推广，其中有两个重要的推广：复数维度和分数维度或分形维度。复数维度增加了更多的坐标，而且这些坐标是复数。想想看，如果一个物体包含极其丰富的局部结构并且非常不光滑就会出现分数维度。详见分数维形。近年来物理学家提出了和超对称相关的量子维度的概念；量子维度的坐标用的是格拉斯曼数字。

"维度（dimension）"这个词在科学上还有一种完全不同的用法，这种用法里它的意思是单位或量纲。在这个意义上，面积的量纲就是长度的平方，速度的量纲就是长度除以时间，作用力的量纲就是质量乘以长度再除以时间的平方，如此等等。在本书中，为了避免造成可能发生的混乱，我规避了"维度"的这个用法。

狄拉克方程（Dirac equation）

1928年，保罗·狄拉克提出了一个动力学方程以描述量子力学中电子的行为，这个方程如今被称作"狄拉克方程"。狄拉克方程改进了在此之前薛定谔提出的电子方程，这有点儿像爱因斯坦的方程是对牛顿的方程进行的改进。这两种情况里都是新的方程符合了狭义相对论，而它们所取代的更原始的方程却并不符合。（而且在两个情形中，当物体的运动速度远远低于光速的时候，新方程描述的物体行为都能再现旧的所做出的预测。）

狄拉克方程除了描述电子不同的运动（和自旋）状态，还有一些额外的解。这些解预言了一种质量与电子相同但具有相反电荷的粒子。这种新的粒子被称为反电子，它也叫正电子。正电子在1932年被卡尔·安德森在研究宇宙射线的实验中发现。参见反物质的注释。

只要稍加调整，狄拉克方程不仅能描述电子的行为，还能描述自旋为1/2的包括所有夸克和轻子在内的其他基本粒子的行为，也就是正文提到的构物粒子。如果调整稍微明显一些，这个方程还可以描述自旋为1/2的强子——质子和中子就是其中的成员。

动力学定律/动力学方程（Dynamical law / Dynamical equation）

动力学定律是关于物理量如何随时间变化的定律。动力学定律通过动力学方程来表达。

例如：牛顿的运动第二定律确定了物体的加速度，也就是物体的速度如何随着时间而变化。

它的反面例子是守恒定律：这个定律说某些物理量不随时间变化。

我们的核心理论是动力学方程，但这个理论隐含了几个特殊的物理量遵循守恒定律。

还有一个反面例子：在核心理论中有一些所谓的"自由参数"，这些量出现在方程中，但自由参数的值并不能由一般性原理确定，而是由实验数据确定的；它们被默认为在时间上是恒定的。

可能还有一个与反面例子相反的例子：轴子物理的核心想法就是这些参数中的所谓的"θ参数"遵循一个更大型理论中的动力学方程。在这个更大的理论里，我们发现θ值特别小，这个"巧合"是求解动力学方程的一个后果。人们普遍希望核心理论中其他的自由参数也可以通过求解更强大理论中的动力学方程来确定。参见"初始条件"的注释。

（理论的）经济性（Economy (of ideas)）

如果一个解释或者更广泛的理论不做什么假设就能解释很多东西，那我们就说它是经济的。

虽然这里并不牵扯到产品和服务的交易，但这个概念却没有完全与经济学脱离干系，合理地使用有限资源去创造有价值的产品就是节约地使用了这些资源，二者的道理是相通的。

人们凭直觉愿意选择经济的解释而不是反其道而行之去用很多假设来解释有限的事实和观察结果，这种直觉得到了贝叶斯统计学的支持：如果两种解释都能拟合同样的数据，那么经济的解释更有可能是正确的。

电荷（Electric charge）

在现代物理学中，特别是我们的核心理论中，电荷是物质的基本特性；没人能够用 ³⁵⁵更简单的方式对这个特性加以解释。电荷是离散的（即数字的），它是一种守恒量，对电磁场发生响应。

电荷最简单的体现形式就是它能够产生作用力。根据库仑定律，两个带电的粒子所感受的电作用力与它们电荷量的乘积成正比（与它们之间距离的平方成反比）。当电荷同为正或同为负时，它们之间的作用力是相排斥的；但是如果它们的正负符号是相反的就会互相吸引。因此两个质子之间和两个电子之间的电作用力是相斥的，而电子和质子之间的电作用力是相吸的。

电荷总是质子的电荷量的整数倍。电子和质子携带同等的电荷，但电荷的正负号正好相反。（理论上，夸克携带的电荷是质子的分数倍。但夸克不能单独存在，它只能待在强子里，而强子的电荷量总是质子电荷量的整数倍。）

电场/电流体（Electric field / Electric fluid）

电场值是位于电场某一点的带电粒子感受到的电作用力除以该粒子所携带的电荷量。由于作用力是一个矢量，所以电场就是一个矢量场。

这个概念被广泛地运用在分子生物学、化学、电气工程等诸多领域。但当这个概念运用在基础物理时，由于量子涨落，这个概念是有问题的，因为作用力和位置同时都在波动。如果在时间和空间上取平均，这个概念可以被拯救成一个*近似的*概念。

在基础物理中另外还有一种更有用的方法可以绕开这些问题。我们不坚持所使用的概念在每个阶段都是可观测的，我们确实希望所有可观测的物理量都出现在方程中，但我们可能发现（我们确实发现），除此之外再纳入些其他的东西会更便利（请重点参考重"整化"的注释）。

在这个精神的指引下，我将电流体定义为一种出现在麦克斯韦方程组中充满了空间的动态物质。

"星系间的电场消失了。"我们想想该怎么解读这段话，就会理解区分电场和电流体的必要性。如果我们是根据电场产生的平均电力来定义电场，那么这句话说得是对的（差不多是对的）。但另一方面，如果说这个出现在麦克斯韦方程组中的具有自发运动的量子力学实体随处消失，那这句话就大错特错了。通常的术语并不区分实体本身与其平均值这两个概念，所以从根上就不对。（这个瑕疵似乎并没有对大部分物理学者造成多大的困扰，但确实困扰了我！）我们把实体本身叫作电流体，把它的平均值叫作电场，这样问题就解决了。

（即便如此，在没有混淆的危险时，我偶尔还会用"电场"这个术语同时指代实体和它的平均值。坏习惯总是很顽固。）

请参阅量子"流体"的注释。

电（学）（Electricity）

"电（学）"这个词是一个很广泛的术语，它泛指一切和电荷的行为与作用相关的现象。

电动力学／电磁学（Electrodynamics /Electromagnetism）

这两个术语可以交换着使用，它们的意思都是关于电、磁以及它们之间关系的科学体系。

自法拉第和麦克斯韦之后，人们已经意识到电和磁是息息相关的。根据法拉第定律，磁场随着时间变化就会产生电场；而根据麦克斯韦定律（参见麦克斯韦的添加项），电场随时间变化也能产生磁场。这些定律彼此影响就产生了电磁波，而电磁波里既有电场也有磁场。

从狭义相对论中我们了解到伽利略变换让电场（电流体）和磁场（磁流体）相互转换。

电磁流体／电磁场（Electromagnetic fluid /Electromagnetic field）

由于电流体和磁流体彼此向对方产生巨大的影响，因此把它们两者当作一个统一的整体就变得既方便又恰当。电磁流体就是具有电流体和磁流体两个成分的流体。任何一点的电磁场就是电磁流体在该点的平均值。

356
电磁波谱（Electromagnetic spectrum）

请参照"（光的）色彩"。

电磁波（Electromagnetic wave）

我们将法拉第定律与麦克斯韦定律相结合，通过法拉第定律改变磁场以产生电场，再通过麦克斯韦定律改变电场以产生磁场。这时我们发现，这些场的活动可以自我维持。这种自我维持的活动表现为以光的速度穿过空间的横波，我们管这种波叫电磁波。

麦克斯韦发现这种电磁波可能存在，于是他就计算了这些波的速度。他发现这些波的速度正好与光速吻合，于是他提出光就是由电磁波组成的。直到今天这仍然是我们对光的基本描述。

电磁波谱包含了所有波长的电磁波，可见光只对应了电磁波谱中非常窄的一段。现在我们了解了，不仅是光，还有无线电波、微波、红外线辐射、紫外线辐射、X射线和伽马射线都是不同波长和不同频率的电磁波。

电子（Electron）

电子是普通物质的一个组分。约瑟夫·约翰·汤姆森在1897年首次清晰地确认了电子。

在核心理论中，电子属基本粒子，它们所满足的方程就是它们的定义。

在普通物质中电子携带全部的负电荷。尽管电子只占普通物质质量很小的一部分，但它们却在化学以及材料结构上占据着主导地位。有控制地操纵电子，也就是广义上的电子学，在很大程度上是现代科技文明的基础。

电子流体（Electronfluid）

电子流体是一种弥漫在宇宙里的动态量子流体，或称之为媒介。根据量子理论，也就是我们描述世界的核心理论，电子及其反粒子——反电子或称正电子——都是电子流体中的扰动。按照这个描述，这些粒子很像水的波动：如果不受阻扰它们就可以合在一起移动很长的时间和很长的距离。

每一种基本粒子都对应一个这样的流体。（在物理文献中它们常常被称为"量子场"。）这些弥漫于空间的流体共存于同样的空间——某种流体的存在并不能将其他流体挤出空间。核心理论的动力学方程描述了这些流体之间的相互影响。

正如目前我们在描述物质时所用的许多观点一样，我们现代对电子的理解源自于对电磁场和光的研究。电子流体酷似电磁流体，我们现在将电子看作电子流体最小限度的扰动；电子是电子流体的一个量子，就像光子之于电磁流体。

基本粒子（Elementary particle）

如果一种粒子是基本粒子，那它一定服从某些简单的方程。在核心理论中，夸克、轻子、光子、弱子、色胶子、引力子以及希格斯粒子都是基本粒子。

人们曾经设想甚至希望，质子和中子是基本粒子，但进一步的研究显示，它们并不满足简单的方程；原子和分子同样也不是基本粒子。我们现在明白了，所有这些粒子——质子、中子、原子和分子——都是复合结构，都由更简单的粒子组成。事实上，它们是由核心理论中的基本粒子（也就是上夸克、下夸克、色胶子、电子和光子）组合而成的。

357 椭圆（Ellipse）

椭圆是一种平面几何图形，它看起来像是被拉伸的圆形。通常对椭圆的定义如下：选择A、B两点及距离d，使d大于A与B之间的距离。P为所有具有如下特性的动点的集合，即A与P之间的距离加上B与P之间的距离之和等于d，这样P就会形成一个椭圆。A与B本身并不处在椭圆上，它们被称为椭圆的焦点。

圆形是椭圆的特例，当A和B重合的时候就会出现圆形。当d远远大于A与B之间的距离时，椭圆接近圆形。如果d缩短到只比A、B之间的距离长一点儿，那么椭圆就变成了一个枣核形，将A与B之间的线段紧紧地套在其中。极限的情况就是d与A、B之间的距离相等，那么椭圆就会退化成A、B之间的那条线段。

椭圆有很多形式上看起来非常不一样的定义，但它们在数学上是等价的。我个人最喜欢也是最形象的一种是：在一块橡胶板上画一个圆，然后将橡胶板均匀地朝着某个选定方向拉抻，圆形就变形为椭圆了。什么样的椭圆都可以用这个方法得来。

古希腊的几何学家特别愿意钻研椭圆，因为椭圆看上去很漂亮。几个世纪以后，开普勒潜心钻研第谷·布拉赫的天文观测数据，他发现行星围绕太阳运转的轨迹是椭圆的，太阳是椭圆中的一个焦点。开普勒因为要放弃"完美的"圆形轨迹，他本人刚开始还感到很失望呢，但现在回想起来，这其实是理想变为现实的近乎奇迹般的实例：他的天文发现实现了古希腊几何学的理想。

在开普勒行星运动定律的指引下，牛顿提出了自己的力学理论和引力理论。在牛顿理论的框架下我们发现行星围绕太阳运转的轨迹只是近似椭圆，这些轨迹在其他行星的引力作用下发生了变形。既然这样，那么大美就藏身于动力学规律里，而不是它们的答案中。如想了解这方面更广泛的讨论，请查阅《牛顿之三》。

能量/动能/质能/运动能/势能/场能
（ Energy / Kinetic energy / Mass energy / Energy of motion /Potential energy / Field energy ）

　　能量和动量及角动量一起在经典物理中共为三大守恒量，这三大守恒量也演变成现代物理的三大支柱。

　　实际生活中对能量的讨论将它分成了许多类别，如风能、化学能、热能等；这些类别其实是为能量的基本形式进行了不同的包装而已。即便是基本形式，能量也多种多样。这里我们只从基本形式的角度来讨论能量这个概念。

　　总能量（也就是守恒量）是这些能的总和：动能、质能、势能和场能。这几个不同的能指的是现实的几个方面，从表面上看它们极为不同。在应用中，能量这个概念大部分的威力都是来自于它能描述现实的几个不同的方面并且把它们关联起来。

　　在历史上，动能是首先引起讨论的能量形式，它的重要性最容易被意会。本质上动能是运动，在设计机器时我们常想让东西都运转起来，因为运动的东西才会有动能，动力工程的主要目标常常就是将其他形式的能量转化为动能。

　　在牛顿力学中，粒子的动能在量上等于粒子的质量乘以其速度的平方的一半。爱因斯坦对力学进行了修正以满足狭义相对论，在这个被修正的力学理论中，运动能量和一种新形式的能量连在了一起。这个新能量就叫质能，我们现在就转而说说它。

　　在牛顿力学中有两个不同的守恒定律：质量守恒及能量守恒。狭义相对论要求对质量的概念进行根本的修订，其中必不可少的一步就是放弃质量守恒。能量守恒可以继续保留，但能量被赋予了明显不同的定义。虽然我以前从未见过这样的说法，但如果把质能想成是一种方法，它调和了能量的非相对论性概念和其相对论性的概念，那么质能这个概念出现的理由就再清楚不过了。下面的三个自然段就详细地说说质能。

358

　　对于动量和角动量，从牛顿的概念过渡到相对论的概念之间的通道是平坦的。当所涉及的所有物体的速度远小于光速时，相对论的表达方式和牛顿的表达方式大约是等同的。但另一方面，对于能量，这条平坦的通道却不是完全笔直的，只有当我们在通常牛顿的定义上再加上一个新项这条路才行得通。这个新项就是质能。

　　一个物体的质能等于它的质量乘以光速的平方。如果我们照常用符号 c 代表光速，它所对应的公式就是那个科学上堪称最著名的方程：

$$E_{\text{mass}} = mc^2$$

　　我在方程中加入了一个下角标"mass（质量）"，目的是强调它只是能量的许多形式中的一种。当同时有几个物体存在时，质能的总量就是这几个物体的质能的总和。这样，总质能就等于总质量乘以光速的平方。牛顿力学中"被纠正后的"能量总和，就是传统的能量，也就是你们在课本里看到的（下文也会讲到！）动能加势能，再加上质能。平稳地从相对论力学中过渡而来的正是这个被修正的而不是传统的牛顿力学能量。

　　当总质量守恒时，被修正的牛顿力学的能量和传统的能量之间相差一个常量（两个量都守恒），但被修正的能量应用更广泛，它可用于核反应等质量并不接近守恒的情况。在这些情况中，过程开始时的质能并不等于结束时的质能。既然总的能量是守恒的，那么质能的差异必须以别的形式表现出来。这大概是人们时常谈起的质量转换成能量，或者能量转换成质量；准确地说，应该就是这种转换。在科普文献中，这个概念经常造成误解和困惑。我希望本人在此已经澄清了这个问题。

　　为了精确起见，或者在应用中遇见几个粒子都以接近光速运动的情况，那就必须使用完整的相对论公式来计算运动能，不能人为地将它分解成质能和动能。

　　对于那些能够灵活使用代数的读者，我在此列出计算公式如下：

$$E_{\text{motion}} = \frac{mc^2}{\sqrt{1 - \dfrac{v^2}{c^2}}}$$

　　当速度大大低于光速时，$v \ll c$，运动能量约等于质能 mc^2 和牛顿力学中的动能 $\dfrac{1}{2}mv^2$ 相加之和，这正是我们前面的文字所描述的。随着运动速度逐渐接近光速，运动能会无限制地增长。

　　势能在本质上是位置或者距离的能量。举例说明：如果将一块接近地表的石头举起就会聚积势能；如果再把它扔掉就释放了势能。被扔的石头落下来，它降落的速度会增快，动能也会因此增加。为了让能量守恒，我们必须让势能减少。

　　势能的概念可以推广到很多更一般的情形。当物体向彼此施加力的时候，和相互作用有关的势能是物体之间距离的函数。势能——距离的能量——在以超距作用为基础的理论中，比如牛顿的引力理论，这是一个自然的概念。这些理论在很多应用中仍然很实用，因为它们是一个足够好而又方便实用的近似。但是在基础物理上，由于法拉第和麦克斯韦发起的革命，传导力的场取代了超距作用，场能因而也取代了势能。

　　只要空间有非零的场，这里就聚积有场能。比如，空间某一点电场的场能密度与该点上电场强度的平方成正比。

　　受距离制约的势能被局域定义的场能所替代，这种可能性不仅意义深远而且很优美。想想一个带正电的粒子和一个带负电的粒子之间的势能便可察觉其中的美感，就像我们刚才说到的那块接近地表的石头，这两个粒子之间也存在与他们的距离相关的势能。在法拉第和麦克斯韦的描绘中，这个能量出现的方式却极为不同。正负电荷都会产生电场，而电场的总量则是上述两者的和。电场的能量密度正比于电场强度的平方，所以能量密度不仅包含了每个电场各自强度的平方值，它还是一个交叉项，反映了这些电场同时并存的状态。（如果你们对此想法感到陌生，就回顾一下这个算式：1 + 1 = 2 的平方是 $2 \times 2 = 4$，这个结果并不等于两个 1 的平方相加，也就是 2。两个独立的项相加之和的平方就存在一个附加的贡献值，或者叫作交叉项。我们一般用代数表示即是：$(a + b)^2 = a^2 + b^2 + 2ab$；在这里，$2ab$ 就是交叉项。）出现在电场总强度的能量密度中的交叉项取决于组成这两个场的相对几何，相应地取决于两个粒子之间的相对距离。当所有空间的能量密度相加得出总和再减去交叉项，其结果就是*场能*的总量。你们会发现这些交叉项的贡献正好与旧理论中的*势能*相吻合，因而它们可以代替势能。

　　这个关于场能的例子仅仅是一个不同而且更为复杂的方法，但得出的结果是一样的——都是势能！但是，在对物理更完整的描述中，基本规律都是局域地构造出来的，而且自然而然会给出场能。势能只是一个近似值，它只是一个应急的概念，在解决某些问题上有用，而在解决另外的问题上却显出了不足。

　　诺特的一般定理是理解能量守恒乃至能量本身最佳的途径，诺特定理在守恒定律和对称之间建立了联系。在这个框架里，能量守恒即反映了时间平移下物理定律中的对称（不变性）——即所有事件同时快进（或延迟）一个时间间隔的变换。也就是说，如果物理规律不依赖任何外部指定或固定的时间，能量即是守恒的。

　　在量子的世界里，能量表现出一些额外的特征，难以捕捉又美丽微妙。特别值得一提的是"普朗克 – 爱因斯坦关系式"，它让光子的能量和光子的颜色扯上了关系；再结合玻尔的想法，这个关系就让我们解开了光谱传递的信息。原子光谱的颜色暗含了原子定态时所携的能量，它为我们唱出了一曲看得见的天体乐章。

不相容原理/泡利不相容原理（Exclusion principle / Pauli exclusion principle）

　　泡利不相容原理的最初形式讲的是，不能有两个电子处于完全相同的量子态。这个原理适用于所有的费米子：不能有两个相同的费米子处于同一个量子态。电子，或者一般来说费米子，不愿意在一起做同一件事，这就导致了它们之间有效的相互排斥。这种排斥力是纯粹的量子力学效应，也是对诸如电相互作用力这种传统的作用力的补充。

不相容原理是理解原子的基础，因为这个原理阻止了原子中的电子堆积在原子核周围，尽管原子核具有很强的电引力。外层的电子由于远离原子核，容易受到临近其他原子的影响。这样，不相容原理就打开了化学之门。

可证伪的／有能力的（Falsifiable / Powerful）

360

当一个命题（或理论）能够和经验观测进行比较并因此很可能被推翻时，我们称它是可证伪的。卡尔·波普尔爵士倡导，可证伪性是将科学与其他人类活动区分开来的标准。尽管这个理念确实令人为之一振，但我个人并不认为波普尔的可证伪标准充分反映了科学实践的真实情况，因为我们常常更关心如何让好的主意更立得住而不在意剪除坏的观点。

可证伪性更适合作为一个标准（或标准的一部分）来检验理论的成熟度和效果的丰硕程度，而不是用来检验它们科学与否。在这种情况下，应当把可证伪性和能力放在一起考虑。做出许多成功预测的理论有时也会失误（实用气象学就是例子）；或者理论所做的预测有时候本身就是统计的数据，因而并不容易证伪（譬如量子理论）。这些理论都具有很高的价值，而且无论怎么合理地定义"科学"这个词，这些理论都称得上是科学的。

人们不应该将一个有能力但并不完美的理论简单地说成是错误的，我们宁可说它为改善提高搭建了具有潜力的平台——除非它确实被证明是错误的。牛顿力学（非相对论力学）、经典（非量子）电磁学以及其他次要的理论都已经被证明是错的，但是我们仍然有充分的理由去尊重它们，因为

* 它们仍然具有实用价值，而且它们具有预测能力并且相对简单。
* 取代它们的新理论继承了很多它们的概念结构。
* 作为后来理论的近似，它们依然有生命力，在一些极限的情况下仍然是正确的。

请参考自洽／矛盾／（理论的）经济性的注释。

家族／代（Family）

核心理论中构物粒子——夸克和轻子——有一个奇怪的特点，它们分成三拨，我们把它们说成三个家族。每族有十六个粒子，具有相同的强荷、弱荷及电磁荷模式。

如果我们使用《量子之美Ⅲ》中的几何语言还可以有另外一种说法：每个族都有六个实体占据相同的特征空间。

如正文所述，与弱力有关的一个变换将一个单位的黄弱荷变成了一个单位的紫弱荷，同时将一个（左撇子的）上夸克变成了一个（右撇子的）下夸克。当时我也提到，这样的变换伴有并发症，在这里我就更具体地说说并发症。所谓并发症就是家族的转换会伴随弱色变换，因此，除了 u → d，还会发生 u → s 和 u → b。为了说明发生这些变换相对的可能性，我们需要在核心理论里加入一些额外的数字。例如，相对于第一个转变，卡比波角说明了第二个转变可能的程度。夸克之间还有许多其他转变（如 c → d），如果我们把轻子也考虑在内的话还会有更多的转变。要想在核心理论的范围内将这些变换一一进行描述，我们需要加进大概十几个新的参数，也就那些"混合角"，它们的值已经通过实验测量到了，但至今尚无令人信服的理论来解释为什么它们具有这样的量值。

说实在的，至今也没有一个让人信服的理论解释一下为什么大自然非得把夸克这些基本粒子分成三个家族。

法拉第定律（Faraday's law）

这个定理规定，电场围绕一个曲线环流等于通过该曲线圈定的表面的磁通量变化率的负值。法拉第定律作为麦克斯韦方程组中的一个方程永被传承。

场/流体（Field / Fluid）

介绍场这个概念最好的办法就是举一些例子：

* 在不同的时间从空间中的很多地点采集温度是描述天气很实用的办法。这些温度值的集合就是温度场。

* 描述水流的有效办法就是考虑在不同的时间在空间采集水流的速度。这些速度的集合就是速度场。

* 描述电现象的有效办法是考虑一个带电粒子在不同的时间以及空间中的不同地点究竟受到了什么作用力。将这些力除以电荷的大小就会得出电场。

总之，如果我们在不同的时间和位置上获得了 X 的值，我们就算得到"X 的场"。换言之，X 场得的是 X 的一个时空函数。

在本书中所使用的"流体"这个术语指的是任何一种弥漫于空间的会变动的物体，流体的例子中包括电流体、磁流体、胶子流体和希格斯流体。场和流体在概念上的区别很微妙但绝非不重要，要想对此有更多的了解请你们尤其关注一下电场/电流体的注释。

还可以参考媒介的注释。

361

味（Flavor）

夸克分六种，或者说有六种不同的"味"：按照质量自小而大地排列之后它们分别是上夸克(u)、下夸克(d)、奇夸克(s)、粲夸克(c)、底夸克(b)和顶夸克(t)。每一种夸克都占据着相同的三维色特征空间，（因此）它们的强相互作用都是一样的。u、c 和 t 的电荷等于一个质子电荷的 2/3，d、s 和 b 的电荷等于质子电荷的 1/3。它们关于弱相互作用的行为是不同的而且有些复杂，请参考家族/代的注释。

目前尚不明了为什么会有这么多（或者这么少）夸克类型。在这些夸克中只有上夸克和下夸克在当今的自然界扮演着重要角色，因为它们是质子和中子的组分。

与之类似，轻子的类型也有些多。说起轻子的类型，人们也是在说它们的"味"。

通量（Flux）

矢量场无论其本质如何在数学上都可以被认为代表了诸如空气和水等普通流体的流动。在每一点上，这个数学上想象的流都和该点上实际矢量场的值成正比。根据这个模型，通过表面的通量无非是流体通过表面的速率（至于通量的正、负号，我们马上会说到）。无论这个表面有没有边界，通量这个概念都是有意义的。

如果我们想象一条流动的河流，然后迎着水流画出一个横截面，那么就会有相当的流量通过这个表面。但另一方面，如果相对水流的剖面太小，那么通过这个表面的通量就不明显了。

这时你们该查一查环量了！特别是以前没有关注过环量的话。现在我想补充一个微妙的东西，它涉及这两个概念之间的关系。有了它，你们就可以完全依靠几何概念和图像就对麦克斯韦方程组有一个实实在在的理解。

麦克斯韦方程组中有两个方程式都要求我们考虑被曲线圈定的表面，我们需要拿一种东西围绕曲线流动的环量去比较另一种东西通过这个表面的通量。（在法拉第定律里我们就把电场的环量和磁场的通量联系在一起；在安培－麦克斯韦定律里，我们又把磁场的环量与电流及电场的通量联系在一起。）

为了计算方程所需的环量，我们需要确定围绕曲线流动的方向。当然只有两种可能的选择，不同的方向会反映在环量的正、负号上。为了使麦克斯韦方程组保持不变，不管我们做出哪种选择都需要确保，如果改变了环绕曲线的方向（也就是环量的符号），那么表面的通量符号也得随之改变。

为此，我们使用了一个简单的右手定则：如果右手的四个手指指向曲线的方向，当

流体沿着大拇指的方向流动时我们就把描述流体传输的通量视作正向；反之，通量就是
负向。根据这个定则，如果我们改变了曲线的方向就要同时改变环量的符号和通量的符
号，这样通量和通量之间的关系才能保持不变。

麦克斯韦方程组中的其他两个方程分别是电和磁的高斯定律。对于它们，我们考虑
的是流出一个封闭表面的通量。在这种情况下，如果流体从表面的内部流向外部，我们
就将通量看成是正向的，反之则是负向的。

作用力（Force）

在物理上，同时也在我们的沉思中，"作用力"这个词都有两种不同的用法。

牛顿力学里的力定量描述了一个物体对另一物体施加的影响。一个物体发出的力就
是它对另一个物体产生加速度的能力。请参考加速度的注释。

另外一种用法很常见却不那么准确。我们一说起自然的*力量*就立刻明白那是大自然
的运行机制。在核心理论中我们确定大自然有四种基础作用力：引力、电磁力、强力和
弱力。现在我们常把它们说成是相互作用而不是力（如电磁相互作用、强相互作用等）。
我一直都坚持使用"力"这个词，因为这个词显得更有力度。

传力粒子（Force particle）

"传力粒子"是一个非正式的用语，我用它来统称核心理论里叫"玻色子"的基本
粒子：即光子、弱子、色胶子、引力子和希格斯粒子。这样对非专业读者会更友好些，
让人立刻能大致了解这些粒子在大自然中所起的作用。

分形（Fractals）

分形是一种在所有尺度上都有结构的几何对象。如果将一个复杂的分形图像放大，
放大它的细节，你们会发现每一处细节都和原来完整的图形一样复杂——事实上，在很
多分形中，被放大的部分就是和完整的图形一模一样！

分形分多种大小和形状。并没有一个单一的而且严格的定义适用于所有被人们说
成"分形"的物体；相反，对于"分形"可举的有趣的例子却多得像一个巨大的动物园，
这些例子体现了一个宽泛的概念：无法穷尽的内部结构。

由于分形的细部和整体同样复杂，因此"分析与综合"的方法——微积分便失去
了作用。这时建立在递归和自相似基础上的各种想法就都亮相了。（我就暂且说到这里，
尽管这些想法相当吸引人，但和我们的主题并没有密切的关系。）

通过简单的规则和繁多的步骤就可以构建出非常复杂的分形。这个过程非常适合由

计算机完成，然后通过图像展示出来，它让人们产生了很多令人炫目的图像也成全了很多新形式的视觉艺术。

频率（Frequency）

如果有一个过程在时间上不断自我重复，其周期就是两次重复之间的时间长度，它的频率就是用数字1除以周期，相当于周期的倒数。因此，频率高就是一个过程非常频繁地重复自己。频率用每秒分之多少来衡量。频率的单位也被称为"赫兹"，之所以这样命名是为了纪念电磁辐射的发现者海因里希·赫兹。

频率的例子很多：如果一个过程每2秒重复一次，那这个过程的频率就是1/2赫兹；如果一个过程一秒钟重复两次——也就是每半秒钟重复一次——那么它的频率就是2赫兹。健康的年青人可以听见频率在20~20000赫兹的空气振动，即声波。人眼能感知频率在4×10^{14}和8×10^{14}赫兹之间的电磁波——电磁波的振动速率相当快啊！

函数（Function）

当某个量随时间而变化，我们就称这个量为时间函数。一般来说，如果X的任意值都可以确定一个对应的Y值，那么我们称Y这个量是另外那个量X的函数。我们将被X确定的Y写成$Y(X)$。

有关函数的例子：

* 波士顿的气温是一个时间函数。

363　　* 更普遍地说，地表温度是一个时间和地标位置的函数。也就是说，它是一个时空函数。

还请参考场的注释。

伽利略变换/伽利略对称/伽利略不变性
(Galilean transformation /Galilean symmetry / Galilean invariance)

伽利略变换是指我们做这样的变换：想象给系统每一部分的运动中加上或减去一个匀速。正如正文中所引述的，伽利略描述了一个美妙的思想实验，由此似乎证实了伽利略变换不会改变物理规律：如果你们身处一艘轮船甲板下的一个封闭的隔舱里，根据你们在船舱里的体验，在风平浪静的时候你们根本分辨不出轮船航行的速度。物理规律不随伽利略变换而改变或这些规律具有伽利略对称，这个假设是狭义相对论的一个支柱。请参考递升的注释。

规范粒子（Gauge particle）

为了实现局域（规范）对称就必须引入一些适当的流体，而它们的属性正好符合局域对称。正是因为这个原因，核心理论里引入了引力、强力、弱力和电磁力的流体，这些流体的最小单位也就是量子——分别是引力子、强子、弱子和光子——它们都被称为规范粒子。这个词虽然有些平淡，却揭示了一个深刻而又美妙的事实：这些粒子不但传递着大自然的基本作用力而且体现了对称。

规范对称（Gauge symmetry）

"局域对称"这个术语的另一种叫法。

高斯定律（Gauss's law）

实际上存在两个高斯定律，而且它们在形式上极为相似。

电场的高斯电场定律，即电的高斯定律，指出通过任何封闭表面的电场通量等于该表面所围住的电荷量。

磁场的高斯磁场定律，也叫磁的高斯定律，它指出通过任何封闭表面的*磁场*通量等于零。我们也可以说这个通量等于该表面所容纳的磁荷量，但没人能在自然界找到磁荷。

这两个高斯定律现在作为麦克斯韦方程组中的两个方程永被传承。

广义协变（General covariance）

最初爱因斯坦称局域伽利略对称为"广义协变"，它是广义相对论的基本原理。

广义相对论（General relativity）

广义相对论就是爱因斯坦的引力论。

说到广义相对论的本质，约翰·惠勒是这样说的：

物质告诉时空怎么弯曲，

时空告诉物质如何运动。

正文已对这句言简意赅的总结做了大量的解释（还有评论）。

广义相对论中的"广义"是爱因斯坦的发明，对应了他早前提出的狭义相对论中的"狭义"。我们在沉思的时候，用另外一套更加系统的语言说明了这个关系；我们在描述引力以外的作用力时也使用了同样的语言。狭义相对论所考虑的是伽利略变换而广义相对论所考虑的则是更加广义的变换，即在时空中不同的地方使用不同的伽利略变换。用我们的语言说，广义相对论的基础是局域对称，而狭义相对论的基础是非局域的对称，或者（更好的说法）是刚性对称。

测地线（Geodesic）

在一个曲面上可能根本不存在直线，但测地线就是最接近直线的替代品。*测地线*的特点是它提供了任意邻近两点间的最短路径。我们必须局限于"邻近的"点，因为在相距较远的两点间长途漫步，测地线就可能成环状而接近它的初始部分；在很长的轨迹上即便有更短的路可以走也称不上是捷径。

364

打个比方：球体上的测地线就是穿过球心的平面切割球面所得的大圆弧。如此说来，赤道就是一个大圆弧，也是地球上的一条测地线，所有的经线都是测地线。极地附近的飞机航线就接近于测地线，这样可以节省燃油。

这样定义的测地线绝不局限于曲面，我们还可以在更高维度的弯曲空间里找到测地线，如果对距离的定义恰当的话，我们还可以在时空中找到测地线。

胶子/色胶子（Gluon / Color gluon）

胶子是胶子流体最小的单位，也就是胶子流体的量子。

胶子流体/胶子场（Gluon fluid / Gluon field）

胶子流体是一种弥漫在空间里的动态实体，它是强力的媒介。某一点的*胶子场*是胶子流体在该点产生影响的强度的平均值。平均的范围是该点附近的一个小的体积空间和小的时间间隔。

石墨烯（Graphene）

石墨烯是完全由碳组成的化学物质。在石墨烯中碳原子形成一张二维的薄膜，其中碳核呈蜂窝状排列。石墨烯具有卓越的机械和电子性能。

格拉斯曼数字（Grassmann number）

这些数字满足反对称乘法的条件，即 $xy = -yx$。

在超对称中格拉斯曼数字是量子维度的坐标。

引力子（Graviton）

引力子是引力流体产生扰动的最小单位，即引力流体的量子；它还被称为度规流体。引力子对于引力相当于光子之于电磁力。按照预测，单个引力子和普通物质之间的相互作用极其微弱；如果把引力子作为单独的对象进行观察，能探测到它们的可能性非常小。可能的探测目标——引力波，就是由大量的引力子组成的。

引力（Gravity）

就其在基本粒子中的表现来看，引力在核心理论的四种作用力中最微弱。其他三种作用力都有正、负荷，而且当很多粒子聚集在一起时，常常会正负抵消。引力则不然，它主要对能量产生响应而且不会抵消；当许多粒子聚集在一起时，引力相反会获得更强的力量。在天体力学中，引力是主导力。

在大多数情况下引力在两个物体之间产生吸引力。就这点而言，暗能量则是一个例外。关于这个话题，我在尾注里推荐了两个参考读物，它们为你们提供了更多的内容。在这里我只是简单地描述一下暗能量对整个宇宙的过去、现在和未来产生的三个影响：

* 目前，在我们的周围，大致包括我们的星系及其邻近区域，普通物质加上暗物质的引力完全压制了暗能量的引力效应；这个邻近范围遍及银河系以及比银河系略远的天际。然而从宇宙的尺度来看，普通物质和暗物质的分布并不均匀，而暗能量尽管在我们周围分布密度低很多却很均匀，而且无处不在，它们的影响会积累起来。由于这个原因，暗能量的引力作为实质上的排斥力在整体上主宰着宇宙的进化过程。人们曾经期望，由于引力的吸引宇宙膨胀的速度可能会慢下来，但这个速度实际上却在加快。

* 用今天的宇宙理论对遥远的未来做一个简单的推断就不难知道几千亿年之后银河系就会和仙女座星系也许还有几个附近的矮星系合并，然后形成一个孤岛星系，而宇宙里其他的普通物质（和暗物质）到那时都会扩散走，走得既远又快以致让"人"无法观察，因为光的速度是有限的。

当然，考虑到科学家对宇宙的观点每隔一段时间就会改变，而这个时间尺度相对于宇宙不知短多少，因此上述的推断很大胆。从发现宇宙膨胀至今还不到一百年呢！

* 宇宙大爆炸至今大约有一百三十亿年了，大部分时间里，普通物质和暗物质的引力就一直压制着暗能量效应，甚至在全宇宙的范围都是如此。只是在过去的二十亿年左右的时间里，由于这些物质被宇宙膨胀所稀释，而暗能量的密度一直没变，后者占据了主宰地位。然而我们有充分的理由怀疑，在很久很久以前的宇宙的最早期，事物非常不一样，暗能量主宰着一切，它的斥力在一段时期导致了快速的宇宙膨胀。

牛顿的引力论是人类思想史上划时代的重大事件，它以几个精确表达的数学原理为基础，准确描述了天体运动的诸多方面，它为科学的精确性和远大抱负设立了新的标准。然而，到了20世纪初，牛顿的理论被爱因斯坦的广义相对论所取代，而后者至今仍然是科学的根基。

变换群/连续群/李群
[Group (of transformations) /Continuous group / Lie group]

对于某个结构存在一些变换，它们会让结构的各个部分发生移动，但作为整体的这个结构却没有变，或保持不变。这些单个的变换的集合就是对称变换，或叫结构的对称。仔细考虑这些变换非常有用。这种对称变换的集合就叫变换群。

变换群分好多种，比如，有些群允许连续变换，而有些群的变换是离散的。（请参照连续对称）但是所有的变换群都共同拥有几个重要的特征：

＊ 我们可以先完成一个对称变换，然后再完成另一个，从而将两个对称变换结合起来。

＊ 这种联合的变换仍然不会改变我们的结构，这样就定义了一个新的对称变换。

＊ 每一个对称的操作都有一个对应的逆向变换，或（通常被称为）反变换。如果最初的变换将 X 变成了 X'，那么它的反变换就是将 X' 变成 X。

＊ 如果我们将一个变换和它的反变换结合（颠来倒去都可以），根据第一条规则，结果就是数学上平庸的恒等变换，这种变换将每个 X 都"变"成了它自己。

挪威数学家索菲斯·李从19世纪末开始对变换群进行了一系列深入的研究，他所研究的变换群容许平稳的变化，这样可以使用微积分的方法来进行研究。为了纪念他，这些平稳的对称群就被称作李群。圆环、球以及这些形状在更高维的推广，其对称群就是李群。组成这些对称群的所有变换就是围绕所有可能的轴线旋转所有可能的角度以及这些旋转所有可能的组合。

那些旋转群以及其他李群在现代量子物理里有很多重要的应用，其中最值得一提的是，以各种荷为基础的特征空间的对称群是李群，它们是核心理论中强力、弱力和电磁力的基石。我们在尝试用更大的对称群去统一那些作用力，它们也都是李群。请参考局域对称的注释。

强子（Hadron）

由于受到强力作用，夸克、反夸克以及胶子可以结合成各种各样小物体，强子就是这种小型物体的通用术语。质子和中子就是典型的强子，原子核也是强子。所有其他已知的强子都高度地不稳定，它们的寿命只有几纳秒（几个 10^{-9} 秒）或更短。

在夸克模型的框架里用半定量的方法可以理解大多数强子。（如有必要请参考定量

化的注释。）根据夸克模型，强子分为两大类：重子和介子。重子（质子和中子也在这
一类别）是包含三个夸克的束缚态，而介子是包含一个夸克和一个反夸克的束缚态（还
有反重子，由三个反夸克组成。请参考反物质）。这其实只给出了两种强子的骨骼结构，
基于量子色动力学（QCD）的更准确的描述，强子还有血有肉，即有胶子和额外的正反
夸克。

人们普遍预测，还有些强子完全不符合夸克模型的体型图，比如"胶团"，里面的
胶子支配着夸克和反夸克；对这个领域的研究尚在进行中。

请参考"量子色动力学（QCD）"的注释。你们还可以参阅《量子之美Ⅱ》中的第
二节，那段文字对此有过更深入的讨论。

和谐（Harmony）

音乐中如果不同的声调合在一起很好听，那我们就说这些声调很和谐，或者说音乐
很和谐。这种心理现象的起源在心理学上至今难以理解：正文大致勾勒了一个备选的理
论。以毕达哥拉斯为榜样，我们常想把音乐的和谐扩大到更广泛的概念上——万事要搭
配合理。

希格斯场/希格斯流体（Higgs field / Higgs fluid）

希格斯流体是一种弥漫于空间的动态实体，它出现在核心理论的方程中。*希格斯场*
是希格斯流体对其他粒子施加影响的平均强度。请参考流体/场和电场/电流体。也可以
参考《量子之美Ⅲ》的第三节，那里有对这个题目更广泛的论述。

希格斯粒子/希格斯玻色子（Higgs particle / Higgs boson）

这两个术语是可以互换使用的，它们都指的是希格斯流体的最小单位，也就是希格
斯流体的量子。

请参考希格斯场/希格斯流体以及《量子之美Ⅲ》的第三节中更多的论述。

希格斯机制（Higgs mechanism）

我们特别想用那些漂亮的具有局域对称的方程来描述弱力，但是在真空中那些方程
给出的弱力流体的量子——弱子——是质量为零的粒子，就像光子一样。其实弱子的质
量比光子要大出几十倍呢。

希格斯机制允许我们在保留这些漂亮方程的同时尊重事实。希格斯机制的主旨是空
间弥漫着一种场——希格斯场——这种场在纠正粒子的表现，否则粒子的表现则是另外

一番景象。

根据*希格斯机制*，我们生活在一个弱荷流的超导体中。

请参考"希格斯场／希格斯流体"、"希格斯粒子／希格斯玻色子"以及《量子之美Ⅲ》的第三节中更多的论述。

超荷（Hypercharge）

核心理论中每个实体内部的平均电荷被称为超荷。（这些实体的定义可在《量子之美Ⅲ》的第四节中查找。）

弱力、超荷和电磁之间存在一种复杂的关系，我在正文中将这层关系掩饰掉了，因为如果要将它解释清楚，你就得读上好几页干巴巴的说明文，而且这样的说明对我要阐述的主题一点儿忙都帮不上。我在尾注里推荐了两份参考资料，对这个话题感兴趣的人可以从中获得更多的信息。

无穷小（Infinitesimal）

在语言上，"无穷小"是"无穷尽地小"的简写。

如今在数学和物理上我们用极限法来定义诸如速度和加速度这样的变量。因此，为了确定一个粒子的速度，我们要考虑粒子在很短的时间内 Δt 发生的位移 Δx，计算位移和时间的比率 $\Delta x / \Delta t$，最后找到时间间隔 Δt 越变越小时这个比率的极限值。根据定义，这个极限值就是速度。

在微积分的早期，那些先辈们并没有坚实的基础或清楚的概念，他们都是依赖直觉和猜测。莱布尼兹更是如此，他不取用极限，只是考虑在 δt 时间上的一个"无限小的"变化 δt，和与之相对应的位移 δx，然后求这两个*无穷小*的比率。 但是无论莱布尼茨本人还是他的信徒们都没有把这个想法说得更严格，这个想法因此被弃置了好几十年，人们也几乎将它遗忘了，直到20世纪数学家们才表示这个想法可以通过几种方式变得严谨起来。

无穷小的概念和投影几何中的无穷远点的概念有一种神似，虽然它们分别将我们指向相反的方向！ 在上述两种情况里，我们用已实现的目标来替换取极限的过程。

无穷小提供了一种实现理想的新方式，它虽然在描述物理世界方面尚未发挥重要的作用，但它本身就是一个美妙的想法，也理应担当描述世界的重任。

初始条件（Initial conditions）

按照目前的理解，物理的基本规律就是动力学方程。也就是说，这些基本规律将世界在某个时刻的状态与它在其他时刻的状态联系起来，但这些规律并没有告诉我们该将哪里假设为我们的起点，因此我们必须提供初始条件的信息才能开始描述世界。

（光的）强度 [Intensity (of light)]

光的强度这个概念是亮度的感知度的精确版。光束入射到一个表面的强度就是光束在单位时间内以及单位面积上带给这个表面多少能量。这个定义允许我们将强度这个概念推广到电磁谱所有的段位，列如无线电波、红外线、紫外线和 X 射线。

不变量（Invariance）

如果我们在进行一个变换的时候让某种事物保持不变，那么我们就说这个事物是这个变换下的不变量。

举例说明：

*   如果你们将所有的物体朝着相同的方向移动相同的距离，那么物体和物体之间的距离就是不变量。（平移下距离的不变性）

*   如果让圆围绕圆心旋转，那么圆形就是一个不变量。（旋转下圆的不变量）

*   如果你们匀速移动，那么光束前行的速度是不变量，所以我们说光速在伽利略变换或递升下是一个不变量。伽利略变换其实就是通过改变观景平台的移动速度来变换观察世界的角度。

上述的第三个例子生动地描述了爱因斯坦狭义相对论中所做的假设。

同位素（Isotope）

具有相同质子数和不同中子数的原子核就被说成同位素。同位素的原子核具有相同的电荷量，这导致它们在化学上的表现几乎一样，尽管它们在质量上显然是不同的。

（粒子）喷注（Jet (of particles)）

在现代高能加速器里，比如著名的大型强子对撞机中，人们经常在对撞产生物中观测到高能强子会沿差不多同一个方向运动并形成很多束流。这种束流被称作喷注。

喷注有一个了不起的解释，是量子色动力学（QCD）和渐近自由的推论，下文便是这个解释：由于主要涉及强力，我们可以直接用夸克、反夸克和胶子来描述对撞最初的那一"炸"。但是随着这些粒子从最初的火球里进出，它们开始和量子色动力学中无时不在也无处不在的量子流体的自发活动——即量子涨落或虚粒子——达成平衡。在这个过程中接二连三地产生一大群强子。由于动量和能量都是守恒的，这一群群的强子就承袭了发射它们的夸克、反夸克和胶子的性质。比如，在这种情况下，一个高能的夸克会产生一群强子，这一群强子作为一个整体朝着夸克动量的方向移动并瓜分夸克的能量——这就是一个喷注！由于它们不能作为自由粒子独立存在，我们可以说观测喷注其实是在窥见夸克、反夸克和胶子的真身。这种说法不能算是一种曲解（请参考禁闭）。

大型强子对撞机（Large Hadron Collider）

大型强子对撞机位于日内瓦附近的欧洲核子研究中心实验室。这个项目的主要目的就是探测粒子在更高的能量下，也就是更小的距离上和更短的时间里，发生的基本过程。

实现这一过程的步骤是：质子经过加速后获得非常高的动能而且被分成两道很窄的束流。质子束被储存在一个巨大的地下环形隧道里，环形隧道总长27千米，两个质子束在强大的磁体引导下在隧道里分别朝相反的方向环流。（环形隧道必须足够长，磁体也必须足够强大，因为很难让如此高能的质子不做直线运动而产生偏向！）让质子束们在几个观测点发生交叉，反向运动的高能质子发生亲密接触就会导致"对撞"。对撞在非常小的空间聚焦了巨大的能量，这样可以再造大爆炸最初瞬间出现过的极端条件。巨大而复杂的"探测器"——这些长宽高都有几十米的仪器里塞满了尖端的电子器件——会从对撞的残留物中提取物理信息，再经训练有素的科学家团队借助遍布世界的强大的计算机网络对信息进行分析。

大型强子对撞机是对我们人类文明的伟大贡献，其价值甚至超过了埃及的金字塔、古罗马高架渠、中国的万里长城和欧洲的大教堂；它和上述的古迹并肩成为人类集体力量与科技成就的丰碑。

2012年7月，在大型强子对撞机工作的科学家们宣布发现了希格斯玻色子，要想对此事件进行更多的了解，请参阅《量子之美Ⅲ》的第三节。大型强子对撞机未来会达到更高的能量，将对《量子之美Ⅳ》中所描述的有关统一作用力和超对称等更吸引人的想法进行测试。

轻子（Lepton）

电子e和中微子Ve，连同它们的亲戚渺子 μ 及其中微子 $\nu\mu$、陶子 τ 及其中微子 $\nu\tau$ 合在一起统称为轻子。轻子的反粒子就是*反轻子*。

力线（Line of force）

在一块磁铁的作用下，撒在纸上的铁屑就会形成很多曲线，曲线从磁铁的一极伸向另一极，就像图20显示的那样。这个美妙的现象连同其他类似的现象启发了法拉第，使他想到这些线是事先独立存在的；它们只是被铁屑揭示出来的，而不是被铁屑制造出来的现象。这些直觉引导他在实验室获得了更多的新发现，这些发现后来被麦克斯韦发展成了精确的数学概念。现代物理里弥漫于空间的流体就是从这些想法中派生而来的，它们作为对世界基本认识的一个模型取代了超距力。

局域对称（Local symmetry）

我们说一个对称是局域的就是它允许在不同的地点和不同的时间进行独立的变换。

局域对称连同量子理论并称为核心理论的基础；核心理论描述了四种作用力，概括了我们对大自然基本规律现有的认识。同时，局域对称和超对称（在量子理论的框架内）共同为统一和改进核心理论这个诱人的尝试提供了基础。关于这一点，《量子之美Ⅳ》中有所论述。

局域对称之于传统（也就是刚性）对称就像变形艺术之于传统艺术中的透视。

局域对称是我们沉思中的主要关注点，主导着我们后半部分的沉思。

磁/磁场/磁流体（Magnetism / Magnetic field / Magnetic fluid）

"磁"是一个广义的术语，用来指各种和电流、磁性物质相关的现象，比如电流间的相互作用力。电流和一些具有特殊磁性的物质间发生相互作用，磁性物质常常和铁矿石有关，用来制造众所周知且用途广泛的"磁铁"，譬如指南针上的磁针和冰箱贴背面的磁块。

至于如何准确地定义磁场，在技术上关于这个话题的讨论大致和电场/电流体相似，但在细节上却要复杂得多，也需要特别注意。我在尾注里推荐了两个很容易找到的参考资料，它们可以帮助你们找到有关这个话题更多的资讯。

369

质量（Mass）

质量的科学含义总是随着时间在不断演化，这个词目前有几种使用方式，这几种方式虽然密切相关却并不完全一致。在这里我只讲述其中三种最重要的用法：

1. 牛顿力学中出现的质量是对这个概念最早的而且也是相当精确而又科学的使用。其中，质量被视作物质的一个基本特性，永远不可以被创造也不可以被毁灭，甚至不可以用更加简单的东西加以解释。质量可以定量描述一个物体的惯性或者对于加速度产生的阻力。除非受到外界施加的极大影响（作用力），大质量的物体倾向保持常速。质量的这个概念在牛顿运动第二定律中变成了一个量：一个物体的加速度等于作用于该物体的力除以它本身的质量。牛顿的质量概念至今仍然用得很广，也仍然叫"质量"，因为牛顿力学虽然不完美，但通常是个很好的近似，而且比更准确的相对论力学易于使用。

2. 爱因斯坦对力学进行了修正，使力学符合了狭义相对论，因此质量也变成了另外一个概念。在相对论力学中，质量变成了单个粒子的性质，当粒子之间产生相互作用时就可能产生或者毁掉某质量。在相对论中，质量可以度量一个粒子贡献了多少质能并管控这个粒子的运动能量。质量是粒子的一个性质，但对于整个世界，它并不是一个被严格定义（守恒）的性质。

核心理论中的每一个基本粒子都具有明确的质量，有人可能认为发生对撞前粒子的质量总和应该等于对撞之后粒子的质量总和，但事实远非如此。在高能的电子与正电子的对撞中，人们往往发现对撞后粒子的总质量要比对撞前的总质量大出几十万倍之多。

在相对论力学中守恒的不是质量而是能量。我尝试用一条顺口溜来总结相对论力学中质量和能量的状态：

粒子有质量而世界有能量。

3. 在宇宙学里，人们常说宇宙的质量含有不同的成分：普通物质（5%）、暗物质（27%）和暗能量（68%）。如此使用"质量"这个词其实很不严谨。（尤其是暗能量无论按照牛顿的概念还是爱因斯坦的感念，暗能量都不具备质量。）但这样的用法无论在科学文献里还是在通俗文学中都相当普遍，我们只好听之任之。"质量"真正的含义是下文：运用广义相对论，我们可以将宇宙膨胀率随时间而变化的速率（粗略地说就是加速度）和宇宙中能量的平均密度联系在一起。我们将能量的平均密度除以光速的平方，得到了一种具有质量密度单位的东西。上面文字里的百分数是各种组分分摊那种"东西"的相对含量。

因为质量并不守恒，所以我们希望从根本上能够用更简单的东西对它进行解释。事实上，量子色动力学（QCD）能漂亮地解释普通物质中大部分质量的起源。质子最重要的组成部分——上、下夸克和色胶子——具备的质量都远小于质子，因此质子的质量必须还有其他的来源。

了解质子质量的起源关键的一步是正确理解质子是什么。那么质子是什么呢？在现代基本原理看来，质子是夸克和胶子流体的一种稳定的、局域的扰动模式。这样的模式可以运动，伽利略变换让我们确信情况确实如此。如果我们从远处观察（相对于这个模

式大小的"远处"），它就会看起来像一个粒子。胶子场能和这种扰动有关，它同时也 370
和被禁闭的夸克的运动能量有关。如果我们将一种稳定扰动的能量称为 ε，我们就将粒
子的质量解释为 ε / c^2，即质子的质量，那也就是咱们自身绝大多数质量的起源。这就是
"没有物质的质量"（一种能量的化身）。

麦克斯韦方程组（Maxwell's equations）

麦克斯韦方程组有四个方程，这组方程表达了电场、磁场以及空间电荷和电流分布
之间的关系。在正文和尾注中对此都有更多的论述。

请参考安培定律 / 安培 – 麦克斯韦定律 / 法拉第定律和高斯定律，这些定义对四个
方程式做了分别的解释。

麦克斯韦添加项 / 麦克斯韦定律（Maxwell term / Maxwell's law）

电场和磁场的动力学规律曾经不一致，为了调和这个矛盾，麦克斯韦提出必须增加
一种效应。这个新的效应就是电场随时间发生的变化会诱发（即产生）磁场；我本人将
这个效应称为"麦克斯韦定律"。这是和法拉第定律对偶的效应，法拉第定律规定，磁场
随时间发生的变化会诱发电场。麦克斯韦定律是对通过电流诱发磁场方（安培定律）的补
充。把麦克斯韦添加项放入安培定律之后形成的完整的方程被称为安培 – 麦克斯韦定律。

媒介（Medium / Media）

对于我们来说，*媒介*就是弥漫于空间的东西。

因此*媒介*与流体可以互换使用。细想还是有些区别："流体"意味着一种材料的各个
组成部分可以交换彼此间的位置，就像气流和水流；而"媒介"则意味着某种更有定型的
东西，它可以发生振动却在结构上保持完整，就像玻璃和果冻。根据我们的核心理论，
世界大部分的基本物质都是由媒介或者流体构成的，例如胶子流体和电子流体；但这些
流体和空气、水、玻璃、果冻等任何日常的流体或媒介太不一样了，如果还坚持只用水
和果冻等物作比喻就显得有点儿傻了。

度规 / 度规流体（Metric / Metric fluid）

如果能够说出非常靠近的两点之间的确切距离，那么这个空间就具有一个*度规*。度
规本身就是一种神秘的药水，它可以将一堆点变成具有大小和形状的结构。

作为讨论的出发点，我们先假设已知如何在普通的空间测量邻近两点的间距，好比
说用把小尺子量一量；那么我们使用同样的尺子也可以在任何平缓的曲面测量邻近两点

的间距。只用小尺子的要求以及只考虑邻近两点的限制在这里非常重要，因为如果我们拿一把很长的直尺去测量曲面，那么由于尺子过长就不太适合测量曲面，我们根本不知如何把长尺子放在曲面上。

现在我们考虑在一张普通的纸上画一个地图，用它来代表我们的曲面，地球表面。我们肯定可以这么做，而且办法还很多，仅仅在两组点之间——地图中的点和地面上的点——建立一种对应即可。我们把布拉格画在这里，把新德里画在那里，诸如此类，唯一需要小心的是现实中两个相邻的地方在地图上也必须是邻近的两点。画地图发挥的余地很大，我们在地图册里也能看到同一个区域可以有不同形式的地图。

如果不做进一步的规定，地图根本不能告诉我们它上面两个点之间对应的现实距离到底有多大。地图之外还需要度规，度规就是提供这个信息的。说得再精确一点，度规是地图上位置的函数——即它为地图上的每一个点分配了"一件东西"或者说一个量值。在每个点上，度规的值就是这么一个小工具，它能告诉从某个点出发朝着任意一个方向，你需要用哪种刻度的小尺子去测量出邻近两点的间隔。这样，你们在地图上测量的邻近点间距离和它们所代表的实际地面上的邻近点间距相同。

371

我们已经看到了一个平面（地图）是怎么变成了具有大小和形状的曲面，那就可以在这个想法之上再发挥创造力，或者在这个主题之上再玩点儿变化。为了让度规在物理中发挥重要作用我们要做两件事：

首先，我们要转移注意力。测量曲面所面临的问题导致我们引入了度量的概念；我们现在关注度规这个概念本身。任何小工具如果可以告诉我们小尺子的刻度，我们都可以管它叫度规，不管这小工具是否代表一个曲面。[在采取这一步骤时，我们其实在沿着波恩哈德·黎曼（1826—1866）的足迹，黎氏将他的老师卡尔·高斯（1777—1855）的成果进行推广。]换句话说，我们让度规这个概念自己具有了生命力。

在第二个步骤里，我们要增加一些维度。除了在一张平铺的纸上，我们显然可以在三维空间里所有的点加上使用这个规定比例的小工具。再进一步地发挥这个想法，我们用坐标的方法来表示三维的空间和与时间组合在一起的四维时空，然后给它添加一个度规。就这样，我们找到了一个非常灵活的办法来描画，或者说定义我们所说的弯曲的三维空间或者弯曲的时空。这是一种"明显正确"的方式，它只是把我们在平面上非常直觉的方法进行了推广。

关于度规的数学概念就说到这里吧。它就是一种概念性的小工具，弥漫于空间（或时空）而形成一个概念性的场；其他的场包括电场、磁场以及水的速度场。在这些例子中，我们发现场是现实中极为重要的元素。这些场受到物质的影响，伴随着动力学方程所谱写的乐章起舞，又反过来影响了物质的表现。可以说它们是实际存在的，虽然这样说未免有些轻率，但却不失公允。爱因斯坦在广义相对论中就假设时空的度规是一个物理实体，和其他的实体一样拥有自己的生命力。我们称这种实体为度规流体；以它在广义相对论中所起的作用而论，它也叫引力流体。

本条目描述的"度规"概念可以在各种不同的应用中变通和推广，其共同之处在于它们都在处理某种距离时发挥所长。上述的度量只是目前在物理上最有用的一种并且出现在我们的沉思中。

并不是所有的空间都具有明显的距离概念。或者换句话说，某个空间可能看上去有好几种不同的定义距离的方式。在这种情况下，我们要么不用度规，要么尝试几种不同的、互补的、可能的定义。在这方面，色觉的三维空间就是一个很有意思的例子。

是否有可能用一种精确和量化的方式定义不同感知色之间的距离呢？一些很严肃的思想者已经和这个问题进行过角力，特别是埃尔文·薛定谔（他因薛定谔方程名传遐迩）。这些思想者给出了几个不同的答案，每个答案都具有内在的一致性，但至今没有一个被证明非常有用，也没有一个明显地优于其他的答案。

微波/微波背景辐射（Microwave / Microwave Background Radiation）

波长大约介于一毫米到一米之间的电磁波就是所谓的*微波辐射*。

在宇宙的早期，宇宙中的物质特别热并且稠密，以至于原子根本不能结合在一起。由质子、氦原子核和电子组成的等离子白热发光，宇宙光芒流溢。随着宇宙膨胀而变冷，原子终于可以结合在一起了，结果突然间光线和其他形式的电磁辐射可以穿透宇宙了，直到今天仍然如此。这些无处不在的光继续随宇宙膨胀在宇宙中蔓延，它们的波长被拉得更长。如今，这种光大多数都落入了电磁波谱中的微波范畴，这种光已经变成了微波背景辐射。

1964年，阿诺·彭齐亚斯和罗伯特·威尔逊通过实验发现了微波背景辐射，这个发现从此激发了更多深入的研究。基于它的起源，微波背景辐射向我们提供了关于极早期宇宙状况的干净信息。

动量（Momentum）

动量连同能量和角动量并称经典物理的三大守恒量。这三大守恒量都分别演化为现代物理的支柱。

一个物体的动量是衡量其运动速度的一种度量。如果用数量来表示，动量等于物体的质量乘以其运动速度。（这是非相对论式的动量，用在小速度上很准确。狭义相对论引出了一个与之相关但更为复杂的公式。）

动量具有方向，同样也具有大小，因此它是一个矢量。

一些物体组成的一个系统的动量是这些物体各自的动量之和。

在很多不同的情况下动量都是守恒的。要理解其中的成因最好的途径是诺特一般定理，因为诺特定理将守恒定律与对称联系在一起。在诺特定理的框架下，动量的守恒体现了物理规律在空间平移下——也就是说让一个系统中所有的东西发生共同的位移——的对称性（即不变性）。换言之，这个系统遵守的规律如果不依赖任何外部指定的以及固定的位置，我们就有动量守恒。

动量在量子世界仍然是一个有效的概念并且呈现出一些非常微妙而又美丽的特征。

突变子（Mutatron）

在将强力和弱力进行统一的理论中存在着一些粒子，它们诱导强色和弱色之间发生变换，我们（更确切地说是我本人）将这些假设的粒子称为突变子。

纳米管（Nanotube）

纳米管是一类分子，是完全由碳制成的。顾名思义，纳米管是管状的，可以无限长。纳米管分不同的尺寸和形状，具有卓越的机械性能和电气性能。比如，有些类型的纳米管在纵向拉伸的时候非常牢固，用这类纳米管制成的纤维会非常轻，但比钢铁还要牢固。

请参阅《量子之美Ⅱ》，那个章节对这个话题进行了大量的论述而且图文并茂。

固有频率／共振频率（Natural frequency／Resonant frequency）

许多物体，特别是坚硬的物体，振动的时候都倾向于几种特殊的振动模式，这些模式被称为振动的固有模式。在每一种固有模式中，物体都要经历一个形状变化的周期；这个周期每隔一段固定的时间就会重复一次。这段时间间隔叫作模式的周期，如果用1除以这个周期就是模式的频率了。一个物体固有模式的频率就叫作固有频率。由于物体在空气中振动时产生声波，我们能听到的物体固有频率就是它们发出来的纯音。

举例说明：

* 音叉被设计成不同的长短粗细就是为了发出不同的听得见的单一固有频率。

* 锣通常就有几种固有频率，铃铛也是如此。当锣或铃铛被敲响而发生振颤时，根据被敲打的部位和敲打的方式，我们可以听到几种不同音调组合在一起。这是因为如果部位不同或者用力不同等于设置了不同的初始条件，从而激发了相对各异的固有模式。

物体的固有频率也被称为共振频率。

在声音和乐器上发生的现象与在原子和光上发生的现象有密切的相似之处，乐器的固有模式类似于原子的定态，乐器所有的音调也类似于一个原子的频谱。这些相似之处不仅仅是个比喻，它们也反映在描述这两类系统的数学方程里，这两种方程很相似。原子的频谱就是一首非常真实生动的天体乐章。

自然数（Natural number）

1、2、3……这些数字都是数数的时候自然形成的，因此就叫自然数；这些数字也是毕达哥拉斯最认可的数字。自然数形成了一串离散的序列，与之形成对比的是实数。

中微子（Neutrino）

三种带电的轻子——电子 e、渺子 μ 和陶子 τ（或简单地称 τ 子）——其中的每一个都伴随一个中微子。这些中微子的符号是 ν^e、ν^μ、ν^τ，它们都是不带电的粒子。左手性的中微子携带一个单位的黄色弱荷，但并不携带任何强色荷，也不带电荷。因此中微子只参与弱力，而并不参与电磁力和强力。这导致中微子和普通物质之间的相互作用极其微弱。这里举个引人注目的例子：弱跃迁让照耀我们的太阳产生能量，在这个过程中发射出的中微子以每秒钟650亿个的规模均匀地通过地球上每平方厘米的面积，但我们一般感觉不到这些中微子带来的影响，需要非常精密的探测器才能探测到这些中微子流。

计算的结果显示，在宇宙大爆炸的过程中产生了相当大数量的中微子，它们形成的宇宙气体到现在都探测不到，其原因就是中微子的相互作用特别微弱。中微子一度被认为是提供暗物质的备选对象，但这个想法最终无以为继，原因很简单：我们现在知道，它们的质量太轻，根本做不到。

还有许多中微子的有趣现象。我在尾注里推荐了两份很容易找到的参考资料，你们可以就这个话题从中找到更多的资讯。

中子（Neutron）

中子和质子都是原子核的组成部分。中子不带电，重量和质子相同。普通物质大部分的质量都来自质子和中子。中子曾经被认为是最基本的基本粒子，但如今我们都知道它还是相当复杂的，它由更基本的夸克和胶子构成。

普通物质（Normal matter）

普通物质是我为了方便起见所使用的一个术语，用来指由夸克、色胶子、电子和光子构成的物质。在地球上乃至于地球周围，物质的主要形式都是普通物质。咱们自己也是这些物质构成的；我们在化学、生物学、材料科学、各种各样的工程学以及几乎全部的天体物理学中所研究的也是这些物质。注意区分普通物质和暗能量、暗物质。

核子（Nucleon）

核子指的是构成原子核的粒子。核子就意味着"质子或者中子"。

原子核（Nucleus）

每个原子都有一个非常小的核心，或称为原子核。原子核容纳了原子所有的正电荷以及几乎全部的质量。如《量子之美 III》所述，对原子核的研究揭示了自然界还存在着两种新的作用力：强力和弱力；这项研究在整个20世纪的进程中引导我们发现了了不起的核心理论。

轨迹 / 轨道（Orbit / Orbital）

人们通过行星绕太阳旋转的轨迹以及人造卫星围绕地球旋转的轨迹已经普遍理解了轨迹的概念，在这里无须特殊说明了。轨迹基本上是物体随着时间的推移所占据位置的序列，这个序列形成一条曲线。

374

在量子物理和化学中使用的轨道是一个定态的波函数。当我们说量子"占据了一条轨道"时，这意味着电子的状态可以用与这条轨道相关的波函数描述。"轨道"这个词本身就残留着玻尔原子模型的痕迹；玻尔模型中的定态与经典物理中的一些特定轨迹有关。

振荡（Oscillation）

如果一个物体经历多次循环，即相同行为每隔一个固定的时间间隔就会发生重复，我们称这种现象为*振荡*。在音乐里拨动琴弦和敲击音叉就是振荡的典型例子。

宇称 / 宇称变换 / 宇称破缺 / 手性
（Parity / Parity transformation / Parity violation / Handedness）

我们在数学上和物理定律的数学表达上很多时候是"右撇子"（或"左撇子"，但这种情况要罕见得多）。

在多数情况下，"右手定则"仅仅只是约定俗成，也可以使用左手定则，不过那样就意味着要对事物重新命名。举个例子：就拿绕轴的旋转来说吧，我们为它在空间指定一个方向，如果一个物体围绕着轴旋转，我们可以使用右手定则为轴指定一个方向，步骤如下：首先将旋转的物体想象成一位冰上的舞者，她旋转的轴线是从头到脚的一条直线。这条线在空间有一个取向，这样就几乎基本确定了方向，但要完全确定我们还需做这最后一步：必须在上、下之间做选择。惯用的右手定则就是要冲破这种模棱两可的局面，这个定则规定，如果滑冰者旋转时带动了右手移到了腹部的位置，那我们就选择向上的方向——即从脚到头的方向；如果旋转带动她的右手移到了后背，我们就选择向下的方向。显然，如果我们把右手换成左手，那么定则中的上、下方向也要同时调换，由此产生的"左手定则"是完全相同的意义。

这里再举两个例子说明使用右手定则的方法：

* 钟表指针的运动就相当于指针围绕着一个垂直于表盘的轴旋转。如果你俯视表盘，然后将右手定则用于"顺时针"旋转，这时轴的方向是朝下的。

* 为了把一颗标准的螺丝钉拧到位，我们也需要让它围绕着自己的轴线旋转，如果我们俯视螺丝钉，就必须按顺时针方向才能把螺丝钉拧紧。这样做之所以可行是因为标准的"正确的"螺丝钉的螺纹走向和刚才讲的"右手定则"是一致的；另一类螺丝钉是"错误的"，符合左手定则。

但无论哪种情况，我们同样可以用左手替换右手，所描述的还是同样的情况。我们只需要在定义上互换左右、"顺时针"和"逆时针"以及"正确的"和"错误的"。

你们在物理课本里同样会发现很多地方都用右手定则解释如何计算磁场的方向以及磁场产生的作用力。如果你们把右手换成左手，与此同时把左手定则得到方向的反向定义为磁场方向，那么物理规律就不会发生任何改变。

1956年以前物理学家都相信，物理学中出现的"左撇子"或"右撇子"不过是惯例而已——也就是说，为了方便起见对如何界定事物所达成的共识。惯例非常有用，也非常重要。比如，惯例让螺丝钉制造商统一切割螺丝钉上的凹槽。但是惯例并不是基本原理，人们可以就不同的惯例达成共识！

这个设想还有一种表达方式正好顺应了深度思考基本原理的潮流，那就是对称。一组方程具有宇称对称，或者在*宇称变换*下保持不变，前提是你们可以在进行左右互换并适当地改变定义后不改变方程组的内容。

[这是一个有些技术性但好玩儿的练习：在这里还需要把"左右互换"讲得更清楚 375

一些，因为左和右是空间中物体的属性（比如人的双手），如果我们仅仅将左手全都变成右手（或者将所有的左旋螺丝钉都改成右旋的，等等）而不对空间本身做出改变，那么这样被变换的对象不可能继续匹配！最简单的方法是选取一个点 O 作为原点，也是参照点，相对 O 点将所有其他的点变换到其自身的对映点，也就是从 O 点的角度看，任何一点 P 挪到了正好与之相反的位置。]

当我们进行宇称变换时，所有的点都变换成自己的对映点，矢量也会自然地改变方向。下面这个例子是一个不错的练习，可以锻炼想象力：从 A 到 B 的矢量方向和从 $-A$ 到 $-B$ 的矢量方向是相反的。

关于这个想法让我们做个好玩儿了的练习：用右手的大拇指、食指和中指分别指向三个互为垂直的方向，左手也是如此，然后将手指排列起来，让相对应的一对手指正好指向相反的方向。通过这个练习，宇称变换就变得具体化了：手指现在代表六个方向，如果将三个方向全部反转，左右手就互换了！

1956 年，李政道和杨振宁对一些令人困惑的实验结果进行分析之后提出，虽然物理中出现的大部分"手性"不过是惯例，其中包括总是把每届学生都搞糊涂的磁性的右手定则，但弱力中的"手性"却与众不同，左右之间确实存在区别。换句话说，他们提出宇称对称并不完全准确。更短而精的说法是，他们提出了宇称破缺。他们的提议很快被实验证实了，这个突破使我们更好地理解了弱力。

如今我们公认宇称破缺是弱力的一个关键特征，也是阐述这一部分核心理论至关重要的元素。弱力确实让左右之间产生了明显的区别，不会被巧妙的数学定义一笔勾销！

为了将这个区别陈述得恰当而清晰，我们就不得不提到粒子的手性。一个运动的带自旋的粒子有两个相关的方向：自旋的方向（其定义在前文已经给出）和速度的方向。在定义自旋方向时我们用的是右手定则，如果按照这个方法确定的自旋方向正好和速度的方向相同，我们称这个粒子为右手粒子。与之相反，如果粒子自旋的方向和速度的方向相反，那它就是一个左手粒子。

做了上述准备之后我们就可以说说弱力是怎么破坏宇称的：左手夸克、左手轻子以及右手反夸克和反轻子都参与弱力，但手性相反的粒子，比如右手夸克，却不参与弱力。

我在轴向矢量那条注释里承诺过，会在解释宇称时补充说一说这个术语的定义。上文云云，我们明白了矢量表示从一个位置到另一个位置，它会随着宇称变换而改变方向。以这种方式变换的矢量就叫自然矢量或者极向量，但不是所有的矢量都是这样的！当我们进行一次宇称变换时，定义中涉及右手定则的矢量会变换两次方向：发生第一次变向的原因是因为它们是矢量；第二次的原因是针对被变换的整个系统而言定义矢量的规则"错了"（右手定则变成了左手定则）。如果我们进行一次宇称变换而矢量的方向不变，这样的矢量就叫非固有矢量，也叫轴向矢量。物理中的磁场就是一个轴向矢量场。

周期/周期的（Period / Periodic）

周期的过程就是一个不断重复的过程。这个词通常指的是时间上的重复，虽然在科学文献里也常将这个词用在空间上的重复。一个过程在时间上的周期就是两次重复之间的时间间隔。你们还可以参考对频率的注释。

元素周期表（Periodic table）

376

化学元素的周期表就是将一系列化学元素按照元素的信息进行的几何排列；具有相似化学性质的元素被放在同一列里，随着原子数和原子重量的增加自上而下地排列；而在每一行中，随着原子数和原子重量的增加从左到右地排列。在最简单的元素周期表中，原子数每增加一个数，其在周期表中的位置就会向右挪一个位置。如果一个元素处在一行中最右的位置，那么原子数递增到下一个的元素就会出现在下一行最左的位置。（还存在许多变异的元素，最常见的周期表会把稀土类元素和锕类元素单拿出来组成单独的元素分表。）量子力学从理论上将元素周期表解释为薛定谔方程在应用中的一个实例。元素周期表也为理想 → 真实的这个过程提供了极好的范例。

薛定谔方程解释元素周期表时，角动量的量子理论和泡利不相容原理发挥了主导性的作用。

光子/普朗克–爱因斯坦关系式（Photon / Planck–Einstein relation）

光子是电磁流体最小的扰动。

在经典物理中，根据麦克斯韦方程组，一个电磁波的能量可以任意小。但在量子理论中情况就不是这样了，此时的能量单位是离散的，也就是量子。由于这些单位不能再细分了，因此它们具有一种完整性让我们觉得很像粒子，有些时候将它们想象成粒子也很有益处。在这层意义上，光子就是光的粒子。

（量子力学对于光子的描述并不完全符合经典物理中波的概念，也不符合经典的粒子概念。那些概念都来源于我们日常体验中的大型物件，凭什么非要让它们来描述陌生的极小型物体呢！它们也确实不能胜任这个工作。波和粒子的描绘都很有用，但都不能单独地将实相描绘得真实。请参考互补性。）

对于光谱中的某个纯色，一个光子的能量与该颜色的电磁波频率之间存在着一个简单的定量关系。早在20世纪初普朗克和爱因斯坦就提出了这个关系，它现在被称作"普朗克－爱因斯坦关系式"。普朗克－爱因斯坦关系式至今仍然被使用，而且没有被实质性地修改。它还是一项非常重要的应用依据，这项应用乃是我们沉思的核心并帮助我们寻找问题的答案。

这个关系式是这样的：光子中的能量等于该光子所代表的光的频率乘以普朗克常数。

我们是这样使用它的：当原子释放或吸收一个光子后会在两个定态之间转换。由于在这个过程中能量是守恒的，光子的能量就会与两个定态之间的能量差有关。这样原子的频谱就隐藏了该原子所有可能定态的能量信息。

如想更多地了解这种令人不可思议的联系，请参考光谱。

普朗克常数/约化普朗克常数

马克斯·普朗克（1858—1947）在1900年研究电磁流体如何同热气体形成平衡时发现，必须假设物质与电磁波之间的能量转换不能是任意小的，而只能是按照量子化单位一份一份地进行，这使得他假定能量交换的单位与光的频率成正比，这个比例常数出现在普朗克－爱因斯坦关系式里，它就是人所周知的普朗克常数。

377

爱因斯坦则提出，普朗克－爱因斯坦关系式也适用于电磁流体本身，而不仅仅用于电磁流体与原子之间的能量交换。玻尔在他的原子模型中也提出了确定氢原子中电子定态的规则，其中也必须用普朗克常数。玻尔的规则成功地说明了氢原子的光谱，这使得普朗克常数不仅可以描述光，还可以描述物质。

在现代量子理论中普朗克常数无处不在，它也出现在对粒子自旋的描述里。如自旋那条注释所述，很多种类的粒子，如电子、质子、中微子和中子都只有"1/2的自旋"，说明这些粒子有自发性的旋转运动；在这个运动的量化描述中就有*普朗克常数*的身影。具体地说，这个旋转运动的角动量等于约化普朗克常数的一半，而约化普朗克常数就是普朗克常数除以2π。

柏拉图多面体/柏拉图面（Platonic solid / Platonic surface）

柏拉图多面体就是一个多面体，它的每个面都是一个相同正多边形，而且所有面在顶点相会的方式相同。准确地说，柏拉图多面体只有（有限的）五种：四面体、八面体、十二面体、立方体和二十面体。正文对它们均有大量的描述。

欧几里得的《几何原本》一书的最后高潮就是给出了这些固体的数学构造以及证明了正多面体只有这几种形式。

柏拉图多面体的各面在很多时候比起它们所围起来的多面体更为根本。我个人将这些面称作"柏拉图面"。

几百年以来，柏拉图多面体一直让数学家、科学家和神秘主义者倾慕不已。

无穷远点 / 灭点（Point at infinity /Vanishing point）

如果我们垂直地站在一个平面上，观察平面上的两条平行线朝着远离我们的方向延伸，就会看到这两条线在接近地平线时似乎会交于一点。如果我们想象着将我们眼睛所见的情景绘制成图，或者用几何的方法在画布上画出这两条线的投影图，我们会很自然地在它们相交之处添上一个极限点作为图像的一个要素。这个点就是无穷远点，也叫灭点。我们在正文中已经对这一构造的含义进行了描绘、放大和思考。

多边形 / 正多边形（Polygon / Regular polygon）

在一个平面上用线段连接一系列点闭合成一个环路，这样组成的形状就叫多边形，三角形和矩形是最常见的多边形。多边形的点，也就是各两边相交处，叫作顶点。

正多边形就是各边长度都相等的多边形，各边在顶点相交所形成的角度也相等。等边三角形就是具有三个边的正多边形；正方形就是具有四个边的正多边形，依此类推。

多面体（Polyhedron）

多面体就是三维的立体，由多边形的平面组成，各面相接处呈直线边，平面各边相交处是一个明确的棱。

正电子（Positron）

正电子是"反电子"的另一个叫法，它是电子的反粒子。

压力（Pressure）

当我们讨论连续媒介（与此对立的是粒子）的作用力时这个概念就会冒出来。这个连续体的每个部分都会通过它们中间的隔离面向周围其他部分发力。（这些隔离面在这里是一种观念，无须是物质的隔离材料。）在这种情况下，压力就被定义为单位面积上的力。

概率云（Probability cloud）

在经典力学中，空间中的粒子在相应的时间都占据一定的位置。在量子力学中，对粒子的描述则皆为不同；粒子并不在相应的时间占据一定的位置，而是被指定了一片概率云，这片云散布在整个空间。概率云的形状可以随时改变，但在一些重要的实例中它

378

并不会改变。（请参考稳定态。）

　　顾名思义，我们可以把概率云想象成一个扩展的物体，在每一点上的密度都不是负数——它不是正数就是零。在某一点上概率云的密度表示在该点找到粒子的相对概率，因此概率云密度高的地方找到粒子的概率就高，而密度低的地方找到的概率就低。

　　量子力学没有直接给出概率云的方程，但可以通过波函数的平方值计算出概率云。波函数符合薛定谔方程。请参考波函数和薛定谔方程。

投影（Projection）

　　这个词在数学和物理上的运用都非常灵活，在不同的分支学科里其明确的技术性定义也不止一个，而是有好几个。无论如何，投影就是将一个空间映射到另一个空间，而第一个空间的信息则以一种新的形式呈现在第二个空间。在这个过程中有些信息经常（但也不总是）丢失。我在本书的几处与*投影*密切相关的地方都很通俗地使用了这个词，并没有管这样的使用是否在技术上精确：

　　＊　在柏拉图洞穴的比喻中投射的阴影。阴影所展现的物体是二维的而且没有色彩，其中大部分的信息都已经丢失了。

　　＊　在视觉上我们的眼睛产生的投影。三维世界的信息被视网膜接收就变成了二维的。人眼这个镜头（在视力完好的情况下）可以把从物体上一个点发出的所有的光都聚焦在视网膜一个很小的区域里，这样将有用的空间信息予以保留，最后产生图像。

　　我们在《麦克斯韦之二》这一章里大量地讨论过，在我们称为光的电磁信号输入时，其所携带的信息要比人眼提取的信息多得多。

　　人类的视觉就是一种投影，它把无穷维的光谱强度空间映射到三维*感觉*色空间，撇除了偏振的信息。

　　＊　各种几何投影：通过将从球心与多面体的各面连线向外延伸，可以把柏拉图多面体的面投影到一个外接球；几何上准确的绘画里，三维物体投射到了画布上（这就是艺术激发的透视学）；地图就是将某些地形或整个地表投射在一张平铺的纸上。

　　＊　颜色特征空间中的颜色投影。三维颜色特征空间的坐标即红、绿、蓝（R、G、B）三色的浓度，如果我们去掉一个坐标B，就将这个三维空间投射成了一个二维特征空间。

投影几何/透视（Projective geometry /Perspective）

　　投影几何是数学上的一大分支，不仅涉及的范围广，还与艺术上对*透视*的研究密切相关。我们从不同的视角（或者说从不同角度）观察一件物体时获取了不同的图像，投影几何所关注的焦点就是要理解这些图像之间的关系。这些图像有哪些共同之处呢？怎么能用其中一个图像的信息去构造其他的图像呢？投影几何解决的就是这类问题。投影几何为我们提供了一种诱人的方法来实现具有深意的思想，如变换、对称、不变性、相对性和互补性等。正文对此都一一进行了解释。

特征空间（Property space）

我们从人类的色觉发现，只要将红、绿、蓝三原色按照独特的比例混合就可以调配 379 出任何感觉色。红、绿、蓝三色不同的强度分别用三个实数表示，每一组实数对应了不同的感觉色。我们可以将这三元一组的实数解读为一个三维的特征空间的坐标；这个特征空间即是感觉色的空间。

类似的例子还有很多，我们用数字来对特征进行编码，将数集当作坐标来定义一个特征空间。以色荷为基础的特征空间在核心理论中发挥了核心的作用。

质子（Proton）

质子和中子共为构成原子核的基本成分。质子具有和电子相反的电荷，质量却大约是电子的两千倍。普通物质的质量大部分来源于物质当中的质子和中子。质子曾一度被认为是基本粒子，但我们今天都知道，质子是更为复杂的东西，它是由更为基本的夸克和胶子构成的。

毕达哥拉斯定理（Pythagorean theorem）

毕达哥拉斯定理（勾股定理）是早期在几何上的一个惊人发现。这个定理表明，直角三角形的两条短边的平方之和等于斜边（最长边）的平方。就这个概念，正文中附有大量的文章和图片。

定性的/定量的（Qualitative / Quantitative）

如果一个概念或一个理论、对一件事物的理解或测量要通过数字来表达，那么它就是定量的，否则就是定性的。在一个定量的描述中使用的"数字"可以是自然数、实数、复数或者其他类型的数字，根据不同的应用选择不同的数字。

我们也讨论半定量的概念、理论、领会和测量，那是因为在表达这些事物时虽然使用了数字，但并不需要完全精准或一致。所以，不同的实践者虽然使用同一个半定量的物理理论却经常会得出不同的预测，就看他们对理论中模糊的细节如何进行补缺了。

"定性"这个词也可以作强调之用，比如：当我们说一个概念或者一种现象在质上是全新的，我们的意思是它并不是详述或者强化以前的知识，而是说它和以前在根本上不同，所以前后两者不能在量上进行比较。例如，量子理论中的波函数和被它取代的经典物理中的轨迹在定性上是不同的。

量子化（Quantization）

这个词在使用上具有三个不同的含义：一般含义、一种密切相关的特殊含义、无非一个专业术语。

一般含义：当我们把一个连续的量投影成或者表示为一个不连续的量时，我们说将这个量。换句话说，量子化的过程就是将一个模拟的量用数字表示。就这个含义而言，量子化在现代工程学和信息处理领域是很常见的事情，因为数字量比模拟量更容易传达也更容易保持准确。（如想了解得更透彻，请你们参考模拟／数字的注释。）除了几个内行人才知道的例外，现代的计算机只处理数字信息，所以在读取诸如光强度这样的模拟信号之前先要将这些信号量子化。

量子力学的一个重要的成果就是按照上述含义将很多在经典物理中连续的量量子化了。（这属于大自然的作为，也可以说是巨匠天工的作为。人类的工程技术人员可做不来这件事！）

举几个例说明：

* 电磁波中的能量（请参考光子）。

* 原子中的能量。根据经典力学，带负电的电子围绕带正电的质子旋转从而产生出很多略有不同的轨迹，允许能量形成一个连续的范围。在量子力学中，这些不同的轨道是不连续的，也就是量子化的，因此被允许的能量范围也是不连续的。请参考"定态"和"（原子、分子等的）光谱"的注释，以及《量子之美Ⅰ》中的论述。

380

* 通常的基本粒子。请参考量子（物质的单位）。

专业术语：将量子力学应用于一个物理体系的过程常被物理学家称作对这个系统进行"量子化"。这个词在这里的用法与前者具有显著的差异，很容易造成混淆。专业人士在自己的圈子里说话时可以安全地使用这个词，但我在本书中却避免这样使用这一术语。

* 译者注：在中文中，几乎没有人按第一种"泛泛"的含义使用"量子化"。对第一种情况，中文里用"数字化"（digitization）。

量子（物质的单位）[Quantum (unit of matter) /Quanta]

根据核心理论，通常被我们称为基本粒子的东西是量子流体的扰动，所以光子就是电磁流体的扰动，电子就是电子流体的扰动，胶子就是胶子流体的扰动，希格斯粒子就是希格斯流体的扰动，依此类推。如果我们用经典物理的规则来看待这些流体的运动就会发现它们的能量就得有一个连续的渐变，但如果我们根据量子理论的规则看待这些运动，我们就会发现这些扰动都有一个不可约化的单位——它们就是我们说的基本粒子！

请特别关注光子的注释以便更多地了解电磁场的量子，也就是普朗克和爱因斯坦当初提出的光量子。

量子色动力学（Quantum chromodynamics QCD）

量子色动力学（QCD）是有关强力的核心理论。

量子色动力学为我们带来了描绘自然的很多新的想法，其中包括了夸克、色荷、渐近自由、夸克禁闭和喷注等。

量子色动力学在其作用领域内回答了我们那句带有启发性的发问：世间万物是否是妙想的附体？它的答案是清晰而又肯定的：是的。因为在特征空间强色荷独特而又丰富的环境里，QCD就体现了局部对称极美的本质。

量子维度（Quantum dimension）

坐标为格拉斯曼数字的维度叫量子维度。量子维度是超对称（SUSY）的灵魂所在。

量子点（Quantum dot）

物理学家正在发展一种非常精密的技术来"雕刻出"一种非常小的材料结构，这种结构的每一个侧面都只有几个原子的尺寸。这种结构（因为尺寸小）就被称为量子点。实际上量子点就是定制的分子。

量子电动力学[Quantum electrodynamics(QED)]

量子电动力学（QED）就是电磁力的核心理论。

量子电动力学的基础是麦克斯韦方程组，它们的形式没有改变，但按照量子理论的规则被解释。因此，电磁流体的扰动便成了不连续的单位或者量子——光子——而且流体有自发的运动——量子涨落。

正如保罗·狄拉克所言，QED为"所有的化学和大部分的物理"提供了完整而稳固的基础。

量子涨落/虚粒子/真空极化/零点运动（Quantum fluctuation /Virtual particle / Vacuum polarization / Zero-point motion）

量子流体的理论是我们最深切地理解大自然的基础，它让我们领悟到该用一种新的方式看待粒子。粒子是在量子流体中最小的扰动，也就是量子。因此，光子是电磁流体的量子，电子是电子流体的量子，依此类推。

然而，正像水除了形成波浪还有许多其他的运动或现象，这些的流体也不只会产生粒子；尤其是这些流体有自发运动：量子涨落。由于自发运动和被我们视为粒子的量子流体扰动密切相关——它们实际上是同一种流体的两个方面！通常的做法是把自发运动看成是虚粒子，这样虚粒子就成了我们和自己玩的一种思维游戏，把运动当作物体，它381 们其实是一种形象化的比喻。

粒子的存在可以影响量子流体的自发运动，反之亦然。因此粒子的性质会由于量子流体的反馈而改变：一个粒子的存在会影响流体的运动，而被改变的流体运动又会反过来影响粒子；这样的反馈环路叫作真空极化。我们可以使用虚粒子的概念为这种影响简单地描绘一幅很好的图像，虚粒子会形成一种气体弥漫在空间，而任何实粒子的性质由于受到气体的冲击会受到影响。

零点运动则是量子流体自发运动的另一种提法。"零点运动"这个词组强调的是"动"或者说是"运动"，甚至在所有的能量源头都被去除以后，也就是说在绝对零温的情况下，这种活动都还存在。

粒子既然是自发运动的流体中的扰动，它们本身也沿承了这种自发性。它们也表现出了零点运动，这种零点运动会给探测微弱效应的实验带来麻烦，比如探测引力波和宇宙的背景，实验只能测量它们对普通物质的作用，当实验仪器振动或者晃动的时候，零点运动就会产生一个背景的"噪声"。这种由基本物理造成的量子噪声并不会随着仪器的降温而消失，也不能被单独地孤立出来，你们能做的只是了解自己前面要碰到什么阻碍并且试着绕开它。

粒子被观察到的行为受到量子涨落的影响发生了真空极化，这是我们深度了解自然运作的核心。渐近自由就是真空极化的一个方面，统一四种基本力的定量计算也依赖于它。《量子之美Ⅲ》和《量子之美Ⅳ》这两个章节围绕这些理念进行了大量的论述。

还可以参考重整化/重整化群。

量子流体/量子场（Quantum fluid /Quantum field）

在量子理论中，流体或场的性质和在量子出现之前我们在经典物理中所遇到的媒介的性质有很大的不同。尤其值得注意是：

* 即便在没有"外因"或外来影响的情况下量子流体也有自发的运动。请参考量子涨落/虚粒子/真空极化/零点运动。

* 量子流体中的扰动或激发都不可能任意小，而是以最小的单位，即量子，一份一份地出现。

量子流体是构建核心理论的基本要素。

量子跃迁/量子跃进（Quantum jump / Quantum leap）

请参考定态的注释，那里这些概念自然就会出现。在这里我只想解释一点，即量子跃进其实只是小小的一步，不高也不远。如果有人自夸说在"思想上发生了量子跃进"，而且此人并非不知所云，那么他只是谦逊地表现自己只取得了一个很小的进展。

量子理论/量子力学（Quantum theory / Quantum mechanics）

20世纪初的一项伟大的发现就是人们意识到用来描述大型物体的物理定律，即牛顿力学和麦克斯韦电磁学，不足以描述原子和原子核，在原子和亚原子的尺度描述物质的形态所需要的不是在已知的基础上进行增补而是要构建一个完全不同的知识框架，很多以前被认为不可或缺的想法，现在都得放弃了。作为一个总体概念，量子理论或量子力学指的就是这个全新的框架，这个框架在20世纪30年代末已经基本就绪了，从此量子理论不断地向我们提出数学上的挑战，促使我们应对挑战的技能大幅度地进步——请参考重整化——通过核心理论我们得以详细地了解自然界主要的作用力，这些都是在量子理论的框架内取得的进步。

可以说很多物理理论都是对物理世界的某个侧面相当具体的陈述。譬如，狭义相对论是一个关于光速不变的原理和伽利略对称的双重表述。核心理论的每个子理论陈述了一个具体的局部对称，及其相关的对称变换是如何作用在时空和物质上的。 382

量子理论并非如此。量子理论并不是某个具体的假设，而是一个紧密交织的思想网络。我并不是说量子理论很含糊——它一点儿不含糊。除了极少数、常常是暂时的特例以外，所有训练有素的量子力学"家"们都会认可使用量子理论解决具体问题的含义。我认为，能够准确地说出在这个过程中具体做了哪些假设的人，即使有也是极少数。

虽然准确的定义难以捕捉，但量子理论描述物理世界的方式在本质上确实非常新颖，我们重点介绍几个，它们非常具有启发性：

　　* 首先，在描述物质时，最基本的对象不再是占据空间某个位置的粒子，也不是要用数字或矢量来填满空间的场（如电场），它是波函数。波函数用复数来描述的物体可能的形态；这些复数被称为振幅。

　　因此，单个粒子的波函数将振幅指派给粒子所有可能的位置，也就是空间中的每个点。一对粒子的波函数则将振幅分配给空间里一对点的位置——或者说一个六维空间里所有的点。一个电场的波函数就浩瀚得令人头晕了，因为每一个可能的电场作为一个整体都被分给了一个振幅，所以以电场的波函数就是一个（矢量）函数的函数！

　　* 针对物理体系所有合理的问题都可以向波函数讨教答案，但问答之间的关系却并没有那么简单直白。无论是波函数提出问题的方式还是它给的答案，虽说不上怪异，但都有些出乎人意料的特征。

　　说得具体一些，让我们先考虑一下单个粒子这种相对简单的情况。（此处是正文内容部分的摘要。）为了能提出问题，我们就要进行一些具体的实验，用不同的方式来探测波函数。比如我们可以用实验测量粒子的位置，或者通过实验测量粒子的动量。这些实验试图回答如下的问题：粒子在哪儿？它移动得有多快？

　　波函数怎么回答这些问题呢？它先要进行一番处理，然后说出一些概率。

　　对于位置这个问题，处理相当简单。我们取一个波函数的值或者叫振幅——想起来了吧，那是一个复数——然后取这个数大小的平方。这样，在每个可能的位置我们都会得出一个正数或者零。这个数组就是在那个位置可能发现粒子的概率。（严格地说，这是概率密度，但为了简单起见，我们就叫它概率吧。）

　　关于动量的问题，处理的过程就非常复杂了。为了找到观察到某个动量的概率，你们必须对波函数先进行加权平均——确切的做加权平均办法依赖于要测哪个动量——然后计算那个平均值的平方。

　　这里注意三个要点：

　　* 只能得到概率，而不是确定的答案。

　　* 无法直接看到波函数，只能瞟一眼它被处理过的样子。

　　* 回答不同的问题可能需要用不同的方式处理波函数。

　　上述的每一个要点都引起了很大的争论：

　　第一个争论就是决定论的问题。我们最好的理论真的只能计算概率吗？

　　第二个争议是多重世界的问题。我们没有窥见的那个完整的波函数又说了些什么呢？波函数是否代表了实相巨大的膨胀？抑或它仅仅是个思维工具，和梦一样不真实？

第三个争议是互补性的问题。回答不同的问题可能需要对波函数进行互不相容的不同的处理。根据量子理论，在这种情况下根本不可能同时回答两个问题，即使每个问题单独提出来都是完全合理的并且各自都有信息丰富的答案。确切地说，位置问题和动量问题就是这种情况，也就是著名的海森伯的不确定原理：不可能同时测量一个粒子的位置和动量。如果有谁能够想出法子在实验中双管齐下，那就等于证明了量子理论有误，因为量子理论说不可能这么做。爱因斯坦曾经反复尝试要做这样的实验，但都没有获得成功，最后他只得承认自己失败了。

上述的每一个争论都会令人着魔，前两个问题已经获得了广泛的关注。但在我看来，第三个问题更现实也更有意义。互补性是实相的一个方面也是智慧的启迪，它还是我们沉思的重点所在。

虽然我只就单个粒子讲解了上述的争议，但对更复杂的体系这些争议仍然毫不留情地挥之不去。

* 因为波函数为我们提供的是概率，而不是唯一的答案。如果我们对同一个波函数反复地问同样的问题，我们会得到不同的答案。这和我十分钟爱又经常使用的那个直观的想法密切相关，即量子物体会表现自发的活动。请参考量子涨落。

* 经典物理中很多连续的量在量子理论中都变得离散了。请参考光子和光谱。

* 最后，也是比较重要的一点：虽然量子理论通常会带给我们一些概率性的答案，但它做出的很多预测也是非常明确的。例如，氢原子光谱、纳米管的导电性和强度以及强子的质量和性质等，这些预测的精确度相当惊人，而支撑这些预测背后的理论就是量子理论；所预测的结果都是非常明确的数值而非概率。如《量子之美Ⅰ》、《量子之美Ⅱ》和《量子之美Ⅲ》的章节中所论述的，它们的出现是近代科学史的亮点也是我们向天发问的历程中精彩的重头戏。

夸克禁闭（Quark confinement）

请参考禁闭。

夸克（Quark）

1964年，莫里·盖尔曼和乔治·茨威格分别独立地提出了夸克的概念。他们提出了夸克模型的基本成分，为强子一族的分类带来了秩序。他们具有开创性的工作随后被不断发展，最终成为现代夸克概念，在核心理论中夸克在构物粒子当中具有显赫的位置。

夸克模型（Quark model）

夸克模型是强子的一个半定量模型。纵观历史，夸克模型系统地梳理了有关强力的各种现象。如果想更多地了解夸克模型，请参阅《量子之美Ⅱ》的第二节。

实数（Real number）

直观上实数就是允许发生平缓变化的数字。类似于自然数从计数这个行为自然而然地产生，实数其实产生于对长度的测量。

长度可以被划分得非常细，由于划分的过程并没有明显地限制到底有多细，数学家便提出了一个工作假说，他们假设细到没有极限。那么该怎么用数字来表示这个假说呢？由于一个小数在小数点右边的每一位数字都对应了一个更小单位的量，这表示我们应该允许让小数点后面的数字无限地延续下去。

牛顿就被无穷位小数迷住了，他活着的时候无穷位小数才刚刚被发现。在他从事无穷级数和微积分的研究中，这些无穷位小数直接地激发了他对无穷级数和微积分的研究：

> 我非常惊讶地发现，还没有人想到……最近新建立的小数理论可以推广到字变量，特别是由于这种推广会导致更加惊人的结果。这样变量之于代数的关系和小数之于算术的关系是一样的，于是代数里的加减乘除以及开方运算都可以很容易地从算术中学到。

换句话说，牛顿认为他的主要创新就是把小数中的数字替换成代数中不确定的变量 X。天才所成就的伟业常常就是这么脱颖而出的，它源于一种童真的简单和玩趣。

"无限延续的小数"是对实数最好的描述，这个描述符合大多数数学家和基本上所有物理学家对实数惯常的想象，但这并不是一个严格的定义。让这个定义变得精准的挑战在于如何用有限的语句去说清楚"永远继续下去"的事物（不能絮叨），给实数下一个严格的定义实在太难了。直到19世纪末这项任务才被完成，在此之前，人们就这么"糊里糊涂地"使用实数，而且一用就是几百年。

现代物理中，由于发现了原子，也由于量子理论离奇的特性，长度可以被无限分隔这个假说的正确性变得不明朗了。尽管如此，实数仍然是核心理论的知识基础。原因何在？原因似乎很神秘，至少我这么认为。在这方面还可以参考无穷小。

还原论（Reductionism）

这是为"分析与综合"的方法起的一个贬义的名字。请参考分析与综合。

相对论（Relativity）

在物理上，相对论通常指爱因斯坦提出的两个理论，即狭义相对论或广义相对论。通过上下文你们会清楚它指的是哪一个相对论。

在我们的沉思中我已经强调过，准确地讲，两种相对论在本质上都主张对称。也就是说，两个理论都主张我们可以对物理定律中出现的量进行变换，同时保持物理定律的内容不发生改变——所谓"不变之变"。"相对"这个词强调的是"变"这个方面，而完全忽略了互补的另一方面，即"不变"。这个忽略已经造成了很糟糕的效果，它导致有些人做出了荒谬的推断甚至断言，譬如有人说："爱因斯坦教导我们凡事都是相对的。"爱因斯坦可没这么说，凡事也不是相对的。

重整化/重整化群（Renormalization /Renormalization group）

量子流体是核心理论的主要成分，它们表现出自发的运动，被称为量子涨落；量子涨落通常在近距离会变得越来越剧烈。这些一刻不停的涨落起伏充斥在整个空间而且会对物质的形态有所改变，如果不出现这些涨落，物质的形态估计会是另外一番景象。对这些改变的计算过程就叫重整化。

如果我们做得更加仔细，在更高的分辨率下研究粒子的性质，也就是提高能量或者缩短距离，我们就不那么敏感于更加平缓柔和的量子涨落所产生的影响了。我们会更接近看到"裸露"的粒子。在不同的分辨率下观察，粒子具有不同的性质；重正化群就是在这些性质之间建立量化关系的一种数学方法。

《量子之美Ⅳ》一章中所讨论的渐近自由和对统一理论的定量研究都是有效利用重整化群的好例子。

刚性对称（Rigid symmetry）

如果物理定律中的对称是刚性的就要求在时空的每处（每时）都发生同样的变换。与之相反，局部对称允许变换随着时空的变化而改变。

严格（Rigor）

如果一个论据阐述得很精确而且难以反驳，那么我们就说它是严格的；如果一个概念表达得很明确，适用于严格的论据，那么我们就说这个概念是严格的。

严格本身并不是一个严格的概念，因为"难以反驳"本身就很含糊。（有多难？怎么难？）例如，通过计算机求解量子色动力学（QCD）的方程获得的大量结果表明，理论可以得到夸克紧闭现象并正确地预测了强子，（也就是说，正确的运算预测出都有哪些粒子发生强相互作用，以及这些粒子的质量和其他性质；而夸克并不是这些粒子中的一员。）但数学家一般不会认为这样的结论很严格。

薛定谔方程（Schrödinger equation）

1925年，埃尔文·薛定谔提出了薛定谔方程。这是一个动力学方程，它决定了电子或其他粒子的波函数如何随时间而变化。

从两个重要的角度看，薛定谔方程都只是一个近似。首先这个方程的基础是非相对论（牛顿）力学，而不是爱因斯坦的相对论力学。1928年，保罗·狄拉克为电子的波函数提出了另外一个方程，这个方程遵循了狭义相对论所做的假设（请参考狄拉克方程）。其次，这个方程并不包含量子涨落对电子产生的影响，诸如虚光子。尽管如此，当量子理论被运用在化学、材料学和生物学等大部分的实际应用时，薛定谔方程已经足够准确了，对于这些学科薛定谔方程就是量子论。

尽管人们叫它"薛定谔方程"，但薛定谔提出的其实并不是一个单一的方程式，而是一个程式：针对不同的量子力学系统，构造不同的方程。

其中一个最简单的薛定谔方程描述的是氢原子，那里单个电子受到单个质子的电力吸引。尽管薛定谔方程完全不同于玻尔的想法和概念——一个充满空间的波函数取代了沿确定轨道运动的粒子——但这个薛定谔方程产生的结果却很大程度上证实了玻尔对氢光谱的直觉理解。关于氢光谱的概述，请参考光谱。

我们还可以构造描述几个电子的薛定谔方程。如果我们想要理解电子对彼此的影响，我们肯定要这么做。我在波函数那条注释里已经做过说明，可以充分描述几个电子的波函数占据着高维度的空间。描述两个电子的波函数生活在六维的空间里，描述三个电子的波函数就生活在九维的空间里，依此类推。因此解决这些波函数的方程很快就变得极具挑战性；甚至只求得近似的结果，即使使用最强大的计算机，都是非常大的挑战。实验之所以在化学领域至今仍然是欣欣向荣的事业，原因就在于此，我们只是在原则上知道那个"万能"的方程，它可以让我们在没有进行实验的情况下计算出化学实验的结果；实际上我们却经常算不出来。

空间平移对称（Spatial translation symmetry）

如果空间中所有点的位置发生共同的位移，这样的变换叫作空间平移。空间平移对称就是发生这样的变换时假设物理规律不会改变，也就是保持所谓的不变性。空间平移对称是一种严格的表达方式，所表达的意思就是物理规律无论在哪儿都是一样的。通过埃米·诺特的一般定理，空间平移对称和动量守恒密切地联系在一起。

狭义相对论（Special relativity）

爱因斯坦在他的狭义相对论中调和了两个看似矛盾的观点：

* 据伽利略观察，匀速运动使自然规律保持不变。
* 麦克斯韦方程组意味着光速是自然规律的结果并且也是不可改变的。

这两个观点之间存在着冲突，因为从其他物体那里得到的经验显示，如果你们在做匀速运动时，你们所观察到的物体的运动速度就会改变。你可以赶上它们，或者让它们追不上你。为什么光束就和其他的物体不一样呢？

爱因斯坦批判性地分析了让不同地方的时钟同步操作以及这种同步如何受到整体运动速度的影响；通过这个分析爱因斯坦解决了这个冲突。通过分析发现，一个移动的观察者向一个事件指定的时间与一个固定的观察者所指定的时间是不同的，这种不同取决于观察者的位置。在共同观察一个事件时，一个观察者的时间混合了另外一个观察者的时间和空间，反过来也是一样。这种时间和空间的"相对性"是爱因斯坦的狭义相对论带给物理的新鲜事物。这个理论所涉及的两个假设早在他提出之前都是早已存在的，而且也被普遍认可——却没有人对这两个假设给予重视，从而迫使它们和解。

狭义相对论不仅本身很重要，而且它还引入了一个全新的"超理念（meta-idea）"以便我们对物理规律进行非常富有成效而且相当成功的猜测和改善。这个超理念就是所谓的对称，诗意一点的说法就是"不变之变"。这个说法用在狭义相对论的两个假设上再合适不过了：第一个假设告诉我们该考虑什么样的变化（也就是伽利略变换），第二个假设告诉我们变化改变不了什么（即光速）。

对称或者不变性的主旨就是"不变之变"，这个主旨也变换成各种形式出现在我们的沉思中，最初它是踟蹰而沉默的，但后来还是脱颖而出了，它的形象越来越突出，越变越高大，最后我们发现它支配了我们对大自然最深层的认识。

（原子和分子等的）光谱 [Spectra(Atomic, melecular, and other)]

某一类原子——如氢原子——吸收光谱中某些颜色的效果要比吸收其他颜色的效果好。（更一般的说法，这些原子吸收某些频率的电磁波比吸收其他频率的电磁波的效果更好。在这条注释里，我将用颜色而不是频率，这样更令人回味。）同样的原子，被加热了以后就会辐射出同样颜色的光，不同种类的原子都有各自偏好的颜色组合，组合的

386

模式可以被看作原子的指纹，供我们对原子进行识别。原子偏好的颜色组合就叫一个原子的光谱。

　　量子理论为计算原子的光谱提供了一种方法，这也是量子理论所取得的重大成就。这个方法背后的理念就是玻尔的原子模型留给我们的不朽遗产。玻尔提出，原子中的电子只能处于一系列不连续的定态，因此电子所有可能的能量值也是离散的。当原子发射或者吸收一个光子的时候，它会在两个定态之间跃迁。由于在这个过程中能量是守恒的，光子的能量就和这两个定态之间的能量差产生了关系。最终玻尔的观点获得了成功：光子的谱色揭示了原子的能量。所以一个原子的光谱可以被看作是对它所有可能定态的能量的一种编码。（确切地说，这个编码公式就是颜色所对应的电磁波的频率乘以普朗克常数就等于它的能量。请参考光子/普朗克－爱因斯坦关系式。）

　　在现代的量子理论中，我们通过解薛定谔方程就可以计算出原子可能的稳定态以及每个稳定态的能量，但是原子可能的能量态和与之相对应的光谱之间的基本关系仍然如玻尔当初设想的那样。请参考薛定谔方程。

　　我刚讲过了原子，其实同样的逻辑对分子、固体材料、原子核甚至强子都适用。在原子核里，我们考虑的是核子的定态；在强子中，我们考虑的定态属于夸克和胶子构建的系统。但对于这两种情况，它们的色谱都暗藏着结构的秘码。

　　当从太阳或者别的恒星发来的光被解析成光谱色后，人们会发现，相对于平均亮度某些颜色的亮度更高（即所谓的"发射谱线"），某些颜色的亮度更暗（即所谓的"吸收谱线"）。无论这些光谱是通过计算还是通过测量得来，我们可以把这些发射和吸收的谱线组合在一起的模式和已知的原子、分子或者原子核的光谱进行匹配。这样，这些射线就可以揭示恒星周围大气层的成分以及恒星上是否存在着炎热或寒冷的区域。这些谱线用大量具有说服力的细节证实整个宇宙的物质都是同样的材料构成的也遵循着同样的规律。

387
　　"光谱"这个词在"电磁波谱"中的用法乍一看和在"原子光谱"中的用法不一而同。前者指的是电磁辐射的一系列可能的形式，而后者指的是原子能够发射的光的颜色（或纯色调，抑或频率）。（如前文云云，这些颜色忠实地反映出原子不同的定态的能量。）从更深层的角度理解，这种说法也完全正确，电磁波谱确实是某种东西的光谱——这种东西就是电磁流体！因为电磁波谱就是电磁流体所能发射的一系列颜色。

自旋（Spin）

　　用通俗的话说，如果一个物体围绕某个轴旋转，那么这个物体就具有自旋或进行自旋。量子领域的自旋也是这个意思，但是这个概念在此处被赋予了新的意义。主要有如下两个原因：

*   很多粒子一刻不停地自旋！对于这些粒子而言，围绕中心的旋转就是它们自发活动的一个方面，也是量子世界的典型特质；电子、质子和中子都具有这个性质。无论任何时候测量角动量，都会发现它的大小等于约化普朗克常数乘以1/2，我们称这些粒子是具有1/2自旋或者是1/2自旋的粒子。

*   很多粒子，尤其是电子，都表现得像一块小磁铁。和地球一样，这些粒子也产生磁场，而且磁场的结构反映了粒子自旋的方向。与任何单个电子相关的磁场都相当微弱，但如果很多电子的自旋都朝向一个方向，它们的磁场就会相加并变强。传统意义上的"磁铁"基本上就是一块铁矿石，它的磁性就来源于这块磁铁中电子自旋同向排列产生的磁场。

旋量表示（Spinor representation）

旋量就是一种更高级的矢量，它们出现在狄拉克方程中对于电子自旋的数学描述里，它们作为构物粒子的特征空间出现在本书《量子之美Ⅳ》概述的SO（10）（乔吉－格拉肖）大统一方案中，它们还出现在物理界其他几个前沿学科里。对旋量进行数学上的描述已经远远超出了本书的范围，但我还是在尾注中推荐了两份现成的参考资料。

自发性对称破缺（Spontaneous symmetry breaking）

在可丁可卯地实现对称和完全没有对称之间还存在居间的可能性，即自发性对称破缺，它在我们对世界的描述里显得很重要。

如果一个系统的方程符合下列条件，我们就称这个系统具有自发性破缺：

*   方程满足某个对称性，但
*   这些方程的稳定解却不满足某个对称。

这样一来，给自己找了一个没有遵守对称的借口。方程里确实存在对称，但方程自己却说：我们是不会遵守的！

举例说明：在描述一块天然磁石的基本方程里，任何方向都是等价的。但是磁石做成了一块磁铁，在磁铁中所有的方向就不再是等价了。每块磁铁都具有极性，可以做成罗盘里的磁针。在这里旋转对称消失（破缺）的原因很简单，却很深刻，存在着一些作用力总要把磁铁里相邻电子的自旋排列在一个方向。

作为对这些作用力的反应，所有的电子都必须选择同一个指向。无论选择哪个方向，这些作用力——以及描述作用力的方程——都同样感到满意，但选择还是必须要做的，所以方程的稳定解就不如方程本身那么对称了。

在弱力的核心理论中，弱色空间的各个方向具有旋转对称，由于空间里充满了希格斯场，受希格斯场的影响旋转对称发生了自发性破缺。这个基本理念很像我们刚才讨论普通的磁铁时所考虑的，正像是电子之间作用力的基本方程鼓励相邻电子的自旋排向一致，弱力的基础本方程也鼓励时空里邻近点的希格斯场在弱特征空间将方向调整一致。必须选择一个共同的方向，这样（弱特征空间里的）旋转对称就自发性破缺了。

这些想法成功地描述了弱力，还预测了希格斯粒子的存在。这些成功都激励着我们进一步地探索我们的世界里是否存在更大型的潜在的对称群，它包含的对称比我们表面观察到的对称大得多。

标准模型（Standard Model）

请参考核心理论。

驻波/行波（Standing wave / Traveling wave）

在一个有限区域里振荡的波叫驻波，因此弦乐里琴弦的振动和共鸣板的振动都是驻波。驻波还常常被称为振动或振荡。

不被限制在有限的区域内而是在空间中穿梭的波就叫行波。当我们说起"声波"时，无论用俗话还是物理专业的行话，我们说的都是行波。钢琴的共鸣板发出的振动是驻波，但振动推动着附近的空气来回振动，振动的空气再向周围的空气施力，如此等等，就会形成一种能够自我传播的扰动。这就是我们在很远的地方都能监测到的行波，也就是听到的声音。

和电子有关的波函数可以是驻波，也可以是行波。

一个电子的波函数和一种质子绑在一起就会变成一个不带电的氢原子，这样的波函数被认作是一个驻波，即便严格地说，这个波会弥漫整个空间。实际上，反映波函数大小的电子概率云会随着离质子的距离扩大而很快消失，它只在质子周围很小的一个固定区域内显著不为零。我们说电子和一个质子绑在一起就是这个意思，所以实际上波函数被限制在空间的一个固定的区域里，应该被视作驻波。

一个不受约束的电子的波函数就可以自由地在空间传播，这样的波函数就是行波。

请参考薛定谔方程。

388

定态（Stationary state）

在历史上，"定态"这个词最早出现在玻尔的原子模型中。如果使用经典的力学和电动力学来解决一个带负电的电子和一个带正电的质子绑在一起的问题，这时就会发现这个问题根本没有稳定解。电子会旋向质子并同时辐射电磁波。为了避免这样的灾难，玻尔提出了一个大胆的假设，这个假设就是定态：电子只能在几条特定的轨道上做圆周运动，这种情况被定义为电子被允许的"状态"。在这些特定的轨道上运动时电子并不辐射，而是"稳定"的，它们通过被允许的轨道就定义了稳定态。

玻尔的模型已经被现代的量子力学所取代，但是他图像里的一些元素，其中包括定态，依然能在现代理论中找到。在现代的量子理论中，描述电子状态的是波函数，波函数以及与之相关的概率云会根据基本的薛定谔方程随着时间而演化。有些特殊解，它们的概率云根本都不随着时间而改变，这些解在量子理论里所具有的特征正是玻尔原子模型中定态具有的特征。所以我们说，在量子理论中概率云不随时间而变化的波函数定义了定态。我在这里再次重申，要想获得更多的信息，请参阅《量子之美 I 》中的内容和图片，图片常常胜过千言万语。还可参考光谱的注释。

描述定态的特殊波函数（概率云不随时间变化的波函数）在思考原子物理及化学中的问题时极其有用。为了纪念它们的起源，即玻尔模型中被允许的轨道，它们被称作"轨道"。

定态是一个近似的概念，因为存在让电子在两个状态之间跃迁的物理过程。具体地说，处在一个定态的电子可以通过发射或者吸收一个光子跃迁到另一个定态上。玻尔在他的模型里不能为这种轨道的不连续变化提供一个详细的描绘和机制，而只能承认这是一个附加的假设：量子跳跃或量子跃进的概率。

在现代量子理论中定态之间的跃迁是方程逻辑的结果。在物理上，它们是由于电子与电磁流体之间的相互作用而产生的，由于这种相互作用比起束缚电子的基本电力来说相当微弱，我们常常认为最好将它们当作一种修正，同时将定态作为起点。经过这个处理，我们发现跃迁并非真的不连续，但确实发生得非常迅速。

从概念上讲，发射（光子）的过程特别有意思。在这个过程中，电子以光子的形式产生了电磁能量，而最初这个光子并不存在。当电子遇到电磁流体中的自发性运动时，它要给出一些自己的能量来增强这种自发运动，由此就发生了发射。这样一来，电子从一个能量态跃迁到低一级的能量态，一个虚光子变成了实光子，因此就出现了光。

389

强力（Strong force）

强力与引力、电磁力和弱力并称为主宰大自然的四种基本力。强力是自然界最强有力的作用力，是它使得原子核聚合在一起；我们在诸如大型强子对撞机这样的高能加速器所观察的对撞，大部分都是在它的指挥下发生的。

20世纪初，就在原子核被发现后不久，物理学家们就认识到当时已知的引力和电磁力不能解释其自身大部分的基本特征，甚至不能解释它们为什么能聚合在一起。在其后的几十年里，这些问题在亚核物理方面激发了大量的实验和理论上的研究。这些研究工作的成熟果实就核心理论。关于核心理论，我已经在我们沉思的正文中长篇累牍地进行了论述。在核心理论中，强力被认为是量子色动力学（QCD）的一种表现形式。

当"强"和"力"两个字一起用的时候就很可能产生歧义，因为"强力"可以被认为是强大的加速源，所以当我们说到引力对中子星或者黑洞的影响时可能会说引力向附近的行星施加"强力"。为了避免发生歧义，凡遇到这类情况我都使用诸如"强大的力量"或"有力的相互作用"以避免用"强力"或"强相互作用"。

强力也可以被叫作强相互作用，请参考作用力。

构物粒子（Substance particle）

这是费米子的另一种叫法，也是一种统称。在核心理论里，它们就是夸克和轻子。

如果超对称是一个正确的理论，那么每一个构物粒子都有一个相关的传力粒子做"搭档"。构物粒子通过在一个量子维度上移动就可以变成它的搭档去传递作用力。

超导性/超导体（Superconductivity /Superconductor）

很多的金属以及一些其他类型的材料被冷却到绝对零度时便呈现出一种在质上全新的行为，最为显著的是它们对于电荷流动的阻力也会急剧地下降为零。出于这个原因，这些材料被认为表现出了超导性，因此它们被叫作超导体。

超导性是卡默林·昂纳斯(Kamerlingh Onnes)在1911年通过实验发现的，其后的很多年里理论对它却无法进行解释。这个问题在1957年发生了突破性的进展，当时约翰·巴丁、莱昂·库珀和罗伯特·施礼弗提出了被我们现在称为BSC的超导理论。他们的工作不仅仅解释了超导现象的出现，而且其中运用的思想既伟大也美丽，可以被用来解决其他问题；这个理论尤其还蕴含了自发对称性破缺和希格斯机制。

在超导体内，光子的行为显得其质量似乎并非为零，描述这种现象的方程基本上和我们在核心理论里使用的通过希格斯机制里向弱子提供非零质量的方程是一样的。如果说我们从希格斯粒子被发现这件事上能汲取什么经验的话，那就是我们都生活在一个宇宙的超导体内；我认为这么说既公正又浪漫。（但这里的超导性是针对弱荷的流动，而不针对电荷的流动。）

超对称 [Supersymmetry (SUSY)]

超对称是一种特殊的对称。超对称的转换涉及一个量子维度里的位移或者平移。当一个传递作用力的粒子（玻色子）进入一个量子维度时它就变成了一个构物粒子（费米子），反之亦然。

如果我们让自己相信作用力和物质就是同样的东西，不过是观察的角度不同而已，那我们对大自然的基本了解就登上了一个统一和完整的新高度。但就目前来说，超对称的证据虽然明显却都是间接的旁证。

对称性/对称变换/对称群（Symmetry / Symmetry transformation/Symmetry group）

在数学以及和数学有关的学科里，如果在变换中一个对象的各个不同部分发生了改变或移动而对象本身作为一个整体却保持不变，那我们就称这个对象具有对称性；而这样的变换被称为对称变换。

对称性和对称变换也适用于方程。如果变换让方程中出现的量发生了改变（典型的做法是让这些量之间发生互换，或者用更为复杂的方式将它们混合在一起），并没有改变整体的方程组的意义，我们称这样的方程组相对于变换而言具有对称性。

举例说明：$X=Y$这个方程就具有对称性，如果把X和Y互换，变换后的方程$Y=X$和原有方程的意义完全相同。让对象保持不变的所有变换合在一起就叫对称群。

综合（Synthesis）

将简单的成分或概念整合在一起从而产生更复杂的构造，这个过程就是综合。请参考分析与综合。

时间平移对称（Time translation symmetry）

时间平移是一种变换，它将事件的时间移过一个相同的间隔。时间平移对称就是假设发生了这样的变换之后，物理规律不发生改变，或者保持所谓的"不变性"。物理规律从来不曾改变，这句话严格的表达方式就是时间平移对称。时间平移对称通过埃米·诺特的定理与能量守恒定律密切相关。

调/纯调（Tone / Pure tone）

"单纯调"这个词在这本书里的意思就是在空间和时间上都具有周期性的简单波动。（这里的"简单"在技术上是有明确的含义的——波动的模式都是正弦波——但我不会在这里就此详加说明。尾注里列出了两份现成的可供参考的资料。）

我们最应该关注的例子是声波和电磁波（尤其包括光）中的单纯调。声波是空气的密度和压强的变化，而电磁波是电场和磁场的变化。

391　　　对于大自然的研究孕生出了一个深刻得而让人满意的见解，它就是纯调；以前面的数学/物理的方式定义的单纯调都对应一个简单的感知。单纯的音调很容易用电子的方法制造出来，如果你们做过听力测试、接触过简单的电子音乐设备（比如装在贺卡里能发出音乐的小装置）和音叉，那么这种电子音调就不会让你们觉得陌生。单纯的"视觉调"就是彩虹中出现的光谱色，它们也出现在牛顿的棱镜实验中被散射的太阳光里。从感觉上和从概念上看待单纯调的两个角度是互补的，它们也完美地例证了我们所渴望的联系：

　　　　现实 ↔ 理想

如果你们弹奏更为传统的乐器，当你们弹奏一个单"音"时，那个音调可完全不是单纯的。个中具体的细节因不同的乐器而异，但无论何种乐器，一个音符都会包含着很多个单音调按照不同的强度同时响起，其中最强的音调才是写在乐谱上的那个音符所代表的纯音调。乐音的音质其实来自所谓的泛音，可以用来区分不同的乐器。

这些问题在正文里都有过更深入的讨论，也可以参考一些相关的注释，如光谱。

平移（Translation）

无论在空间中还是时间上，一个系统移动一个常数就是所谓平移。请参考"空间平移对称"和"时间平移对称"。

横波/（光的）偏振（Transverse wave /Polarization (of light)）

在我们的沉思中出现的最重要的横波就是电磁波，光就是其中的一个特例。

当一道电磁波穿过全无普通物质的空间（请参考真空），它的电场和磁场作为有方向的矢量与波的传播方向垂直。我们所说电磁波是横向的，上述云云不偏不倚正是这个意思。因此对于横波来说，波振动的方向总是与波行进的方向垂直。

但是，声波并不是横向波。声波中的空气压缩和扩张都与波行进的方向相同。这样的波叫纵波。

即便最简单的只有一个纯的颜色的光波，除了颜色和波行进的方向之外，都具有一个额外的性质，这个性质被称为偏振（极化）。可能发生的最简单的偏振是线偏振（线性极化），当光波朝袭来时，它的电场的指向和头到脚的方向重合，这时我们会说光朝着头到脚的方向发生了线性偏振。麦克斯韦方程组含有任意横向线性偏振的解；所谓任意横向就是与波行进的方向垂直的任何方向。还存在其他更为复杂的可能性，如电场随着时间的推移在一个与波行进的方向垂直的平面上画圆或椭圆，这样对应的是圆偏振光或椭圆偏振光。

人类对光的偏振并不敏感（但也有一些例外），很多动物，特别是昆虫和鸟类对偏振光非常敏感。

行波（Traveling wave）

请参考"驻波"。

普遍存在（Ubiquitous）

普遍存在就是无孔不入、无处不在。

统一（Unification）

把许多相关的概念统一成一个连贯的整体，这是一种在思维上的节约。统一还有互补的一面，那就是让明显对立的双方和解。当对立的双方得以调和之后，我们就会将它们看作深层统一的两个互补的方面。

我们的问题提出了一个挑战，如何将大美及其实体化身统一，也就是现实和理想的统一。

无论是让相关的概念兼容并蓄，还是让明显的对立方调停和解都是自然哲学所取得的很多里程碑式的成就中的主旋律：

* 勒内·笛卡儿（1596—1650）在他1637年发表的著作《几何学》中首次系统地运用坐标，他统一了代数和几何。

* 牛顿的万有引力定律以及运动定律统一了关于"天"的天文学与关于"地"的物理学。

* 伽利略用望远镜观测，揭示了月球上的多山地形和木星的卫星系统（以及其他发现），为这个统一提供了有力的图像说明。

* 麦克斯韦方程组在电磁学上对电和磁进行了统一的描述并且把光解释成了电磁

波，从而将所有的光学现象都纳入了这个统一框架。

  * 爱因斯坦的狭义相对论提出了将时间和空间混合在一起的对称变换，让我们得以看到它们其实是统一时空的两个不同的方面。

  * 法拉第和麦克斯韦的电磁流体，还有爱因斯坦的度量流体，通过取消虚空的概念，统一了物质与时空。

  * 量子流体中的量子概念统一了描述物理行为的两种不同方式，即波和粒子。最典型的例子就是电磁辐射和光子的统一。

在当今的物理学研究前沿还有一些令人激动的迹象表明新的统一可能很快就要被实现了。

  * 我们的核心理论全部都建立在局部对称的基础上，但是在强力、弱力和电磁力的理论中我们设想的变换都是单独地发生在特征空间，而引力理论中的变换却发生在时空中。我们正在寻找更加包容的局部对称，使得这些力成为一个整体。

有了超对称这个利器我们就可以将物质和作用力统一。

上述这些想法都夹杂在《量子之美 IV》的内容里。

宇宙 / 可见宇宙 / 多重宇宙（Universe / Visible Universe / Multiverse）

现代物理学为宇宙论开启了多种充满想象力的可能性，它们无法用日常的语言表达。我们必须改善和发展日常语言才能准确地描述这些可能性，尤其是拿"宇宙"来含糊地代表"一切"的用语是行不通的。虽然科学文献在这些问题上也没有完全做到严谨，但我认为对目前最新的科学用语所表达的三个概念加以区分是可能做到的，也是大有裨益的；这些用语可能会成为规范用语。

一切可以观察得到的事物组成了可见宇宙，这里面存在着一些根本性的局限：光的速度是有限的，（我们假设）它是信息传递的极限速度；另外自宇宙大爆炸以来所经历的时间是有限的，（我们假设）这是我们目力所及的最远。由于速度局限和时间局限，我们意识到自己的视野有个尽头，也就是所谓的"地平线"。这里有两件事情需要注意：

  * 随着大爆炸过去得越来越长久，地平线也在随着时间而延伸。因此可见宇宙在过去要比现在小，我们可以预见它在未来会变得比现在更大。

  * 如果我们发现光速并不是信息传递根本性的局限，或者我们得知如何看穿大爆炸以前的事件，我们就得重新考虑该如何给可见宇宙下定义了。

我们今天所看到的可见宇宙各处好像都大致相同。天文学家们已经发现，无论他们朝着哪个方向观察也无论观察得有多远，相同种类的恒星被编排在同样的星系里，也遵守着同样的物理规律。如果我们假设，随着地平线的延伸这种模式也会继续保持的话，那我们就会得到那个通常被我们叫作"宇宙"的东西。在这个意义上，宇宙就是我们过去对可见宇宙的体验向无限未来的一种守恒且合乎逻辑的延伸。

现代物理学认为整个物理世界可能存在多个本质上非常不同的形式或"相"，就像水有三个相，它可以是冰、液体水或者水蒸气。在这些不同的相，空间里弥漫着不同的场（或者不同强度的场）。请参考真空。由于不同的场在很多程度上决定了在其中穿梭 393 的物质的性质，这样不同的相就有不同的物理定律。如果在空间不同区域存在着不同的相，那么我们所定义的"宇宙"就不是整个实相，我们只好把这个实相的整体称为"多重宇宙"。

如果多重宇宙存在，那么我们观察到的这组物理定律是因为我们碰巧正处在那一部分宇宙里。这就是人存原理的论据。

真空/虚空（Vacuum, Void）

"真空"容易被理解为"空间里空空如也没有物质。"因此我们把从一个容器中抽走空气叫作"制造真空"，"真空管"或"星际空间的真空"说的也是这个意思。这样的措辞会变得很不明确，原因有二：

* 能发现什么取决于你们准备花多大的力气去看。星际空间的"真空"实际上弥漫着微波背景辐射、被我们的眼睛当作了星光的各类电磁辐射、宇宙射线、各种各样的中微子流、暗能量和暗物质。地球上的真空技术人员经过努力能够将上述的头两件东西从一个给定的空间范围排除，第三件东西中的大部分也能排除掉，但无法排除最后的三样东西。幸好难做到的原因也正是无关紧要的原因：在实际的应用中，中微子流、暗能量和暗物质——可能还有我们尚且未知的东西！——都没有什么影响，它们和普通物质之间的相互作用非常微弱。

* 倘若你们认为那里存在着什么东西，那就取决于你们烧脑的程度。在核心理论里，即便是完美的"真空"，其中也渗透着各种各样的量子流体——电磁流体、度量流体、电子流体、希格斯流体，等等——还有度规和希格斯场。

人们用"真空"试图表达的意思通常在上下文里是很清楚的。思考基本原理时，人们一定要清楚，"真空"一词并没有明白无误地代表一个明确的东西。特别是"虚空"一词的哲学概念——彻底虚无的空间——这个概念与对当今物理世界中任何物理空间所有合理的理解都大相径庭。

现代的物理宇宙学必须考虑将空间塞满的各种场，如希格斯场。因为

　　* 这些场在物理上具有深远的影响，它们不仅改变着物质的行为，还是暗能量的一部分。

　　* 任何在物理上定义的真空中都会出现这些场（因为它们无处不在而且无法回避）。

　　* 这些场在极端的条件下可以改变强度。

　　综合上述的观察我们得出了一个观点：存在着明显不同的物理真空，表现为弥漫其中的场具有不同的强度。在这些不同的真空中物质的表现可以截然不同，暗物质和暗能量的密度也非常不一样。

　　我们可以这样总结一下，空间本身就是一种材料，它有不同的相，就像水有三相：液态水、冰或水蒸气。这样的概括精炼而且具有相当的启发性。请参考宇宙/可见宇宙/多重宇宙。

矢量/矢量场（Vector / Vector field）

　　矢量可以用几何的方式或代数的方式定义。

　　几何上的矢量是一个同时具有大小和方向的量。例如：

　　* 我们设两个点，分别是 A 点和 B 点，那么从 A 点到 B 点的直线位移就是一个矢量。这个矢量的大小就是 A 点和 B 点之间的距离，而它的方向就是从 A 点到 B 点的方向。

　　* 一个粒子的速度就是一个矢量。

　　* 在任一点上的电场也是一个矢量。

　　在代数里矢量就是一个数组。

　　坐标在这两种定义之间建立了联系。上述例子中的矢量是一个普通的三维空间里的矢量，对应了三个一组的实数。在关于坐标的注释中还举出了几个有趣但很重要的坐标的变通。

394　　当我们向一个空间的各个点分配矢量时就形成了矢量场。例如：

　　* 一片水域，在它的不同部分，水的流速不尽相同。这些不尽相同的速度就建立了一个矢量场。

　　* 电场和磁场都是矢量场。

　　* 电脑屏幕的每个点上显示的红、绿、蓝的亮度就是一个三个一组的数组，这个数组就是一个矢量。因此，在电脑屏幕这个平面上就有一个色彩的矢量场。

速度（Velocity）

　　直观上，速度就是变换位置的快慢。

因此，为了确定一个粒子的速度，我们就要考虑它在很短的时间 Δt 内发生的位移 Δx，我们取 $\Delta x/\Delta t$ 这个比率，并考虑一下，随着时间间隔 Δt 变得越来越小。根据定义，这个极限值就是速度。

请参考无穷小的注释，其中的内容围绕着速度的概念探讨了几个根本性的问题。

虚粒子（Virtual particle）

请参考量子涨落/虚粒子/真空极化/零点运动。

W粒子（W particle）

W 粒子是一种很重的粒子，它在弱力中发挥着核心作用。请参考弱力和弱子。

波函数（Wave function）

在经典力学中，粒子每一时刻次都在空间中占据某一个确切的位置。量子力学对粒子的描述则完全不同。在量子理论中描述电子，我们就必须给出它的波函数。电子的波函数决定了电子的概率云；在空间某一区域概率云的密度表示在那个区域找到电子的相对概率。

这里我将简略介绍一个对于波函数更为精确的描述。为了从这个说明中充分受益，你们至少需要比较熟悉复数和对概率的数学运算。在这个注释的结尾处用星号*标注的文字是你们应当关注的重点，即便你们想要快速地浏览甚至直接略过它之前的那些段落。

一个电子的波函数是一个复数的场，因此这个波函数在每一时刻向空间每一个点指派一个复数。这个复数就是在那个时间和那个位置上波函数的值，有时也叫作振幅。波函数遵守一个（相对）简单的方程——薛定谔方程，但波函数自身却不具备非常直接的物理意义。

具有直接物理意义的其实是我们对波函数的大小进行平方之后所获得的一个正（或者为零的）实数的场，这个数学运算过程将电子的波函数转换成与之相关的概率云，在给定的时间和位置发现一个电子的概率和在此时此地波函数值大小的平方成正比。

尽管描述电子的函数充满了空间，但人们不应该认为电子也是一个延展的物体。当我们观察到一个电子时，这个电子永远都是一个完整体，有着完整的质量、电荷，等等。波函数携带的信息是能够找到一颗完整粒子的概率，而不是一个粒子的组成部分的分布。

量子力学在描述两个或两个以上的粒子时自然也以波函数为基础，这增加了一个重要的新特征：纠缠。为了让事情尽量地简单具体，我重点讨论两个粒子的情况，在这里纠缠的实质完全可以体现。

为了给纠缠态做铺垫，我先讲一个猜测，是关于对两个粒子的描述；这个猜测貌似合理却是错误的。人们可能猜测，两个粒子的波函数的形式是一个粒子的波函数乘以另外一个粒子的波函数。基于这个猜测，如果我们通过平方得出概率云，那么我们在X处发现第一个粒子与在Y处发现第二个粒子的联合概率等于在X处发现第一个粒子的概率与在Y处发现第二个粒子的概率的乘积。换句话说，这些概率都是相互独立的。这在物理上并不是个满意的结果，因为我们确信第一个粒子的位置势必影响第二个粒子的位置。

正确的描述方式需要一个波函数，它是一个六维空间的场，坐标中的头三个坐标描述了第一个粒子的位置，后三个坐标描述了第二个粒子的位置。然后我们将这个整体加以平方就会得出一个联合概率；我们通常会发现，这两个粒子不是互为独立的。对于其中一个粒子的测量会影响到我们在哪个位置发现另一个的概率。这时我们会说，它们两个是纠缠的。

纠缠在量子力学中不是一个罕见的现象，更不是量子理论里没有经过实验检验的一隅。我们在计算氦原子的两个电子的波函数时就会碰到它。氦原子的光谱已经被测量和计算得非常准确了，我们发现，高度纠缠的量子力学波函数给出的结果与实验吻合。

* 在本书宗旨的衬托下，我们近乎神奇地发现六维空间这个创造力和想象力所产生的美丽尤物被呈现在氦原子这样具体的东西上。当我们学会了如何读懂氦原子的光谱后发现这些光谱就像六维空间发来的明信片！ *

关于波函数的一些其他看法，请特别关注量子理论中的论述。

（最后我评论一下，同时也是提醒：波函数这个词对于它所代表的概念并不是最佳的选择。一般来说，"波"表示振动，而"波函数"表示一个函数在振动，或者描述在某种媒质中发生振动的函数。但量子力学中的波函数不需要振动，也不描述什么东西在振动。"电子概率场的平方根"，这个名字可能更贴切。但是"波函数"这个名字在我们的学术用语和文献里太根深蒂固了，因此我们就不考虑给它改名字了。）

波长（Wavelength）

不断地自我重复，或者在空间中发生周期性的变化的波非常重要，不仅因为这些波会自然地存在，还因为它们提供了一种基本单位让我们以此构建更为复杂的波动，类似分析与综合。声波中的纯音调，还有电磁波光谱中的纯色，在空间和时间上都有周期性，请参考调／纯调。

简谐波中两次重复之间的距离就叫波长。波长这个概念针对的是空间的变化，而周期这个概念针对的是时间的变化。波长的例子：

* 人耳能听到的最低音调，其波长大约在空气中有十米长；而人耳能听到的最高音调在空气中的波长只有一厘米左右。大部分乐器的大小都在上述的范围之内就绝不是巧合，因为人们把它们精雕细琢出来就是为了让它们发出人耳能听到的声波。管风琴的低音管和短笛差不多是这个波长范围的两个极限，叫狗的哨子就稍稍地超出了这个范围！

* 人眼能看到的光谱色的波长范围在蓝色一端大约是400纳米（相当于4×10^{-7}米或者0.4微米），在红色一端为700纳米。没有机械装置能匹配这么短的波长。光的"乐器"就是原子和分子。

当然，借助合适的设备，人类感觉的大门还有可能拓宽。

396

弱力（Weak force）

弱力和引力、电磁力以及强力并称为主宰大自然的四种基本力。

弱力是很多种变化过程发生的原因，这些变化过程包括一些形式的核辐射、恒星内部核燃料的燃烧以及起源于质子和中子的宇宙学和天体物理学中所有化学元素（即原子核）的合成。

弱力也被称为弱相互作用，请参考作用力。

在核心理论中，弱力被理解为W粒子和Z粒子——即所谓的弱子——对弱色荷产生反应的结果。与核心理论中的其他所用力一样，弱力是局部对称的显象。

希格斯机制就是用来解释弱力的一些性质的，特别是弱子的非零质量。这条思路引导着我们发现了希格斯粒子。这些观念所取得的成功告诉我们，希格斯粒子不仅存在而且还充斥在整个空间，它在很多方面都改变着其他粒子的行为。

"弱"和"力"这两个字放在一起用可能又会引起歧义，因为可以把"弱力"理解为不那么强大的影响。因此当我们反驳占星术时，说到从遥远的行星或者太阳以外的行星传来的引力对人类命运造成的影响，我们也许会说："这个力十分微弱，根本无所谓。"为了避免这种模棱两可的歧义，这时我会用"微弱的力量"或者"微弱的作用"去避免和"弱力"或者"弱相互作用"混淆。

弱子（Weakon）

弱子的美部分源自可以用几种互补的方式来定义它们：

* 弱子是加速器中的探测器所观察到的W粒子和Z粒子。

* 弱力流体会对弱荷的运动产生反应从而导致弱力。弱子是这个流体的量子。

* 弱子体现了一种特殊的局部对称——弱荷的特征空间里的旋转对称。这是它们最美的定义：这种对称显示了弱子和色胶子、光子以及引力子存在的亲戚关系。它们都体现了局部对称，这让我们想到了我们的问题，以及核心理论为我们提供的答案。我们发现真实↔理想就像现实的对象和事件，与我们为了实现局部对称的变形艺术所提出的概念相吻合。

杨–米尔斯理论（Yang-Mills theory）

1954年，杨振宁和罗伯特·米尔斯发现了构建一大类新理论的方法，在这个理论中特征空间的刚性对称被扩展成局部对称。为了纪念他们做出的贡献，这方面的理论就常被称为杨–米尔斯理论。我们关于强力和弱力的核心理论就是植入了他们俩的这个理论构架。

在1915年当爱因斯坦从狭义相对论转到广义相对论时，他将伽利略对称由刚性扩展为局部。大致说来，杨振宁和米尔斯教会了我们如何将一大类作用在粒子上的可能的对称群做这样的扩展，从刚性对称扩展为局部对称。

在正文里，我们将从刚性对称到局部对称的发展之路比作从普通透视到变形艺术的发展之路。普通透视拘泥于投影几何，而变形艺术则提供更加自由以及更多的可能性。

Z粒子（Z particle）

Z粒子是质量很重的粒子，它在弱力中发挥着核心作用。请参考弱子。

零点运动（Zero-point motion）

请参考量子涨落／零点运动。

尾注

毕达哥拉斯之二 数字与和谐

39 为什么那些频率比是小整数的音调合在一起就好听？关于乐感，即便是最基本的现象也能提出引人遐思的问题。在我看来，两个较为简单的观察有助于帮助我们解答毕达哥拉斯留给我们的谜题：为什么一对音调的频率比是小整数时会让我们感到和谐好听呢？

概括

当我们说以中音C为下方音的八度音，那意思就是指中C调和刚好在其上方而且有两倍频率的C调同时奏响。为了将这种现象精简到使其露出本质，我们假设可以运用电子的手段制造出严格的单音调，然后再假设这两个声调的强度（响度）是相等的。做了这些规范化处理之后我们并没有为总的波形做出一个独一无二的配方，这样计算机就一定能按方抓药地制造出那种波形并将它传递到我们的耳朵。因为这两个正弦波无须同步：一个波的波峰可能和另一个波的波峰保持一致，也可能并不一致。我们称这两个音调之间存在一个相对相位。如果把总的波形构想成一个时间函数，那么不同的相对相位会给出不同的波形，但是它们听上去却没有两样！我在自己身上做过这个实验，还拿自己做过很多相关的实验。基底膜的反应在空间上把这两个音调分离了，但在反应中仍然保留了相对相位的信息。（这至少是我阅读了很多天书般复杂的文献后的理解，拿内耳结构做实验并不容易，实验基本上都得在*试管里*进行。）然而不知怎地我们还是将所有这些可能性一概而论，对它们进行一种低层次的处理后就认定所出的结果就是 C 八度，然后就没有然后了，然后是休止符，情况就是这样。我们将物理性质在一个范围内连续变化的所有信号合并成一种单一的感觉，形成了一个有用的信息概括。

同样的原理适用于其他音调的八度音，也适用于复调和弦，只要这两个调的频率不要太接近。（作为一个极限的例子，我们可以将两个具有相同频率和相同强度的音调合在一起，让它们的相对相位不同——这其实已经不是一个八度音，而是一个和音。尽管我们改变相对相位，我们听到的却总是一个具有单一频率的组合音，只是相位和响度会发生变化。这种响度的变化很容易被耳朵察觉。）

有意地不加区分或者进行概括作为一种处理信息的策略是很好理解的。在自然界中，以及在简单乐器（包括声音）的领域，同样的声源在不同的场合发出的八度音的相对相位往往是不同的而且基本是随意的。如果不同的波形导致不同的感觉，那些多半无用的信息就会让我们不堪重负，那我们就更难以学习、识别和欣赏一般概念下有用的"八度音"了。进化想必很乐意为我们减轻了这个负担。

398　　同样，那些五音不全的人——而且是绝大多数人——分不清由不同音调组成的、在物理上截然不同而且范围广泛的"八度音"（请参考下一条关于记忆滞留的讨论）。于是他们抑制了关于相位和绝对频率的信息，只保留了相对频率。

我们看到抑制不相关的信息有益于构建有用的概括，如何实现这个过程变成了一个关键问题。这是一个有趣的逆向工程问题，我想到了三个简单的、在生物学上看似合理的方案可能会帮助我们实现这个过程：

　　* 对基底膜不同部位的振动产生反应的神经细胞（或者小的神经细胞网络）之间存在某种机械的、电的或是化学的耦合，以至于它们的反应在相位上同步。这个现象在物理学和工程学中被称为"锁相"。还有一个与上述稍有不同的可能是有一类神经细胞会从两个前述的神经细胞接收振动信息（或者直接从内耳的毛细胞接收振动信息），这个神经细胞被驱动反应的方式不依赖于相对相位。

　　* 一个人可能有一群神经细胞对基底膜任何一点上的振动做出反应，但它们的反应有相位偏离。当对应两个不同位置输出的两排信号混合在一起时，总会有一些信号是同步的。下一级的神经细胞接收到输入的信息，就会对那些结成对子的同步信息反应强烈。

　　* 对应每个频率人可能建立了其标准的代表：神经细胞输出的信息由一个全局调时机制确定。那么无论输入信号的相对相位如何，它们的标准代表之间的相对相位就总会是一样的。

我在这里并没有列出一个简单而有些激进的方案。这个方案里只需记录基底膜上振动强烈的位置，完全放弃振动中峰谷变化的时间结构。（这类似于视觉中对电磁振动的反应。）这样的编码肯定会丢失相位的信息，但我认为这样太过极端了，这使得我们无从解释毕达哥拉斯的发现，因为频率的比率不再和编码信号中的规则振动相对应。

听觉暂留

本杰明·富兰克林对音乐有浓厚的兴趣，他完善了玻璃琴，这种乐器可以发出虚幻缥缈的声音，莫扎特曾经专门为这种乐器谱写过优美的乐曲。（《K356玻璃琴曲》，有几个网站允许免费下载。）在一封给凯姆斯勋爵的信里（1765年），富兰克林谈到了自己对音乐的独到见解，其中的一个观点尤为深刻：

其实大家普遍承认，只有持续的声音令人感到愉快才称得上是旋律，而且只有和谐一致的声音同时响起才称得上和声。虽然声音已经消失，但其尾音的声调可以被记忆暂留一段时间，将这个声调和随后的声音相比来判断这两个声调是否真的和谐或者不和谐。所以在当前的声音和过去的声音之间可能也确实产生了一种和谐感，这和两个同时奏响的音调之间形成的和谐一样令人感到愉悦。

如果演奏的时间邻近，我们能比较演奏的音调的频率，这个事实有力地说明存在这样的细胞网，它们能重复并短暂地保留振动模式。这种可能性正好符合我们刚才所提的标准代表模型，因为这样的细胞网可以实现标准代表模型。值得注意的一点是我们感觉到的相对频率对应于它们的标准代表之间的简单比较，而这项工作和识别绝对频率不一样。

同样值得注意的是，按照这一套观点，我们能够将一个多少有些固定的节奏保留很长一段时间。这再次说明了在我们的神经系统里存在着一个可谐调振动的网络，只不过这里是针对更低的频率。

我这个人就五音不全，这让我感到很不舒服。我试图利用一种人工联觉来规避自己在听觉提取相对音调方面的缺陷，我写了一个程序，随机地对应特定的音色播放特定的音调。然后，我测试自己能否预测某个输入的搭配对象。经过了许多单调乏味的尝试之后，我也只能比随意猜测做得好一点。也许还有更高效的办法做这件事，也许我太老了，如果我更年轻点儿可能效果会好一些。

为了确定这些关于和谐的想法是否靠谱就需要进行繁重的实验。但是，历时两千五百年，我们要是最后能把毕达哥拉斯的伟大发现弄个水落石出，那样该多好啊！我们还可以此向德尔斐神谕献上我们的敬意，那句被我们奉为神谕的铭文说：认识你自己。

柏拉图之一　对称中的结构——柏拉图多面体

47　五种柏拉图多面体是仅有的正多面体：我们发现（更确切地说是欧几里得发现）柏拉图多面体只有五个。一个很自然的问题就是我们是否能通过考虑更不一般的柏拉图曲面去超越这个局限。回想一下，我们曾经论证过在一个顶点不能有六个以上的三角形，因为那样三角形加起来就超过了360度，而那是空间在一个顶点所能容纳的最大角度。如果有六个三角形，柏拉图曲面就是平面。

　　从中心将一个柏拉图多面体投影到外接球的表面，我们就能用三个、四个或五个三角形把球面均匀地分割。能这么做的原因是球面上的等边三角形的角大于60度，所以我们可以用少于六个的三角形围住一个顶点。这是从另一角度来看待这两类柏拉图体：对平面的均匀分割或者对球体的均匀分割。

　　于是我们不由得要问得更具体：我们能想象一种不同的曲面让其上角度更小吗？我们可能会进而构想一个柏拉图曲面，那里一个顶点可以汇聚六个以上的三角形。

　　我们确实可以。通常为了得到一个球面，我们把一个平面内凹。我们反过来把一个平面向外凹就可以获得这样一个曲面。马鞍形就是这样一个曲面。我们可以想象以顶点为起点用七个甚至更多的三角形（实际上可以是任何数量的三角形）在这个马鞍上平均地分割。更确切地说，一个被称为"次摆线"的数学图形为我们提供了马鞍的精确形状，这个形状可以使一切保持对称，这样每个顶点和每个三角形（或者其他形状）都看起来一样。

　　古代几何学家所掌握的几何知识足够用来完成上面的图形构建。如果沿着这条思路继续求索，生活在公元元年前后的聪明人就可能具有了非欧几里得的几何概念，而这个概念直到19世纪才出现；那些古人们还可能设计出自埃舍尔手笔的图形，而那些图形却是在20世纪才广为流行。可惜这样的事情并没有在历史上发生。

50　观察一下书中展示的那五粒经过雕刻的石块：阿什莫尔博物馆的石块以及和它们类似的东西是否确实为柏拉图多面体，关于这个问题至今争议不断。你们可以浏览这个网址：math.ucr.edu/home/baez/icosahedron。

牛顿之三　动态美

125　20世纪伟大的数学家兼物理学家赫尔曼·外尔：他是我的偶像之一，我从小就看他写的书，即便是现在我也常常回过头去翻看他的著作。我与此君未曾谋面，因为当我还是个小孩子的时候他就过世了。但是我们文中引用的他的优美文字为我们敞开了合作之门，合作是这样的：因为它永远都像诗一样地打动我，它让我想到，何不再迈出去一步，把这段话变成一首诗？

下面我就给你们看看这首诗，诗的第一行也是诗的标题。

世界仅仅存在

于我的意识里

依附在我的头脑和身体

飞逝的影像栩栩如生——

那不过是世界的样本

世界仅仅存在

它不是偶然发生。

400

麦克斯韦之一　上帝的美学

139　有一些非常好的免费网站，在那里你们可以用一种互动的方式探究一下麦克斯韦方程组：maxwells-equations.com这个网站对麦克斯韦方程组做出了入门级别的综合介绍，其中还包括了一个初级教程视频。维基百科里的词条en.wikipedia.org/wiki/Maxwell%27s_equations也不错，关于这个词条，我建议你们从《概念性描述》这一部分开始读，然后逐步延展，因为这一部分的思路大致和本书的正文相同。还有一段清晰的小视频很好看，拍的是电磁波在空间移动时形成场的模式，我强烈推荐你们观看这段小电影：en.wikipedia.org/wiki/Maxwell%27s_equations#mediaviewer/File:Electromagneticwave3D.gif。

麦克斯韦之二　众妙之门

162　这个能力似乎很罕见，也没有被多少人研究过，然而却令人难以置信：色盲男子的母亲和女儿往往就是四色视觉。如果色盲的男子携带一个有缺陷的受体，那么他们的红色受体和绿色受体就非常相似——但并不完全相同——这个有缺陷的受体被他的X染色体携带着，那么他的女儿也会有这样的遗传；然而女儿也会从母亲那边遗传正常的受体，这样的话女儿就会有四个不同的受体（尽管其中的两个受体很相似）。如果这种说法正确的话，四色视觉就并非极度罕见，但它所造成的后果可能很微妙。出于类似的原因，色盲男子的母亲也被认为可能是四色视者。

量子之美Ⅰ　天体乐章

202　人存原理会引起很多质疑，《造物主的术语》对人存原理的普遍性质做了明确的讨论，有一条单独的注释专门解释了人存原理，暗物质和暗能量的注释对人存原理也进行了重要的讨论，这样可以不打断正文的内容。

量子之美 III　自然核心的美

241　胶子做出反应的特征也被命名为颜色：物理文献中对三种强色荷该叫什么名字存在着几种选择，这本书里所做的选择（RGB）基本上是随意选的。但是，如你们所见，这个选择完全吻合我们在此之前讨论的光谱色以及颜色的混合。

我在正文里对色特征空间的描述是留有余地的，因为精确的描述实在有点复杂而且涉及了复数。因此，强色空间就是一个具有三个复维度的特征空间，弱色和电磁的特征空间也是复维的。在这些空间里，对称变换都不会改变和原点之间的整体距离，所以被我们称为实体（通过对称变换产生相互联系的粒子）的特征空间是有着各种不同维度的球面。对于强相互作用，其特征空间有三个复数维度，即六个实数维度；所以夸克实体的特征空间是一个具有五个实数维度的球面。电磁荷具有一个复维度，也就是两个实维度，于是电荷实体就是一维的球面，也就是我们所说的圆，这个圆的半径就是电荷的大小。

249　"规范对称"这个术语的历史起源很有意思：1919年，赫尔曼·外尔在他的论文《相对论的一个新扩展》（*Eine neue Erweiterung der Relativita tstheorie*）里提出了一个绝妙的理论以解释电磁的起源。尽管这个理论的初形相当不正确，但它提出的观点却被证明是

401　极其富有成果的。事实上，这个理论做了第一个超越爱因斯坦的尝试，把*局域对称*作为基本原理来解释非引力相互作用。我们曾经讨论过，通过不同的实施手段，这个策略最终引导我们发现了核心理论。

249　"规范对称"这个词是外尔最初的理论留下的历史遗迹。

我们曾经讨论过，局域对称的基本思想就是要求世界很多不同的表象阐释了相同的物理含义。如果我们想让空间、时间和物质种类繁多的"扭曲的"布局合理——即每一种布局描述的行为在物理上都是可能发生的——那我们就必须请一种媒介来帮忙让扭曲发生，你们或许也可以说，"创造"扭曲。

外尔在他最初的理论里提出了局域尺度对称，也就是说，他假设在时空中任何一点可以独立改变对象的大小——但这个对象的表现却可以仍然保持不变！为了让这个神奇的想法变得可行，外尔不得不引入"规范"联络场。规范联络场让我们知道，当我们从一个点移动到另外一个点的时候，我们必须多大程度地调整长度的比例，或者重新规范我们的尺度。外尔做出了不同寻常的发现，这个规范联络场为了行使它的职能以实现局域尺度对称就必须符合麦克斯韦方程组！外尔为这个显而易见的奇迹所倾倒，他提出他理想的数学联络场应该是真正的物理电磁场。

遗憾的是，尽管外尔的联络场是局域尺度对称的必要组成部分，但联络场却不足

以确保其中的对称性。其他的物性特征，诸如质子的大小，为我们提供了客观的长度尺寸，这个长度尺寸在我们从一个点向另外一个点移动时不会发生改变。

爱因斯坦等人当然注意到了外尔这个理论的缺陷，尽管这个理论相当有远见，但它看起来注定要被遗忘。

然而随着量子理论的出现，情况发生了变化。正如我们在正文中讨论过的，从量子的角度看，电荷与一个基于时空的一维的特征空间有关联。

1929年，外尔利用这个局面将他的"规范"理论在形式上进行了修改之后重新提了出来。在这个新理论中，局域对称变换不再是随时空变化的长度尺寸，而是电荷特征空间的旋转。经过这次修改，我们获得了令人满意的电磁理论！

几十年之后，我们发现实现其他更大的特征空间的旋转的（时空的）局域对称还让我们获得了令人满意的强相互作用和弱相互作用理论。为了向外尔当初的洞察力表达敬意，物理学家们将所有这类理论都称作规范理论。

251　原子核是结合在一起的质子和中子的集合：孤立的中子是不稳定的，但是让它与其他的中子和质子结合，那么这个中子就会稳定地呆在原子核里。

266　李政道和杨振宁提出的观点：作为一个历史事件，他们最初的观点并不十分具体，但是后来的工作将其提纯改善了。

267　将作用力……描述成局域对称的具体体现，也许是有可能的：在行家眼里，总相互作用的流 × 流行式以及耦合的普适强度是规范理论中耦合的两大特性。

对称性Ⅲ　埃米·诺特——时间、能量和理智

291　在20世纪20年代，玻尔等大科学家：玻尔和朗道的建议都是在诺特定理之后提出的。他俩都预测物理的基本原理会发生巨变，这种巨变会让诺特定理变得不适用了。但是（玻尔并不了解的）一般的量子理论和（朗道并不了解的）核心理论的基础正是诺特为了证明她的定理所用的原理，即哈密顿力学原理。我在正文中提到，一个更概念化、更通俗的基本原理十分令人向往。

量子之美Ⅳ：惟笃信大美

325　相信眼见为实的人是有福之人：作用力的统一以及作用力与物质的统一都是非常成熟的理论体系。我们已经讨论过，它们已经获得了重大的解释力，也预言了能够通过具体可行的实验验证的全新效应——实验目前正在进行。在基础物理中还存在另外两种统一，我个人认为这两种统一最令人向往，但是关于这方面现存的想法却并没有那么成熟。

其一是对物质的描述以及对信息的描述形成统一。大致概括地说，前者的基础是

402

描述能量与荷流动的方程。这些方程在形式上都是通过对一个叫作"作用量"的量进行处理而推导出来的，而作用量又和熵有着某种不解之缘，熵又和信息密切相关。这样看来，实现统一理论的可能性是现实的。这样的理论还可以让我们更加概念化地理解诺特定理，同时也使得这个定理的根基更加坚实。另一种统一则是动力学与初始条件的统一，我在正文的沉思中已经多次提到过这种统一。

在物理学的边沿地带存在着一种现象，它被弗朗西斯·克里克称为"惊人的假说"，即意识或者叫作思想孕育于物质；这个现象对有关终极统一的任何讨论都尤为重要。分子神经学在发展的过程中没有遭遇过明显的界限，计算机可以复制越来越多被我们称为"人类智能"的行为，那个假说看来不可避免地要变成"真说"了。但按最乐观的说法，我们对它机制的理解也是不清楚的。

答案美妙乎？

334　我们在正文中提到过，沃尔特·惠特曼在著名的《草叶集》里的几句诗表达了对互补性的期望。作为本书的结尾部分，我想用一种结论性的口气以惠氏的文体也写了几句诗：

世界博大辽阔——

万象包罗。

我把世界看个够，

然后讲给你我的理解。

我自相矛盾吗？

那好吧，我正是颠三倒四语无伦次。

假若你还没被弄糊涂：

且继续以不同的角度看世界，那么欢呼惊叹。

造物主的术语

349　通过研究函数在小范围的变化来对它进行分析，一如（微）积分。数学上最简单的周期运动就是一个粒子在圆上所做的匀速运动。如果记录下如此运动的粒子，我们就可以得到你们能在直线上实现的最简单的周期运动。这种运动被叫作"正弦振动"。在下面这个网址：www.youtube.com/watch?v=mitioODQYgI 你们可以领略在巴赫的音乐伴奏下用艺术的形式表现的正弦波动。

在 http://www.mathopenref.com/trigsinewaves.html 这个网址里，你们可以找到更加直接的演示，其中有一段表现一个加了重量的弹簧围绕一个平衡点做振动的卡通片，具体表现了这类运动的一个重要的物理实现过程。如果你们按照时间将这个运动展开，也就是从振动的高度找出一个时间函数，你们会得到正弦函数。描述声波中的纯调和描述光波中的纯色的都是正弦波。在纯音里，正弦波所表现的就是强度和压力（相对于它们的平均值）随空间的变化，它还表现了这些量在空间中固定的一个点上随时间的变化。同样在纯色的光里，电磁流体呈正弦变化。

当一个和弦传入我们的耳朵，我们的耳朵就会将这个和弦分解成不同的音调；或者棱镜会将射来的一束光分解成光谱色；这实际上都在进行一种分析，只不过这种分析在数学上与仔细研究极小时间间隔的表现并由此展开的分析截然不同。一般来说，函数在数学上将它们分解成不同波长或不同频率的正弦函数，这样的分析过程叫作傅里叶分析，它是以法国数学物理学家约瑟夫·傅里叶（1768——1830）的名字命名的。傅里叶分析及其相应的综合是一种有力的工具，对微积分中的无穷小分析起到了互补作用。

376　至今还没有令人信服的理论解释大自然为什么那么喜欢反复复制那个三重代：可以将代与代之间的差异看作是另一个特征，和强荷或者弱荷类似。可以由此定义一个和代相关的特征空间，这样不同的代就会因一组附加的颜色而有所差别，（比如说）第一代是橄榄绿，第二代是薰衣草的淡紫，第三代是牡丹红。我和徐一鸿等人都猜测这个特征空间可能也容纳了局域对称，但是在现有的实验中没有发现任何蛛丝马迹表明规范玻色子能引起我们假设的那种对称变换，因此任何这类"代对称"必须被严重破坏了，它的规范玻色子质量必须很重。

382　但是，另外三种力对应的荷都有正负极性。这个问题很有意思：在大尺度上，宇宙为什么（是否）不带电。如果宇宙带电，那么电力就不可能那么准确地正好被抵消，那么就该是电力——而不是引力——主宰天文学了。我们还可能对总体的角动量提出疑问。如果宇宙有总角动量，那么它就会由排列好的旋涡构成；不管出于什么原因，宇宙似乎在电荷上以及在角动量上都平衡得很好。另外，人类作为物质实体出现的必要条件就是宇宙在重子和反重子之间不平衡，有一些似乎可信的想法可以解释大爆炸初期这种不对称如何从最初的最大程度的对称中演生而出，后来就被冻结而不再变化了。关于这方面的说明，请参考网址：frankwilczek.com/Wilczek_Easy_Pieces/052_Cosmic_Asymmetry_between_Matter_and_Antimatter.pdf.

383　引力导致物体之间相互吸引：现在被称作"暗能量"的东西，爱因斯坦早就预料过它有可能存在。爱因斯坦指出，度规流体可能具有一种特征能量密度；这基本上是他的"宇宙常数"。为了让那个密度在伽利略变换下保持不变，就必须有一种具有同样的大小但符号相反的压强来伴随这个密度。这样一个正密度的度规流体就要对应一个负压，我们称这种情况为存在一个正宇宙常数。这个逻辑的最后一环是负压导致膨胀。因此"暗能量"的正密度就对应宇宙膨胀的趋势。在这层意义上，它产生了排斥的引力。

也可以考虑一个负的宇宙常数：如果度规流体的能量密度是负的，就会有一个正压，宇宙就呈收缩的趋势。

后来，物理学家意识到，不仅仅是度规流体，而且描绘我大自然的其他的流体也可能会具有一定的能量密度，它们可正可负。伽利略变换确保这些流体也会施加和密度符号相反的压力。"暗能量"指的是所有这些流体的总效应，而"宇宙常数"则更具体地指度规流体。物理学家尚不知如何计算这些密度的大小，甚至不知道把它们都看成各自独立的量是否合理（请参考重整化）。

关于这些话题的文献相当混乱，（因此）也把人搞得晕头转向。你们可以在如下网址找到更多的信息：en.wikipedia.org/wiki/Cosmological_constant、en.wikipedia.org/wiki/Dark_energy和scholarpedia.org/article/Cosmological_constant。基本的定义和对于观测的描述都是没有争议的，但超出了这个范畴的理论地带却变得荆棘丛生，坑洼颠簸。

386　在弱力、超荷以及电磁之间存在着一种复杂的关系：在核心理论中电磁学的位置有点儿复杂，因为它和弱相互作用纠结在一起。问题是在特征空间中行为简单的规范玻色子和那些具有简单物理特征的玻色子不同。最初的那些简单的玻色子被称作B和C，B对黄色弱荷与紫色弱荷之间的差异反应，而C对超荷反应。超荷与电荷密切相关但并不等于电荷。光子和Z玻色子在数学上是B与C的组合。光子的质量为零，它给了我们电磁现象；而Z玻色子的质量几乎是质子的一百倍，其在自然界的作用却相当有限，它是1983年在实验中第一次被观测到的。

一个实体的超荷是这个实体所代表的粒子所携的平均电荷。（由于历史原因有时会添加一个额外的因子二）因为弱相互作用可以让实体内的粒子转换，这样会改变电荷，所以我们不能向这个实体指定一个确定的电荷，这时超荷就成了合适的替身。

罗伯特·奥特（Robert Oerter）写的书《几乎涵盖一切的理论》（*The Theory of Almost Everything*，普鲁姆出版社）把我们强力和电弱力的核心理论为普通读者做了一个很不错的阐述，和我们这里的阐述相辅相成。

诺瓦埃斯（S. F. Novaes）的论文刊载在这个网址：

arxiv.org/pdf/hep-ph/0001283v1.pdf，那可不是消遣读物。但是这篇文章的第

二部分所呈现的基本方程形式差不多是最简单的了，而第一部分的内容还提供了有用的大事年表和背景材料。

389　如何准确地定义磁场的技术细节：磁场与磁场所产生的作用力之间关系很复杂。一个带电粒子运动时所感受到的磁力与磁场的强度、电荷的强度以及粒子运动的速度都成正比。力的方向垂直于磁场矢量方向与速度所形成的平面。力的方向由右手定则指定，仿佛是让速度朝向磁场方向旋转。这些内容在网址：en.wikipedia.org/wiki/Lorentz_force 里均有表述。维基百科上有一篇关于磁场的文章，写得非常好，你们在这篇文章里可以找到更多的信息：en.wikipedia.org/wiki/Magnetic_field。诺贝尔奖得主梅尔文·施瓦茨（Melvin Schwartz）的著作《电动力学原理》（*Principles of Electrodynamics*，多佛出版社）是一本写得很现代并且论述清晰的教科书。

396　惯用的右手定则打破那些模棱两可的暧昧：中微子物理自成一统，在这个领域占首要地位的都是一些在奇异的地点进行的勇敢者实验。比如在南极进行冰块实验(Ice Cube experiment)，要在南极的冰层中插入一长串的光电探测器。这个实验的官网上刊载了大量资料，网页内容还涉及了对实验技术特别可爱的描述，以及一个涉及面非常广的大事年表和一堆便于查询的其他信息链接：www.icecube.wisc.edu/info/neutrinos。

　　维基百科上的文字虽然不够完备却也相当不错：en.wikipedia.org/wiki/Neutrino。

415　关于旋量的数学运算：在物理及与之关联的领域，旋量出现在几个不同的地方。

　　在任何维度都可以定义旋量，它的性质会以一种非常有趣的方式依赖于维度。

　　在某种程度上旋量在计算机图形上的应用是最有意思的——因为它非常基本也是几何的。旋量是对付三维空间中旋转最简洁也最有效的手段，如果你们需要在短期内计算很多旋转，比如说构建一个交互游戏，使用旋量绝对节约时间和成本。

　　在物理中对旋量最基本的应用就是描述电子的自旋自由度以及其他具有−1/2自旋的粒子。还有一种旋量——这类旋量适合四维的时空——它出现在描述相对论电子的狄拉克方程里。此外还存在一种旋量，与十维空间有关，它出现在SO(10)统一方案中代表物质的实体里。其他形式的旋量会出现在量子计算的缠错理论中。目前尚不清楚究竟是什么东西能把刚才出现的三种旋量联系起来，希望这种东西真的存在。没准这里又为探索统一蕴藏了机遇呢。

　　虽然我很乐意被证明自己的观点错了，但如果不借助专业经验和代数的运算，要想在任何程度上理解旋量的含义恐怕都超出了人类的直觉。维基百科里有篇文章写得很好，但并没有实现这个奇迹: en.wikipedia.org/wiki/Spinor。迈克尔·阿蒂亚（Michael Atiyah）是现代的一位伟大的数学家，他曾经做过一次题为《何为旋量？》的讲座，你们可以在"油管"视频网站找到这一段讲座的视频: youtube.com/watch?v=SBdW978Ii_E。

这个讲座一方面穿插了趣闻轶事和草根智慧，另一方面又涉及了非常高级的数学运算。

通过旋量我们发现了一件事：旋转360度以后和完全没有旋转时的状态并不一样，必须再重复一次——也就是旋转720度之后——才和没旋转时一样。一个能在家里做的实验就演示这个差别；如有兴趣尝试，请先看段视频: youtube.com/watch?v=fTlbVLGBm3Q。

420 这里所讲的"简单"具有明确的技术含义：请参考之前提过的两个资料: www.youtube.com/watch?v=mitioODQYgI 和 http://www.mathopenref.com/trigsinewaves.html。我在此还要加上两位物理大师关于声学的经典著作：一本是赫尔曼·亥姆霍兹（H. Helmholtz）著的《论音的感觉》（*On the Sensations of Tone*），另一本是瑞利勋爵（Lord Rayleigh）著的《声理论》（*Theory of Sound*）。这两本书都可以在网上免费阅读，多佛出版社的版本很不错。

推荐书单

　　我推荐这个不长的书单以供读者更深入地探究我们在沉思过程中碰到的一些主题，我推荐的书籍共分为三类，它们分别是经典类、量子类和最新进展类。我提到的每一本书对于我本人都是意义非凡。

经典类（即量子理论出现之前的体系）

　　这里所列的书籍，无论在技术层面上还是科学层面上其内容都已经被现代理论取代了，但是能和思想大家直接交流并汲取其思想的精髓，这种阅读体验是别的书籍取代不了的，所以我毫不犹豫地将这些书推荐给你们。所列书籍中的部分内容是可以免费共享的，如果你们能找到对的网址就可以在互联网上查到相关的资料。由于现在的书籍制作技术越来越成熟，一本印刷精美的纸质书对于读书的人来说还是相当有魅力的，它的长处在于方便携带、有翻看的手感并散发着墨香，你们当中可能有人愿意选择这个阅读方式。

　　柏拉图著作：《柏拉图对话录及书信集》（*The Collected Dialogues of Plato, Including the Letters*），该书由伊迪丝·汉密尔顿（Edith Hamilton）和亨廷顿·凯恩斯（Huntington Cairns）编辑、莱恩·库珀（Lane Cooper）翻译（从拉丁文翻译成英文）、普林斯顿大学出版社出品。其中《蒂迈欧篇》是看点。

　　伯特兰·罗素著作：《西方哲学史》（*The History of Western Philosophy*），该书由西蒙－舒斯特出版公司出品。阅读重点在第一卷（《古代哲学》）、第三卷之第一章（《从文艺复兴到休谟》）。

伽利略著作:《星际使者》(*The Starry Messenger*),列文哲出版社出品。

艾萨克·牛顿著作:《自然哲学的数学原理》(*The Principia: Mathematical Principles of Natural Philosophy*),加州大学出版社出品。如果没有读过一些入门的书作铺垫你们恐怕读不下来这本杰出的巨著,不过幸运的是最近出的版本是新近被翻译的,伯纳德·科恩(Bernard Cohen)和安妮·惠特曼(Anne Whitman)将原文从拉丁文翻译成了英文,科恩还写了非常棒的介绍和导读,让这本书读起来很精彩。

《光学》(*Opticks*),多佛出版社出品。这本书让牛顿显得比较平易近人,书并不贵,但这个版本很特别,因为它的前言出自阿尔伯特·爱因斯坦笔下,引言则由艾克蒙德·惠塔克爵士(Sir Edmund Whittaker)操刀,伯纳德·科恩做的序,杜安·罗勒(Duane Roller)还在书中列了一个非常实用的分析表。

约翰·梅娜德·凯恩斯著作:《巨人牛顿》(*Newton, the Man*),它其实是一篇短文,写得极不寻常,是一个天才向另一个天才的致敬之作。你们可以在如下网址:www-history.mcs .st-and.ac.uk/Extras/Keynes_Newton.html.看到这篇文章。

詹姆斯·克拉克·麦克斯韦著作:《麦克斯韦科学论文集》(*The Scientific Papers of James Clerk Maxwell*),由W.D·尼文(W. D. Niven)编辑,多佛出版社出品。

爱因斯坦、洛伦兹(H. A. Lorentz)、外尔(H. Weyl)和闵可夫斯基(H. Minkowski)合著的《相对论原理》(*The Principle of Relativity*),由索末菲(A. Sommerfeld)做注(多佛出版社出品)。它实在是本不一般的合集! 书中收录了爱因斯坦第一次提出狭义相对论和广义相对论的论文,以及他写的一篇短文以简单说明物质转换为能量的过程。该书还收录了闵可夫斯基介绍时空概念的演讲稿和外尔早期对统一场论进行尝试性研究所写的一篇论文;外尔的文章中首次出现了"规范不变性"。这些文章都是研究性论文,普通读者不必强求自己搞懂内容里所有的数学计算的细节,但其中的多篇文章属于概念性的讨论,因此很多段落的文笔相当了得,一点儿不亚于文学作品,读后令人难以忘怀。

某些量子理论类书籍

下面的书籍,如果读者事先不具备丰富的物理和数学方面的背景知识恐怕就更难读懂原著了。但一般读者不妨欣赏一下大师们开篇的文字和他们探索性的文章。

保罗·狄拉克著作:《量子力学原理》(*The Principles of Quantum Mechanics*),牛津大学出版社出品。开头的几章讲的都是概念,可以让你们(正确地)认识到什么叫博大精深。

费曼(R. P. Feynman)、雷顿(R. Leighton)及桑兹(M. Sands)合著的《费曼

物理学讲义》(*The Feynman Lectures on Physics*),艾迪生－韦斯利出版社出品。该书的第三卷写的是量子理论,开头的部分讲的都是概念。第一卷开始的几章将(核心理论出现之前的)物理体系纵览了一番,然后又对力学的概念进行了介绍;第二卷开始的几章则介绍了电磁学的概念。这个一套三本的合集浓缩了费曼独特的性格,既有明察秋毫的洞察力又有似火的热情,这样的人非费曼莫属。

亨利·布尔斯(Henry A. Boorse)编撰的《原子的世界》(*The World of the Atom*),基础书局出版。这本书的思路很好,编辑也很完善,它是一个合集,文章均摘自先德尊宿们的著作,远至卢克莱修所处古罗马时代,近到粒子物理的开拓期;书中还附有让读者惠益良多的注评。该书向我们展现了对物质的分析如何引导人类创造出像量子理论这样既怪异又美妙的事物。

最新进展类读物

www.nobelprize.org 是诺贝尔基金会的官方网站,它为我们提供了丰富的信息源,里面的内容详细地介绍了自 1901 年以来获奖人的成就并附有他们的获奖感言。

www.pdg.lbl.gov 是"国际基础粒子数据组"的官方网站,它主要针对专业人士,但其中有一栏叫"评论、附录和发展状况",点开之后里面呈现的内容是对前沿物理的全面回顾,这个栏目的引言部分值得好好读一读。你们可以随意点击,浏览一下这个网站,就能对支持"核心理论"的证据有粗略的了解,它们都是实验得来的证据,非常详细,让人不得不信。

物理学最新的研究成果通常都会最先刊登在如下网址:www.arXiv.org. 你们可以抽空浏览一下这个网站,领略一番"造物之理"的真面目。当然,其中的成果只有少部分能够经得起时间的考验。

"斯坦福哲学百科全书(The Stanford Encyclopedia of Philosophy)"的网址是 www.plato.stanford.edu,里面刊载了很多引人入胜的离奇文章。

由普林斯顿大学出版社出版、提莫西·高尔斯(Timothy Gowers)主编的《普林斯顿数学指南》(*the Princeton Companion to Mathematics*)虽然主要介绍纯数学的研究成果,但是读了《美丽之问》的人如果觉得意犹未尽的话就会对这部《数学指南》感兴趣。本人目前正在参与《普林斯顿数学指南》的编辑工作,这部书计划在 2018 年面世。

图片来源

IN-TEXT FIGURES

Frontispiece: Printed by permission of He Shuifa.
Page 21: Courtesy of the author.
Page 23: Courtesy of the author.
Page 28: Woodcut from Franchino Gaffurio, *Theorica Musice, Liber Primus* (Milan: Ioannes Petrus de Lomatio, 1492).
Page 38: Albrecht Dürer, *Melancholia I,* copper plate engraving, 1514.
Page 40: Courtesy of the author.
Page 41: Courtesy of the author.
Page 42: © Ashmolean Museum, University of Oxford.
Page 44: From Ernst Haeckel, *Kunstformen der Natur,* 1904. Plate1, Phaeodaria.
Page 51: Model of Johannes Kepler's Solar System theory, on display at the Technisches Museum Wien (Vienna), photograph © Sam Wise, 2007.
Page 68: Courtesy of the author.
Page 69: www.vertice.ca.
Page 70: Filippo Brunelleschi, perspective demonstration, 1425.
Page 84: Abell 2218, Space Telescope Science Institute, NASA Contract NAS5-26555.
Page 88: Diary of Isaac Newton, University of Cambridge Library.
Page 89: Sir Godfrey Kneller, portrait of Isaac Newton, oil on canvas, 1689.
Page 102: Galileo Galilei, *Sidereus Nuncius,* 1610.
Page 104: Sir Isaac Newton, *A Treatise of the System of the World,* 1731, p. 5.
Page 107: Courtesy of the author.
Page 109: Sir Isaac Newton, *The Mathematical Principles of Natural Philosophy,* vol. 1, 1729.

Page 122: Newton Henry Black and Harvey N. Davis, *Practical Physics* (New York: Macmillan, 1913), figure 200, p. 242.
Page 125: James Clerk Maxwell, "On Physical Lines of Force," *Philosophical Magazine,* vol. XXI, Jan.–Feb. 1862. Reprinted in *The Scientific Papers of James Maxwell* (New York: Dover, 1890), vol. 1, pp. 451–513.
Page 128: © Bjørn Christian Tørrissen, "Spiral Orb Webs Showing Some Colours in the Sunlight in a Gorge in Karijini National Park, Western Australia, Australia," 2008.
Page 144: James Clerk Maxwell with his color top, 1855.
Page 172: Courtesy of the author.
Page 174: Hans Jenny, *Kymatic,* vol. 1, 1967.
Page 214: Courtesy of the author.
Page 216, above: © D&A Consulting, LLC. *Below:* Care of Wikimedia contributor Alexander AIUS, 2010.
Page 219, above: Wikimedia user Benjahbmm27, 2007. *Below:* Harold Kroto, © Anne-Katrin Purkiss, reprinted by permission of Harold Kroto.
Page 242: Printed by permission of István Orosz.
Page 256: Mechanic's Magazine, cover of vol. II (London: Knight & Lacey, 1824).
Page 258: Andreas S. Kronfeld, "Twenty-first Century Lattice Gauge Theory: Results from the QCD Lagrangian," *Annual Reviews of Nuclear and Particle Science,* March 2012. Reprinted by permission of Andreas Kronfeld.
Page 267: Courtesy of the author.
Page 288: Emmy Noether, 1902.

Page 296, above and below: Created by Betsy Devine.

Page 307: Courtesy of the author.

Page 316: Courtesy of the author.

Page 324: Wikimedia.

Page 326: NASA Mars Rover image, NASA/JPL-Caltech/MSSS/TAMU.

COLOR PLATES

A: Printed by permission of He Shuifa.

B: Detail of Pythagoras from Raphael, *Scuola di Atene,* fresco at Apostolic Palace, Vatican City, 1509–11.

C: Courtesy of the author.

D: RASMOL image of 1AYN PBD by Dr. J.-Y. Sgro, UW-Madison, USA. RASMOL: Roger Sayle and E. James Milner-White. "RasMol: Biomolecular Graphics for All," *Trends in Biochemical Sciences (TIBS),* September 1995, vol. 20, no. 9, p. 374.

E: Salvador Dalí, *The Sacrament of the Last Supper.* Image courtesy of the National Gallery of Art, Washington, D.C.

F: Camille Flammarion, *L'atmosphère: météorologie populaire,* 1888.

G: Pietro Perugino, *Giving of the Keys to St. Peter,* fresco in Sistine Chapel, 1481–82.

H: Courtesy of the author.

I: Fra Angelico, *The Transfiguration,* fresco, c. 1437–46.

J: © Molecular Expressions.

K: William Blake, *Newton,* pen, ink, and watercolor on paper, 1795.

L: William Blake, *Europe a Prophecy,* hand-colored etching, 1794.

M: "Phoenix Galactic Ammonite," © Weed 2012.

N: Courtesy of the author.

O: Courtesy of the author.

P: Spectrum image by Dr. Alana Edwards, Climate Science Investigations project, NASA. Reproduced by permission.

Q: Courtesy of the author.

R: R. Gopakumar, "The Birth of the Son of God," digital painting print on canvas, 2011. Via Wikimedia Commons.

S: William Blake, *The Marriage of Heaven and Hell,* title page, 1790.

T: Courtesy of the author.

U: Courtesy of the author.

V: Claude Monet, *Grainstack (Sunset),* oil on canvas, 1891. Juliana Cheney Edwards Collection, Museum of Fine Arts, Boston.

W: Courtesy of the author.

X: Photographs by Jill Morton, reproduced by permission.

Y: Image created by Michael Bok.

Z: Mantis shrimp by Jacopo Werther, 2010.

AA: Image created by Michael Bok.

BB: Courtesy of the author.

CC: Courtesy of the author.

DD: Via Wikimedia Commons.

EE: Printed by permission of István Orosz.

FF: Via Wikimedia Commons. Created by Michael Ströck, 2006.

GG: Photograph by Betsy Devine; effects by the author.

HH: Winter Prayer Hall, Nasir Al-Mulk Mosque, Shiraz, Iran.

II: Courtesy of the author.

JJ: Courtesy of the author.

KK: Amity Wilczek photographed by Betsy Devine; effects by the author.

LL: Photograph by Mohammad Reza Domiri Ganji.

MM: Typoform, The Royal Swedish Academy of Sciences.

NN: © CERN image library.

OO: © Derek Leinweber, used by permission.

PP: © Derek Leinweber, used by permission.

QQ: Courtesy of the author.

RR: Courtesy of the author.

SS: Courtesy of the author.

TT: Courtesy of the author.

UU: Courtesy of the author.

VV: Courtesy of the author.

WW: Courtesy of the author.

XX: © Derek Leinweber, used by permission.

YY: Caravaggio, *The Incredulity of St. Thomas,* oil on canvas, 1601–2.

ZZ: Leonardo da Vinci, *Vitruvian Man,* ink and wash on paper, c. 1492.

AAA: Via NASA.

索引

索引中的页码为原版书的页码即本书的边码。

Page numbers in **boldface** refer to entries in "Terms of Art."

译后记

　　我在翻译《美丽之问：宇宙万物的大设计》的过程中发现西方科学延续的脉络其实很像中国自然哲学的发展路径；追问到极致的问题时往往上升到形而上的义理之中，假若在四十年前这会被批判为主观唯心主义和虚无主义哲学。但是由于像弗兰克·维尔切克这样的诺贝尔奖得主和科学大家循循善诱、层层剥茧地"据理力争"，量子理论的玄妙以及量子世界的未来就似乎贴着我们的脸连着我们的心这么密切了。我们的视野一下子极大地开阔了，仿佛我们中国诗词里说的"处处无踪迹，声色外威仪，诸方达到者，威言上上机……"以及万里有感知、刹那得心应的男女皆知的生活哲学与西方最前卫、最高水准的科普著作在喜马拉雅的顶峰汇合了。钱钟书讲：东学西学，心理攸同。这本书的每个章节都体现了我们百余年来崇尚的所谓西方的科学精神，但也在字里行间让我看到了作者对于阴阳、辩证、大千世界的对称之美、灵动妙想等的肯定和尊重以及对于造物主或者宇宙世界的大设计者或叫大工匠的敬畏之心。我在这两年译事过程中两次见到维尔切克先生，我发现他的睿智、风趣和思想洞察力与他著作里的所思所想吻合而有共鸣，他在波士顿、在杭州和在上海，以及在经常去讲课的瑞典王国，都通过对于天地大美的物理层次上的高级追问而能带领全世界的科学迷和哲学迷们，当然还有艺术与社会各种问题的思索者们，去积极地、开朗地朝向世界的大创造者走过去，也越来越有信心地走过去。

除了正文之外，我花了很大的精力翻译了书后按字母顺序排列的科学术语；这一部分正像作者本人强调的那样是非常必要和十分地需要阅读的，因为维尔切克先生自己撰写了体现了他的理解和最新科学发现的各个词语的定义。他本着向科学负责、向真理负责的态度努力地阐释了他著书立说时所使用的概念并企望这些概念反哺和加强他在各个章节里深刻而反复要表达的意思。我还附上了一些注释文字以便非专业读者理解正文的内容，这些文字，除了表明出处的，其余皆来自网络的博大浩瀚，在此向各篇文字资料的作者致谢。北京大学量子材料科学中心的物理学家吴飙教授欣然担任本书的审校，这是我的荣幸也是广大读者的幸运；毕竟量子物理学界的中年翘楚对他的师长是有超过常人的深度感受的。中国土地上的"维尔切克量子物理中心"已经由杭州转移到了上海，这无疑是一个更具重大意义的一步。我在此向这个中心的各位负责人士表达我的敬意与感谢！最后我向湖南科学技术出版社的负责同志和责任编辑等同仁表达特别的谢意！这个中译本一定还有不少可以商榷的专业问题，欢迎读者不吝赐示，以便以后有机会订正的时候体现出你们的智慧与指教。

兰　梅

2017 年 6 月 28 日，北京

图书在版编目（ＣＩＰ）数据

美丽之问：宇宙万物的大设计 /（美）弗兰克·维尔切克著；兰梅翻译.
— 长沙：湖南科学技术出版社,2018.10（2019.3重印） 书名原文：A Beautiful Question
ISBN 978-7-5357-9959-3

Ⅰ.①美… Ⅱ.①弗…②兰… Ⅲ.①物理学史—普及读物 Ⅳ.①O4-09

中国版本图书馆CIP数据核字(2018)第224430号

A Beautiful Question
ⓒ 2015 by Frank Wilczek
湖南科学技术出版社通过Brockman Inc. 独家获得本书中文简体版中国大陆出版发行权

著作权合同登记号：18-2016-041

美丽之问：宇宙万物的大设计

著　　者：[美]弗兰克·维尔切克
翻　　译：兰　梅
校　　者：吴　飙
责任编辑：李　蓓　杨　波　吴　炜　孙桂均
责任美编：殷　健
出版发行：湖南科学技术出版社
社　　址：长沙市湘雅路276号
　　　　　　http://www.hnstp.com
湖南科学技术出版社天猫旗舰店网址：
　　　　　　http://hnkjcbs.tmall.com
印　　刷：长沙超峰印刷有限公司
　　　　　　（印装质量问题请直接与本厂联系）
厂　　址：宁乡市金洲新区泉洲北路100号
邮　　编：410600
版　　次：2018年10月第1版
印　　次：2019年3月第2次印刷
开　　本：710mm×1000mm　1/16
印　　张：30
插　　页：32
字　　数：440000
书　　号：ISBN 978-7-5357-9959-3
定　　价：128.00元